图解

机械零件加工
精度测量及实例
第二版

周湛学 赵小明 编著

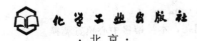

化学工业出版社

·北京·

本书主要介绍常用的机械零件加工检测检验的方法，根据零件的结构特点将零件分为轴类零件、套类零件、盘类零件、叉架类零件、箱体类零件、孔类零件、沟槽类零件、齿轮类零件、螺纹类零件、成型面类零件、角度与锥度类零件，依据零件的技术条件和要求（主要是几何精度要求）对零件进行检测，还重点介绍了常用的测量量具的分类和使用方法。第二版修订主要增加数控机床的精度检验、数控加工零件的精度检验，并且对公差配合、表面粗糙度等内容按照最新标准进行了更新。

本书适用于从事技术工人、检验人员和工程技术人员查阅和使用，而且为大、中专院校、职业技术院校、技工学校的学生在生产实习和实践中的参考用书。

图书在版编目（CIP）数据

图解机械零件加工精度测量及实例/周湛学等编著. —2版. —北京：化学工业出版社，2014.1（2019.9重印）
ISBN 978-7-122-19152-6

Ⅰ.①图… Ⅱ.①周… Ⅲ.①机械元件-精密测试-图解 Ⅳ.①TG806-64

中国版本图书馆 CIP 数据核字（2013）第 283699 号

责任编辑：张兴辉　　　　　　　　　　　　装帧设计：王晓宇
责任校对：宋　夏

出版发行：化学工业出版社（北京市东城区青年湖南街 13 号　邮政编码 100011）
印　　装：北京虎彩文化传播有限公司
850mm×1168mm　1/32　印张 17　字数 496 千字
2019 年 9 月北京第 2 版第 2 次印刷

购书咨询：010-64518888
售后服务：010-64518899
网　　址：http://www.cip.com.cn
凡购买本书，如有缺损质量问题，本社销售中心负责调换。

定　　价：69.00 元

　　机械加工行业对机械产品的质量检测是制造业发展的基础，它不仅能显著提高劳动生产率，而且能有效地保证产品的质量和降低成本。对机械产品的检测，几何量的检测是最重要部分，也是提高机械加工精度的重要保证。为了提高技术工人掌握机械产品的检测方法，提高检验人员对机械产品的检测水平，编者根据多年的生产和教学实践。根据生产中经常遇到的机械产品检测问题编写了本书。内容包括公差与配合、常用测量仪器的分类和使用、零件形状和位置误差的检测、尺寸精度和表面粗糙度的检测、常用机械零件的检测、用常用量具检测普通机床等。

　　本书的主要特点是根据常用机械零件的结构，将零件分为轴类零件、套类零件、盘类零件、叉架类零件、箱体类零件、孔类零件、沟槽类零件、齿轮类零件、螺纹类零件、成型面类零件、角度与锥度类零件，依据零件的技术条件和要求（主要是几何精度要求即尺寸、形状、相互位置等精度）对零件进行检测。采用了对每个零件分别进行技术条件分析、检测量具的选用、尺寸精度、形状和位置精度、表面粗糙度的检测的编写方法。第二版修订主要增加数控机床的精度检验、数控加工零件的精度检验，并且对公差配合、表面粗糙度等内容按照最新标准进行了更新。内容新颖，易懂易用，由浅入深，收录了很多检测的方法并列举了大量的实例，便于读者学习掌握，按本书实例读者能够付诸实践。

　　本书深入浅出，内容丰富，详简得当，适用于从事机械加工工程技术人员、技术工人、检验人员查阅和使用，同时也可以作为大、中专院校、职业技术院校的学生在生产实习和实践中的参考用书。

　　参加本书编写的有周湛学、赵小明、雒运强。其中第 1 章、第 2 章、第 3 章、第 4 章、第 6 章由周湛学和雒运强编写；第 5 章由周湛学和赵小明编写。全书由周湛学统稿。特别感谢傅卫在本书的编写中给予的鼓励和帮助！同时也感谢郑惠萍、尹成湖、郑海起、张利平、吴书迎、张英、马海荣、张武坤、张冰、赵彤、孔瓦玲、连平等老师在本书资料收集和编写过程中给予的帮助！

　　由于编者水平有限，书中难免存在不妥之处，恳求读者批评指正。

编　者

目 录

CONTENTS

Chapter 3

第3章　形状和位置误差的检测 ········ 121

Chapter 4

第4章　尺寸精度和表面粗糙度的检测 ··· 167

Chapter ⑤

第5章　常用机械零件的检测实例 ···· 183

第1章

公差与配合

公差与配合是为实现机器零件具有互换性以便在装配时不经选择和修配就能达到预期的配合性质的技术制度。互换性要求零件的尺寸保持在一个合理的范围内。在机械加工中高素质劳动者应该掌握必要的极限与配合的基本知识，几何量测量的基本知识及检测产品的基本技能。

1.1 尺寸公差与配合

1.1.1 公差的概念

（1）零件的互换性 在机械制造中，孔与轴的配合是最广泛的结合形式。例如，把衬套和轴装配起来，最理想的是任取一根轴和一件衬套就能顺利地装配好。如果零件具备这样的性质，就可以说零件具有互换性。

（2）公差 为使零件具有互换性，最理想的状态是加工零件时保证尺寸丝毫不差。由于零件在加工过程中受机床精度、加工者的技术水平和测量准确性的限制，所以零件的尺寸不可能达到绝对准确。为了满足零件的互换性要求，对于零件的加工尺寸给出了一个变动的范围，允许尺寸在一定范围内变动。把这个允许尺寸变动的范围称为公差。

1.1.2 基本术语

（1）尺寸 用特定单位表示长度值的数字。在机械设计与机械加工中，常选用毫米（mm）作为尺寸单位。

（2）基本尺寸 设计时给定的尺寸称为基本尺寸，如尺寸

"$\phi50^{+0.056}_{+0.017}$"、"$\phi80\pm0.125$"中的"50"、"80"，如图1-1(b)中的"$\phi30$"，就是基本尺寸。

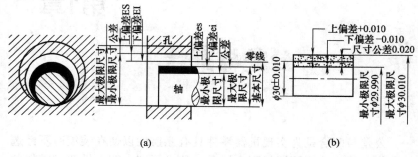

图 1-1　公差与配合基本术语

(3) 实际尺寸　零件加工后实际测量所得的尺寸。实际尺寸在最大极限尺寸与最小极限尺寸之间，说明零件合格。

(4) 极限尺寸　极限尺寸是指允许尺寸变化的两个界限值。允许的最大尺寸称为最大极限尺寸（孔用 D_{max} 表示，轴用 d_{max} 表示），允许的最小尺寸称为最小极限尺寸（孔用 D_{min} 表示，轴用 d_{min} 表示）。它们是以基本尺寸为基数来确定的。图 1-1(b) 中的"$\phi30.010$"为最大极限尺寸，"$\phi29.990$"为最小极限尺寸。

(5) 尺寸偏差（简称偏差）　尺寸偏差是某一尺寸减其基本尺寸所得的代数差。最大极限尺寸减其基本尺寸的代数差称为上偏差（孔用 ES 表示，轴用 es 表示）。如图 1-1(b) 中的 $\phi30.010-\phi30=+0.010$。最小极限尺寸减其基本尺寸的代数差称为下偏差（孔用 EI 表示，轴用 ei 表示）。如 $\phi29.990-\phi30=-0.010$。

(6) 实际偏差　实际尺寸减其基本尺寸所得的代数差。

(7) 尺寸公差（简称公差）　尺寸公差是允许尺寸的变动量。公差等于最大极限尺寸与最小极限尺寸或上偏差与下偏差代数差的绝对值，即

公差＝最大极限尺寸－最小极限尺寸＝｜上偏差－下偏差｜

孔公差用 T_D 表示，轴公差用 T_d 表示。公差不可能为零，且均为正值。

　图解机械零件加工精度测量及实例

例 1-1 图 1-2 所示为阶梯轴，指出各尺寸的偏差，计算各尺寸的极限尺寸和公差。

解 计算结果见表 1-1。

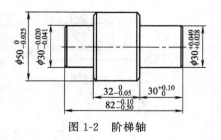

图 1-2 阶梯轴

表 1-1 阶梯轴各尺寸的极限尺寸和公差   mm

序号	尺寸	上偏差	下偏差	最大极限尺寸	最小极限尺寸	公　差
1	$\phi30^{+0.049}_{+0.028}$	es=+0.049	ei=+0.028	30.049	30.028	$T=30.049-30.028=0.021$ 或 $T=0.049-0.028=0.021$
2	$\phi30^{-0.020}_{-0.041}$	es=−0.020	ei=−0.041	29.980	29.959	$T=29.980-29.959=0.021$ 或 $T=-0.020-(-0.041)=0.021$
3	$\phi50^{0}_{-0.025}$	es=0	ei=−0.025	50	49.975	$T=50-49.975=0.025$ 或 $T=0-(-0.025)=0.025$
4	$30^{+0.10}_{0}$	es=+0.10	ei=0	30.10	30	$T=30.10-30=0.10$ 或 $T=0.10-0=0.10$
5	$32^{0}_{-0.05}$	es=0	ei=−0.05	32	31.95	$T=32-31.95=0.05$ 或 $T=0-(-0.05)=0.05$
6	$82^{-0.10}_{-0.50}$	es=−0.10	ei=−0.50	81.90	81.50	$T=81.90-81.50=0.40$ 或 $T=-0.10-(-0.50)=0.40$

（8）公差带图　为了方便分析，将尺寸公差与基本尺寸的关系，按放大比例画成简图，即为公差带图，如图 1-3 所示。在公差带图中，确定偏差的一条基准直线（即偏差线）称为零线。通常零线表示基本尺寸。零线上方为正偏差，下方为负偏差。上、下偏差两条平行线之间的区域称为公差带。

① 公差带由公差带大小和公差带位置两个基本要素组成；公差带的大小由标准公差确定，公差带的位置由基本偏差

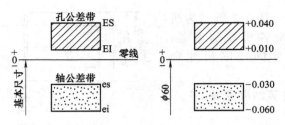

图 1-3 公差带图

确定。

　　② 公差带图中，由上、下偏差线段所确定的一个区域称为尺寸公差带，简称公差带。为了区别孔与轴的公差带，用斜线表示孔的公差带，用点表示轴的公差带。

　　（9）标准公差　标准公差是国家标准中表列的用来确定公差带大小的任一公差值，见表 1-2。

　　（10）标准公差等级　标准公差等级是确定尺寸精确程度的等级。国家标准规定标准公差等级分为 20 级。标准公差用符号 IT 表示，公差等级的代号用阿拉伯数字表示，即 IT01、IT0、IT1、IT2、…、IT18。从 IT01～IT18 等级依次降低，公差数值依次增大。其中 IT01 最为精确，IT18 最为粗糙。

　　（11）基本偏差　基本偏差是用来确定公差带相对于零线位置的上偏差或下偏差，把靠近零线的偏差称为基本偏差，如图 1-4 所示。基本偏差用拉丁字母表示，大写字母代表孔，小写字母代表轴。当公差带位于零线上方时，其基本偏差为下偏差；当公差带位于零线下方时，其基本偏差为上偏差。当上偏差与下偏差绝对值相等时，关于零线对称，可用 $+IT/2$ 或 $-IT/2$ 表示基本偏差。

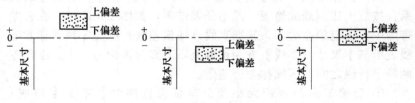

图 1-4 基本偏差

表 1-2　标准公差值（GB/T 1800.3—2009）

基本尺寸/mm	标准公差等级																			
	μm												mm							
	IT01	IT0	IT1	IT2	IT3	IT4	IT5	IT6	IT7	IT8	IT9	IT10	IT11	IT12	IT13	IT14	IT15	IT16	IT17	IT18
≤3	0.3	0.5	0.8	1.2	2	3	4	6	10	14	25	40	60	0.10	0.14	0.25	0.40	0.60	1.0	1.4
>3~6	0.4	0.6	1	1.5	2.5	4	5	8	12	18	30	48	75	0.12	0.18	0.30	0.48	0.75	1.2	1.8
>6~10	0.4	0.6	1	1.5	2.5	4	6	9	15	22	36	58	90	0.15	0.22	0.36	0.58	0.90	1.5	2.2
>10~18	0.5	0.8	1.2	2	3	5	8	11	18	27	43	70	110	0.18	0.27	0.43	0.70	1.10	1.8	2.7
>18~30	0.6	1	1.5	2.5	4	6	9	13	21	33	52	84	130	0.21	0.33	0.52	0.84	1.30	2.1	3.3
>30~50	0.6	1	1.5	2.5	4	7	11	16	25	39	62	100	160	0.25	0.39	0.62	1.00	1.60	2.5	3.9
>50~80	0.8	1.2	2	3	5	8	13	19	30	46	74	120	190	0.30	0.46	0.74	1.20	1.90	3.0	4.6
>80~120	1	1.5	2.5	4	6	10	15	22	35	54	87	140	220	0.35	0.54	0.87	1.40	2.20	3.5	5.4
>120~180	1.2	2	3.5	5	8	12	18	25	40	63	100	160	250	0.40	0.63	1.00	1.60	2.50	4.0	6.3
>180~250	2	3	4.5	7	10	14	20	29	46	72	115	185	290	0.46	0.72	1.15	1.85	2.90	4.6	7.2
>250~315	2.5	4	6	8	12	16	23	32	52	81	130	210	320	0.52	0.81	1.30	2.10	3.20	5.2	8.1
>315~400	3	5	7	9	13	18	25	36	57	89	140	230	360	0.57	0.89	1.40	2.30	3.60	5.7	8.9
>400~500	4	6	8	10	15	20	27	40	63	97	155	250	400	0.63	0.97	1.55	2.50	4.00	6.3	9.7
>500~630			9	11	16	22	32	44	70	110	175	280	440	0.7	1.1	1.75	2.8	4.4	7	11
>630~800			10	13	18	25	36	50	80	125	200	320	500	0.8	1.25	2	3.2	5	8	12.5
>800~1000			11	15	21	28	40	56	90	140	230	360	560	0.9	1.4	2.3	3.6	5.6	9	14
>1000~1250			13	18	24	33	47	66	105	165	260	420	660	1.05	1.65	2.6	4.2	6.6	10.5	16.5
>1250~1600			15	21	29	39	55	78	125	195	310	500	780	1.25	1.95	3.1	5	7.8	12.5	19.5
>1600~2000			18	25	35	46	65	92	150	230	370	600	920	1.5	2.3	3.7	6	9.2	15	23
>2000~2500			22	30	41	55	78	110	175	280	440	700	1100	1.75	2.8	4.4	7	11	17.5	28
>2500~3150			26	36	50	68	96	135	210	330	540	860	1350	2.1	3.3	5.4	8.6	13.5	21	33

注：基本尺寸小于 1mm 时，无 IT14~IT18。

（12）**基本偏差代号及其特点**　国家对孔和轴分别规定了 28 种基本偏差。每种基本偏差用一个或两个拉丁字母表示，称为基本偏差代号。孔的基本偏差代号采用大写字母；轴的基本偏差代号采用小写字母。在 26 个拉丁字母中，去掉了易与其它含义混淆的 5 个字母：I、L、O、Q、W，同时增加 7 个双写字母代号：CD、EF、FG、JS、ZA、ZB、ZC。28 种基本偏差代号，反映了孔、轴各 28 种公差带位置，构成的基本偏差系列图，如图 1-5 所示。

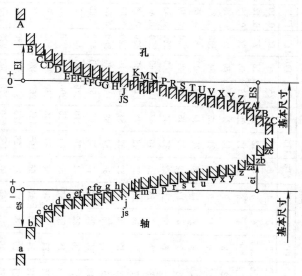

图 1-5　孔、轴基本偏差系列图

图 1-5 中各公差带只画出基本偏差一端，另一端取决于标准公差数值的大小。

轴的基本偏差数值由表 1-3 查得，孔的基本偏差数值由表 1-4 查得。

1.1.3　配合

配合是指基本尺寸相同的相互结合的孔和轴公差带之间的关系。公差带决定轴在孔中的松紧程度，根据使用要求确定。配合的种类及轴与孔配合的公差带的相对位置见表 1-5。

表 1-3　轴的基本偏差数值（摘要）

μm

基本偏差		上偏差（es）												下偏差（ei）		
		a	b	c	cd	d	e	ef	f	fg	g	h	js	j		
基本尺寸 /mm		所 有 等 级													5,6	7	8
公 差 等 级																	
大于	至																
—	3	−270	−140	−60	−34	−20	−14	−10	−6	−4	−2	0	偏差＝ ±$\dfrac{IT}{2}$	−2	−4	−6
3	6	−270	−140	−70	−46	−30	−20	−14	−10	−6	−4	0		−2	−4	—
6	10	−280	−150	−80	−56	−40	−25	−18	−13	−8	−5	0		−2	−5	—
10	14	−290	−150	−95	—	−50	−32	—	−16	—	−6	0		−3	−6	—
14	18															
18	24	−300	−160	−110	—	−65	−40	—	−20	—	−7	0		−4	−8	—
24	30															
30	40	−310	−170	−120	—	−80	−50	—	−25	—	−9	0		−5	−10	—
40	50	−320	−180	−130												
50	65	−340	−190	−140	—	−100	−60	—	−30	—	−10	0		−7	−12	—
65	80	−360	−200	−150												
80	100	−380	−220	−170	—	−120	−72	—	−36	—	−12	0		−9	−15	—
100	120	−410	−240	−180												
120	140	−460	−260	−200	—	−145	−85	—	−43	—	−14	0		−11	−18	—
140	160	−520	−280	−210												
160	180	−580	−310	−230												
180	200	−660	−340	−240	—	−170	−100	—	−50	—	−15	0		−13	−21	—
200	225	−740	−380	−260												
225	250	−820	−420	−280												

下偏差(ei)　公差等级　所有公差等级

基本尺寸/mm 大于	至	k (4~7)	k (≤3 >7)	m	n	p	r	s	t	u	v	x	y	z	za	zb	zc
—	3	0	0	+2	+4	+6	+10	+14	—	+18	—	+20	—	+26	+32	+40	+60
3	6	+1	0	+4	+8	+12	+15	+19	—	+23	—	+28	—	+35	+42	+50	+80
6	10	+1	0	+6	+10	+15	+19	+23	—	+28	—	+34	—	+42	+52	+67	+97
10	14	+1	0	+7	+12	+18	+23	+28	—	+33	—	+40	—	+50	+64	+90	+130
14	18	+1	0	+7	+12	+18	+23	+28	—	+33	+39	+45	—	+60	+77	+108	+150
18	24	+2	0	+8	+15	+22	+28	+35	—	+41	+47	+54	+63	+73	+98	+136	+188
24	30	+2	0	+8	+15	+22	+28	+35	+41	+48	+55	+64	+75	+88	+118	+160	+218
30	40	+2	0	+9	+17	+26	+34	+43	+48	+60	+68	+80	+94	+112	+148	+200	+274
40	50	+2	0	+9	+17	+26	+34	+43	+54	+70	+81	+97	+114	+136	+180	+242	+325
50	65	+2	0	+11	+20	+32	+41	+53	+66	+87	+102	+122	+144	+172	+226	+300	+405
65	80	+2	0	+11	+20	+32	+43	+59	+75	+102	+120	+146	+174	+210	+274	+360	+480
80	100	+3	0	+13	+23	+37	+51	+71	+91	+124	+146	+178	+214	+258	+335	+445	+585
100	120	+3	0	+13	+23	+37	+54	+79	+104	+144	+172	+210	+254	+310	+400	+525	+690
120	140	+3	0	+15	+27	+43	+63	+92	+122	+170	+202	+248	+300	+365	+470	+620	+800
140	160	+3	0	+15	+27	+43	+65	+100	+134	+190	+228	+280	+340	+415	+535	+700	+900
160	180	+3	0	+15	+27	+43	+68	+108	+146	+210	+252	+310	+380	+465	+600	+780	+1000
180	200	+4	0	+17	+31	+50	+77	+122	+166	+236	+284	+350	+425	+520	+670	+880	+1150
200	225	+4	0	+17	+31	+50	+80	+130	+180	+258	+310	+385	+470	+575	+740	+960	+1250
225	250	+4	0	+17	+31	+50	+84	+140	+196	+284	+340	+425	+520	+640	+820	+1050	+1350

注：1. 基本尺寸小于1mm时，各级的 a 和 b 均不采用。

2. js 的数值对 IT7~IT11，若 IT 的数值（μm）为奇数，则取 js=±$\frac{IT-1}{2}$。

表 1-4　孔的基本偏差数值（摘要）

μm

下偏差 (EI)：A～H 为所有等级（公差等级）；JS 偏差 = ±IT/2；J 列为公差等级 6、7、8。

基本尺寸/mm 大于	至	A	B	C	CD	D	E	EF	F	FG	G	H	JS	J6	J7	J8
—	3	+270	+140	+60	+34	+20	+14	+10	+6	+6	+2	0		+2	+4	+6
3	6	+270	+140	+70	+46	+30	+20	+14	+10	+6	+4	0		+5	+6	+10
6	10	+280	+150	+80	+56	+40	+25	+18	+13	+8	+5	0		+5	+8	+12
10	14	+290	+150	+95	—	+50	+32	—	+16	—	+6	0		+6	+10	+15
14	18	+290	+150	+95	—	+50	+32	—	+16	—	+6	0		+6	+10	+15
18	24	+300	+160	+110	—	+65	+40	—	+20	—	+7	0	偏差 = ±IT/2	+8	+12	+20
24	30	+300	+160	+110	—	+65	+40	—	+20	—	+7	0		+8	+12	+20
30	40	+310	+170	+120	—	+80	+50	—	+25	—	+9	0		+10	+14	+24
40	50	+320	+180	+130	—	+80	+50	—	+25	—	+9	0		+10	+14	+24
50	65	+340	+190	+140	—	+100	+60	—	+30	—	+10	0		+13	+18	+28
65	80	+360	+200	+150	—	+100	+60	—	+30	—	+10	0		+13	+18	+28
80	100	+380	+220	+170	—	+120	+72	—	+36	—	+12	0		+16	+22	+34
100	120	+410	+240	+180	—	+120	+72	—	+36	—	+12	0		+16	+22	+34
120	140	+460	+260	+200	—	+145	+85	—	+43	—	+14	0		+18	+26	+41
140	160	+520	+280	+210	—	+145	+85	—	+43	—	+14	0		+18	+26	+41
160	180	+580	+310	+230	—	+145	+85	—	+43	—	+14	0		+18	+26	+41
180	200	+660	+340	+240	—	+170	+100	—	+50	—	+15	0		+22	+30	+47
200	225	+740	+380	+260	—	+170	+100	—	+50	—	+15	0		+22	+30	+47
225	250	+820	+420	+280	—	+170	+100	—	+50	—	+15	0		+22	+30	+47

基本偏差　　上偏差(ES)　　公差等级

基本尺寸/mm		K		M		N		P至ZC	P	R	S	T	U	V	X	Y	Z	ZA	ZB	ZC	Δ					
大于	至	≤8	>8	≤8	>8	≤8	>8	≤7	>7				公差等级									3	4	5	6	7	8
—	3	0	0	-2	-2	-4	-4		-6	-10	-14	—	-18	—	-20	—	-26	-32	-40	-60				0		
3	6	-1+Δ	—	-4+Δ	-4	-8+Δ	0		-12	-15	-19	—	-23	—	-28	—	-35	-42	-50	-80	1	1.5	1	3	4	6
6	10	-1+Δ	—	-6+Δ	-6	-10+Δ	0		-15	-19	-23	—	-28	—	-34	—	-42	-52	-67	-97	1	1.5	2	3	6	7
10	14	-1+Δ	—	-7+Δ	-7	-12+Δ	0		-18	-23	-28	—	-33	—	-40	—	-50	-64	-90	-130	1	2	3	3	7	9
14	18	-1+Δ	—	-7+Δ	-7	-12+Δ	0		-18	-23	-28	—	-33	-39	-45	—	-60	-77	-108	-150	1	2	3	3	7	9
18	24	-2+Δ	—	-8+Δ	-8	-15+Δ	0	在大于7级相应数值上增加一个Δ值	-22	-28	-35	—	-41	-47	-54	-63	-73	-98	-136	-188	1.5	2	3	4	8	12
24	30	-2+Δ	—	-8+Δ	-8	-15+Δ	0		-22	-28	-35	-41	-48	-55	-64	-75	-88	-118	-160	-218	1.5	2	3	4	8	12
30	40	-2+Δ	—	-9+Δ	-9	-17+Δ	0		-26	-34	-43	-48	-60	-68	-80	-94	-112	-148	-200	-274	1.5	3	4	5	9	14
40	50	-2+Δ	—	-9+Δ	-9	-17+Δ	0		-26	-34	-43	-54	-70	-81	-97	-114	-136	-180	-242	-325	1.5	3	4	5	9	14
50	65	-2+Δ	—	-11+Δ	-11	-20+Δ	0		-32	-41	-53	-66	-87	-102	-122	-144	-172	-226	-300	-405	2	3	5	6	11	16
65	80	-2+Δ	—	-11+Δ	-11	-20+Δ	0		-32	-43	-59	-75	-102	-120	-146	-174	-210	-274	-360	-480	2	3	5	6	11	16
80	100	-3+Δ	—	-13+Δ	-13	-23+Δ	0		-37	-51	-71	-91	-124	-146	-178	-214	-258	-335	-445	-585	2	4	5	7	13	19
100	120	-3+Δ	—	-13+Δ	-13	-23+Δ	0		-37	-54	-79	-104	-144	-172	-210	-254	-310	-400	-525	-690	2	4	5	7	13	19
120	140	-3+Δ	—	-15+Δ	-15	-27+Δ	0		-43	-63	-92	-122	-170	-202	-248	-300	-365	-470	-620	-800	3	4	6	7	15	23
140	160	-3+Δ	—	-15+Δ	-15	-27+Δ	0		-43	-65	-100	-134	-190	-228	-280	-340	-415	-535	-700	-900	3	4	6	7	15	23
160	180	-3+Δ	—	-15+Δ	-15	-27+Δ	0		-43	-68	-108	-146	-210	-252	-310	-380	-465	-600	-780	-1000	3	4	6	7	15	23
180	200	-4+Δ	—	-17+Δ	-17	-31+Δ	0		-50	-77	-122	-166	-236	-284	-350	-425	-520	-670	-880	-1150	3	4	6	9	17	26
200	225	-4+Δ	—	-17+Δ	-17	-31+Δ	0		-50	-80	-130	-180	-258	-310	-385	-470	-575	-740	-960	-1250	3	4	6	9	17	26
225	250	-4+Δ	—	-17+Δ	-17	-31+Δ	0		-50	-84	-140	-196	-284	-340	-425	-520	-640	-820	-1050	-1350	3	4	6	9	17	26

注：1. 基本尺寸小于1mm时，各级的A和B及大于8级的N均不采用。

2. JS的数值，对IT7～IT11，若IT的数值（μm）为奇数，则取数值 $JS=\pm\frac{IT-1}{2}$。

3. 对小于或等于IT8的K、M、N和小于或等于IT7的P～ZC，所需Δ值从表内右侧栏选取。例如，大于6～10mm的P6，Δ=3，所以ES=(-15+3)μm=-12μm。

表 1-5　配合的种类及轴与孔配合的公差带相对位置

配合种类	公差带图
间隙配合	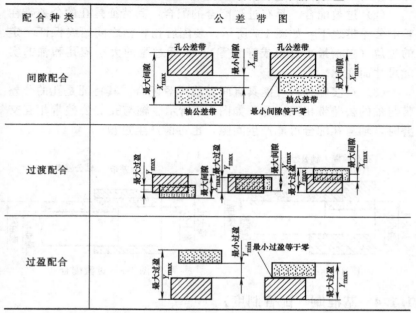
过渡配合	
过盈配合	

　　孔的尺寸减去相配合的轴的尺寸所得的代数差，此差值为正表示间隙，差值为负表示过盈。

　　根据孔、轴公差带之间的相互关系，国家标准中规定配合可分为间隙配合、过盈配合和过渡配合三种。

　　(1) 间隙配合　具有间隙配合的配合，其特征是孔的公差带在轴的公差带之上，如图 1-6 所示，装配后孔和轴之间始终保证一定的间隙（包括最小间隙或等于零）。由于孔和轴都有公差，所以实

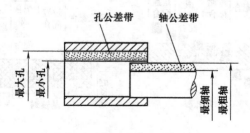

图 1-6　间隙配合

际间隙的大小随孔和轴的实际尺寸而变化。

（2）过盈配合　具有过盈配合的配合，其特征是孔的公差带在轴的公差带之下，如图 1-7 所示，装配后孔和轴之间始终保证一定的过盈（包括最小过盈或等于零）。实际过盈的大小随孔和轴的实际尺寸而变化。

（3）过渡配合　可能具有间隙或过盈配合。其特征是孔的公差带与轴的公差带相互交叠，如图 1-8 所示。轴与孔的公差带相互交叠时，轴与孔配合可能产生间隙，也可能产生过盈。

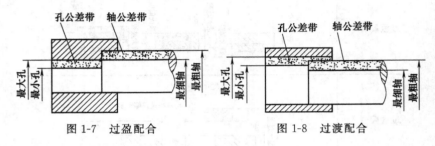

图 1-7　过盈配合　　　　　　图 1-8　过渡配合

1.1.4　基准制（配合制度）

国家标准对配合规定了基孔制和基轴制两种基准制。

（1）基孔制（H）　基本偏差为一定的孔的公差带，与不同基本偏差的轴的公差带形成各种配合的一种制度。基孔制的孔为基准孔。它的公差带在零线上方，且基本偏差为零，如图 1-9 所示。

（2）基轴制（h）　基本偏差为一定的轴的公差带，与不同基

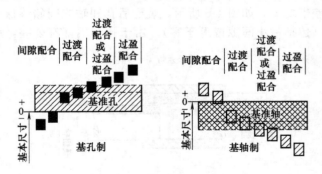

图 1-9　基准制及其公差带图

　图解机械零件加工精度测量及实例

本偏差的孔的公差带形成各种配合的一种制度。基孔制的轴为基准轴。它的公差带在零线下方，且基本偏差为零，如图1-9所示。

（3）常用和优先的公差带与配合　GB/T 1801—2009对孔、轴规定了一般、常用和优先公差带，如图1-10、图1-11所示。

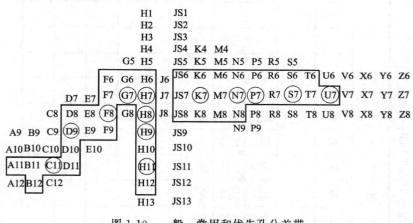

图1-10　一般、常用和优先孔公差带

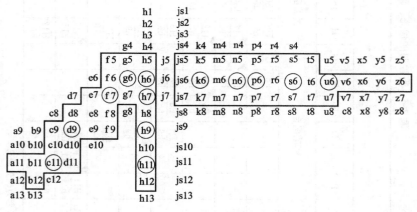

图1-11　一般、常用和优先轴公差带

　　图中列出的为一般公差带，方框内为常用公差带，圆圈内为优先公差带。选用公差带时，应按优先、常用、一般公差带的顺序选取。若一般公差带中也没有满足要求的，则按 GB/T 1800.4—

表 1-6　基轴制的优先、常用配合（GB/T 1801—2009）

孔

基准轴	A	B	C	D	E	F	G	H	JS	K	M	N	P	R	S	T	U	V	X	Y	Z
h5						F6/h5	G6/h5	H6/h5	JS6/h5	K6/h5	M6/h5	N6/h5	P6/h5	R6/h5	S6/h5	T6/h5					
h6						F7/h6	G7/h6	▼H7/h6	JS7/h6	▼K7/h6	M7/h6	▼N7/h6	▼P7/h6	R7/h6	▼S7/h6	T7/h6	▼U7/h6				
h7					E8/h7	▼F8/h7		H8/h7	JS8/h7	K8/h7	M8/h7	N8/h7									
h8				D8/h8	E8/h8	F8/h8		▼H8/h8													
h9				▼D9/h9	E9/h9	F9/h9		▼H9/h9													
h10				D10/h10				H10/h10													
h11	A11/h11	B11/h11	▼C11/h11	D11/h11				▼H11/h11													
h12		B12/h12						H12/h12													

间隙配合　　过渡配合　　过盈配合

注：注▼符号者为优先配合。

14　图解机械零件加工精度测量及实例

表 1-7 基孔制的优先、常用配合 (GB/T 1801—2009)

基准孔	a	b	c	d	e	f	g	h	js	k	m	n	p	r	s	t	u	v	x	y	z
					间隙配合			过渡配合				过盈配合									
H6							H6/g5	H6/h5	H6/js5	H6/k5	H6/m5	H6/n5	H6/p5	H6/r5	H6/s5	H6/t5					
H7						H7/f6	H7/g6	H7/h6	H7/js6	H7/k6	H7/m6	H7/n6	H7/p6	H7/r6	H7/s6	H7/t6	H7/u6	H7/v6	H7/x6	H7/y6	H7/z6
H8					H8/e7	H8/f7	H8/g7	H8/h7	H8/js7	H8/k7	H8/m7	H8/n7	H8/p7	H8/r7	H8/s7	H8/t7	H8/u7				
				H8/d8	H8/e8	H8/f8		H8/h8													
H9			H9/c9	H9/d9	H9/e9	H9/f9		H9/h9													
H10			H10/c10	H10/d10				H10/h10													
H11	H11/a11	H11/b11	H11/c11	H11/d11				H11/h11													
H12		H12/b12						H12/h12													

轴

注: 1. $\frac{H6}{n5}$、$\frac{H7}{p6}$ 在基本尺寸小于或等于3mm 和 $\frac{H8}{r7}$ 在小于或等于100mm 时，为过渡配合。

2. 标准▼的配合为优先配合。

2009 中规定的标准公差和基本偏差组成的公差带来选取，必要时还可考虑用延伸和插入的方法来确定新的公差带。

GB/T 1801—2009 又规定基孔制常用配合 59 种，优先配合 13 种（表 1-7）；基轴制常用配合 47 种，优先配合 13 种（表 1-6）。

1.1.5 公差与配合举例

例 1-2 求下列三种孔、轴配合的基本尺寸，上、下偏差，公差，配合公差，最大、最小极限尺寸，最大、最小间隙或过盈，说明其配合性质和采用的基准制。

(1) 孔 $\phi25^{+0.021}_{0}$ mm 与轴 $\phi25^{-0.020}_{-0.033}$ mm 相配合。

(2) 孔 $\phi25^{+0.021}_{0}$ mm 与轴 $\phi25^{+0.041}_{+0.028}$ mm 相配合。

(3) 孔 $\phi25^{+0.021}_{0}$ mm 与轴 $\phi25^{+0.015}_{+0.002}$ mm 相配合。

解 计算结果列于表 1-8 中。

表 1-8　计算结果

计 算 项 目	(1)		(2)		(3)	
	孔	轴	孔	轴	孔	轴
基本尺寸	25	25	25	25	25	25
上偏差 ES(es)	+0.021	−0.020	+0.021	+0.041	+0.021	+0.015
下偏差 EI(ei)	0	−0.033	0	+0.028	0	+0.002
最大极限尺寸 $D_{max}(d_{max})$	25.021	24.980	25.021	25.041	25.021	25.015
最小极限尺寸 $D_{min}(d_{min})$	25	24.967	25	25.028	25	25.002
公差	0.021	0.013	0.021	0.013	0.021	0.013
配合公差 T_f	0.034		0.034		0.034	
最大间隙（X_{max}）〔或最大过盈（Y_{max}）〕	+0.054		−0.041		+0.019	
最小间隙（X_{min}）〔或最大过盈（Y_{min}）〕	+0.020		−0.007		−0.015	
配合类别	间隙配合		过盈配合		过渡配合	
基准制	基孔制		基孔制		基孔制	

例 1-3 设计一孔，其直径的基本尺寸是 $\phi50\text{mm}$，最大极限尺寸 $\phi50.048\text{mm}$，最小极限尺寸 $\phi50.009\text{mm}$，如图 1-12 所示，求孔的上、下偏差。

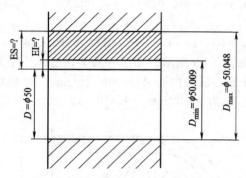

图 1-12 求孔的上、下偏差示意图

解 孔的上偏差：

$$\text{ES} = D_{\max} - D = 50.048 - 50 = +0.048 \text{ (mm)}$$

孔的下偏差：

$$\text{EI} = D_{\min} - D = 50.009 - 50 = +0.009 \text{ (mm)}$$

例 1-4 求轴 $\phi25^{-0.007}_{-0.020}$ 的尺寸公差。

解 轴的最大直径：

$$d_{\max} = 25 + (-0.007) = 24.993 \text{ (mm)}$$

轴的最小直径：

$$d_{\min} = 25 + (-0.020) = 24.980 \text{ (mm)}$$

所以，轴的尺寸公差为：

$$T_d = d_{\max} - d_{\min} = 24.993 - 24.980 = +0.013 \text{ (mm)}$$

例 1-5 已知 $\phi25^{+0.021}_{0}$ 的孔与 $\phi25^{-0.020}_{-0.033}$ 的轴相配合，求最大间隙和最小间隙？

解 最大间隙：

$$X_{\max} = \text{ES} - ei = +0.021 - (-0.033) = +0.054 \text{ (mm)}$$

最小直径：

$$X_{\min} = \text{EI} - es = 0 - (-0.020) = +0.020 \text{ (mm)}$$

例 1-6　已知 $\phi 50^{+0.025}_{0}$ 的孔与 $\phi 50^{+0.018}_{+0.002}$ 的轴相配合，求最大间隙和最大过盈？

解　最大间隙：

$$X_{\max}=\mathrm{ES}-\mathrm{ei}=+0.025-(+0.002)=+0.023\ (\mathrm{mm})$$

最大过盈：

$$X_{\min}=\mathrm{EI}-\mathrm{es}=0-(+0.018)=-0.018\ (\mathrm{mm})$$

例 1-7　如图 1-13 所示，加工一圆套，已知工序为：先车外圆 $A_1=\phi 70^{-0.04}_{-0.08}\mathrm{mm}$，后镗内孔 $A_2=\phi 60^{+0.06}_{0}\mathrm{mm}$，并规定了内、外圆的同轴度公差 A_c 为 $\phi 0.02\mathrm{mm}$。求壁厚 A。

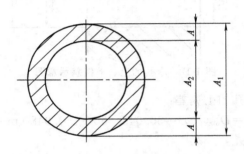

图 1-13　圆套尺寸

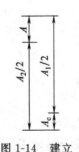

图 1-14　建立尺寸链

解　(1) 首先画出尺寸链图　由于一个尺寸链中只允许有一个封闭环，因此，相应的组成环（A_1、A_2）取其半值建立尺寸链，如图 1-14 所示。

(2) 确定尺寸链环的性质　显然，由于壁厚 A 是加工最后间接得到的尺寸，故为封闭环。同轴度公差 A_c 可作一线性尺寸处理，并可将其写成 $A_c=(0\pm 0.01)\mathrm{mm}$，由图 1-14 可知：$A_1/2$、$A_c$ 为增环；$A_2/2$ 为减环。

(3) 计算封闭环的基本尺寸

$$A=(A_1/2+A_c)-A_2/2=35+0-30=5\ (\mathrm{mm})$$

(4) 计算封闭环的上、下偏差

$$\mathrm{ES}=\sum_{Z=1}^{n}\mathrm{ES}_Z-\sum_{j=n+1}^{m}\mathrm{EI}_j=\mathrm{ES}_{A_1}/2+\mathrm{ES}_{A_c}-\mathrm{EI}_{A_2}/2$$

$$= -0.04/2 + 0.01 - 0 = -0.01 \text{ (mm)}$$

$$\text{EI} = \sum_{Z=1}^{n} \text{EI}_Z - \sum_{j=n+1}^{m} \text{ES}_j = \text{EI}_{A_1}/2 + \text{EI}_{A_c} - \text{ES}_{A_2}/2$$

$$= -0.08/2 - 0.01 - (+0.06/2) = -0.08 \text{ (mm)}$$

故壁厚 A 的公差为

$$T = |\text{ES} - \text{EI}| = |-0.01 - (-0.08)| = 0.07 \text{ (mm)}$$

则壁厚 $A = 5^{-0.01}_{-0.08}$ mm。

1.2 形状和位置公差

在生产中，按照设计的尺寸公差和表面粗糙度，可以加工出符合要求的零件来。但是零件的形状及相关要素的位置可能出现如图 1-15 所示的情况。图(a)、(b) 所示的是生产过程中形成的零件形状误差，图(c)、(d) 所示的是零件位置误差。

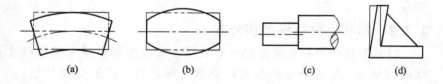

(a)   (b)   (c)   (d)

图 1-15 形状、位置误差

零件的形状误差是指实际形状对理想形状的变动量。

零件的位置误差是指实际要素对理想位置的变动量。

限制零件要素的形状和位置的变动量称为形状和位置公差，简称为形位公差。这些误差超过一定的限制会影响零件的互换性，会直接影响机器的工作精度和寿命。

在通常情况下，零件的形状、位置误差可以由尺寸公差、加工零件的机床精度和加工工艺来限制，从而获得质量保证。形位公差只是用于零件上某些有较高要求的部分。

1.2.1 常用基本术语

（1）要素 构成零件几何特征的点、线、面。其中，点包括圆

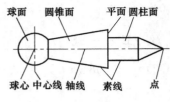

图 1-16 理想要素

心、球心、中心点、交点等；线包括直线、曲线、轴线、中心线；面包括平面、曲面、圆柱面、圆锥面、球面、中心面。

（2）理想要素　具有几何学意义的要素，如图 1-16 所示。

（3）实际要素　零件上实际存在的要素。其特征是由加工形成，有一定误差。在测量时，实际要素由测得数据描述。

（4）被测要素　给出了形状或位置公差的要素。

（5）基准要素　用来确定被测要素方向或（和）位置的要素。

（6）单一要素　仅对其本身给出了形状公差要求的要素。

（7）轮廓要素　零件轮廓上的点、线、面，即可触及的要素。

1.2.2　形状、位置误差和公差

（1）形状误差和形状公差　形状误差是指实际形状对理想形状的变动量。形状公差是指实际要素的形状所允许的变动全量。如图 1-17 所示，直线度公差与直线度误差，都是针对销轴的素线而言的，形状公差是设计时给定的，而形状误差是通过测量获得的。

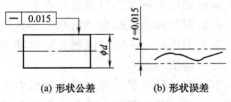

(a) 形状公差　　　　(b) 形状误差

图 1-17　销轴素线的直线度

（2）位置误差和位置公差　位置误差是指实际位置对理想位置的变动量。理想位置是指相对于基准的理想形状的位置而言的。位置公差是指实际要素的位置对基准所允许的变动全量。位置公差与位置误差所指的要素是相同的。如图 1-18 所示，平行度公差与平行度误差均是针对零件的顶面而言的，位置公差是设计时给定的，而位置误差是通过测量获得的。

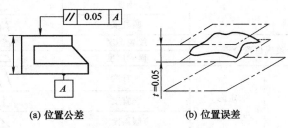

(a) 位置公差　　　　　　　　(b) 位置误差

图 1-18　顶面的平行度

（3）公差带和公差带的形状　公差带是由公差值确定的，它是限制实际形状或实际位置变动的区域。公差带的形状有两平行线、两等距曲线、两同心圆、一个圆、一个球、一个圆柱、两同轴圆柱、两平行平面、两等距曲面等。公差带的形状由要素的特征及对形位公差的要求确定，其主要形状如图 1-19 所示。

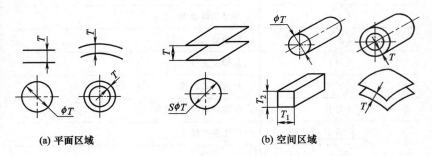

(a) 平面区域　　　　　　　　(b) 空间区域

图 1-19　形位公差带的主要形状

（4）形状公差和位置公差的符号
① 形位公差项目的名称、符号及分类见表 1-9。
② 形状公差和位置公差标注法见表 1-10。
③ 形状公差和位置公差示例说明见表 1-11。

表 1-9 形位公差项目的名称、符号及分类（GB/T 1182—2008）

分　类		项　目	基本符号
形状公差		直线度	▬
		平面度	▱
		圆度	○
		圆柱度	⌭
形状公差或位置公差		线轮廓度	⌒
		面轮廓度	⌓
位置公差	定向	平行度	∥
		垂直度	⊥
		倾斜度	∠
	定位	位置度	⌖
		同轴度（同心度）	◎
		对称度	⏻
	跳动	圆跳动	↗
		全跳动	↗↗

附　加　符　号		意　义
Ⓜ		最大实体要求
Ⓛ		最小实体要求
Ⓡ		可逆要求
Ⓟ		延伸公差带
Ⓕ		自由状态条件
Ⓔ		包容原则（单一要素）
⎿50⏌		理论正确尺寸
$\frac{\phi 20}{A1}$		基准目标
新标准已删除不用的符号	(+)	若被测要素有误差,则只许中间向材料外凸起
	(−)	若被测要素有误差,则只许中间向材料内凹下
	(◁)	若被测要素有误差,则只许按符号的(小端)方向逐渐减小
	(▷)	

表 1-10 形状和位置公差标注法

标注 示例	说　明
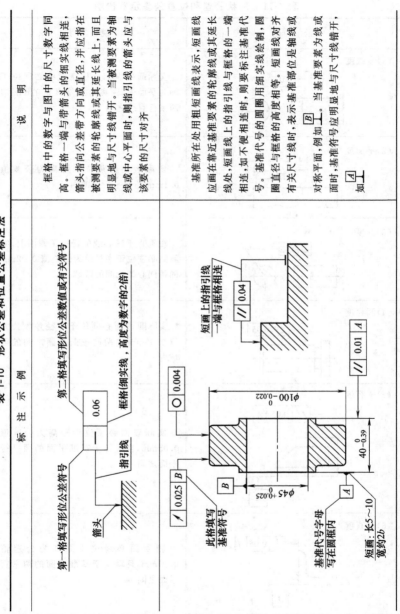	框格中的数字与图中的尺寸数字同高。框格一端与带箭头的细实线相连，并应指在箭头指向公差方向或其延长线上，而且被测要素的轮廓线或其延长线应为轴明显地与尺寸线错开。当被测要素为轴线或被测要素的中心平面时，则指引线应与该要素的尺寸线对齐
	基准所在处用短画线表示，短画线应画在靠近基准要素的轮廓线或其延长线处。短画线上的指引线与框格的一端相连，如不便相连，则要标注基准代号。基准代号框格用细实线绘制，圆圈直径与框格的高度相等。短画线部位是轴线或有关尺寸线时，表示基准要素为轴线或对称平面，例如 $\boxed{B}$。当基准要素为轴线或面时，基准符号应明显地与尺寸线错开，如 $\boxed{A}$

表 1-11 形状公差和位置公差示例说明

示　　例	说　　明
(1)直线度 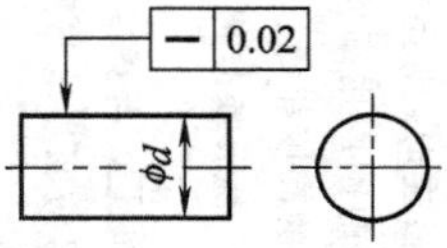	实际圆柱表面上任意素线必须位于轴向平面内,距离为公差值 0.02mm 的两平行直线之间
(2)平面度 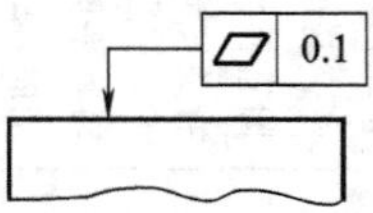	实际表面必须位于距离为公差值 0.1mm 的两平行平面内
(3)圆度 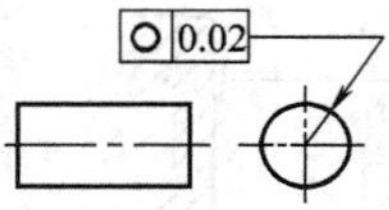	在垂直于轴心线的任一正截面上,实际圆必须位于半径差为公差值 0.02mm 的两同心圆之间的区域
(4)圆柱度 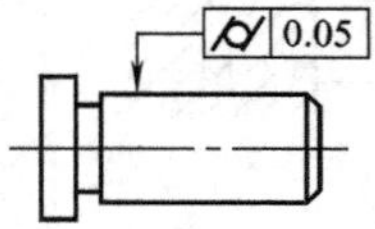	实际圆柱面必须位于半径差为公差值 0.05mm 的两同轴圆柱面之间的区域内
(5)平行度 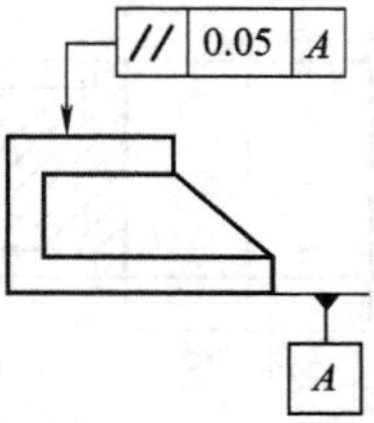	实际表面必须位于距离为公差值 0.05mm,且平行于基准平面的两平行平面之间
(6)垂直度 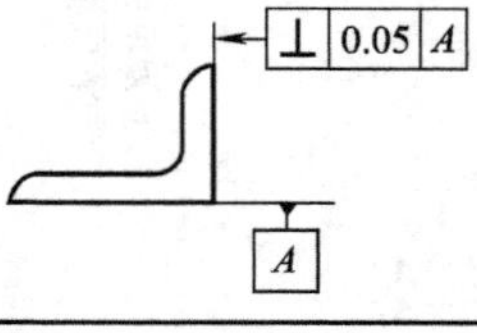	侧表面必须位于距离为公差值 0.05mm,且垂直于基准平面的两平行平面之间

　图解机械零件加工精度测量及实例

示　例	说　明

(7)同轴度

ϕd 的实际轴心线必须位于直径为公差值 0.1mm，且与基准轴心线同轴的圆柱面间

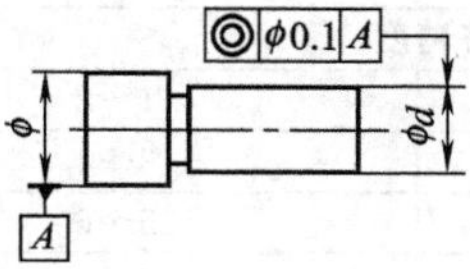

(8)对称度

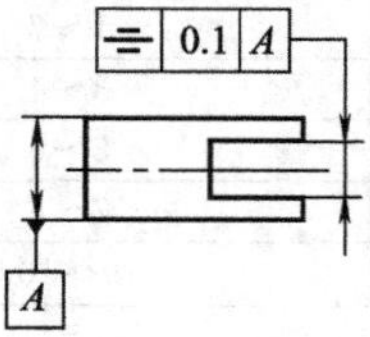

槽的实际中心面必须位于距离为公差值 0.1mm，且对于基准中心平面对称配置的两平行平面之间

(9)位置度

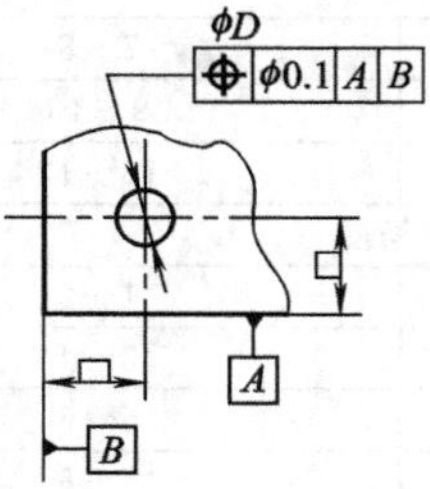

ϕD 的实际轴心线必须位于直径为公差值 0.1mm，且以相对基准 A、B 所确定的理想位置为轴线的圆柱面之内。□ 表示理论正确尺寸

(10)圆跳动

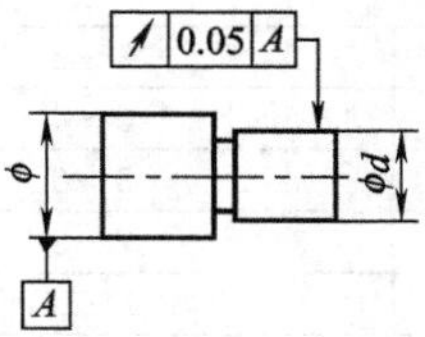

ϕd 的实际圆柱面绕基准轴心线无轴向移动地回转时，在任意测量平面内的径向跳动量不得大于公差值 0.05mm

1.2.3 各种加工方法能达到的形状和位置经济精度

各种加工方法能达到的形状和位置经济精度见表 1-12。

表 1-12 各种加工方法能达到的形状和位置经济精度

加 工 方 法	公 差 等 级
平面度和直线度的经济精度	
研磨、精密磨、精刮	1～2
研磨、精磨、刮	3～4
磨、刮、精车	5～6
粗磨、铣、刨、拉、车	7～8
铣、刨、车、插	9～10
各种粗加工	11～12
圆柱度的经济精度	
研磨、超精磨	1～2
研磨、珩磨、精密磨、金刚镗、精密车、精密镗	3～4
磨、珩、精车及精镗、精铰、拉	5～6
精车及精镗、铰、拉、精扩及钻孔	7～8
车、镗、钻	9～10
平行度的经济精度	
研磨、金刚石精密加工、精刮	1～2
研磨、珩磨、刮、精密磨	3～4
磨、坐标镗、精密铣、精密刨	5～6
磨、铣、刨、拉、镗、车	7～8
铣、镗、车，按导套钻、铰	9～10
各种粗加工	11～12
端面跳动和垂直度的经济精度	
研磨、精密磨、金刚石精密加工	1～2
研磨、精磨、精刮、精密车	3～4
磨、刮、珩、精刨、精铣、精镗	5～6
磨、铣、刨、刮、镗	7～8
车、半精铣、刨、镗	9～10
各种粗加工	11～12
同轴度的经济精度	
研磨、珩磨、精密磨、金刚石精密加工	1～2
精磨、精密车，一次装夹下的内圆磨、珩磨	3～4
磨、精车，一次装夹下的内圆磨及镗	5～6
粗磨、精车、镗、拉、铰	7～8
车、镗、钻	9～10
各种粗加工	11～12

轴心线相互平行的孔的位置经济精度

加 工 方 法		两孔轴心线的距离误差或自孔轴心线到平面的距离误差/mm
立钻或摇臂钻上钻孔	按划线	0.5～1.0
	用钻模	0.1～0.2
立钻或摇臂钻上镗孔	用镗模	0.05～0.1
车床上镗孔	按划线	1.0～3.0
	用角铁式夹具	0.1～0.3
坐标镗床上镗孔	用光学仪器	0.004～0.015
金刚石镗床上镗孔	—	0.008～0.02
多轴组合机床上镗孔	用镗模	0.05～0.2
卧式镗床上镗孔	按划线	0.4～0.6
	用游标卡尺	0.2～0.4
	用内径规或塞尺	0.05～0.25
	用镗模	0.05～0.08
	按定位器的指示读数	0.04～0.06
	用程序控制的坐标装置	0.04～0.05
	按定位样板	0.08～0.2
	用块规	0.05～0.1

轴心线相互垂直的孔的位置经济精度

加 工 方 法		在 100mm 长度上轴心线的垂直度/mm	轴心线的位移度/mm
立站上钻孔	按划线	0.5～1.0	0.5～2.0
	用钻模	0.1	0.5
铣床上镗孔	回转工作台	0.02～0.05	0.1～0.2
	万能分度头	0.05～0.1	0.3～0.5
多轴组合机床上镗孔	用镗模	0.02～0.05	0.01～0.03
卧式镗床上镗孔	按划线	0.5～1.0	0.5～2.0
	用镗模	0.04～0.2	0.02～0.06
	回转工作台	0.06～0.3	0.03～0.08
	带有百分表的回转工作台	0.05～0.15	0.05～0.1

1.3 表面粗糙度

表面粗糙度反映零件表面微观几何形状的误差。表面粗糙度是机械加工或者是用其他方法获得的零件表面，所存在的轮廓的微观不平度，不包括波纹度和形状偏差。它的特征可用表面粗糙度参数来表示。

1.3.1 表面粗糙度的概念

零件表面无论加工得多么精细，在放大镜下观察总是凸凹不平的，如图1-20所示。这种加工表面上具有的较小间距和峰谷所组成的微观几何形状特性，称为零件的表面粗糙度。

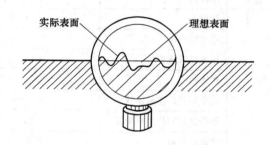

图1-20 表面粗糙度示意图

零件表面粗糙度的评定参数主要有轮廓算术平均偏差 Ra、轮廓最大高度 Rz，其中最常用的是轮廓算术平均偏差 Ra。Ra 值越小，零件表面质量要求越高；Ra 值越大，零件表面质量要求越低。

表面粗糙度还有两个附加参数：轮廓单元的平均宽度 Rsm 和轮廓的支承长度率 $Rmr(c)$。

表面粗糙度是衡量零件表面质量的重要指标。它对零件的耐磨性、耐蚀性、密封性等有很大影响。表面粗糙度与加工方法等因素有关。

表面粗糙度的评定参数值见表1-13。

表 1-13　表面粗糙度的评定参数值

$Ra/\mu m$	0.012、0.025、0.05、0.1、0.2、0.4、0.8、1.6、3.2、6.3、12.5、25、50、100
$Rz/\mu m$	0.025、0.05、0.1、0.2、0.4、0.8、1.6、3.2、6.3、12.5、25、50、100、200、400、800、1600
$Rsm/\mu m$	0.006、0.0125、0.025、0.050、0.1、0.2、0.4、0.8、1.6、3.2、6.3、12.5
$Rmr(c)/\%$	10、15、20、25、30、40、50、60、70、80、90

1.3.2　表面粗糙度符号、参数代号及标注

表面粗糙度图形符号及含义见表 1-14。常见的表面粗糙度参数代号及其含义见表 1-15。表面粗糙度在图样上的标注方法见表 1-16。

表 1-14　表面粗糙度图形符号及含义

图 形 符 号	含义及说明
	基本图形符号:表示表面可用任何方法获得。当不加注粗糙度参数值或有关的说明(例如,表面处理、局部热处理状况等)时,仅适用于简化代号标注
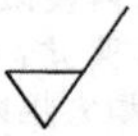	扩展图形符号:在基本图形符号上加一短横,表示指定表面是用去除材料的方法获得,例如:车、铣、钻、磨、剪切、抛光、腐蚀、电火花加工、气割等
	扩展图形符号:在基本图形符号上加一个圆圈,表示指定表面是用不去除材料的方法获得的,例如:铸、锻、冲压变形、热轧、冷轧、粉末冶金等。也可用于保持上道工序形成的表面,不管这种状况是通过去除材料或不去除材料形成的
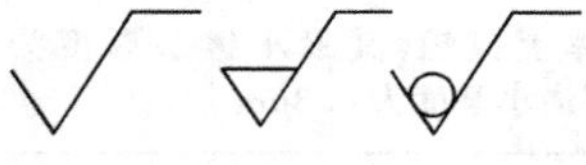	完整图形符号:在上述三种符号的长边上均可加一横线,用于标注有关参数和说明
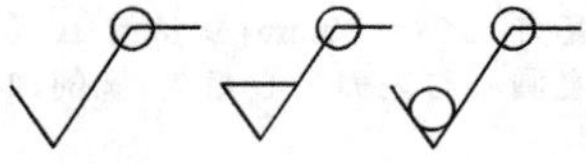	当在图样的某个视图上构成封闭轮廓的各表面有相同的表面结构要求时,在上述三种符号上均可加一小圆圈,标注在图样中零件的封闭轮廓线上,如图 3-25 所示。但如果标注会引起歧义时,各表面还是应分别标注

表 1-15　常见的表面粗糙度参数代号及其含义

符　号	含义及解释
$\sqrt{}$ Ra 3.2	表示表面去除材料,单向上极限值,默认传输带,表面粗糙度轮廓的算术平均偏差值为 3.2μm,评定长度为默认的 5 个取样长度,默认的 16% 规则
$\sqrt{}$ Rz 0.4	表示表面不允许去除材料,单向上极限值,默认传输带,表面粗糙度轮廓的最大高度为 0.4μm,评定长度为默认的 5 个取样长度,默认的 16% 规则
$\sqrt{}$ Rz max 3.2	表示表面去除材料,单向上极限值,默认传输带,表面粗糙度轮廓的最大高度为 0.2μm,评定长度为默认的 5 个取样长度,最大规则
$\sqrt{}$ 0.008–0.8/Ra 6.3	表示表面去除材料,单向上极限值,传输带为 0.008～0.8mm,表面粗糙度轮廓的算术平均偏差值为 6.3μm,评定长度为默认的 5 个取样长度,默认的 16% 规则
$\sqrt{}$ −0.8/Ra3 6.3	表示表面去除材料,单向上极限值,传输带:取样长度值为 0.8mm(默认 λs 为 0.0025mm),表面粗糙度轮廓的算术平均偏差值为 6.3μm,评定长度为(3×0.8=2.4mm)3 个取样长度,默认的 16% 规则
$\sqrt{}$ U Ra max 3.2　L Ra 0.8	表示表面不允许去除材料,双向极限值,两极限值均使用默认传输带。表面粗糙度轮廓的算术平均偏差:上极限值为 3.2μm,评定长度为默认的 5 个取样长度,最大规则;下极限值为 0.8μm,评定长度为默认的 5 个取样长度,默认的 16% 规则
$\sqrt{}$ Fe/Zn8c 2C	表示表面处理:在金属基体上镀锌,其最小镀层厚度为 8μm,并使用铬酸盐处理(等级为 2 级),无其他表面结构要求
$\sqrt{}$ Fe/Ni20bCrr　Ra 1.6	表示表面去除材料,单向上极限值,表面粗糙度轮廓的算术平均偏差为 1.6μm。 表示表面处理:在金属基体上镀镍,其最小镀层厚度为 20μm,光亮镍镀层,普通镀铬层最小厚度为 0.3μm
$\sqrt{}$ 铣　0.008–4/Ra 50　c 0.008–4/Ra 6.3	表示表面去除材料,双向极限值,表面粗糙度轮廓的算术平均偏差值:上极限值为 50μm,下极限值为 6.3μm;默认传输带均为 0.008-4mm;默认评定长度为 5×4=20mm;默认的 16% 规则;表面纹理呈近似同心圆,且圆心与表面中心相关;铣削加工方法。 注:在不会引起争议时,可省略字母"U"和"L"

符　号	含义及解释
磨 $Ra\,1.6$ $-2.5/Rz\ \max\ 6.3$ ⊥	表示表面去除材料,两个单向上极限值: (1)$Ra=1.6\mu m$ 表示表面粗糙度轮廓的算术平均偏差值的上极限值为 $1.6\mu m$;默认传输带;默认评定长度($5\times\lambda c$);默认的 16% 规则。 (2)$Rz\ \max=6.3\mu m$ 表示表面粗糙度的轮廓最大高度为 $6.3\mu m$;传输带为 $-2.5mm$;评定长度默认($5\times2.5mm$);表面纹理垂直于视图的投影面;磨削加工方法;最大规则
Cu/Ep·Ni5bCr0.3r $Rz\,0.8$	表示表面不去除材料,单向上极限值:表面粗糙度的最大高度为 $0.8\mu m$;默认传输带;默认评定长度($5\times\lambda c$);默认的 16% 规则;表面处理:铜件、镀镍、铬;无表面纹理要求;表面要求对封闭轮廓的所有表面有效
Fe/Ep·Ni10bCr0.3r $-0.8/Ra\,1.6$ U $-2.5/Rz12.5$ L $-2.5/Rz3.2$	表示表面去除材料,一个单向上极限值和一个双向极限值: (1)单向 $Ra=1.6\mu m$ 表示表面粗糙度轮廓的算术平均偏差值的上极限值为 $1.6\mu m$;传输带为 $-0.8mm$;评定长度为 $5\times0.8mm=4mm$;默认的 16% 规则。 (2)双向 Rz 表示表面粗糙度的轮廓最大高度:上极限值为 $12.5\mu m$,下极限值为 $3.2\mu m$;上下极限传输带均为 $-2.5mm$;上下极限评定长度均为 $5\times2.5mm=12.5mm$;默认的 16% 规则;表面处理:铜件、镀镍、铬

表 1-16　表面粗糙度的标注

总的原则是使表面结构的注写和读取方向与尺寸的注写和读取方向一致,见图(a)、图(b)

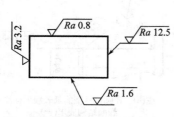

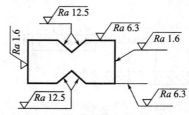

图(a)　表面结构要求的注写方向　　　图(b)　在轮廓线上标注的表面结构要求

(1)在轮廓线上或指引线上的标注 表面结构要求可标注在轮廓线上,其符号的尖端应从材料外指向零件的表面,并与零件的表面接触,必要时表面结构符号也可用箭头或黑点的指引线引出标注,见图(c)和图(d)

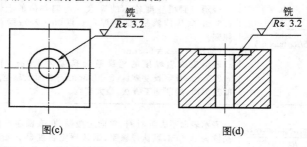

图(c)　　　　　　　　　　　　　　　　　图(d)

(2)在特征尺寸的尺寸线上的标注 在不致引起误解时,表面结构要求可以标注在给定的尺寸线上,见图(e)

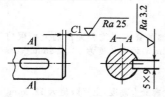

图(e)　在尺寸线上标注表面结构要求

图(f)　在几何公差框格上方标注
表面结构要求(一)

(3)在几何公差的框格上的标注 表面结构要求标注在几何公差框格的上方,见图(f)和图(g)

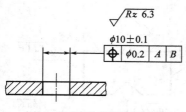

图(g)　在几何公差框格上方标注
表面结构要求(二)

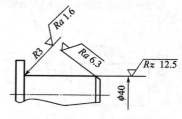

图(h)　在圆柱特征的延长线上标注
表面结构要求(一)

（4）在延长线上的标注　表面结构要求可以直接标注在零件几何特征的延长线或尺寸界线上，或用带箭头的指引线引出标注，见图（b）、图（h）和图（i）

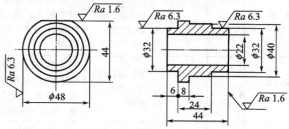

图(i)　在圆柱特征的延长线上标注表面结构要求(二)

（5）在圆柱或棱柱表面上的标注　圆柱和棱柱表面的表面结构要求只注写一次，如果每个棱柱表面有不同的表面结构要求时，则应分别单独注出，见图（j）

必须指出：对于棱柱棱面的表面结构要求一样只注一次，是指注在棱面具有封闭轮廓的某个视图中，见图（k）

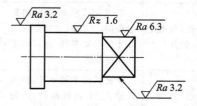

图(j)　在圆柱和棱柱表面上标注表面结构要求

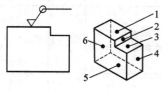

图(k)　完整图形符号的应用
注：图形中封闭轮廓的所有表面，即1~6个面有共同要求(不包括前后面)。

1.3.3　各种加工方法能达到的表面粗糙度值

各种加工方法能达到的表面粗糙度值见表 1-17。

表 1-17　表面粗糙度的表面特征、加工方法及应用举例

表面特征		$Ra/\mu m$	$Rz/\mu m$	加工方法	应用举例
粗糙表面	微见加工痕迹	≤20	≤80	粗车、粗刨、粗铣、钻、毛锉、锯断	半成品粗加工过的表面，非配合的加工表面，如轴端面、倒角、钻孔、齿轮和带轮侧面、键槽底面、垫圈接触面

表面特征		$Ra/\mu m$	$Rz/\mu m$	加工方法	应用举例
半光表面	微见加工痕迹	≤10	≤40	车、刨、铣、镗、钻、粗铰	轴上不安装轴承、齿轮处的非配合表面，紧固件的自由装配表面，轴和孔的退刀槽
	微见加工痕迹	≤5	≤20	车、刨、铣、镗、磨、拉、粗刮、滚压	半精加工表面，箱体、支架、盖面、套筒等和其他相互结合而无配合要求的表面，需要发蓝的表面
	看不清加工痕迹	≤2.5	≤10	车、刨、铣、镗、磨、拉、刮、滚压、铣齿	接近于精加工表面，箱体上安装轴承的镗孔表面，齿轮的工作面
光表面	可辨加工痕迹方向	≤1.25	≤6.3	车、镗、磨、拉、刮、精铰、磨齿、滚压	圆柱销、圆锥销与滚动轴承配合的表面、卧式车床导轨面，内、外花键定心表面
	微辨加工痕迹方向	≤0.63	≤3.2	精铰、精镗、磨、刮、滚压	要求配合性质稳定的配合表面，工作时受交变应力作用的重要零件，较高精度车床导轨面
	不可辨加工痕迹方向	≤0.32	≤1.6	精磨、珩磨、研磨、超精加工	精密机床主轴锥孔、顶尖圆锥面、发动机曲轴、凸轮轴工作表面、高精度齿轮齿面
极光表面	暗光泽面	≤0.16	≤0.8	精磨、研磨、普通抛光	精密机床主轴轴颈表面，一般量规工作表面，汽缸套内表面，活塞销表面
	亮光泽面	≤0.08	≤0.4	超精磨、精抛光、镜面磨削	精密机床主轴轴颈表面，滚动轴承的钢球，高压液压泵中柱塞和柱塞配合表面
	镜状光泽面	≤0.04	≤0.2		
	镜面	≤0.01	≤0.05	镜面磨削、超精研	高精度量仪、量块的工作表面，光学仪器中的金属表面

图解机械零件加工精度测量及实例

第2章

常用的测量器具与使用方法

2.1 测量器具的分类

测量器具是用于测量的量具、测量仪器（简称量仪）和测量装置的总称。测量器具可按其测量原理、结构特点及用途等分为四类，即基准（标准）量具、极限量规、通用测量器具、测量装置。

2.1.1 基准量具

基准量具是测量中体现标准量的量具，以固定形式复现量的测量器具。包括单值量具和多值量具。

单值量具是在测量中体现固定量值的标准量的器具，如基准米尺、量块（图 2-1）、角度量块（图 2-2）、多面棱体（图 2-3）、直角尺（图 2-4）等。

图 2-1 量块　　　　　　　　图 2-2 角度量块

多值量具是在测量中体现一定范围内各种量值的标准量的量具，如刻线尺、钢皮尺、量角器等。

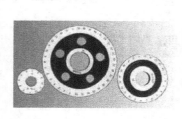

图 2-3 多面棱体

图 2-4 直角尺

陶瓷量块如图 2-1 所示，材料为二氧化锆，经过转变韧化提高了强度，并且耐蚀，可在酸、碱等有腐蚀的场合使用，使用寿命是钢制量块的 10 倍，硬度为 1100HV，热膨胀系数接近于钢。

图 2-2 所示为体现角度标准量的角度量块，有 90°、60°、45°、30°等规格，常用于机械加工中的检测。

图 2-3 所示为多面棱体。正多面棱体作为计量基准、角度传递基准，已被广泛应用。

2.1.2 极限量规

极限量规是用以检验零件尺寸、形状或相互位置的无刻度专用检验工具。用这种工具不能得到被检验工件的具体数值的测量结果，但能确定被检验工件是否合格。

图 2-5 所示为检验轴的光滑极限圆柱环规，图 2-6 所示为检验孔的光滑极限圆柱塞规。

图 2-5 光滑极限圆柱环规

图 2-6 光滑极限圆柱塞规

图解机械零件加工精度测量及实例

图 2-7 为检验外圆锥和内圆锥的圆锥环规和圆锥塞规。圆锥量规可满足机床制造业锥体制件的互换，实现锥体传递及检测。

(a) 圆规环规　　　　　(b) 圆锥塞规

图 2-7　圆锥量规

图 2-8 和图 2-9 所示为检验内螺纹和外螺纹的普通螺纹量规（螺纹环规、螺纹塞规），适用于检测符合国家标准及国际标准的螺纹制件，可用于孔径、孔距、内螺纹小径的测量。

图 2-8　螺纹环规

图 2-9　螺纹塞规

图 2-10 和图 2-11 所示为莫氏圆锥量规，用于检查机床与工具圆锥孔和圆锥柄的锥度和尺寸的正确性。莫氏量规分 A 型不带扁

(a) 不带扁尾莫氏圆锥工作塞规　　(b) 不带扁尾莫氏
　　　　　　　　　　　　　　　圆锥工作环规

图 2-10　不带扁尾莫氏圆锥量规

尾和 B 型带扁尾两种，精度等级分为 1、2、3 级。

(a) 带扁尾莫氏圆锥工作塞规　　(b) 带扁尾莫氏圆锥工作环规

图 2-11　带扁尾莫氏圆锥量规

2.1.3 通用测量器具

通用测量器具有刻度，可测量一定范围内的各种参数并得出具体数值。通用测量器具按结构特点可分为以下几种。

（1）游标类量具

① 游标卡尺。图 2-12 所示为测量内、外尺寸用普通游标卡尺（带测深尺），图 2-13 所示为带表游标卡尺。图 2-14 所示的深度游标尺和图 2-15 所示带表深度游标尺、图 2-16 所示的高度游标卡尺，都是利用游标读数原理制成的量具。游标（副尺）的 1 个刻度间距比主尺的 1 或 2 个刻度间距小，其微小差别即游标卡尺的读数值，利用此微小差别及其累计值可精确估读主尺刻度小数部分数值。

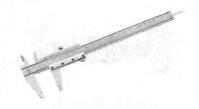

图 2-12　游标卡尺

图 2-13　带表游标卡尺

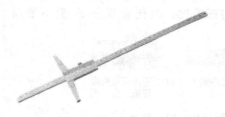

图 2-14　深度游标卡尺

图 2-15　带表深度游标卡尺

② 万能量角器。万能量角器又称游标量角器，也是利用游标原理，对两测量面相对移动所分隔的角度进行读数的通用角度测量工具，如图 2-17 所示。

（2）微动螺旋量具　微动螺旋量具是利用螺旋变换制成各种千分尺，将直线位移转换为角位移，或将角位移转换为直线位移，如外径千分尺、内径千分尺、深度千分尺、高度千分尺、数显千分尺等。

① 外径千分尺广泛应用于外尺寸的精密测量，其外形如图2-18所示。

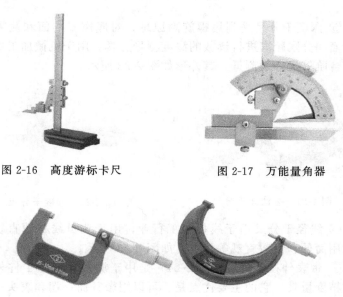

图 2-16　高度游标卡尺　　　　图 2-17　万能量角器

图 2-18　外径千分尺

② 内径千分尺，如图 2-19 所示，是利用螺旋副原理，对主体两端球形或尖头测量面间分隔的距离进行读数的通用的内尺寸的测量工具。内径千分尺用于内尺寸的精密测量。

③ 螺纹千分尺具有 60° 锥形和 V 形测头，用于测量螺纹中径。螺纹千分尺又称插头千分尺。除了测头外，螺纹千分尺的其他结构与外径千分尺完全相同，如图 2-20 所示。

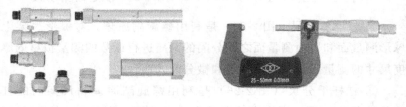

图 2-19　内径千分尺　　　　图 2-20　螺纹千分尺

④ 公法线千分尺是利用螺旋副原理，对弧形尺架上两个盘形测量面分隔距离进行读数的长度测量工具。公法线千分尺用于测量齿轮公法线长度，是一种通用的齿轮测量工具。其外形如图2-21所示。

⑤ 深度千分尺是利用螺旋副原理，对底座基准面和测微螺杆测量面间分隔距离进行读数的深度测量工具。用于机械加工中的深度、台阶等尺寸的测量。其外形如图2-22所示。

图2-21　公法线千分尺

图2-22　深度千分尺

⑥ 线径千分尺用于线材加工行业，用于测量线材的直径，具有使用简便、读数直观等优点，如图2-23所示。

⑦ 带表外径千分尺（图2-24）是用于测量大中型工件外尺寸的高精度量具。它的主要优点是：可以用微分筒一端和表头一端分别进行工件尺寸的测量。尤其是使用表头一端测量时，读数更直观、方便，并具有刚性好、变形小、精度高的特点。

图2-23　线径千分尺

图2-24　带表外径千分尺

⑧ 板厚千分尺（图2-25）是利用螺旋副原理，对弧形尺架上球形测量面和平面测量面之间分隔的距离进行读数的测量板材的厚度尺寸的测量工具。有表盘式和微分筒式两种。

⑨ 杠杆千分尺（图2-26）是利用螺旋副原理和尺架内的杠杆传动机构，通过固定套筒以及指示表读取弓形尺架上两测量面

间分隔的距离进行读数的通用长度测量工具，用于外尺寸的精密测量。

图 2-25　板厚千分尺

图 2-26　杠杆千分尺

⑩ 极限千分尺（图 2-27）的构造原理仍然是螺旋副原理，两个测头可以调整成一定尺寸，相当于标称尺寸可调的卡规。是用于批量生产中判定被测轴类零件尺寸是否合格的精密量具。测量范围为 0～25mm。使用时，两个测头可以调整成一定尺寸，组成

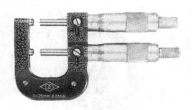

图 2-27　极限千分尺

一个有通端和止端的光滑卡规。

（3）指示表

① 百分表。百分表（图 2-28）是一种长度测量工具，广泛应用于测量工件几何形状误差及位置误差。百分表具有防震机构，使用寿命长，精度可靠。

② 千分表。千分表（图 2-29）是一种高精度的长度测量工具，广泛用于测量工件几何形状误差及相互位置误差。

③ 电子数显百分表。容栅电子数显百分表如图 2-30 所示，具有精度高、读数直观、可靠等特点，广泛用于长度、形位误差的测量，也可作为读数装置，具有公英制转换任意位置清零、自动断电、快速跟踪最大、最小值，数据输出等功能。

④ 扭簧比较仪。扭簧比较仪如图 2-31 所示。主要用于测量工件形状误差和位置误差，$\phi8$ 及 $\phi28$ 夹持套为标准尺寸，可方便地和

其他测量装置及量仪配套使用。

图 2-28　百分表

图 2-29　千分表

图 2-30　电子数显百分表

图 2-31　扭簧比较仪

　　⑤ 双面百分表。双面百分表如图 2-32 所示。主要用于需同时双面读数的场合。其他使用功能与普通百分表相同。

　　⑥ 对刀器。对刀器如图 2-33 所示，是加工中心及数控机床必备附件之一，用以对刀具长度补偿的一种测量装置，它具有方便、对刀准确，效率高的特点。

　　⑦ 杠杆百分表，杠杆千分表。杠杆表体积小，精度高，适用于一般百分表难以测量的场所，其外形分别如图 2-34、图 2-35所示。

　　⑧ 内径百分表，内径千分表。内径百分表和内径千分表是孔加工必备工具之一，适用于测量不同直径和不同深度的孔，如图

2-36 所示。

图 2-32 双面百分表

图 2-33 对刀器

图 2-34 杠杆百分表

图 2-35 杠杆千分表

⑨ 深度百分表用于工件深度，台阶等尺寸的测量，如图 2-37
所示。

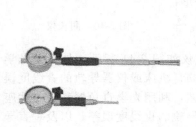

图 2-36 内径百分表，内径千分表

图 2-37 深度百分表

第 2 章 常用的测量器具与使用方法　　43

⑩ 大量程百分表，适用于长度测量及形状偏差测量，如图2-38所示。

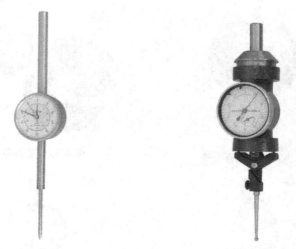

图 2-38　大量程百分表　　　　　图 2-39　定中心杠杆表

⑪ 定中心杠杆表如图 2-39 所示，用于确定工件内、外中心与机床主轴中心的相对位置，当心轴旋转时，指示器总是面向操作者。

（4）光学机械类量仪

① 测长仪。测长仪如图 2-40 所示，测长仪是一种精密机械、光学系统和电气部分相结合起来的长度计量仪器。主要用于测量零件的平行平面、圆柱形、球形平面等精密零件的外形、内孔尺寸的直接测量和比较测量，还可以进行内外螺纹中径等特殊测量。

图 2-40　测长仪

② 平面度检查仪。平面度检查仪如图 2-41 所示，是根据光学自准直原理设计的，它可以精确地测量机床或仪器导轨的直线度误差，也可以测量平板等的平面度误差，利用光学直角器和带磁性座的反射镜等附件，还可以测量垂直导轨的直线度误差，以及垂直导轨和水平导轨之间的垂直度误差，与多面体联用可以测量圆分度

误差。

图 2-41　平面度检查仪

③ 数显分度头。数显分度头如图 2-42 所示，具有高回转精度的主轴系统，以高精度光栅盘作为测量基准。采用了光电转换、数字电路、驱动手轮运动灵活平稳，无空程及制动盘锁紧等技术，它是一种数字显示的高精度测角仪器，数显分度头与数显阿贝头配用使用，可实现导程及凸轮形面的测量。

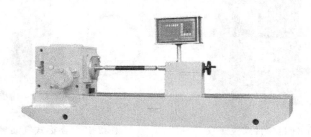

图 2-42　数显分度头

④ 投影光学分度头。投影光学分度头如图 2-43 所示，投影式光学分度头适用于计量部门的精密角度测量仪器。配上一定的测量附件后，可对花键轴、分度板、齿轮轴、凸轮轴等工件进行精密测量。

⑤ 台式投影仪。台式投影仪如图 2-44 所示，主要用于测量机械零件的长度、角度、轮廓外形和表面形状等。其广泛适用于仪表、机械等行业，是测量小型复杂类零件的一种比较理想的光学计量仪器。

图 2-43 投影光学分度头

（5）气动类量仪 包括水柱式气动量仪，浮标式气动量仪（如图 2-45 所示）等，精度与灵敏度比较高，抗干扰性强，可用于动态在线测量，主要应用于大批量生产的生产线中。

图 2- 44 台式投影仪

图 2-45 浮标式气动量仪

（6）电学类量仪

① 表面轮廓测量仪。表面轮廓测量仪如图 2-46 所示，是一款高精度的大型综合测量仪器，包括粗糙度测量系统、直接轮廓测量系统和形状测量系统。它可以测量和评估粗糙度和直接轮廓参数，还可以测量角度、圆弧半径、相互位置等形状参数。

② 表面粗糙度测量仪。表面粗糙度测量仪如图 2-47 所示，是评定零件表面质量的台式粗糙度仪。可对多种零件表面的粗糙度进行测量，包括平面、斜面、外圆柱面、内孔表面、深槽表面及轴承滚道等，实现了表面粗糙度的多功能精密测量。

（7）综合类量仪 包括数显式工具显微镜、三坐标测量机等。结构复杂，精度高。可以对形状复杂的工件进行二维、三维高精度测量。主要用于工厂计量室做高精度测量。

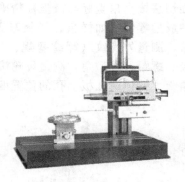

图 2-46 电动轮廓测量仪

① 工具显微镜。工具显微镜如图 2-48 所示，能方便地读取千分表头示值，适用于测量工件的孔径、孔距等尺寸以及角度，使用任选的目镜组还能检验螺纹以及齿轮形状等。

图 2-47 表面粗糙度测量仪

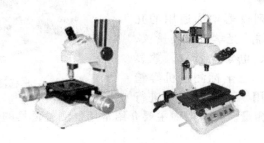

图 2-48 工具显微镜

② 数显工具显微镜。数显工具显微镜如图 2-49 所示，它以直观的数字显示取代了普通工具显微镜的目视读数方式，以影像法和

轴切法按直角坐标与极坐标精确地测量各种零件，主要用于测量各种成型零件（如样板、样板车刀、样板铣刀、冲模和凸轮）的形状，测量外螺纹（螺纹塞规、丝杆和蜗杆等）的中径、大径、小径、螺距、牙型角，测量齿轮滚刀的导程、齿形和牙型角，测量电路板、钻模或孔板上孔的位置度、键槽的对称度等形位误差。

图 2-49　数显工具显微镜

③ 三坐标测量机。三坐标测量机如图 2-50 所示，其结构轻便，操作简单易学。可以通过对不同测杆及探针的组合实现对各类零件的快速、精确检测。广泛应用于机械、汽车模具等行业中的箱体、曲轴、机架等各类零部件的数据测量。

以上所列仪器均为通用的几何量测量仪器，光学机械类量仪、气动类量仪、电学类量仪、数显工具显微镜、三坐标测量机等精密量仪主要用于车间计量室进行

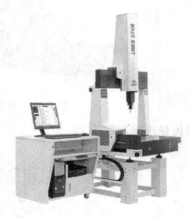

图 2-50　三坐标测量机

较高精度的测量。在本书中主要介绍常用的测量量具的使用方法和测量方法。

2.2　测量方法的分类

测量方法是指测量时所采用的测量原理、测量器具和测量条件

的总和。测量方法可以按不同的特征进行分类。

2.2.1 按获得结果的方式分类

（1）直接测量 直接测量是指不需要计算而直接得到被测量值，如采用游标卡尺、千分尺测量零件的直径。

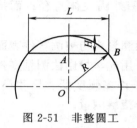

图 2-51 非整圆工件直径测量

（2）间接测量 间接测量是指首先测量与被测量之间有一定函数关系的其他几何量，然后按函数关系计算，求得被测量值。例如，在测量大尺寸圆柱形零件的直径 D 时，可以先测量出其圆周长度 L，然后通过关系式 $D=L/\pi$ 计算出零件的直径。又如，对非整圆工件直径，如图 2-51 所示，可通过测量弦长 L 和相应的弓高 H，然后按下式计算出直径：

$$D=2R=H+\frac{L^2}{4H}$$

式中　　D——工件直径，mm；

　　　　R——工件半径，mm；

　　　　H——测量的弓高，mm；

　　　　L——测量的弦长，mm。

2.2.2 按零件上同时测得被测参数的数目分类

（1）单项测量 单项测量是指分别测量零件上的各个参数。例如，分别测量齿轮的齿厚、齿形、齿距；分别测量螺纹的实际中径、螺距、半角等，并分别判断它们各自的合格性。

（2）综合测量 综合测量是指同时测量零件几个相关参数的综合结果。例如，进行齿轮的综合测量，螺纹的综合测量，从而综合判断零件是否合格。

单项测量能分别确定每一被测参数的误差，一般用于刀具与量具的测量、废品分析以及工序检验。综合测量一般效率较高，对保证零件的互换性更为可靠，常用于零件最终检验。

2.2.3 按被测工件表面与测量头之间是否接触分类

（1）接触测量 接触测量是指仪器的测量头与被测零件表面直接接触，并有机械作用的测量力存在。接触形式有：点接触，如用球形测头测平面；线接触，如用平面测头测外圆柱体直径；面接触，如用平面测头测平面。

（2）非接触测量 非接触测量指仪器的测量头与被测零件表面之间没有机械作用的测量力存在。例如，采用光学投影法测量零件被放大的影像，气动量仪测量孔径等。对于许多硬度低、尺寸小、表面粗糙度值低、怕划伤的零件，宜采用非接触测量。

2.2.4 按比较的方式分类

（1）直接比较测量 直接比较测量是指将被测的量直接与已确知其值的同一种量相比较的测量方法。一般是从测量器具上示值直接得到被测的整个量值，如用千分尺测量尺寸。

（2）微差比较测量 微差比较测量是将被测的量与同其量值只有微小差别并且量值已知的标准量相比较的测量方法。测量所得的量是被测量相对于标准量的偏差。如图 2-52 所示，以量块尺寸 L 为标准量，测得值 ΔL 为被测量 D 与标准量 L 的偏差，则被测量 $D=L+\Delta L$。

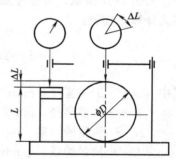

图 2-52 量块和工件比较测量法

2.2.5 按技术测量在机械制造工艺过程中所起的作用分类

（1）主动测量 主动测量是指在零件加工过程中进行测量，此时，直接用测量结果来控制零件的加工过程，决定是否需要继续加工或调整机床，故能及时有效地防止废品产生。

（2）被动测量 被动测量是指零件加工后的测量，此时，测量结果主要用于发现并剔除废品。

2.2.6 按被测的量或零件在测量过程中所处的状态分类

（1）静态测量 静态测量是指在测量时，被测零件与传感元件处于静止状态，被测量为定值，如千分尺测量工件直径。

（2）动态测量　动态测量是指在测量时，被测零件与传感元件处于相对运动状态，被测量随时间延伸而变化。这种测量能反映被测参数的变化过程。例如，用轮廓仪测量表面粗糙度、用激光丝杠动态检查仪测量丝杠等。

2.3　常用的测量仪器的使用及维护

2.3.1　游标卡尺的使用

游标卡尺是一种比较精密的量具，用于一般机械加工中的测量。它利用游标和尺身相互配合进行测量和读数。游标卡尺结构简单，使用方便，测量范围大，应用广泛，保养方便，可以直接测量出各种工件的内径、外径、中心距、宽度、厚度、深度、孔距及台阶等。

常用的游标卡尺有：三用游标卡尺、双面量爪游标卡尺和单面量爪游标卡尺，如图 2-53 所示。

三用游标卡尺的测量范围有 0～125mm 和 0～150mm 两种。双面量爪游标卡尺的测量范围一般有 0～200mm 和 0～300mm 两种。单面量爪游标卡尺测量范围较大，可达 1000mm，用于测量内外尺寸。

使用卡尺前，应将两个外测量爪的测量面擦干净，右手慢慢推动尺框，校对其为"0"位。在测量一般小型工件时，可以用左手拿住工件，右手操作卡尺进行测量，如图 2-54（a）所示；在测量较大工件时，应将工件固定或靠其自重放置稳定后，用两只手操作卡尺进行测量，如图 2-54（b）所示。

（1）用游标卡尺测量工件外部尺寸　用游标卡尺测量工件外部尺寸时，应使两个外测量爪的测量面之间的距离比被测工件的尺寸稍微大些，如图 2-55（a）所示，再把被测工件放入两测量面之间，然后慢慢推动尺框，手感到两个测量爪的测量面与被测表面接触，即可进行读数。不能使两个外测量爪的测量面之间的距离比被测工件的尺寸小或相等，如图 2-55（b）所示。

（2）用游标卡尺测量工件的内部尺寸　用游标卡尺测量工件内

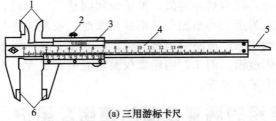

(a) 三用游标卡尺

1,6—量爪；2—紧固螺钉；3—游标；4—尺身；5—深度尺

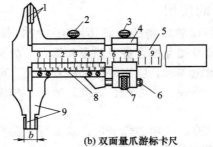

(b) 双面量爪游标卡尺

1,9—量爪；2—游标紧固螺钉；3—微动游框紧固螺钉；
4—微动游框；5—尺身；6—螺杆；7—螺母；8—游标

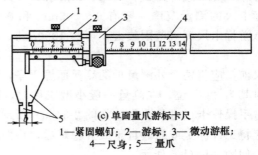

(c) 单面量爪游标卡尺

1—紧固螺钉；2—游标；3—微动游框；
4—尺身；5—量爪

图 2-53 游标卡尺

径尺寸时，应先使测量爪张开得比被测工件尺寸稍小，再把固定测量爪靠在孔壁上，如图 2-56（a）所示，然后慢慢拉动尺框，使活动测量爪沿着直径方向轻轻接触孔壁，再把测量爪在孔壁上稍微游动一下，以便找出最大尺寸部位。注意测量爪应放在孔的直径方向。不允许两测量面之间的距离比被测内径尺寸大或相等时就把卡尺测量爪卡进被测部位，如图 2-56（b）所示。

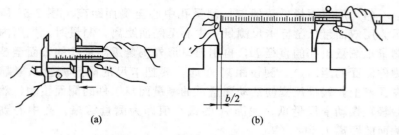

(a)　　　　　　　　　　　(b)

图 2-54　游标卡尺测量工件示意图

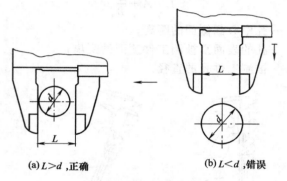

(a)$L>d$,正确　　　　　　(b)$L<d$,错误

图 2-55　测量工件的外部尺寸

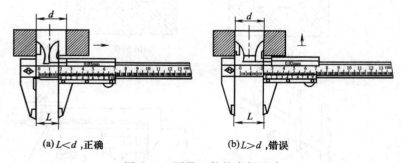

(a)$L<d$,正确　　　　　　(b)$L>d$,错误

图 2-56　测量工件的内部尺寸

（3）用游标卡尺测量深度　测量深度时，应使游标卡尺的尺身下端面与被测工件的顶面贴合，向下推动深度尺，使之轻轻接触被测底面，如图 2-57（a）所示。右手握住卡尺，拇指拉尺框向下至手感到深度尺端面与被测深度部位底面接触，即可进行读数。

（4）用双面量爪游标卡尺测量孔中心至侧面距离　图2-58所示为用双面量爪游标卡尺测量孔中心至侧面距离，测量时，先用内测量爪测量出孔的直径 D，再用刀口形外测量爪测量孔的表面至被测件侧面的距离 A。测量距离 A 时，要把卡尺的固定测量爪紧靠在孔壁上，轻推尺框使活动测量爪的测量面与工件的侧面接触，然后轻轻摆动卡尺量爪，找到 A 的最小值即为测量结果。孔中心到侧面的距离 L 为：

$$L = A + \frac{D}{2}$$

式中　L——孔中心到侧面的距离；

　　　A——孔的表面至被测工件侧面的距离；

　　　D——被测工件孔的直径。

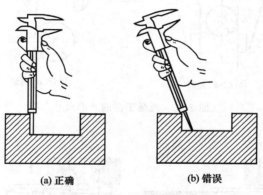

(a) 正确　　　　　　　　(b) 错误

图2-57　测量工件的深度

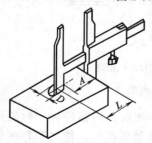

图2-58　用双面量爪游标卡尺
测量孔中心至侧面距离

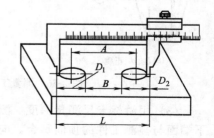

图2-59　用单面量爪游标
卡尺测量两孔中心距

（5）用单面量爪游标卡尺测量两孔中心距　图 2-59 所示为用单面量爪游标卡尺测量两孔中心距，测量时，先测出两孔的直径 D_1 和 D_2，再测出两孔的最大距离 L，则两孔的中心距为：

$$A=L-\frac{1}{2}(D_1+D_2)$$

式中　L——两孔的最大距离；

　　　A——两孔的中心距；

D_2，D_1——被测工件孔的直径。

如果用三用游标卡尺测量，则先用刀口形内测量爪测出两孔直径，然后用刀口形外测量爪测量出 B 的最大值，则两孔的中心距为：

$$A=B+\frac{1}{2}(D_1+D_2)$$

式中　B——两孔的最小距离；

　　　A——两孔的中心距；

D_2，D_1——被测工件孔的直径。

（6）游标卡尺的读数精度　游标卡尺按其读数精度可分为 0.1mm，0.05mm 和 0.02mm，其读数原理相同，只是游标与尺身相对应的刻线宽度不同。读数值为 0.1mm 游标卡尺的读数原理：尺身每小格为 1mm，当两测量爪合并时，尺身上 9mm 刚好等于游标上 10 格，则游标每格刻线宽度为 9mm÷10＝0.9mm。尺身与游标每格相差＝1mm－0.9mm＝0.1mm。0.1mm 即为游标卡尺的读数值（测量时的读数精度）。

（7）游标卡尺的读数方法　使用游标卡尺测量时，应先弄清游标的读数值和测量范围。游标卡尺上的零线是读数的基准，在读数时，要同时看清尺身和游标的刻线，两者应结合起来读。具体步骤如下：

读整数时，读出游标零线左边尺身上最接近零线的刻线数值，该数就是被测量的整数值。

读小数时，找出游标零线右边与尺身刻线相重合的刻线，将该线的顺序数乘以游标的读数值所得的积，即为被测量的小数值。

将上述两次读数相加即为被测量的整个读数。

例 2-1　试读出图 2-60 所示读数值为 0.05mm 游标卡尺的测量

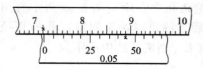

图 2-60　读数值为 0.05mm
游标卡尺测量数值

数值。

解　读整数：整数是 72mm，因为游标零线左边尺身上最接近零线的刻线为第 72 条线。

读小数：游标上的第 9 条刻线正好与尺身的一根刻线对齐，所以小数是 $0.05mm \times 9 = 0.45mm$。

求和：$72mm + 0.45mm = 72.45mm$。

（8）其他游标卡尺　其他游标卡尺有深度游标卡尺、带数字显示装置的游标卡尺、带表游标卡尺（图 2-61）。

① 带表游标卡尺。带表游标卡尺是用表式机构代替游标读数，测量准确迅速。使用带表游标卡尺的方法与使用游标卡尺的方法基本相同。

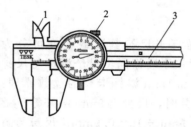

图 2-61　带表游标卡尺
1—量爪；2—百分表；3—毫米标尺

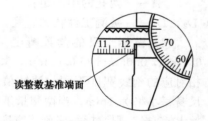

图 2-62　读带表游标
卡尺数值示例

a. 读整数。尺框的读整数基准端面是读取尺身整数值的基准，它相当于游标卡尺上的 "0" 刻线。读数时，尺身上哪一条线露出读整数基准端面，该刻线所代表的数值就是尺身的整数值。

b. 读小数。从指示表上读取尺身的小数值，指针在表盘上指示的数值，就是卡尺尺框在该位置的尺身的小数值。

c. 求和。将上述两次读数相加，即为测量结果。

例 2-2　读图 2-62 所示带表游标卡尺的数值。

解　图中所示的指示表的分度值为 0.01mm。从图中看到，尺身的第 123 条刻线露出尺框的读整数基准端面，指示表在 58.3 刻线处，则带表游标卡尺在图示位置的读数值为：

$$123+(58.3\times0.01)=123.583（mm）$$

② 数显游标卡尺。图 2-63 所示为数显游标卡尺。使用数显游标卡尺的方法与使用游标卡尺的方法相同，只是数显游标卡尺可在液晶显示屏上直接读取测量数值。

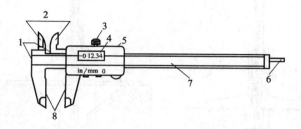

图 2-63　数显游标卡尺

1—台阶测量面；2—刀口形内测量爪；3—紧固螺钉；4—液晶显示屏；5—数据输出接口；6—深度尺；7—尺身；8—外测量爪

③ 深度游标卡尺。深度游标卡尺如图 2-64 所示，用于测量工件的深度、台阶高度等。使用前要检查深度游标卡尺的外观和各部位的相互作用。然后校对深度游标卡尺的"0"位，使游标的"0"刻线与尺身的"0"刻线相重合。测量时，把底座底面和尺身的测量面擦干净，然后把底座底面放在被测工件的定位面上，左手压住底座，右手轻轻向下推尺身，当手感到尺身的测量面与被测工件接触，即可读数，如图 2-65（a）所示。若测量的孔径较深且孔径大于

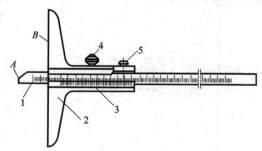

图 2-64　深度游标卡尺

1—尺身；2—尺框；3—游标；4—紧固螺钉；5—调整螺钉

底座底面长度，可以用辅助基准板进行测量，测量后减去辅助基准板的厚度δ，就可得被测工件的实际深度尺寸，如图 2-65(b) 所示。

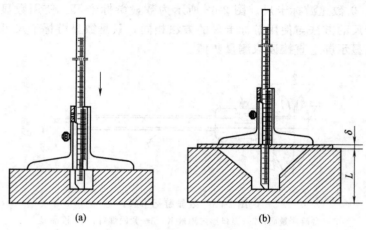

(a)　　　　　　　　　　(b)

图 2-65　深度游标卡尺的使用

④ 带表深度游标卡尺。带表深度游标卡尺采用齿条、齿轮传动原理，将尺身、尺框的相对移动转变为指示表针的回转运动，用表式机构代替游标读数，具有读数直观、使用方便的特点，主要用于测量盲孔或凹槽深度及台阶高度。带表深度游标卡尺的操作方法和深度游标卡尺相同，读数的方法与带表游标卡尺相同。带表深度游标卡尺如图 2-66 所示。

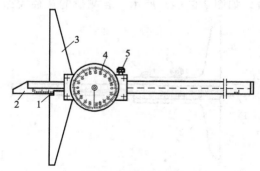

图 2-66　带表深度游标卡尺

1—读数部位；2—尺身；3—尺框；4—指示表；5—紧固螺钉

　图解机械零件加工精度测量及实例

⑤ 电子数显深度游标卡尺。电子数显深度游标卡尺精确度高、读数直观，具有公英制转换、任意位置清零、数据输出等功能，可进行深度、台阶的测量。另外还有大跨度（100～320mm）的电子数显深度游标卡尺。使用数显深度游标卡尺的方法与使用深度游标卡尺的方法相同，只是在显示器上直接读取测量数值。电子数显深度游标卡尺如图 2-67 所示。

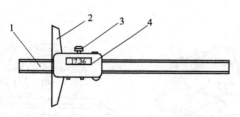

图 2-67 电子数显深度游标卡尺
1—尺身；2—尺框；3—紧固螺钉；4—显示器

2.3.2 万能角度尺的使用

万能角度尺适用于机械加工中的内、外角度测量，可测 0°～320°的外角和 40°～130°的内角。

游标万能角度尺用于直接测量各种平面角。游标万能角度尺有Ⅰ型和Ⅱ型两种，其测量范围和读数值见表 2-1。

表 2-1 游标万能角度尺测量范围和读数值

类　型	测量范围/(°)	游标读数值/(′)
Ⅰ	0～320	2
Ⅱ	0～360	5

（1）Ⅰ型游标万能角度尺　Ⅰ型游标万能角度尺的结构如图 2-68 所示，是由主尺和游标两部分组成，其读数原理与游标卡尺相似，不同的是游标卡尺的读数是长度单位值，而游标万能角度尺的读数是角度单位值。所以，游标万能角度尺是利用游标原理进行读数的一种角度量具。

Ⅰ型游标万能角度尺的读数方法与游标卡尺相似，其读数步骤为：先读度（°），再读分（′），最后将两数值相加得到整个读数。如图 2-70 所示，可先读出度（°）值，从主尺上可见为 38°；再读分（′）值，图中游标和主尺对准的那条线为 $30'$，最后两数值相加，即为 $38°+30'=38°30'$。Ⅰ型游标万能角度尺可以测量 $0°\sim320°$ 范围的任何角度。

（2）Ⅱ型游标万能角度尺　Ⅱ型游标万能角度尺的结构如图 2-69 所示。

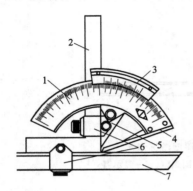

图 2-68　Ⅰ型游标万能角度尺

1—主尺；2—角尺；3—游标；4—基尺；
5—扇形板；6—支架；7—直尺

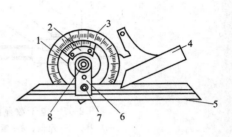

图 2-69　Ⅱ型游标万能角度尺

1—转盘；2—游标；3—尺身；4—基尺；
5—直尺；6—连杆；7—固定螺钉；8—螺母

Ⅱ型游标万能角度尺的读数原理和读数方法与Ⅰ型游标万能角度尺相同，只不过这种角度尺的游标在尺身的下面，并且有长达 300mm 的直尺，很适合于测量大型工件的角度。

游标万能角度尺在使用前，应检查其外观和各部位的相互作用并校准角度尺的"0"位。图 2-71 所示的是Ⅰ型游标万能角度尺的应用实例，图 2-72 所示的是Ⅱ型游标万能角度尺的应用实例。

① 测量 $0°\sim50°$ 的角度，被测工件放在基尺和直尺的测量面之间，如图 2-71（a）所示。

② 测量 $50°\sim140°$ 的角度，把直尺和卡块卸下来，并把直角尺往下移，把被测工件放在基尺和直尺的测量面之间，如图 2-71（b）所示。

③ 测量 $140°\sim230°$ 的角度，把直尺和卡块卸下来，并把角尺往上推，把角尺和基尺的测量面紧贴在被测工件的表面上，如图 2-71（c）所示。

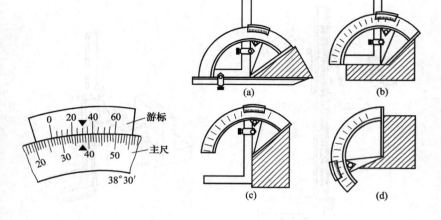

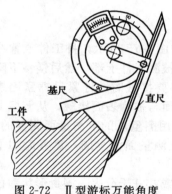

图 2-70　游标万能角度
尺的读数原理

图 2-71　Ⅰ型游标万能角度尺的应用实例

④ 测量大于 230°~320° 的角度，把直尺和角尺以及卡块都卸下来，直接用基尺和扇形板的测量面测量，如图 2-71(d) 所示。

⑤ Ⅱ型游标万能角度尺比Ⅰ型游标万能角度尺测量范围宽，它的游标读数值是 5′，示值误差为 ±5′。直尺测量面的长度为 200mm，300mm。

图 2-72　Ⅱ型游标万能角度
尺的应用示例

2.3.3　高度游标卡尺的使用

（1）高度游标卡尺的使用　高度游标卡尺（图 2-73）广泛用于机械加工中的高度测量、划线等。使用前认真检查高度尺的外观和各部位的相互作用。校对高度尺的"0"位，使游标的"0"刻线与尺身的"0"刻线相重合。

（2）高度游标卡尺应用示例

① 高度游标卡尺装上划线爪，工件放置在划线平板上，即可在工件上划出平行于平板的直线，如图 2-74 所示。

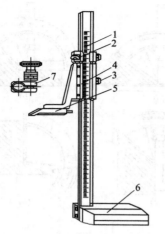

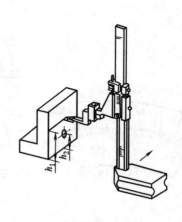

图 2-73　高度游标卡尺
1—尺身；2—微动框；3—尺框紧固螺钉；
4—游标尺框；5—划线爪；
6—底座；7—表夹测量爪

图 2-74　用高度游标卡尺划线

② 高度游标卡尺装上测量爪，如图 2-75 所示，将工件放置在检验平台上，移动底座使测量爪伸到被测工件上部，然后慢慢下降尺框，待测量爪的测量面与被测面将要接触时，拧紧尺框紧固螺钉，调整微动螺母，使测量爪的测量面与被测表面接触，从游标上读得被测高度。图 2-75(a) 所示的是用测量爪的下测量面测量的，图 2-75(b) 所示的是利用测量爪的上测量面测量的，读数时加上测量爪的厚度 B 即为测量结果。

③ 高度游标卡尺装上杠杆百分表或杠杆千分表，测量形状和位置误差。高度游标卡尺配上杠杆表、量块和方箱、检验平板等，可以测量工件的高度尺寸、形位误差等尺寸。如图 2-76 所示，将杠杆表装在高度游标卡尺上并紧固，工件放置在检验平板上。移动底座，使表的测头与被测表面各处接触，表头的最大读数值与最小读数之差，即为被测面的平面度误差。

④ 用高度游标卡尺检测铰刀前角和后角的方法见图 2-77。测量前角如图 2-77(a) 所示，先测出高度 A 和 B，再按下式求出前角 γ_o 数值：

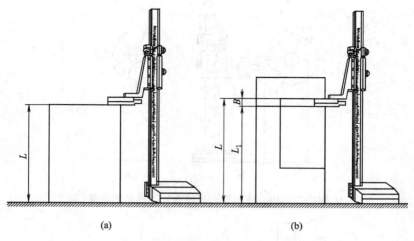

图 2-75　用高度游标卡尺测量爪上、下测量面测量

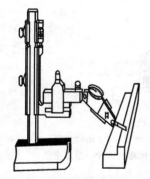

图 2-76　用高度游标卡尺和
杠杆表检测平面度

$$\sin\gamma_o = 2 \times \frac{A-B}{D}$$

测量后角如图 2-77（b）所示，先测出高度 A 和 C，再按下式求出后角 α 数值：

$$\sin\alpha = 2 \times \frac{C-A}{D}$$

具体测量前，应先检查高度游标卡尺测量块水平测量面和垂直测量面对高度游标卡尺底基准面的平行度和垂直度。

2.3.4　齿厚游标卡尺的使用

齿厚游标卡尺（图 2-78）主要用于测量齿轮的固定弦齿厚和分度圆齿厚。由于其结构简单，使用方便，所以在生产中等精度的直齿和斜齿渐开线圆柱齿轮中应用较为广泛。

齿厚游标卡尺在使用前应先进行校对，即分别校对高度游标卡尺和宽度游标卡尺的"0"位，"0"位合格方可使用。

齿厚偏差用齿厚游标卡尺测量，如图 2-79 所示。根据被测齿

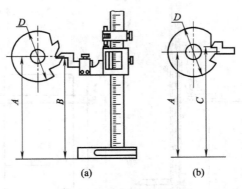

图 2-77 用高度游标卡尺检测铰刀前角和后角

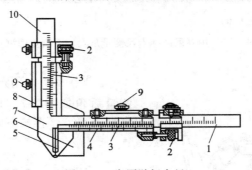

图 2-78 齿厚游标卡尺

1—水平主尺；2—微动螺母；3—游标；4—游框；5—活动量爪；
6—高度尺；7—固定量爪；8—游框；9—紧固螺钉；10—垂直主尺

轮的分度圆弦齿高 $\bar{h}$ 的数值调整高度游标卡尺，使游标对准弦齿高 $\bar{h}$ 的数值的位置上，将尺框紧固住，把高度游标卡尺的量爪测量面紧贴在被测齿轮的一个齿的齿顶上，然后调整宽度游标卡尺，使两个量爪测量面与齿侧面接触。测量时，以齿顶圆作为测量基准，在离齿顶为弦齿高 $\bar{h}$ 处，测量分度圆上的弦齿厚 $\bar{S}$，即可在宽度游标卡尺上读数，该读数即是被测齿轮的实际弦齿厚 $\bar{S}$。弦齿厚实际值与公称值之差，即为齿厚偏差 f_{sn}，对于斜齿轮，则指法向齿厚。

　　用齿厚游标卡尺测量齿轮分度圆弦齿厚是以齿顶圆作为测量定位基准，故存在加工误差，应根据齿顶圆半径的实际测得值对弦齿高进行修正。修正公式为

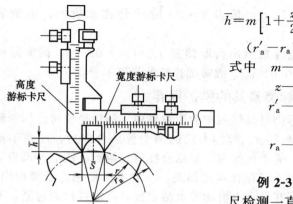

$$\overline{h}=m\left[1+\frac{z}{2}\left(1-\cos\frac{90°}{z}\right)\right]\pm(r'_a-r_a)$$

式中　m——齿轮模数；

　　　z——齿轮齿数；

　　　r'_a——实际齿顶圆半径，测量值；

　　　r_a——理论齿顶圆半径。

图 2-79　齿厚游标卡尺测量齿厚示意图

例 2-3　用齿厚游标卡尺检测一直齿圆柱齿轮的齿厚，已知被测齿轮参数：齿轮模数 $m=3mm$，齿轮齿数 $z=30$，压力角 $\alpha=20°$，齿厚偏差 $f_{sn}=-0.02mm$，测量该被测齿轮齿厚是否合格。

解　① 根据被测齿轮模数选择 $m=1\sim16mm$ 或 $m=1\sim25mm$ 的齿厚游标卡尺。

② 根据被测齿轮齿数确定分度圆弦齿高 $\overline{h}$，查手册得：当 $z=30$ 时，$\overline{h}=1.0205mm$，故被测齿轮的公称分度圆弦齿高

$$\overline{h}=3\times1.0205=3.0615\text{（mm）}$$

③ 测量出被测齿轮的实际齿顶圆半径 $r'_a=47.98mm$。

④ 计算出被测齿轮的理论齿顶圆半径

$$r_a=\frac{1}{2}m(z+2)=\frac{1}{2}\times3\times(30+2)=48\text{（mm）}$$

⑤ 求得实际分度圆弦齿高为

$$\overline{h}'=\overline{h}+(r_a-r'_a)=3.0615+(48-47.98)$$
$$=3.0815\text{（mm）}\approx3.08\text{（mm）}$$

⑥ 测量齿厚。首先把高度游标卡尺定在 3.08mm 的高度位置，然后将尺框紧固住，再进行测量，从宽度游标卡尺上读数得 4.72mm，即测量得到的是实际分度圆弦齿厚 $\overline{S}'=4.72mm$。

⑦ 实际齿厚偏差为

$$f'_{sn}=\overline{S}'-3\overline{S}=4.72-3\times1.5701=0.01\text{（mm）}$$

式中的 $\overline{S} = 1.5701$，是当 $z = 30$ 时的公称弦齿厚，由查表得到。

根据被测齿轮参数给出齿厚偏差 $f_{sn} = -0.02\text{mm}$，而实际的齿厚偏差 $f'_{sn} = -0.01\text{mm}$，故被测齿轮的齿厚不合格。

2.3.5 常用游标类量具的维护保养

（1）常用游标类量具使用中的注意事项　测量前要将游标卡尺的测量面用软布擦干净，游标卡尺的两个量爪合拢后，应密不透光，如漏光严重，需进行修理。量爪合拢后，游标零线应与尺身零线对齐，如对不齐，就存在零位偏差，一般不能使用，若要使用，需加校正值。游标在尺身上滑动要灵活自如，不能过松或过紧，不能晃动，以免产生测量误差。

测量时，应使量爪轻轻接触零件的被测表面，保持合适的测量力。量爪位置要摆正，不能歪斜。

读数时，视线应与尺身表面垂直，避免产生视觉误差。

（2）常用游标类量具的维护保养

① 不准把游标卡尺的两个量爪当扳手或划线工具使用，不准用卡尺代替卡钳、卡板等在被测工件上推拉，以免磨损卡尺，影响测量精度。

② 带深度尺的游标卡尺用完后应将量爪合拢，否则较细的深度尺露在外边，容易变形，甚至折断。

③ 测量结束时，要把游标卡尺平放，特别是大尺寸游标卡尺，否则易引起尺身弯曲变形。

④ 游标卡尺使用完毕，要擦净并上油，放置在专用盒内，防止弄脏或生锈。

⑤ 不可用砂布或普通磨料来擦除刻度尺表面及量爪测量面上的锈迹和污物。

⑥ 游标卡尺受损后，不允许用锤子、锉刀等工具自行修理，应交专门修理部门修理，并经检定合格后才能使用。

2.3.6 千分尺的使用

千分尺是一种应用广泛的精密长度量具，其测量精确度比游标卡尺高。千分尺的形式和规格繁多，按其用途和结构不同有：外径千分尺，内径千分尺，深度千分尺，公法线千分尺，尖头千分尺，壁厚千分尺等。

常用外径千分尺的规格按测量范围划分，在 500mm 以内时，每 25mm 为一挡，如 0～25mm，25～50mm 等。在 500mm 以上至 1000mm 时，每 100mm 为一挡，如 500～600mm，600～700mm 等。外径千分尺按制造精度可分为 0 级和 1 级两种，0 级最高，1 级次之。

2.3.6.1 外径千分尺

(1) 外径千分尺的读数原理 外径千分尺是利用螺旋传动原理，将角位移变成直线位移来进行长度测量的。由外径千分尺结构可知，微分筒与测微螺杆连成一体，且上面刻有 50 条等分刻线。当微分筒旋转一圈时，由于测微螺杆的螺距一般为 0.5mm，因此它就轴向移动 0.5mm，当微分筒旋转一格时，测微螺杆轴向移动距离为 0.5mm÷50＝0.01mm。这就是千分尺的读数装置所以能读出 0.01mm 的原理，而 0.01mm 就是外径千分尺的读数精确度。

(2) 外径千分尺的读数方法 外径千分尺的读数部分由固定套筒和微分筒组成，固定套筒上的纵刻线是微分筒读数值的基准线，而微分筒锥面的端面是固定套筒读数值的指示线。固定套筒纵刻线的两侧各有一排均匀刻线，刻线的间距都是 1mm 且相互错开 0.5mm，标出数字的一侧表示 1mm 数，未标数字的一侧即为 0.5mm 数。

用外径千分尺进行测量时，其读数步骤为：

① 读整数。微分筒端面是读整数值的基准，读整数时，看微分筒端面左边固定套筒上露出的刻线的数值，该数值就是整数值。

② 读小数。固定套筒上的基线是读小数的基准，读小数时，看微分筒上是哪一根刻线与基线重合。如果固定套筒上的 0.5mm 刻线没露出来，那么微分筒上与基线重合的那根线的数目即是所求的小数；如果 0.5mm 刻线已露出来，那么从微分筒上读得的数还要加上 0.5mm 后，才是小数。

当微分筒上没有任何一根刻线与基线恰好重合时，应该估读到小数点后第三位数。

③ 整个读数。将上面两次读数值相加，就是被测工件的整个读数值。

例 2-4 试读出图 2-80 所示外径千分尺的读数值。

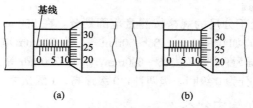

图 2-80　外径千分尺的读数方法

解　① 读整数：图（a）中整数是 10mm，图（b）中整数是 10.5mm。

② 读小数：图（a）中小数是 0.25mm，图（b）中小数是 0.26mm。

③ 求和：图（a）中为 10mm＋0.25mm＝10.25mm。

图（b）中为 10.5mm＋0.26mm＝10.76mm。

（3）**外径千分尺使用时的注意事项**　外径千分尺的外形如图 2-81、图 2-82 所示。外径千分尺在使用时应注意：

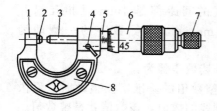

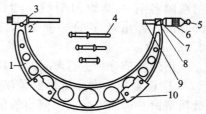

图 2-81　小型外径千分尺

1—尺架；2—测砧；3—测微螺杆；
4—锁紧装置；5—微分筒；6—固定
套筒；7—测力装置；8—隔热装置

图 2-82　大型外径千分尺

1—尺架；2—测砧；3—测砧紧固螺钉；
4—可换测砧；5—测力装置；6—微分筒；
7—固定套筒；8—锁紧装置；9—测
微螺杆；10—隔热装置

① 正确选择和检查千分尺。首先根据被测尺寸大小和尺寸精度选择相应的千分尺规格。然后检查外观质量，各部分的相互作用是否合格，校对"0"位合格后才能使用。

② 正确操作千分尺。使用千分尺时，要手握住隔热装置，用等温方法使千分尺与被测工件保持相同的温度进行测量。测量时，当两个测量面将要接触被测表面，就不要旋转微分筒，只旋转测力装置的转帽，等棘轮发出"咔咔"声后，再进行读数。退尺时，应旋转微分筒，不要旋转测力装置，以防拧松测力装置，影响千分尺的"0"位。

测量较大工件时，最好把工件放在 V 形铁或平台上，采用双手操作法：左手拿住尺架的隔热装置，右手用两指旋转测力装置的转帽。测量较小件时，也可采用尺架固定操作法：用软的东西垫住尺架，轻轻地夹在钳口或夹持架中（要防止落地摔坏），左手拿住工件，右手用两指操作。

当千分尺的测量面快要接触被测表面时，要一边转动测力装置，一边轻微晃动尺架，靠灵敏的感觉来选择正确的接触位置，使测量面与被测表面接触良好。

测量外径时的操作应如图 2-83(a)、(c) 所示，为了选择正确的接触位置，要左右晃动尺架找出最小尺寸部位，才是垂直于轴线的正确测量截面；要前后晃动尺架找出最大尺寸部位，才是直径方向上的尺寸。

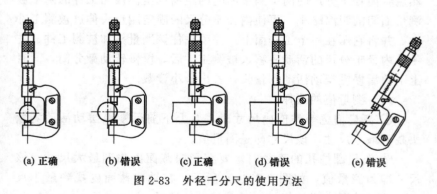

(a) 正确 　　 (b) 错误 　　 (c)正确 　　 (d) 错误 　　 (e) 错误

图 2-83 外径千分尺的使用方法

要使千分尺的整个测量面接触被测表面，不要如图 2-83(b)、(d) 所示那样只用测量面的边缘测量。

要使测微螺杆轴线与工件的被测尺寸方向一致，不要如图 2-83(e)所示那样歪斜。

为了减少测量误差，可在同一位置上再测几次，取其平均值作为测量结果。为了近似测出工件的圆度和圆柱度误差，可在同一圆周的不同方向和全长的各个部位多次测量。

2.3.6.2 内径千分尺

内径千分尺用于内尺寸精密测量，内径千分尺如图 2-84 所示。

(1) 内径千分尺在使用前应检查外观和各部分的相互作用，再校对内径千分尺的"0"位。

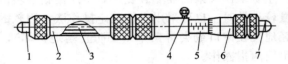

图 2-84 内径千分尺
1—测量头；2—接长杆；3—心杆；4—锁紧装置；
5—固定套筒；6—微分筒；7—测微头

(2) 据被测量内径尺寸的大小，正确选用接长杆，然后按要求将连杆与内径千分尺连接。

(3) 测量时将内径千分尺的两个测量面和被测工件表面擦净。然后将内径千分尺的两个测量面间的距离调至比被测工件的两个被测量面间的距离略小，再使内径千分尺的固定测量头伸进被测工件中，并将它压在一个工作面上，左手扶住该测量头和被测工件，右手将内径千分尺的活动头移入被测工件后，慢慢转动微分筒，同时上下前后慢慢摆动活动测量头，找出最小读数。

(4) 测量值的选择

① 测量槽宽等类似内尺寸时，要上下前后慢慢摆动活动测量头找到最小尺寸，该尺寸即是测量值。

② 测量圆柱孔的直径时，要在径向截面内找到最大尺寸，该尺寸即为测量值，如图 2-85(a) 所示；在轴向截面内找到最小尺寸，该尺寸即为测量值，如图 2-85(b) 所示。

被测量面的表面粗糙度 Ra 值不能大于 $0.16\mu m$。

2.3.6.3 内测千分尺

内测千分尺如图 2-86、图 2-87 所示。内测千分尺用于测量深度较浅的孔和槽的内尺寸。测量前，先按被测工件内尺寸的大小选择内测千分尺的测量范围，再用校对环规校对"0"位。测量时，应先将两个量爪测量面之间的距离调整到比被测工件孔径的公称尺寸略小，然后再将两个量爪伸入被测工件孔内。测量时应尽量使量爪的整个母线工作（图2-88）。

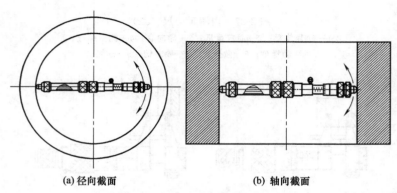

(a) 径向截面　　　　　　　　　(b) 轴向截面

图 2-85　用内径千分尺测量孔径

　　正确的操作方法是左手的食指和拇指捏住固定量爪的根部，无名指和小指托住活动量爪根部，右手旋转微分筒，当两个量爪的测量面与被测工件孔壁快要接触时，采用旋转测力装置进行测量。当棘轮发出"咔咔"声响，即可读数。因为内测千分尺的测量方向和读数

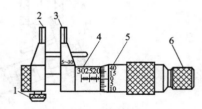

图 2-86　内测千分尺（一）

1—锁紧装置；2—固定量爪；3—活动量爪；
4—固定套筒；5—微分筒；6—测力装置

方向与外径千分尺相反，所以读数方向也相反，故读数时要注意。

　　测量孔径时，要轻轻摆动内测千分尺找到最大值为测量值，测量槽宽等内径尺寸时要找到最小值为测量值。

2.3.6.4　螺纹千分尺

　　螺纹千分尺除了测头外，其他结构与外径千分尺完全相同，如图2-89所示。螺纹千分尺的两个测头是可换的，测头轴和测杆孔

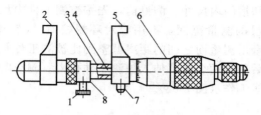

图 2-87　内测千分尺（二）

1—锁紧装置；2—固定量爪；3—导向套；4—测微螺杆；
5—活动量爪；6—微分头；7—导向销；8—连接套

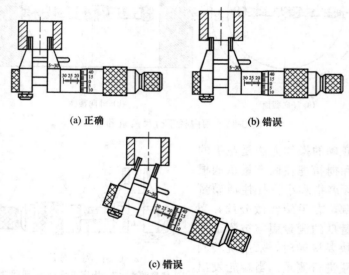

(a) 正确　　　　　　　　　　(b) 错误

(c) 错误

图 2-88　使用内测千分尺测量工件的正确与错误方法

是精密的动配合。螺纹千分尺有 60°锥形测头和 V 形测头，用于测量精度不高的外螺纹中径。要根据被测螺纹的公称直径和螺距选择螺纹千分尺。选取螺纹千分尺后，检查其各部位的相互作用，均符合要求后才能使用。

选取螺纹千分尺时，要特别注意测头上的表示所测量螺距的数字，而且测头要成对使用。测量前，要清洗被测螺纹牙沟的油污、切屑等。测量时，V 形测头跨在牙尖上，锥形测头插在牙沟内，要轻轻晃动螺纹千分尺，使两个测头的测量面与螺纹牙型面接触紧密，而且要使两个测头的中心线与螺纹中心线垂直相交，如图2-90所示。当螺纹千分尺两个测头的测量面与被测螺纹的牙型面接触后，旋转螺纹千分尺的测力装置，并轻轻晃动螺纹千分尺，当螺纹千分尺发出"咔咔"声后，即可读数。读得的数是中径的实际值，将此值与标准中径尺寸比较，即可判定被测的螺纹中径是否合格。

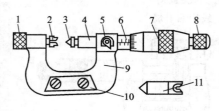

图 2-89　螺纹千分尺

1—调零装置；2—V形测头；3—锥形测头；
4—测微螺杆；5—锁紧装置；6—固定套筒；
7—微分筒；8—测力装置；9—尺架；
10—隔热板；11—校对量规

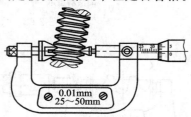

图 2-90　螺纹千分尺应用示例

2.3.6.5　公法线千分尺

公法线千分尺如图2-91所示，公法线指示卡规如图2-92所示，用于测量齿轮公法线长度，是一种通用的齿轮测量工具。公法线千分尺也可以测量狭窄空间部位的筋和键等。公法线千分尺的操作与外径千分尺相同。但是公法线千分尺应先确定跨测齿数，才能进行测量。图 2-93 所示为公法线千分尺应用实例。

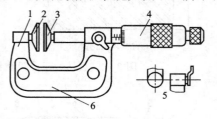

图 2-91　公法线千分尺

1—尺架；2—测砧；3—活动测砧；4—微
分筒；5—半圆盘测砧；6—隔热装置

测量斜齿、人字齿轮的公法线长度时，必须在齿面的法线方向上测量，而且齿圈宽度 b 必须大于 $W_n \sin\beta$ 才能测量，当 b 小于 $W_n \sin\beta$ 时，千分尺的一个测砧就跨到齿外去了，故无法测量，如图2-94所示。

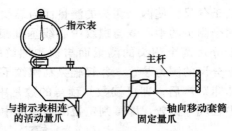

图 2-92 公法线指示卡规

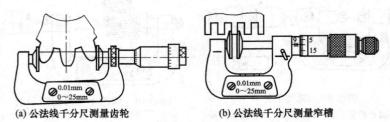

(a) 公法线千分尺测量齿轮　　　(b) 公法线千分尺测量窄槽

图 2-93 公法线千分尺应用实例

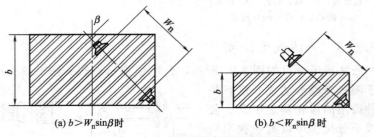

(a) $b > W_n \sin\beta$ 时　　　(b) $b < W_n \sin\beta$ 时

图 2-94 公法线千分尺测量斜齿轮公法线长度

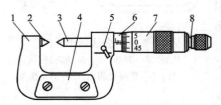

图 2-95 尖头千分尺

1—尺架；2—测砧；3—测微螺杆；4—隔热装置；5—锁紧装置；6—固定套管；7—微分筒；8—测力装置

2.3.6.6 尖头千分尺

尖头千分尺如图 2-95 所示，用于测量外径千分尺难以测量的沟槽，操作方法与外径千分尺相同，但不能测量软质材料的工件。尖头千分尺的应用示例见图 2-96。

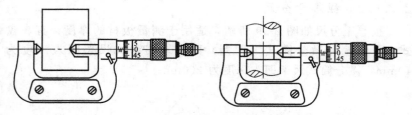

图 2-96　尖头千分尺检验工件的沟槽

2.3.6.7　深度千分尺

深度千分尺如图 2-97 所示。用于机械加工中测量工件的盲孔、阶梯孔、深孔、凹槽的深度以及台阶高度尺寸。用深度千分尺测量的被测面和定位面的表面粗糙度 Ra 值不能大于 $0.08\mu m$。

如图 2-98 所示，测量时，左手往下按住底板使底板的基准面与定位面 2 紧贴，右手旋转微分筒，待测量杆与被测量面 1 快要接触时改为旋转棘轮，使测量面与被测量面轻轻接触，至棘轮发出"咔咔"声音后即可进行读数。

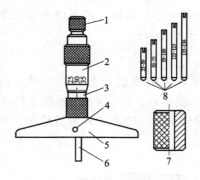

图 2-97　深度千分尺
1—测力装置；2—微分筒；3—固定套筒；
4—锁紧装置；5—底板；
6，8—测量杆；7—校对量具

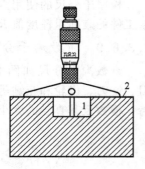

图 2-98　深度千分尺检验
工件的深度
1—被测量面；2—定位面

读数时应先旋紧锁紧装置将测量杆紧固住后，把深度千分尺拿起来读数。读数时应注意，深度千分尺的测微头上的刻度标记与外径千分尺的刻度标记相反。

2.3.6.8　板厚千分尺

板厚千分尺如图 2-99 所示，适用于测量板材的厚度，有表盘式（Ⅱ型）和微分筒式（Ⅰ型）两种。表盘式尺架凹入深度为 40mm，微分筒式尺架凹入深度为 200mm。

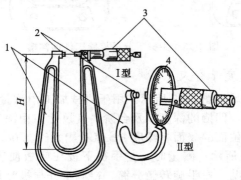

图 2-99　板厚千分尺
1—尺架；2—测砧；3—测微头；4—刻度盘

板厚千分尺的使用方法均为外径千分尺相同，用板厚千分尺测量工件的表面粗糙度值 Ra 不得大于 $0.16\mu m$。

2.3.6.9　奇数沟千分尺

奇数沟千分尺如图 2-100 所示，用于测量奇数齿的丝锥、铰刀、铣刀、齿轮和花键等外尺寸。使用前，应该根据被测工件的齿、槽数及其直径的大小选择奇数沟千分尺的形式和测量范围。测

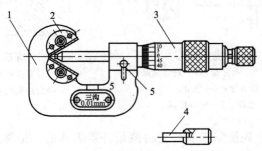

图 2-100　奇数沟千分尺
1—尺架；2—测砧；3—微分筒；4—校对量具；5—锁紧装置

量时，操作奇数沟千分尺的方法与操作外径千分尺的方法相同。

2.3.6.10 壁厚千分尺

壁厚千分尺如图 2-101 所示。专门用于测量管子的壁厚尺寸。Ⅰ型壁厚千分尺测量尺寸小于或等于 25mm 的管子；Ⅱ型壁厚千分尺测量管子的内径大于 5mm、壁厚小于或等于 25mm 的管子。

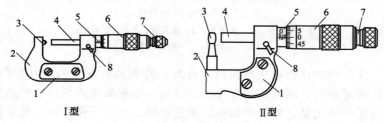

图 2-101　壁厚千分尺

1—隔热装置；2—尺架；3—测砧；4—测微头；5—固定套管；
6—微分筒；7—测力装置；8—锁紧装置

图 2-102 所示为壁厚千分尺的应用示例。图（a）为正确的使用方法，图（b）则为错误的使用方法，会产生测量误差 δ。壁厚千分尺可以作为外径千分尺使用。

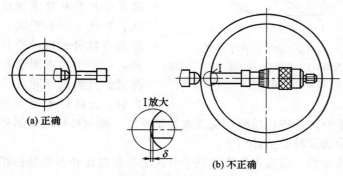

图 2-102　壁厚千分尺的应用示例

2.3.6.11 三爪内径千分尺

三爪内径千分尺如图 2-103 所示，主要用于测量精密光滑圆柱孔的直径尺寸和形位误差。如果配上专用量爪，还可以测量各种不同截面形状的沟槽、内螺纹等。

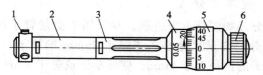

图 2-103　三爪内径千分尺
1—测量爪；2—测量头；3—连接杆；4—固定套筒；
5—微分筒；6—测力装置

　　使用前应该检查三爪内径千分尺的外观和各部分的相互作用，并用环规校对。测量孔的直径时，应在一个横截面内均匀地转换三个位置进行测量，取平均值作为测量结果。在三个位置中，最大读数与最小读数之差为该截面的圆度误差。

　　测量深孔的圆柱度误差时，在不同的横截面上测出直径，比较测出直径的读数，从而判断被测孔圆柱度误差。

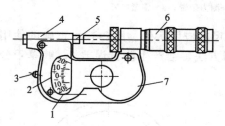

图 2-104　杠杆千分尺
1—指针；2—指示表；3—按钮；4—尺架；
5—测砧；6—微分筒；7—隔热装置

2.3.6.12　杠杆千分尺

　　杠杆千分尺相当于由外径千分尺和杠杆卡规组合而成，如图 2-104 所示。工作原理与杠杆卡规及千分尺相同，可用于相对测量和绝对测量。当测量不同尺寸的工件时，比杠杆卡规方便，与外径千分尺一样；检验成批或大量工件时，则与杠杆卡规那样用比较测量法来检验工件尺寸。

　　使用前，应该先检查杠杆千分尺的外观质量和各部分的相互作用。然后校对 "0" 位，杠杆千分尺的测量范围为 0～25mm 的，可直接校对 "0" 位；测量下限大于 25mm 的，用校对量杆校对 "0" 位，这时应该加上校对量杆的修正值。

　　使用杠杆千分尺最好用比较法测量，这种方法是以量块（或样件）作为基准的测量方法。

测量前，首先根据被测工件的公称尺寸选择量块，用量块校好杠杆千分表的指示表的"0"位后锁紧测微螺杆，即可用于测量。测量时，先按下按钮使测砧向后退，然后将被测部位放入千分尺的两个测量面之间，松开按钮并轻轻晃动千分尺架，待测砧与被测量面接触稳定后，即可在指示表上读数。测量所得尺寸是真实尺寸相对于所用量块尺寸的偏差值。

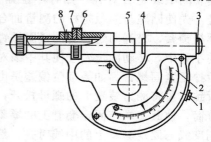

图 2-105　杠杆卡规

1—拨叉；2—指示表；3—盖帽；
4—微动测量杆；5—可调测量杆；
6—弹簧片；7—可调螺环；8—螺钉

2.3.6.13　杠杆卡规

杠杆卡规是利用杠杆-齿轮传动，将活动测杆的直线位移变为指针角位移的用于测量长度尺寸的测量工具。杠杆卡规的结构如图 2-105 所示，是以相对测量法（比较测量法）测量精密工件。杠杆卡规不属于千分尺类量具。

（1）杠杆卡规的测量范围　杠杆卡规的测量范围有：0～25mm、25～50mm、50～75mm、75～100mm、100～125mm、125～150mm六种，而分度值则根据测量范围分为 0.002mm 和 0.005mm 两种。一般是 100mm 为 0.002mm；150mm 为 0.005mm。

（2）杠杆卡规的使用　按测量范围要求选用相应的杠杆卡规，然后用量块调整尺寸，揿动退让器使微动测量杆退回，将预选好的量块放入两测量面之间，再松动套管，转动可调螺环，使可调测量杆 5 和量块接触，并使指针调整在零刻度上，然后拧紧套管，使可调测量杆 5 固定在调整好的位置上。

检验工件时，先揿动退让器，把工件放入（或把卡规放入）两测量杆的测量面之间，松开退让器，看指针的指示位置。若指针仍指在零刻度，表示工件与量块的尺寸相同；指针偏离零刻度时，表示工件与量块的尺寸不等。指针偏向正向表示工件比量块大；偏向负向表示工件比量块小。其差值等于指针偏离零刻度的格数乘刻度值。

2.3.7 常用螺旋副测微量具使用中的注意事项

测量之前，转动千分尺测力装置上的棘轮，使两个测量面合拢，检查测量面间是否密合，同时观察微分筒上的零刻度线与固定套管的中线是否对齐，如有零位偏差，应进行调整。调整的方法是：先使砧座与测微螺杆的测量面合拢，然后利用锁紧装置将测微螺杆锁紧，松开固定套管的紧固螺钉，再用专用扳手插入固定套管的小孔中，转动固定套管使其中线对准微分筒刻度的零刻度线，最后拧紧紧固螺钉。如果零位偏差是由于微分筒的轴向位置相差较远所致，可将测力装置上的螺母松开，使压紧接头放松，轴向移动微分筒，使其左端与固定套管上的零刻度线对齐，并使微分筒上的零刻度线与固定套管上的中线对齐，然后旋紧螺母，压紧接头，使微分筒和测微螺杆结合成一体，再松开测微螺杆的锁紧装置。

测量时先用手转动千分尺的微分筒，待测微螺杆的测量面接近工件被测表面时，再转动测力装置上的棘轮，使测微螺杆的测量面接触工件表面，听到 $2 \sim 3$ 声"咔咔"声后即停止转动，此时已得到合适的测量力，可读取数值。不可用手猛力转动微分筒，以免使测量力过大而影响测量精度，严重时还会损坏螺纹传动副。

使用时，千分尺测微螺杆的轴线应垂直于零件被测表面。读数时最好不从工件上取下千分尺，如需取下读数时，应先锁紧测微螺杆，然后再轻轻取下，以防止尺寸变动产生测量误差。读数要细心，看清刻度，特别要注意分清整数部分和 0.5mm 的刻线。

2.3.8 常用螺旋副测微量具的维护保养

① 不能用千分尺测量零件的粗糙表面，也不能用千分尺测量正在旋转的零件。

② 千分尺要轻拿轻放，不要摔碰。如受到撞击，应立即进行检查，必要时送计量部门检修。

③ 千分尺应保持清洁。测量完毕，用软布或棉纱等擦干净，放入盒中。长期不用应涂防锈油。要注意勿使两个测量砧贴合在一起，以免锈蚀。

④ 大型千分尺应平放在盒中，以免变形。

⑤ 不允许用砂布和金刚砂擦拭测微螺杆上的污锈。

⑥ 不能在千分尺的微分筒和固定套管之间加酒精、煤油、柴油、凡士林和普通机油等；不允许把千分尺浸泡在上述油类及酒精中。如发现上述物质浸入，要用汽油洗净，再涂以特种轻质润滑油。

2.4 指示表

2.4.1 百分表

百分表是将测量杆的直线位移通过齿条和齿轮传动系统转变为指针的角位移进行读数的一种长度测量工具。百分表广泛用于测量工件几何形状误差及位置误差，具有防震机构，使用寿命长，精度可靠。百分表的分度值为 0.01mm，测量范围为 0～3mm，0～5mm 和 0～10mm 的，称为中、小量程百分表；测量范围为 0～30mm，0～50mm 和 0～100mm 的，称为大量程百分表。百分表的结构如图 2-106 所示。百分表是一种指示式精密量具，具有传动比大、结构简单、使用灵活方便等特点。主要用于工件的长度尺寸、形状和位置偏差的绝对测量和相对测量，也在某些机床或测量装置中用作定位和指示。

（1）正确装卡和调整百分表　使用前应将百分表测量面、测杆擦净，然后正确装卡和调整百分表。应把百分表装夹在表架或其他牢靠

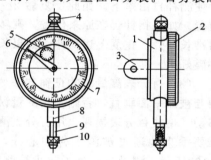

图 2-106　百分表
1—表体；2—表圈；3—耳环；4—测帽；
5—转数指针；6—指针；7—刻度盘；
8—装夹套筒；9—测杆；10—测头

的支架上，夹紧力要适当。有时为了测量方便，也将百分表安装在万能表架或磁性表座上，如图 2-107 所示。调整测头压缩使指针至少转过 1/6 圈。应当先考察指示值的稳定性后再使用，在零位上，将测杆快速地或缓慢地往下移，这时看一下指示值的变化情况，当指示值变化 0.3 刻度以上时，就要考虑：支架的固紧是否松动；百分表装卡的夹紧部分是否松了。

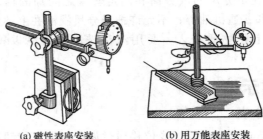

(a) 磁性表座安装　　　　　(b) 用万能表座安装

图 2-107　百分表的安装

（2）百分表对"0"位　百分表对"0"位是为了便于读数。装卡好百分表后使测头与被测工件表面接触，微调百分表使其长指针转过 2～3 转后停在某处，然后用右手的食指和拇指提测帽然后松手使测杆自由落下，如此反复做 2～3 次，检查指针是否指在原来位置。如果指针仍在原来位置，则转动表盘，使表盘上的零刻度线对准长指针。重复上述操作，如果长指针仍与零刻度线重合，则为调整好了。

（3）百分表测量时的正确方法　用百分表测量平面时，测量杆要与被测平面垂直，否则不仅测量误差大，而且会使测杆卡住不能移动，造成百分表损坏。用百分表测量圆柱形工件时，测杆的中心线要垂直地通过被测工件中心线，以防止产生测量误差，如图2-108所示。测量时，为了防止被测工件撞击百分表的测头，要先提起测杆，再把被测工件推到测头下进行测量。

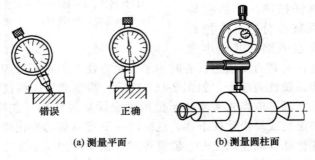

错误　　　　正确

(a) 测量平面　　　　　　(b) 测量圆柱面

图 2-108　百分表的使用

（4）用百分表检验零件的形状误差和位置误差

① 用百分表检验零件的平面度。检验所用工具有：检验平板、磁力表架、百分表、固定支承块和可调支承块。

如图 2-109 所示，检验时，通过固定支承块和可调支承块将被测工件支承在平板上，把表架也放在平板上并装上百分表，使百分表的测杆垂直于被测表面，调整百分表使指针转过 2～3 转后将百分表紧固，对被测面的平行度进行测量。

② 用百分表检验零件的圆柱度误差。检验所用工具有：检验平板、磁力表架、百分表、V形铁。

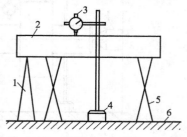

图 2-109　用百分表检验零件的形状误差
1—固定支承块；2—工件；3—百分表；
4—磁力表架；5—可调支
承块；6—检验平板

如图 2-110 所示，检验时，慢慢转动被测工件，并观察百分表长指针的变化情况。当被测工件旋转一周后，记下该截面上的最大与最小读数，两者的差值之半，即为该工件的圆度误差。按此方法连续测量若干个截面，然后取各个截面内所测得的所有读数中最大与最小读数值之半，作为该工件的圆柱度误差。

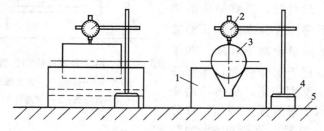

图 2-110　用百分表检验零件的圆柱度误差
1—V形铁；2—百分表；3—工件；4—磁力表架；5—检验平板

③ 用百分表检验零件的径向跳动和端面跳动。图 2-111 所示为用百分表检验零件的径向跳动和端面跳动。将被测零件安装在两

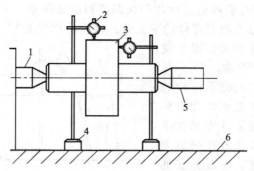

图 2-111　用百分表检验零件的径向跳动和端面跳动
1—固定顶尖；2—百分表；3—工件；4—磁力表架；
5—活动顶尖；6—检验平板

顶尖之间。在被测零件回转一周过程中，测量零件的径向跳动和端面跳动。指示器读数最大差值即为单个平面上的径向跳动和单个测量圆柱面上的端面跳动。将若干个截面和圆柱面测得的跳动量中的最大值作为该零件的径向跳动和端面跳动。

④ 用百分表检验工件的位置误差。如图 2-112 所示，通过磁性表架把百分表与摇臂钻床上的钻杆连接起来，用直角尺作为测量基准。测量时，摇臂钻床的横臂慢慢下降，百分表的测头沿着直角尺的测量面向下移动。如果立柱不垂直于工作台面，则百分表的指针发生变化，从指针的变化即可判定垂直度。例如，百分表在最高位置，将指针调"0"，

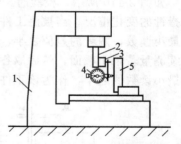

图 2-112　用百分表检验的位置误差
1—床身；2—钻杆；3—磁力表架；
4—百分表；5—直角尺

当横臂下降使百分表在最低位置，这时指针指在"0"刻线右边第5 条刻线处，说明立柱与工作台面的垂直度误差为 0.05mm。

（5）百分表配专用表座检测槽深　图 2-113（a）所示为百分表配专用表座结构图，图 2-113（b）所示为百分表配专用表座检测槽

深实例。

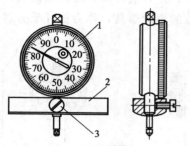

(a) 结构
1—百分表; 2—专用表座; 3—紧固螺钉

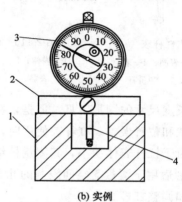

(b) 实例

1—工件; 2—专用表架; 3—百分表; 4—百分表接长测杆

图 2-113 百分表配专用表座检测槽深

2.4.2 千分表

千分表（图 2-114）是一种高精度的长度测量工具，广泛用于测量工件几何形状误差及相互位置误差。千分表的使用方法与百分表相同。

2.4.3 杠杆表

杠杆表如图 2-115、图 2-116 所示，体积小，精度高，适应于一般百分表难

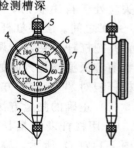

图 2-114 千分表
1—测头; 2—测杆; 3—测头装
夹套筒; 4—表针; 5—测帽;
6—转数指针; 7—表体

以测量的工件。其中，以百分表进行读数的测量器具，称为杠杆百分表，以千分表进行读数的测量器具，称为杠杆千分表。

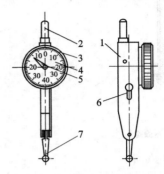

图 2-115　正面式杠杆表

1—表体；2—夹持柄；3—表圈；4—表盘；

5—指针；6—换向器；7—测量杆

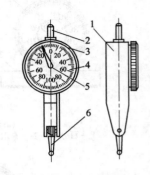

图 2-116　侧面式杠杆表

1—表体；2—夹持柄；3—表圈；

4—表盘；5—指针；6—测量杆

杠杆表是测量长度尺寸的测量工具，但是，在生产中经常用它测量工件的几何形状和位置误差。杠杆表使用时，必须将其夹持在刚性好的机构上。由于杠杆表体积小，其测量杆细而长，而且能回转 $180°$，所以它特别适用于测量受空间限制的孔和槽等。

（1）正确装卡和调整杠杆百分表

使用前按要求认真检查杠杆百分表各部分相互作用，杠杆表的测头应处于自由状态，表针应位于从"0"位开始，逆时针方向 $45°\sim90°$ 之间。装夹杠杆表应将夹持柄插入装夹机构中，拧紧夹持装置并把杠杆表夹紧。调整换向器，由于杠杆表有两个测量方向，测量前应根据测量方向的要求，把换向器调整到所需的位置。使用杠杆表对"0"位的方法和使用百分表一样。

（2）正确的测量方法

① 用杠杆表测量长度的操作方法。用比较法测量工件长度，如图 2-117（a）所示，测量时，将被测工件放在检验平板上，用杠杆表以一个工件为基准对"0"位后，再测量第二个工件，从表上读得的数值是被测量两个工件的尺寸差。

② 用杠杆表测量形状误差的操作方法。图 2-117（b）所示的是

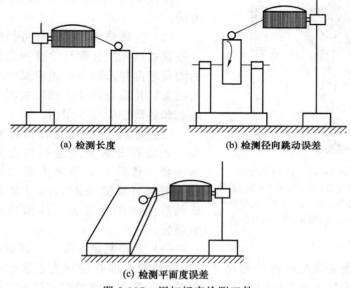

(a) 检测长度   (b) 检测径向跳动误差

(c) 检测平面度误差

图 2-117　用杠杆表检测工件

测量工件的径向跳动误差，测量时，使测头与被测圆柱面上任意一点接触，对"0"位后，不得移动表架，将被测工件转动一周，观察表针，若表针仍指向"0"位，说明径向跳动误差为 0，若表针随着被测工件转动而变化，其径向跳动误差等于最大与最小读数之差。

图 2-117(c) 所示为测量工件的平面度，测量时，使测头与被测量面任意一点接触后对"0"位，然后双手握住并下压表架，前、后、左、右移动表架，使测头与被测工件表面上各点接触，同时读取表针的读数，其平面度误差等于最大与最小读数之差。

2.4.4　内径表

内径表是孔加工必备工具之一，用于以比较法测量光滑圆柱形孔的直径尺寸及形状误差，经过一次校对后可以测量基本尺寸相同的孔。适用于大批大量生产中测量不同直径和不同深度的孔。内径百分表如图 2-118 所示，如果将图中的百分表换成千分表，则成为内径千分表。

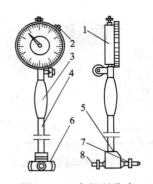

图 2-118 内径百分表

1—百分表；2—制动器；3—手柄；
4—直管；5—主体；6—定位护桥；
7—活动测头；8—可换测头

使用内径表时应注意以下几方面。

(1) 正确选择内径表和可换测头 根据被测孔的公称尺寸选择内径表的测量范围并选取一个相应尺寸的可换测头，并检查内径表和可换测头的外观和各部位的相互作用。

(2) 正确装夹内径表和可换测头 先将百分表正确装夹在套筒上并锁紧，然后将可换测头装在表杆上。安装可换测头时，尽量使其在活动范围的中间位置，从而减小测量误差。

(3) 选择测量基准 在测量前应该根据被测工件的公称尺寸，选取测量基准并校对内径表的"0"位。选择测量基准的原则为：所选择的测量基准最好与被测工件的形状一致。例如，测量光滑圆柱孔的内径，应用相同的公称尺寸的校对环规作校对内径表"0"位的基准；测量工件的槽宽，应用量块及其附件组合成与被测槽宽公称尺寸相同的内尺寸作校对内径表"0"位的基准。

(4) 正确地使用内径表 正确操作内径表的方法和校对内径表"0"位的操作方法相同。左手按下定位护桥和活动测头，先将固定测头放入环规孔或槽内，再将定位护桥和活动测头放入环规孔或槽内后，摆动手柄将固定测头压入校对环规内，并摆动手柄几次找出指针的"拐点"，转动百分表刻度盘，使"0"刻度线与指针拐点处重合，则说明内径表"0"位已校对好。校对好"0"位后的内径表不得再进行调整。

(5) 读数的方法与结果 内径表读数与百分表相同。在测量中摆动手柄几次，如果长指针与"0"刻度线重合，说明被测尺寸与作比较的基准尺寸相同。测量光滑圆柱孔，在被测孔同一个径向截面内的几个方向上测量，判定其圆度误差。被测截面的圆度误差的值等于最大读数值与最小读数值之差。在几个不同径向截面内测量，判定其圆柱度误差。

例如，用内径表测量孔径时，最好先用游标卡尺粗测一下孔径尺寸，然后再用内径表测量，这样可防止读错尺寸。

使用内径表测量属于比较测量法。测量时必须摆动内径表（图 2-119），如果指针在"0"位，说明被测尺寸与作比较的基准尺寸相同；如果指针停在"0"刻度线左边，说明被测尺寸大于作比较的基准尺寸；如果指针停在"0"刻度线右边，说明被测尺寸小于作比较的基准尺寸。

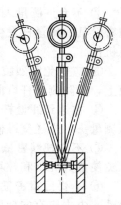

图 2-119　用内径千分表测量孔径

2.4.5　常用表类量具使用中的注意事项

① 测量前，应检查表盘玻璃是否破裂或脱落，测量头、测量杆（测杆）、套筒等是否有碰伤或锈蚀，表盘和指针有无松动现象，检查指针的平稳性和转动稳定性。

② 测量时，测量杆的行程不要超过它的示值范围，以免损坏表内零件。

③ 表架要放稳，以免表落地摔坏。使用磁性表座时要注意表座的旋钮位置。

④ 测量时，应使测量杆垂直于工件被测表面。测量圆柱面的直径时，测量杆的中心线要通过被测圆柱面的轴线。

⑤ 测量头与被测表面接触时，测量杆应预先有 0.3～1mm 的压缩量，保持一定的初始测力，以免负偏差测不出来。

⑥ 测量时应轻提测量杆，移动工件至测量头下面（或将测量头移至工件上），再缓慢放下与被测表面接触。不能骤然放下测量杆，否则易造成测量误差。不准将工件强行推入至测量头下，以免损坏量仪。

⑦ 严防水、油、灰尘等进入表内，不要随便拆卸表的后盖。

2.4.6　常用表类量具的维护保养

① 使用时要仔细，提压测量杆的次数不要过多，距离不要过大，以免损坏机件，加剧测量头端部以及齿轮系统等的磨损。

② 不允许测量表面粗糙或有明显凹凸的工作表面，这样会使精密量具的测量杆发生歪扭和受到旁侧压力，从而损坏测量杆和其他机件。

③ 应避免剧烈震动和碰撞，不要使测量头突然撞击在被测表面上，以防测量杆弯曲变形，更不能敲打表的任何部位。

④ 在遇到测量杆移动不灵活或发生阻滞时，不允许用强力推压测量头，应送交维修人员进行检查修理。

⑤ 不应把精密量具放置在机床的滑动部位，如机床导轨等处，以免使量具轧伤和摔坏。

⑥ 不要把精密量具放在磁场附近，以免造成百分表机件感受磁性，失去应有的精度。

⑦ 防止水或油液渗入百分表内部，不应使量具与切削液或冷却剂接触，以免机件腐蚀。

⑧ 不要随便拆卸精密量表或表体的后盖，以免尘埃及油污浸入机件，造成传动系统的障碍或弄坏机件。

⑨ 在精密量表上不准涂有任何油脂，否则会使测量杆和套筒黏结，造成动作不灵活，而且油脂易黏结尘土，从而损坏量表内部的精密机件。

⑩ 不使用时，应使测量杆处于自由状态，不应有任何压力加在上面。

⑪ 若发现百分表有锈蚀现象，应立即交量具修理站检修。

⑫ 精密量表不能与锉刀、凿子等工具堆放在一起，以免擦伤、碰毛精密测量杆，或打碎玻璃表盖等。

⑬ 使用完毕后，必须用干净的布或软纸将精密量表的各部分擦干净，然后装入专用盒子内，使测量杆处于自由状态，以免表内弹簧失效。

2.5 常用角度量具

2.5.1 正弦规

正弦规是根据正弦函数原理，利用量块垫起一端使之倾斜一定角度来检验圆锥量规和角度等工具的锥度和角度偏差。其结构如图2-120所示。

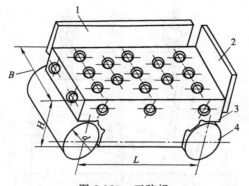

图 2-120　正弦规

1—侧挡板；2—前挡板；3—主体；4—圆柱

（1）正弦规测量外锥体　　测量前，应根据被测工件的结构不同，选择不同结构的正弦规，然后按下式计算量块组的高度。

$$h = L\sin\alpha$$

式中　h——量块组的高度；

　　　L——两圆柱的中心间距；

　　　α——正弦规放置的角度。

测量时，将正弦规放在平板上，一圆柱与平板接触，另一圆柱下面垫以量块，装好工件。用千分表先测量锥体一端，记下读数，然后将千分表移至另一端进行测量。记下读数。如图 2-121 所示，测出 a、b 两点的高度差 Δh 以及 a、b 两点的距离 l，则锥度误差为：

$$\Delta\alpha = \Delta C \times 2 \times 10^5 \quad ('')$$

其中

$$\Delta C = \frac{\Delta h}{l}$$

例 2-5　　如图 2-121 所示，千分表在 a 点测量的读数为 0.003mm，在 b 点测量的读数为 0.005mm，a、b 两点的距离 l 为 100mm，求锥角误差。

解　$\Delta C = \dfrac{\Delta h}{l} = \dfrac{b - a}{l} = \dfrac{0.005 - 0.003}{100} = 0.00002$

故　$\Delta\alpha = \Delta C \times 2 \times 10^5 = 0.00002 \times 2 \times 10^5 = 4''$

例 2-6　用正弦规测量圆锥形工件，已知 a、b 两点的距离 l 为

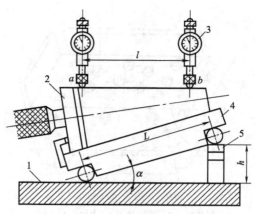

图 2-121　正弦规测量外锥体

1—检验平板；2—工件；3—指示表；

4—正弦规；5—量块

90mm，圆锥角为 2°52′，锥角误差 $\Delta\alpha$ 为 2′，两圆柱的中心间距 L 为 100mm，求量块组的高度 h 和两端的读数差是否在允许误差范围内。

解　$h = L\sin\alpha = L\sin2°52′ = 100 \times 0.05001 = 5.001$　（mm）

$A = l\sin\Delta\alpha = l\sin2′ = 90 \times 0.00058 = 0.052$　（mm）

（2）正弦规测量根锥角　图 2-122 所示为用正弦规测量根锥角，将被测齿轮套在心轴上，心轴放置于正弦规上，将正弦规垫起一个根锥角 δ_1，然后用百分表测量锥齿轮大小端的根部即可。根据根锥角 δ_1 计算应垫起的量块高度为：

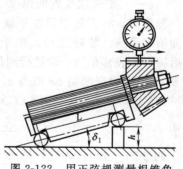

$$h = L\sin\delta_1$$

图 2-122　用正弦规测量根锥角

式中　h——量块组的高度；

L——两圆柱的中心间距；

δ_1——齿轮根锥角。

2.5.2　水平仪

水平仪主要用于测量微小角度，检验各种机床及其他类型设备

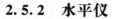

导轨的直线度、平面度和设备安装的水平性、垂直性。常用的有框式水平仪（图 2-123）、条式水平仪（钳工水平仪，图 2-124）和合像水平仪（图 2-125）等。

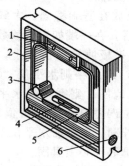

图 2-123　框式水平仪

1—隔热护板；2—主体；3—横向水准器；
4—主水准器；5—盖板；6—"0"位调整装置

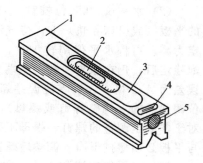

图 2-124　条式水平仪

1—主体；2—主水准器；3—盖板；
4—横向水准器；5—"0"位调整装置

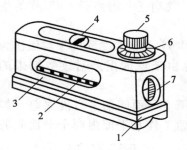

图 2-125　合像水平仪

1—底座；2—主水准器和托板；
3—壳体；4—观察窗；5—旋钮；
6—分度盘；7—窗口

合像水平仪的原理与水平仪基本相同，只是在构造上比水平仪多了套光学系统和读数调整机构。其使用方法与水平仪的相同，但是合像水平仪比水平仪的灵敏度高，测量范围大，所以在选择水平仪时，应根据被检验工件的要求来选择水平仪。水平仪测量为绝对测量法。

（1）水平仪的使用　根据被测量面的精度要求正确选择水平仪，然后检查水平仪所有工作面"0"位的正确性。将被测量面调至水平面内，擦干净被测量面和水平仪的工作面。如果使用桥板，则擦干净水平仪和桥板，并将水平仪固定在桥板上。测量时，依次将水平仪沿直线从被测量面的一端移至另一端。每一次移动水平仪或桥板要"首尾相接"，不得间断或跳跃测量。顺次记录每次数值的大小和正负符号。

然后进行数据处理，求出测量结果。数据处理的方法很多，常用的有计算法和作图法，但是用这种方法处理数据，效率低，误差大，如果用计算机处理数据则可克服上述缺点。

（2）水平仪"0"位校对　将水平仪放在基础稳固、大致水平的平板（或机床导轨）上，待气泡稳定后，在一端如左端读数，且定为零。再将水平仪调转 $180°$，仍放在平板原来的位置上，待气泡稳定后，仍在原来一端（左端）读数，如 A 格则水平仪"0"位误差为 $A/2$ 格。如果零位误差超过许可范围，则需调整水平仪零位调整机构（调整螺钉或螺母），使零位误差减小至许可值以内。对于非规定调整的螺钉、螺母不得随意拧动。调整前水平仪工作面与平板必须擦拭干净。调整后螺钉或螺母等件必须紧固。

（3）水平仪的读数方法　气泡移动方向与水平仪移动方向相同，取正值，气泡移动方向与水平仪移动方向相反，取负值。水平仪的读数方法有两种即数格法和平均值法。

① 数格法。以"0"线为基准，气泡任一端离开"0"线的格数，作为水平仪的读数值。

② 平均值法。取气泡两端离开"0"线格数之和的平均值作为水平仪的读数值。此方法可以消除由于温度误差对读数结果的影响。

（4）用水平仪测量在水平面内两个平面间的平行度误差　如图 2-126 所示，选用框式水平仪检验工件水平面内两个平面间的

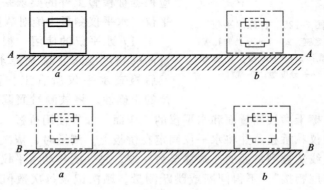

图 2-126　用水平仪测量在水平面内两个平面间的平行度误差

平行度误差。先用水平仪测量 A-A 面的 a、b 两端，当水平仪测量的两个位置的读数均为 0，表示 A-A 平面在水平面内。用同样的方法测量 B-B 平面，水平仪两端的读数均为 0，表示 B-B 平面也在水平面内。A-A 平面和 B-B 平面均在水平面，表示这两个平面平行。

（5）用框式水平仪测量平面度误差　如图 2-127 所示，选用框式水平仪检验工件的平面度误差。先校对水平仪的底面的"0"位，用水平仪将平板的 1-1 和 2-2 两条对角线的两端调至水平面内，然后测量八个截面。根据八个截面测得的数据进行处理后评定被测量面的平面度误差。

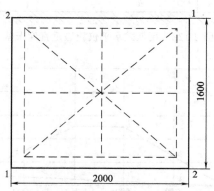

图 2-127　用框式水平仪测量平面度误差

（6）用框式水平仪检验垂直度误差　如图 2-128 所示，选用框式水平仪检验工件的垂直度误差。先校对水平仪的底面和一个侧面的"0"位，再将被测工件的 A-A 平面调至水平面内，然后用水平仪的侧面测量 B-B 平面的垂直度误差。

例 2-7　用水平仪检验床身导轨在垂直平面内的直线度。车床的最大车削长度为 1000mm，溜板每移动 250mm 测量一次，水平仪刻度值为 0.02/1000。水平仪测量结果依次为：+1.1、+1.5、0、−1.0、−1.1 格，根据这些读数绘出折线图，如图 2-129 所示，可以求出导轨在全长上的直线度误差 $\delta_{全}$ 为：

$$\delta_{全} = bb' \times (0.02/1000) \times 250$$
$$= (2.6 - 0.2) \times (0.02/1000) \times 250$$

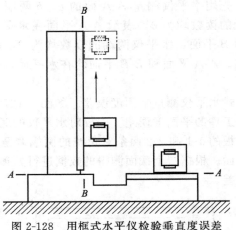

图 2-128 用框式水平仪检验垂直度误差

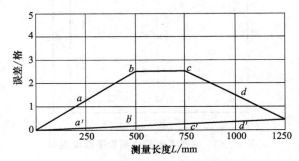

图 2-129 导轨在垂直平面内的直线度曲线

$$= 0.012 \ (\text{mm})$$

导轨直线度的局部误差 $\delta_{局}$ 为：

$$\delta_{局} = (bb' - aa') \times (0.02/1000) \times 250$$
$$= (2.4 - 1.0) \times (0.02/1000) \times 250$$
$$= 0.007 \ (\text{mm})$$

水平仪使用中的注意事项如下。

① 水平仪使用前用无腐蚀性汽油将工作面上的防锈油洗净，并用脱脂棉纱擦拭干净方可使用。

② 温度变化会使测量产生误差，使用时必须与热源和风源隔

绝。如使用环境温度与保存环境温度不同，则需在使用环境中将水平仪置于平板上稳定 2h 后方可使用。

③ 测量时必须待气泡完全静止后方可读数。

④ 水平仪使用完毕，必须将工作面擦拭干净，并涂以无水、无酸的防锈油，覆盖防潮纸装入盒中置于清洁干燥处保管。

2.5.3　角尺

角尺测量为比较测量法，角尺的公称角度为 90°，故常称直角尺，用于检验工件的直角偏差时，是借目测光隙或用塞尺来确定偏差大小的。直角尺也可以用于检验部件有关表面和运动部件之间的相互垂直度和直线度。角尺的精度是由外工作角 α 和内工作角 β 在长度 H 上对 90°偏差的大小为依据而划分的。常用的角尺如图 2-130 所示。

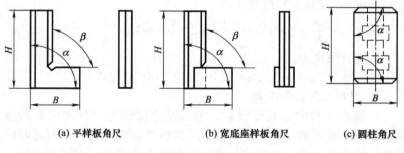

(a) 平样板角尺　　　　(b) 宽底座样板角尺　　　　(c) 圆柱角尺

图 2-130　角尺

（1）直角尺的使用　使用角尺检验工件时，测量力应为 0。检验时，当角尺的测量面与被检验面接触后，即松手，让角尺靠自身的重量保持其基面与平板接触，如图 2-131（a）、（b）所示。图 2-131（c）所示的是用手轻轻按住角尺的下基面，使上基面与被检验的一个面接触。

① 确定被检验角数值的方法。测量时，如果角尺的测量面与被检验面完全接触，根据光隙的大小判定被检验角的数值。若无光隙说明被检验角度为 90°；若有光隙说明被检验角度不等于 90°。当被检验面与角尺的上部接触，如图 2-131（a）所示，说明被检验

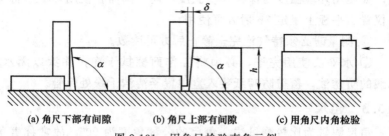

(a) 角尺下部有间隙　　　(b) 角尺上部有间隙　　　(c) 用角尺内角检验

图 2-131　用角尺检验直角示例

角度大于 $90°$；当被检验面与角尺的下部接触，如图 2-131（b）所示，说明被检验角度小于 $90°$。对于小的间隙，可以根据光隙中的颜色确定间隙大小的数值，对于大的间隙，可以用塞尺测量出间隙的数值，然后计算出角度偏差，再计算出被检验角度。

例 2-8　如图 2-131（b）所示，用塞尺测量 $\delta = 0.05\text{mm}$，高度 $h = 280\text{mm}$，计算被检验角度。

解　$\Delta\alpha = \dfrac{\delta}{h} \times 2 \times 10^5 = \dfrac{0.05}{280} \times 2 \times 10^5 \approx 35.7''$

被检验角度为：

$$\alpha = 90° - \Delta\alpha = 90° - 35.7'' = 89°59'24''$$

② 用角尺作检验工具

a. 检验工件的垂直度误差。检验垂直度误差，首先应根据检验精度的要求正确选用平板和直角尺的精度等级，用塞尺测量间隙可表示被检验工件的垂直度。若要计算出角度误差，则可按例 2-5 方法计算。

如图 2-132 所示，先用作为标准的角尺调整指示器，当标准角尺压向测量架的固定支点时，调整指示器使之为零，如图 2-132（a）所示。然后将指示器和测量架移向被测工件进行测量，当固定支点与被测工件接触时，可在指示器上读取被测工件的垂直度误差值，如图 2-132（b）所示。

b. 检验钻镗床的直线度误差。图 2-133 所示为用角尺检验钻镗床的主轴箱垂直移动的直线度误差，在 1000mm 长度内允差为 0.02mm。选用检具为千分表和 0 级直角尺。

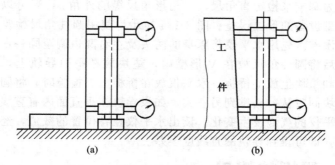

图 2-132　用角尺比较测量垂直度误差

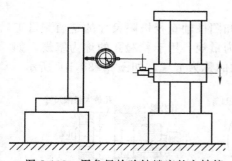

图 2-133　用角尺检验钻镗床的主轴箱
垂直移动的直线度误差

先在平台上放两块等高块，然后把角尺放在等高块上（或者在等高块上放平尺，再把角尺放在平尺上），将千分表安装在主轴上，使其测量头与角尺的测量面接触，调整角尺，使千分表的读数在角尺的上部和下部相等。移动主轴箱，从上至下，或从下至上全程内检验。千分表的最大读数与最小读数之差，即为主轴箱垂直移动的直线度误差。

（2）圆柱角尺的使用　如图 2-130(c) 所示，圆柱角尺是由圆柱面上的一条母线，与通过该母线及轴心线的轴截面的端面直径构成的外角为 90° 的角度检验量具，圆柱角尺有无数个工作角度 α，圆柱角尺不仅

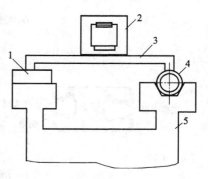

图 2-134　圆柱角尺的应用示例
1—垫块；2—水平仪；3—桥板；
4—圆柱角尺；5—床身

可以作为基准来检定直角尺、三角形角尺等的外角 α，还可以用来检验大型设备的形位误差。图 2-134 所示为使用圆柱角尺检验导轨的形状误差。先用水平仪将床身的两头及左右两边调至同一水平面内，然后将圆柱角尺放在 V 形槽内，垫块放在平面导轨上，在圆柱角尺和垫块上放上桥板，水平仪放在桥板上。检验时，将圆柱角尺和垫块同时从一头推到另一头，如果导轨在垂直面内有直线度误差，水平仪的气泡发生变化。读出水平仪在各位置的数值，经过数据处理，即可得到导轨的直线度误差。

2.6 量规的使用

2.6.1 光滑极限量规

用于检验光滑圆柱孔直径和圆柱轴直径极限尺寸的定值测量工具，称为光滑极限量规，简称为量规。用于检验孔的称为塞规，如图 2-135(a) 所示；用于检验轴的称为卡规，如图 2-135(b) 所示。

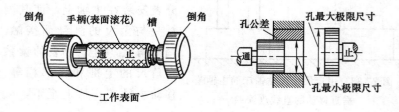

(a) 塞规

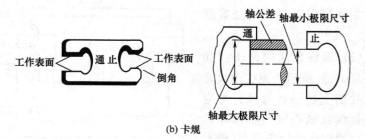

(b) 卡规

图 2-135 光滑极限量规

使用前检查量规：检查量规上的标记、质量证明文件、外观质量、量规和止规的配对情况。

量规的使用条件：温度为 20℃，测量力为 0N。

量规要成对使用。

（1）卡规的使用　用卡规检验轴，当被测件的轴心线是水平状态时，基本尺寸小于 100mm 的卡规，其测量力等于卡规的自重；基本尺寸大于 100mm 的卡规，其测量力是卡规自重的一部分。

① 如图 2-136(a) 所示，凭卡规自重测量，为正确操作方法。

② 如图 2-136(b) 所示，使劲卡卡规，为错误操作方法。

③ 如图 2-136(c) 所示，单手操作小卡规，为正确操作方法。

④ 如图 2-136(d) 所示，双手操作大卡规，为正确操作方法。

⑤ 如图 2-136(e) 所示，卡规正着卡，为正确操作方法。

⑥ 如图 2-136(f) 所示，卡规歪着卡，为错误操作方法。

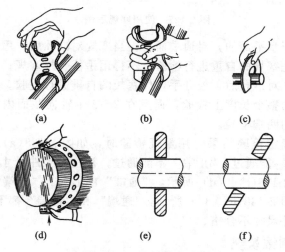

图 2-136　卡规使用示例

（2）塞规的使用　如图 2-137 所示为使用塞规检验孔的直径的正确和错误方法，如图(a) 所示为用塞规通端检验孔的正确方法。图(b) 所示为用塞规止端检验孔的正确方法。图(c) 所示为用塞规通端检验孔的错误方法。检验孔时，若孔的轴心线是水平的，将塞规对准孔后，用手稍推塞规即可，不得用大力推，如果孔的轴心

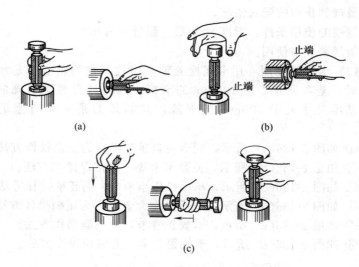

(a)

(b)

(c)

图 2-137　使用塞规示例

线是垂直于水平面的，对通端而言，当塞规对准孔后，用手轻轻扶住塞规，凭塞规的自重进行检验，不得用手使劲推塞规；对止端而言，当塞规对准孔后，松开手，凭塞规的自重进行检验。塞规的通端要在孔的整个长度上检验，而且在 2～3 个轴向截面内检验；止端要在孔的两端检验。

（3）确定检验结果　用量规检验时，如图 2-138(a)、(b) 所示，"通端"能通过，"止端"不能通过，被检验工件尺寸合格。

如图 2-138(c)、(d) 所示，"通端"能通过，"止端"也能通过，或如图 2-138(e)、(f) 所示，"通端"和"止端"都不能通过，被检验工件尺寸不合格。

2.6.2　圆锥量规

圆锥量规用于检验内、外圆锥的圆角实际偏差的大小和锥体直径。被测内圆锥用圆锥塞规检验，被测外圆锥用圆锥环规检验。圆锥角偏差的大小用涂色法检定。图 2-139(a) 所示为不带扁尾的圆锥量规，图 2-139(b) 所示为带扁尾的圆锥量规。

当用圆锥量规检验工件时，首先在圆锥量规上沿素线方向涂上色，涂色层的厚度应不大于 $2\mu m$，然后轻轻地和工件对研，转动

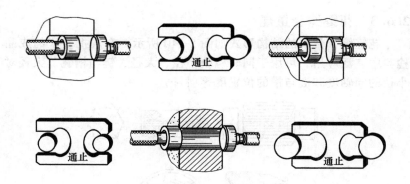

图 2-138　量规检验结果

约 1/3～1/2 转，取出圆锥量规，量规与工件的接触面积应不小于 90％，根据颜色接触面积的位置及大小来判断锥角的误差。

当用圆锥塞规检验内圆锥时，若大端的颜色被擦去，则表示内圆锥角偏小；若小端的颜色被擦去，则表示内圆锥角偏大；若颜色

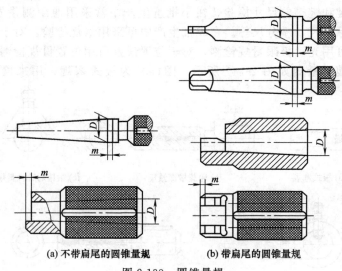

(a) 不带扁尾的圆锥量规　　　　(b) 带扁尾的圆锥量规

图 2-139　圆锥量规

均匀地被擦掉，则表示被检测的内圆锥锥角是合格的。其次再用圆锥量规按基面距偏差进行综合检验。

2.6.3　花键综合量规

花键综合量规的结构形式如图 2-140 所示，在成批生产的成品检验中广泛应用。可用于同时检验小径、大径、键与槽宽、大径对小径的同轴度和键与槽的位置度等项目。

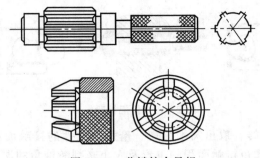

图 2-140　花键综合量规

2.6.4　键槽检测用量规

键和键槽的尺寸检验，在小批量生产中常采用通用测量器具，如游标卡尺、千分尺等。在成批生产中可采用量规检验，对于尺寸误差可用光滑极限量规检测，对于位置误差可用位置量规检测。检测键槽用量规如图 2-141 所示。图（a）为板式塞规，用来检测槽

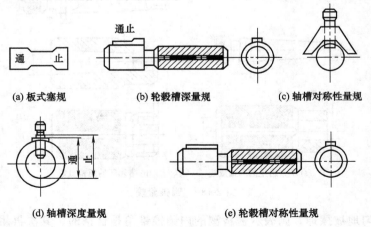

(a) 板式塞规　　　　(b) 轮毂槽深量规　　　　(c) 轴槽对称性量规

(d) 轴槽深度量规　　　　(e) 轮毂槽对称性量规

图 2-141　检测键槽用的量规

宽；图（b）为轮毂槽深量规，用来检测轮毂槽深；图（c）为轴槽对称性量规，用来检测轴槽的对称度误差，此量规带有中心柱的 V 形块，只有通端，检测时，量规能通过轴槽即为合格；图（d）为轴槽深度量规，用来检测轴槽深度，圆环内径作为测量基准，上支杆相当于深度尺；图（e）为轮毂槽对称性量规，用来检测轮毂槽对称度误差，检测时，量规能塞入孔内即为合格。

2.7　常用辅助量具

常用的辅助量具主要有检验平板、方箱、弯板、V 形铁、圆柱、圆球、心轴等。

2.7.1　检验平板

检验平板在测量时作为基座使用，其工作表面作为测量的基准平面，如图 2-142 所示。检验平板要求具有足够的精度和刚度稳定性。常用的检验平板有铸铁平板和岩石平板。

图 2-142　检验平板

2.7.2　弯板

弯板在平台测量中作为标准直角使用，弯板的外观如图 2-143 所示。

弯板在测量中的应用如图 2-144 所示，将工件上的基准面放在检验平板上，在工件的孔中插入心轴，再将检测用弯板放在检验平板上，将百分表的表座工作面靠在弯板的垂直工作面上，调整百分表测头，使其与心轴圆柱面接触，水平方向移动百分表，使百分表与心轴圆柱面上某一处到弯板工作面的最

图 2-143　弯板

近点接触，检测工件在某一方向上某孔轴线相对于检测平板的垂直度误差。

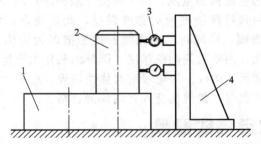

图 2-144　孔轴线相对于基准面的垂直度误差的检测

1—工件；2—心轴；3—百分表；4—弯板

2.7.3　方箱

　　方箱用于检验工件的辅助量具，也可在平台测量中作为标准直角使用，其性能稳定，精度可靠。有六个工作面，其中一个工作面上有 V 形槽，如图 2-145 所示。

　　方箱一般是在检验平板上使用，起支承被检测工件的作用，可以单独使用，也可以成对使用。其应用如图 2-146 所示，将工件一面紧靠在方箱上并垂直于检验平板的工作面上，检验孔轴线相对于基面的垂直度误差检验。

图 2-145　方箱

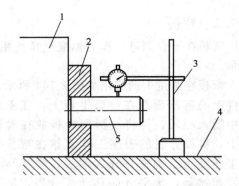

图 2-146　孔轴线相对于基面 A 的
垂直度误差的检验

1—方箱；2—工件；3—百分表及表架；
4—检验平板；5—检验心轴

　图解机械零件加工精度测量及实例

2.7.4 V形铁

V形铁是用于轴类零件加工或检验时作紧固或定位用的辅助工具，结构如图2-147所示。V形铁可以单只使用，也可以成对使用，成对使用时必须是同型号和同一精度等级的V形铁才能组成一对使用。

图 2-147 V形铁

在测量中V形铁主要起支承轴类工件的作用，其应用如图2-148所示，将工件的基准圆柱面定位和支承在V形铁上，可检测键槽的对称度误差。

2.7.5 标准圆柱、圆球和心轴

① 标准圆柱是检测中不可缺少的工具之一。圆柱直径一般为3mm、4mm、5mm、6mm、8mm、10mm、12mm、14mm、16mm、20mm等，圆柱长度一般为10～20mm，标准圆柱多成对使用。其应用如图2-150所示，为用圆柱检测工件的内圆弧。

② 圆球的直径尺寸应为整毫米数。其应用如图2-149所示，为用圆球检测工件的内圆锥面。

③ 标准心轴用于与工件被测孔或基准孔配合，模拟体现其轴线或素线。心轴的尺寸及精度应按相配孔的参数确定，保证心轴与孔配合紧密。其应用如图2-151所示，为用标准心轴检测孔距。

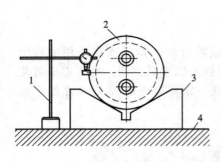

图 2-148　在 V 形铁上检测工件
键槽的对称度误差
1—百分表及表架；2—工件；
3—V 形铁；4—检验平板

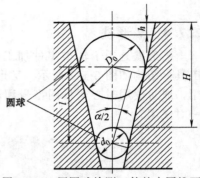

图 2-149　用圆球检测工件的内圆锥面

标准圆柱、圆球和心轴的表面粗糙度 Rz 应小于 $0.8\mu m$，尺寸公差和形位公差值应有较高要求。

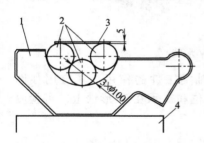

图 2-150　用圆柱检测工件内圆弧
1—工件；2—圆柱；3—量块；
4—检验平板

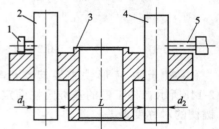

图 2-151　用标准心轴检测孔距
1,5—千分尺测头；2,4—标
准心轴；3—工件

2.8　常用的数表与计算

① 常用法定长度单位见表 2-2。

表 2-2　我国常用法定长度单位

单 位 名 称	单 位 符 号	对主单位的比	单 位 换 算
米	m	主单位	

单 位 名 称	单 位 符 号	对主单位的比	单 位 换 算
分米	dm	$1dm=1/10m=10^{-1}m$	$1m=10dm$
厘米	cm	$1cm=1/100m=10^{-2}m$	$1m=100cm$
毫米	mm	$1mm=1/1000m=10^{-3}m$	$1m=1000mm$
微米	μm	$1\mu m=1/1000000m=10^{-6}m$	$1m=1000000\mu m$

在机械图样上所标注的长度计量单位为毫米（mm），在图样上一般不标注单位符号。

② 英寸与毫米换算见表 2-3。

表 2-3　英寸与毫米换算

英寸	毫米	英寸	毫米	英寸	毫米	英寸	毫米
1	25.4	9	228.6	1/8	3.175	1/16	1.5875
2	50.8	10	254.0	1/4	6.350	3/16	4.7625
3	76.2	11	279.4	3/8	9.525	5/16	7.9375
4	101.6	12	304.8	1/2	12.700	7/16	11.1125
5	127.0	13	330.2	5/8	15.875	9/16	14.2875
6	152.4	14	355.6	3/4	19.050	11/16	17.4625
7	177.8	15	381.0	7/8	22.225	13/16	20.6375
8	203.2	16	406.4			15/16	23.8125

③ 常用数字见表 2-4、表 2-5。

表 2-4　25.4 的近似分数

近似分数	误差	近似分数	误差
$25.40000=\dfrac{127}{5}$	0	$25.39683=\dfrac{40\times40}{7\times9}$	0.00317
$\pi=3.1417322=\dfrac{19\times21}{127}$	0.01176	$25.38461=\dfrac{11\times30}{13}$	0.01539

表 2-5 π 的近似分数

近似分数	误差	近似分数	误差
$\pi=3.1400000=\dfrac{157}{50}$	0.0015927	$\pi=3.1417112=\dfrac{25\times47}{22\times17}$	0.0001185
$\pi=3.1428571=\dfrac{22}{7}$	0.0012644	$\pi=3.1417004=\dfrac{8\times97}{13\times19}$	0.0001077
$\pi=3.1418181=\dfrac{32\times27}{25\times11}$	0.0002254	$\pi=3.1416666=\dfrac{13\times29}{4\times30}$	0.0000739
$\pi=3.1417322=\dfrac{19\times21}{127}$	0.0001395	$\pi=3.1415929=\dfrac{5\times71}{113}$	0.0000002

2.9 常用测量计算

2.9.1 圆弧面的测量计算

（1）用双圆柱测量内圆弧半径 如图 2-152 所示，双圆柱的半径为 r，用深度游标卡尺测量双圆柱最高点到内圆弧最低点的高度为 H。

$$\tan\angle DAC=\frac{r}{H-2r}$$

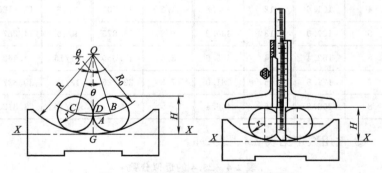

图 2-152 用双圆柱测量内圆弧半径

内圆弧半径 R 为

$$R=r\csc(180°-2\angle DAC)+r$$

式中 R——内圆弧半径；

r——双圆柱的半径；

H——双圆柱最高点到内圆弧最低点的高度。

（2）用三个相同圆柱测量内圆弧半径　圆弧工件的半径为

$$r=\frac{d(d+H)}{2H}$$

$$H=\frac{d^2}{2\left(r-\dfrac{d}{2}\right)}$$

式中　r——圆弧工件的半径；

d——圆柱直径；

H——深度游标卡尺的读数。

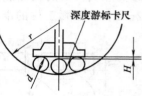

图 2-153　测量内圆弧

例 2-9　已知圆柱直径 $d=20\mathrm{mm}$，深度游标卡尺读数为 2.3mm，求圆弧工件的半径 r。测量方法如图 2-153 所示。

解

$$r=\frac{d(d+H)}{2H}=\frac{20\times(20+2.3)}{2\times2.3}=96.96\ (\mathrm{mm})$$

（3）用三个圆柱加一组块规测量内圆弧　如图 2-154 所示，左右两圆柱的半径为 r，中间圆柱的直径可任选，只要能和块规组合测量出尺寸 H 即可，再测量出左右两圆柱外侧的尺寸，则工件的内圆弧半径 R 为：

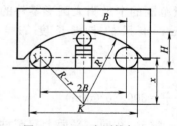

图 2-154　三个圆柱加一组块规测量内圆弧半径

$$R=\frac{0.25K^2-Kr+r^2-2Hr+H^2}{2(H-2r)}$$

$$=\frac{K(0.25K-r)+(r-H)^2}{2(H-2r)}$$

式中　R——工件的内圆弧半径；

r——圆柱的半径；

K——左右两圆柱外侧的尺寸；

H——双圆柱最低点到内圆弧最高点的高度。

（4）测量外圆弧　圆弧工件的半径计算公式如下。

$$L=2\sqrt{H(2r-H)}$$

$$r = \frac{L^2}{8H} + \frac{H}{2}$$

式中　L——游标卡尺的读数；

　　H——游标卡尺尺身与工件最高点到尺尖的最低点的高度；

　　r——圆弧工件的半径。

例 2-10　图 2-155(a) 为测量外圆弧，已知游标卡尺尺身与工件最高点到尺尖的最低点的高度 $H = 22$mm，游标卡尺的读数 $L = 122$mm，求圆弧工件的半径 r。

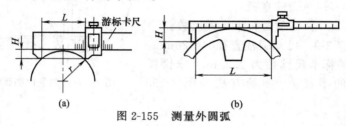

(a)　　　　　　　　　　　　　　(b)

图 2-155　测量外圆弧

解

$$r = \frac{L^2}{8H} + \frac{H}{2} = \frac{122^2}{8 \times 22} + \frac{22}{2} = 95.57 \text{（mm）}$$

例 2-11　图 2-155(b) 为用小测量范围的卡尺测大圆形零件的直径，已知测得的弦长 $L = 250$mm，卡尺的卡脚长度 $H = 63.5$mm，求大圆形零件的直径 D。

解

$$D = H + \frac{L^2}{4H} = 63.5 + \frac{250^2}{4 \times 63.5} = 309.56 \text{（mm）}$$

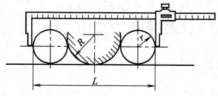

图 2-156　在同一平面上双圆柱
测量外圆弧半径

(5) 在同一平面上双圆柱测量外圆弧半径　如图 2-156 所示，把半径为 r 的两圆柱和被测外圆弧一起放置在同一平面上，并使三者紧密接触，测量出双圆柱的外侧尺寸 L，则外圆弧的半径 R 为：

$$R = \frac{(L - 2r)^2}{16r}$$

式中　R——外圆弧半径；

　　　L——测量出双圆柱的外侧尺寸；

　　　r——圆柱半径。

2.9.2　用圆柱测量圆锥形工件的计算

（1）测量外圆锥斜角　测量方法：如图 2-157 所示，把工件放在平板上，两侧各放一根直径相等的圆柱，用千分尺（游标卡尺）量出下端 l 的尺寸，根据工件的长度选择两块尺寸相等的块规垫在两侧，块规的高度为 H，再用相同的测量方法测出上端 L 的尺寸。将 L、l、H 带入下式，就可计算出外圆锥斜角 α。

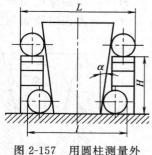

图 2-157　用圆柱测量外
圆锥形工件

$$tan\alpha=\frac{L-l}{2H}$$

式中　α——外圆锥斜角，（°）；

　　　L——上端游标卡尺读数，mm；

　　　l——下端游标卡尺读数，mm；

　　　H——块规的高度，mm。

例 2-12　已知块规的高度 $H=15$mm，游标卡尺读数分别为 $L=32.7$mm，$l=28.5$mm，求斜角 α。

解

$$tan\alpha=\frac{L-l}{2H}=\frac{32.7-28.5}{2\times 15}=0.1400$$

$$\alpha=7°58'$$

（2）测量内圆锥斜角

① 测量方法一。如图 2-158（a）所示，用两个直径不同的钢球测量，先把小钢球放入圆锥孔中，用深度游标卡尺测量出 H，再把大钢球放入圆锥孔内中，用深度游标卡尺测量出钢球最高点到工件的距离 h。用下面公式计算出内圆锥孔斜角 α。

$$tan\alpha=\frac{R-r}{l}=\frac{R-r}{H+r-R-h}$$

式中 α——内圆锥孔斜角；

  R——大钢球半径，mm；

  r——小钢球半径，mm；

  l——大钢球与小钢球的中心距，mm；

  H——小钢球顶面与工件端面之间距离，mm；

  h——大钢球顶面与工件端面之间距离，mm。

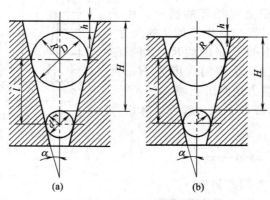

图 2-158 用钢球测量内圆锥面

例 2-13 已知大钢球半径 $R = 10$mm，小钢球半径 $r = 6$mm，深度游标卡尺测读数 $H = 24.5$mm，$h = 2.2$mm，求斜角 α。

解

$$\tan\alpha = \frac{10 - 6}{24.5 + 6 - 10 - 2.2} = 0.2186$$

$$\alpha = 12°20'$$

② 测量方法二。如图 2-158(b) 所示，用两个直径不同的钢球测量，先把小钢球放入圆锥孔中，用深度游标卡尺测量出 H，再把大钢球放入圆锥孔内中，用深度游标卡尺测量出工件到钢球最高点的距离 h。用下面公式计算出内圆锥孔斜角 α。

$$\tan\alpha = \frac{R - r}{l} = \frac{R - r}{H + h - R + r}$$

式中 α——内圆锥孔斜角；

  R——大钢球半径，mm；

  r——小钢球半径，mm；

l——大钢球与小钢球的中心距，mm；

　　H——小钢球顶面与工件端面之间距离，mm；

　　h——大钢球顶面与工件端面之间距离，mm。

　　例 2-14　如图 2-158（b）所示，已知大钢球半径 $R=10$mm，小钢球半径 $r=6$mm，深度游标卡尺测读数 $H=18$mm，$h=1.8$mm，求斜角 α。

　　解

$$\tan\alpha=\frac{10-6}{18+1.8-10+6}=0.2532$$

$$\alpha=14°12'24''$$

　　（3）V 形块槽宽与角度计算　　如图 2-159（a）所示，采用圆柱测量 V 形块的宽度，测量方法如图 2-159（b）所示，先将 V 形块放于平板上，再将圆柱放置于 V 形块槽内，用深度千分尺测量 V 形块到圆柱的距离 h。V 形块的槽宽的计算公式为：

$$B=2\tan\alpha\left(\frac{R}{\sin\alpha}+R-h\right)$$

　式中　α——V 形块角度；

　　　　B——V 形块的槽宽，mm；

　　　　R——圆柱半径，mm；

　　　　h——测量所得 V 形块到圆柱的距离（尺寸），mm。

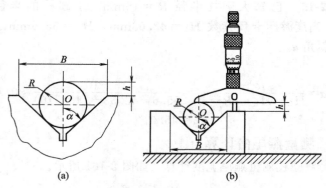

图 2-159　采用圆柱测量 V 形块的宽度

　　如图 2-160（a）所示，采用圆柱测量 V 形块的角度，测量方法如图 2-160(b) 所示，先将 V 形块放于平板上，再将较小的圆柱放置于 V 形块槽内，用百分表（或千分表）测量圆柱最高点至检验平板的高度，然后用量块比较测量出该高度 H_1。取出小圆柱换大圆柱，用同样方法测出圆柱最高点至检验平板的高度 H_2，采用大小圆柱测量 V 形块角度的计算公式为：

$$\sin\alpha = \frac{R-r}{H_2 - H_1 - (R-r)}$$

式中　α——V 形块角度；

　　　R——大圆柱半径，mm；

　　　r——小圆柱半径，mm；

　　　H_2——大圆柱最高点到 V 形块底面的高度；

　　　H_1——小圆柱最高点到 V 形块底面的高度。

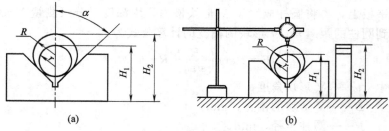

图 2-160　采用大小圆柱测量 V 形块角度

例 2-15　已知大圆柱半径 $R = 15$mm，小圆柱的半径 $r = 10$mm，高度游标卡尺读数 $H_1 = 43.53$mm，$H_2 = 55.6$mm，求 V 形块的斜角 α。

解

$$\sin\alpha = \frac{R-r}{H_2 - H_1 - (R-r)} = \frac{15-10}{55.6 - 43.53 - (15-10)} \approx 0.7072$$

$$\alpha = 45.01°$$

2.9.3　测量燕尾槽计算

（1）双圆柱测量燕尾宽度计算　如图 2-161 所示。

$$b_1 = M - \left(1 + \cot\frac{\alpha}{2}\right)d$$

式中　b_1——燕尾的上宽度尺寸；

M——双圆柱的外侧尺寸；

d——双圆柱的直径；

α——燕尾槽角度。

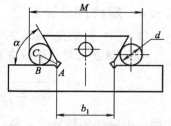

图 2-161 双圆柱测量燕尾宽度

例 2-16 已知一燕尾 $\alpha = 55°$，双圆柱直径 $d = 12\text{mm}$，用双圆柱法测量的双圆柱外侧尺寸 $M = 112.20\text{mm}$，计算燕尾的上宽度 b_1。

解 $\alpha = 55°$，查表 $\cot(\alpha/2) = 1.9210$ 时，有

$$b_1 = M - 2.921d = 112.20 - 2.921 \times 12 = 77.15 \text{（mm）}$$

（2）双圆柱测量燕尾槽宽度计算　如图 2-162 所示。

$$b_1 = N + \left(1 + \tan\frac{\alpha}{2}\right)d$$

式中　b_1——燕尾槽的上宽度尺寸；

N——双圆柱的内侧尺寸；

d——双圆柱的直径；

α——燕尾槽角度。

例 2-17 已知一燕尾槽 $\alpha = 55°$，双圆柱直径 $d = 10\text{mm}$，用双圆柱法测量的双圆柱内侧尺寸 $N = 70.35\text{mm}$，计算燕尾槽的上宽度 b_1。

解 $\alpha = 55°$，查表 $\tan(\alpha/2) = 0.52057$ 时，有

$$B_1 = N + 1.52057d = 70.35 + 1.52057 \times 10 = 85.56 \text{（mm）}$$

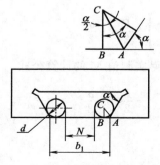

图 2-162　双圆柱测量燕尾槽宽度

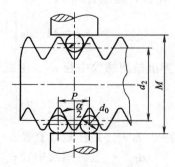

图 2-163　三针法测量螺纹中径

2.9.4 螺纹测量计算

(1) 三针法测量外螺纹中径的计算（表 2-6） 如图 2-163 所示。

① 三针法测量外螺纹中径最佳量针直径的计算公式为：

$$d_0 = \frac{P}{\cos\frac{\alpha}{2}\left[2+\tan^2\psi\left(1+\sin^2\frac{\alpha}{2}\right)\right]}$$

式中 d_0——最佳量针直径；

ψ——量针接触点的螺纹升角；

P——螺距；

α——螺纹牙型角。

表 2-6 三针法测量外螺纹中径最佳量针直径的计算 mm

螺纹类型	螺纹牙型角 α	最佳量针直径 d_0 的计算公式	最佳量针直径 d_0 的近似计算式
普通螺纹	60°	$\dfrac{P}{1.732+1.0825\tan^2\psi}$	0.577350P
英制螺纹 圆柱管螺纹	55°	$\dfrac{P}{1.774+1.076\tan^2\psi}$	0.563691P
梯形螺纹	30°	$\dfrac{P}{1.9319+1.031\tan^2\psi}$	0.517638P

② 三针法测量外螺纹中径。三针法测量普通螺纹时，首先选择最佳量针直径 d_0。将量针放入被测螺纹的牙槽内，使量针在螺纹中径位置相切，然后用外径千分尺、卧式测长仪等测量器具测量出 M 值，再按公式

$$d_2 = M - d_0\left(1+\frac{1}{\sin\frac{\alpha}{2}}\right)+\frac{P}{2}\cot\frac{\alpha}{2}$$

计算出被测螺纹中径 d_2。上式移项后得实测值 M 的计算公式

$$M = d_2 + d_0\left(1+\frac{1}{\sin\frac{\alpha}{2}}\right)-\frac{P}{2}\cos\frac{\alpha}{2}$$

式中 d_0——最佳量针直径；

d_2——被测螺纹中径；

P——螺距；

α——螺纹牙型角；

M——量仪测量出的实测值。

当已知螺纹牙型角 α 后，简化计算公式见表2-7。

表2-7　实测值 M 的简化计算公式

螺纹牙型角 α	M 的简化计算公式	螺纹牙型角 α	M 的简化计算公式
29°	$M=d_2+4.9939d_0-1.9333P$	55°	$M=d_2+3.1657d_0-0.9605P$
30°	$M=d_2+4.8637d_0-1.8660P$	60°	$M=d_2+3d_0-0.8660P$
40°	$M=d_2+3.9238d_0-1.3737P$		

（2）两针法测量外螺纹中径　如图2-164所示。

两针法测量外螺纹中径的计算公式为：

$$d_2=M'-d_0-\frac{P^2}{8(M'-d_0)}-\frac{d_0}{\sin\frac{\alpha}{2}}+\frac{P}{2}\cot\frac{\alpha}{2}$$

式中　d_2——外螺纹中径；

M'——测量值；

d_0——最佳量针直径；

P——螺距；

$\alpha/2$——螺纹牙型半角。

两针法测量外螺纹中径简化计算公式见表2-8。

表2-8　两针法测量外螺纹中径简化计算公式

螺纹类型	牙型角	计　算　公　式
普通螺纹	60°	$d_2=M'-3d_0-\dfrac{P^2}{8(M-d_0)}+0.866P$
英制螺纹 圆柱管螺纹	55°	$d_2=M'-3.1657d_0-\dfrac{P^2}{8(M-d_0)}+0.9605P$
梯形螺纹 （$\psi\leqslant3°$）	30°	$d_2=M'-4.8637d_0-\dfrac{P^2}{8(M-d_0)}+1.866P$

（3）单针法测量外螺纹中径　单针法测量外螺纹中径如图2-165所示，是一根钢针放在螺纹牙槽内，然后用千分尺测量，千分尺的一个量爪接触工件螺纹外径表面，千分尺另一个量爪接触钢针。

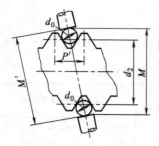
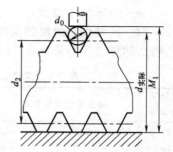

图 2-164　两针法测量外螺纹中径　　图 2-165　单针法测量外螺纹中径

单针法测量外螺纹中径的计算公式为

$$d_2 = 2M_1 - d_{实际} - d_0\left(1 + \frac{1}{\sin\frac{\alpha}{2}}\right) + \frac{P}{2}\cot\frac{\alpha}{2}$$

式中　　d_2——螺纹中径；

　　　　M_1——单根量针的检验尺寸算术平均值；

　　$d_{实际}$——被测螺纹的实际大径；

　　　　d_0——最佳量针直径；

　　　　P——螺距；

　　$\alpha/2$——螺纹牙型半角。

单针法测量外螺纹中径简化计算公式见表 2-9。

表 2-9　单针法测量外螺纹中径简化计算公式

螺纹类型	牙型半角 $\alpha/2$	计　算　公　式
普通螺纹	30°	$d_2 = 2M_1 - 3d_0 + 0.866P - d_{实际}$
英制螺纹 圆柱管螺纹	27°30′	$d_2 = 2M_1 - 3.1657d_0 + 0.9605P - d_{实际}$
梯形螺纹	15°	$d_2 = 2M_1 - 4.8637d_0 + 1.8660P - d_{实际}$

第3章

形状和位置误差的检测

Chapter 03

3.1 形状和位置误差的检测方法示例中的常用符号

形状和位置误差检测方法示例中的常用符号见表3-1。

表3-1 检测方法示例中的常用符号

序号	符 号	说 明	序号	符 号	说 明
1		平板、平台(或测量平面)	8		间断转动(不超过1周)
2	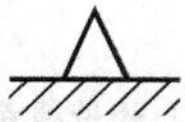	固定支承	9		旋转
3	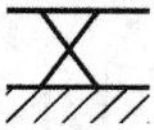	可调支承	10		指示器或记录器
4		连续直线移动		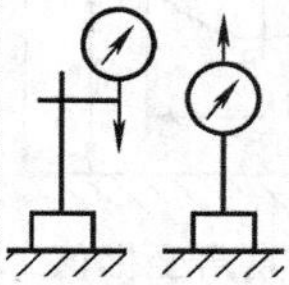	带有指示器的测量架(测量架的符号,根据测量设备的用途,可画成其他式样)
5		间断直线移动	11		
6		沿几个方向直线移动			
7		连续转动(不超过1周)			

3.2 形状和位置公差的检测原则

在国家标准《形位误差的检测》(GB/T 1958—2004)中,归纳总结了形位误差的5条检测原则。

3.2.1 与理想要素比较原则

与理想要素比较原则是将被测实际要素与其理想要素进行比

较，从而测出实际要素的误差值，误差值可由直接方法和间接方法得出。误差值由直接法获得，用精密平板模拟理想平面，如图 3-1 所示。误差值由间接法获得，用光束模拟理想直线，如图 3-2 所示。

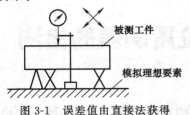
图 3-1　误差值由直接法获得

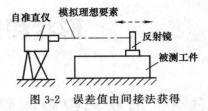
图 3-2　误差值由间接法获得

3.2.2　测量坐标值原则

测量坐标值原则是测量被测实际要素的坐标值（如直角坐标值、极坐标值、圆柱面坐标值）并经过数据处理获得形位误差值。如图 3-3 所示，先测量 x_1、x_2、x_3、y_1、y_2、y_3，再用计算的方法计算出 x 方向坐标尺寸和 y 方向坐标尺寸。然后将 x、y 分别与相应的正确的理论尺寸相比较，得到位置度误差值。

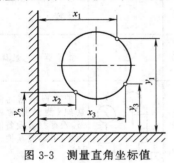
图 3-3　测量直角坐标值

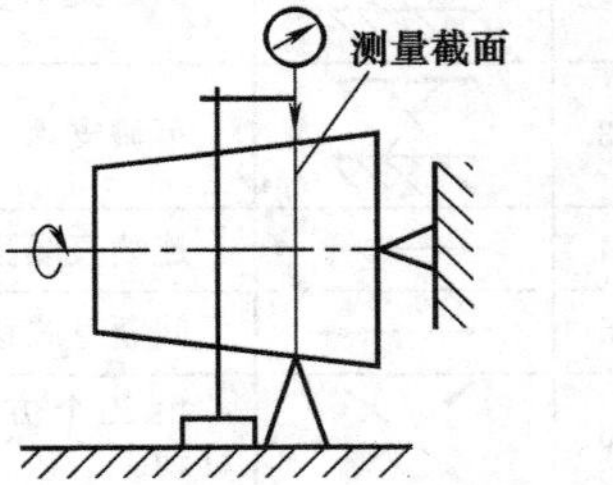

图 3-4　两点法测量圆度误差值

3.2.3　测量特征参数原则

测量特征参数原则是测量被测实际要素上具有代表性的参数（即特征参数）来表示形位误差值，如用两点法、三点法测量圆度误差值。图 3-4 所示为两点法测量圆度误差值。

3.2.4　测量跳动原则

测量跳动原则是在被测实际要素绕基准轴线回转过程中，沿给定方向测量其对参考点或线的变动量。变动量是指指示器最大与最小读数之差。跳动包括圆跳动和全跳动。图 3-5 所示为测量径向跳动。

3.2.5 控制实效边界原则

控制实效边界原则是检验实际要素是否超过实效边界，以判断合格与否。图 3-6 所示为用综合量规检测同轴度误差。

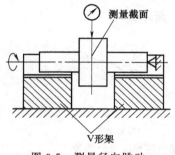

图 3-5　测量径向跳动

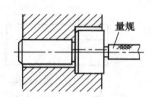

图 3-6　用综合量规检测同轴度误差

3.3　形状误差的检测

3.3.1　直线度误差的检测

直线度公差是单一实际直线所允许的变动量。用于控制平面内或空间直线的形状误差，其公差带根据不同的情况有不同的形状。

3.3.1.1　图样标注与公差带

（1）示例一　图 3-7（a）所示为给定平面内直线度公差的标注，该项直线度公差为：圆柱表面上的任意素线必须位于轴向平面内，且距离为公差值 0.02mm 的两平行直线之间。

该公差带为：给定平面内直线度公差带是距离为公差值 t 的两平行直线之间的区域，如图 3-7（b）所示。

（2）示例二　图 3-8（a）所示为给定方向上的直线度公差的标注，该项直线度公差为：棱线必须位于箭头所示方向，且距离为公差值 0.02mm 的两平行平面内。

该公差带为：给定方向上的直线度公差带是距离为公差值 t 的

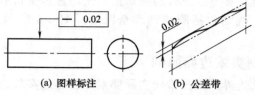

(a) 图样标注   (b) 公差带

图 3-7　给定平面内直线度公差标注与公差带

两平行平面之间的区域，如图 3-8（b）所示。

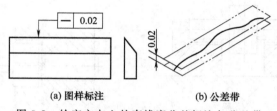

(a) 图样标注   (b) 公差带

图 3-8　给定方向上的直线度公差标注与公差带

（3）示例三　图 3-9（a）所示为任意方向上的直线度公差的标注，该项直线度公差为：ϕd 实际轴线必须位于以理想轴线为轴线，直径为 $\phi 0.04$mm 的圆柱体内。

该公差带为：任意方向上的直线度公差带是直径值为公差值 ϕt 的圆柱面内的区域，如图 3-9（b）所示。

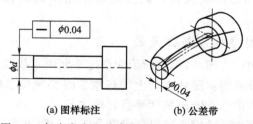

(a) 图样标注   (b) 公差带

图 3-9　任意方向上的直线度公差标注与公差带

3.3.1.2　检测方法

（1）用刀口尺检测

① 检测量具与辅具。刀口尺（或平尺）、厚薄规或塞尺。

② 检测方法。将刀口尺（或平尺）与被测要素直接接触，并

使两者之间的最大间隙为最小，此时的最大间隙即为该被测要素的直线度误差，误差的大小应根据光隙测定。当光隙较小时，可按标准光隙来确定即根据颜色估计光隙的大小。当光隙较大时，则可用厚薄规或塞尺测量。刀口尺检测直线度误差如图 3-10 所示。

③ 检测结果。测量若干条素线，取最大的误差值作为该被测零件的结果。

（2）用标准光隙法检测

① 检测量具与辅具。检验平尺、平面平晶。

② 检测方法。将检验平尺与被测工件与测量工具之间的实际间隙与标准间隙进行比较，如图 3-11 所示，根据光隙确定被测尺寸与标准尺寸的差值。

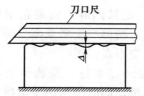

图 3-10　刀口尺检测直线度误差

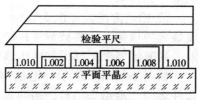

图 3-11　标准光隙法检测直线度误差

③ 检测结果。当光隙较小时，可按标准光隙来确定即根据颜色估计光隙的大小：光隙为 $0.5\mu m$ 时即可透光；光隙为 $0.8\mu m$ 左右时呈蓝色；光隙为 $1.25 \sim 1.75\mu m$ 时呈红色；光隙超过 $2 \sim 2.5\mu m$ 呈白色。

标准光隙是在一定条件下形成的，测量时的实际光隙只有与同样条件下形成的标准光隙相比较，才能够保证足够的测量精度。

（3）指示器检测

① 检测量具。指示器、检验平板、可调支承、直角弯板、测量架。

② 检测方法。如图 3-12（a）所示，将被测要素的两端点调整到与检验平板等高；如图 3-12（b）所示，将被测零件放置在检验平板上，并使其紧靠直角弯板。在被测要素的全长范围内测量，同时记录读数，根据记录的读数，用计算法或图解法，按最小条件计算该要素的直线度误差。

③ 检测结果。测量若干条要素，取其中最大的误差值作为该

零件的直线度误差。

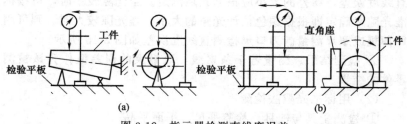

图 3-12　指示器检测直线度误差

（4）指示器检测

① 检测量具与辅具。指示器、精密分度装置、检验平板、顶尖架、测量架。

② 检测方法。如图 3-13（a）所示，把被测零件安装在精密分度装置的顶尖上。将被测零件转动一周，测得一个横截面上的半径差，同时绘制极坐标图并求出该轮廓的中心点。

如图 3-13（b）所示，把被测零件安装在平行于检验平板的两顶件之间。沿铅垂轴截面的两条素线测量，同时分别记录两指示器在各自测点的读数 $M_a - M_b$，取各测点读数差之半即 $\dfrac{M_a - M_b}{2}$ 中的最大值作为该截面轴线的直线度误差。

③ 检测结果。如图 3-13（a）所示，测量若干个横截面，连接各横截面的中心点得到被测零件的实际轴线，通过数据处理求其直线度误差。

如图 3-13（b）所示，测得若干个截面，取其中最大的误差值作为该被测零件轴线的直线度误差。

（5）用优质钢丝和测量显微镜检测

① 检测量具。优质钢丝、测量显微镜。

② 检测方法。如图 3-14 所示，调整测量钢丝的两端，使从测量显微镜中观察所得两端点位置的读数相等。测量显微镜在被测要素的全长内等距测量，同时记录读数。

③ 检测结果。根据记录的读数，用计算法或图解法，按最小条件计算该要素的直线度误差。

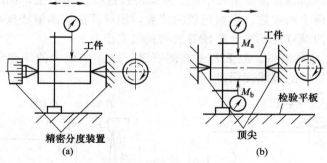

图 3-13　指示器检测直线度误差

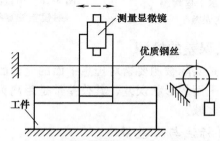

图 3-14　优质钢丝和测量显微镜检测直线度误差

（6）用水平仪检测

① 检测量具与辅具。水平仪、桥板。

② 检测方法。如图 3-15 所示，将水平仪放在桥板上，先调整被测零件，使被测要素大致处于水平位置，然后沿被测要素按节距 l 移动桥板进行连续测量，同时记录水平仪的读数，根据记录的读数，用计算法或图解法按最小条件或按两端点连线法计算该要素的直线度误差。

③ 检测结果。测量若干被测要素，取其中最大的误差值作为该被测零件的直线度误差。

（7）用自准直仪和反射镜检测

① 检测量具。自准直仪、反射镜、桥板。

② 检测方法。如图 3-16 所示，将反射镜通过一定跨距的桥板安置在被测要素上，调整自准直仪使其光轴与被测要素两端点连线

平行，然后沿被测要素按节距 l 移动桥板进行连续测量，同时记录垂直方向上的读数。根据记录的读数，用计算法或图解法按最小条件或按两端点连线法计算该要素的直线度误差。

③ 检测结果。测量若干被测要素，取其中最大的误差值作为该被测零件的直线度误差。

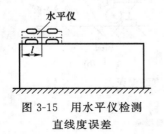

图 3-15　用水平仪检测直线度误差

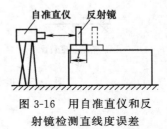

图 3-16　用自准直仪和反射镜检测直线度误差

3.3.2　平面度误差的检测

平面度公差是实际被测要素对理想平面的允许的变动量。平面度公差用于控制平面的形状误差，其公差带是距离为公差值 t 的两平行平面之间的区域。

3.3.2.1　图样标注与公差带

如图 3-17 所示，该项的平面度公差为：实际表面必须位于箭头所指方向且距离为 0.1mm 的两平行平面所构成的公差带区域内。

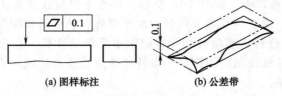

(a) 图样标注　　　　　(b) 公差带

图 3-17　平面度公差标注与公差带

其公差带是距离为公差值 t 的两平行平面之间的区域。

3.3.2.2　检测方法

（1）用检验平板和带指示表的表架检测

① 检测量具与辅具。带指示表的表架、检验平板、固定支承、

可调支承。

② 检测方法。如图 3-18 所示，将被测零件支承在检验平板上，调整被测表面最远三点，使其与检验平板等高。按一定的布点测量被测表面，同时记录读数。

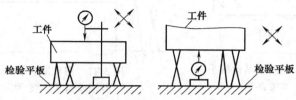

图 3-18　用检验平板和带指示表的表架检测平面度误差

③ 检测结果。一般可用指示表最大与最小读数的差值近似地作为平面度误差。还可根据记录的读数用计算法或图解法按最小条件计算平面度误差。

（2）用水平仪检测平面度误差

① 检测量具与辅具。水平仪、检验平板、固定支架、可调支架。

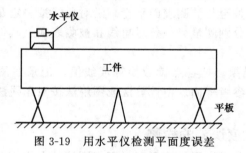

图 3-19　用水平仪检测平面度误差

② 检测方法。如图 3-19 所示，将被测表面大致调水平，用水平仪按一定的布点和方向逐点地测量被测表面，同时记录数据，并换算成长度值。

③ 检测结果。根据各长度值用计算法或图解法，按最小条件或对角线法计算平面度误差。

（3）用平晶检测平面度误差

① 检测量具。平晶。

② 检测方法。如图 3-20 所示，将平晶贴在被测表面上，观察

平晶与被测表面之间的干涉条纹。

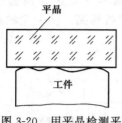

图 3-20 用平晶检测平
面度误差

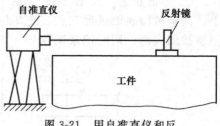

图 3-21 用自准直仪和反
射镜检测平面度误差

③ 检测结果。被测表面的平面度误差为封闭的干涉条纹数乘以光波波长之半；对于不封闭的干涉条纹，为条纹的弯曲度与相邻两条间距之比再乘以光波波长之半。

（4）用自准直仪和反射镜检测

① 检测量具与辅具。自准直仪、反射镜、桥板。

② 检测方法。如图 3-21 所示，将反射镜放在被测表面上，并把自准直仪调整至与被测表面平行。沿对角线按一定布点测量。重复用上述方法分别测量另一条对角线和被测表面上其他各直线上的各布点。

③ 检测结果。把各点读数换算成线值，记录在图表上，通过中心点，建立参考平面。由计算法或图解法按对角线法计算平面度误差。

3.3.3 圆柱度误差的检测

圆柱度公差是实际被测要素对理想圆柱的允许变动。

3.3.3.1 图样标注与公差带

如图 3-22(a) 所示，该项圆柱度公差为：被测圆柱面必须位于半径差为公差值 0.05mm 的两同轴圆柱面之间。

如图 3-22(b) 所示，圆柱度的公差带是在半径差为公差值 t 的两同轴圆柱面之间的区域。

3.3.3.2 圆柱度误差的检测方法

（1）用圆度仪检测圆柱度误差

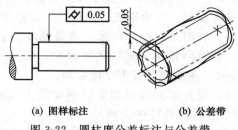

(a) 图样标注   (b) 公差带

图 3-22 圆柱度公差标注与公差带

① 检测量具。圆度仪。

② 检测方法。如图 3-23(a) 所示，将被测零件的轴线调整到与圆度仪的轴线同轴。记录被测零件回转一周过程中测量截面上各点的半径差。在测头没有径向偏移的情况下，可按上述方法测量若干个横截面。

③ 检测结果。由计算机按最小条件确定圆柱度误差；用极坐标图近似地求出圆柱度误差。

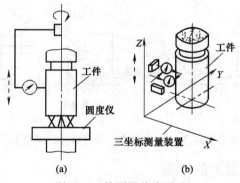

图 3-23 检测圆柱度误差

（2）用配备计算机的三坐标测量装置检测圆柱度误差

① 检测量具。配备计算机的三坐标测量装置。

② 检测方法。如图 3-23(b) 所示，将被测零件放置在测量装置上，并将其轴线调整到与 Z 轴平行。在被测表面的横截面上测取若干点的坐标值。可按需要测量若干个横截面。

③ 检测结果。由计算机根据最小条件确定该零件圆柱度误差。

（3）用检验平板、V 形块、带指示器的测量架检测圆柱度误差

① 检测量具与辅具。检验平板、V 形块、带指示器的测量架。

② 检测方法。如图 3-24（a）所示，将被测零件放在检验平板上的 V 形块内。在被测零件回转一周过程中，测量一个横截面上的最大与最小读数。连续测量若干个横截面。

③ 检测结果。取各截面内所测得的所有最大与最小读数的差值的 1/2，作为该零件的圆柱度误差。

（4）用检验平板、直角座、带指示器的测量架检测圆柱度误差

① 检测量具。检验平板、直角座、带指示器的测量架。

② 检测方法。如图 3-24（b）所示，将被测零件放在检验平板上，并紧靠直角座。在被测零件回转一周过程中，测量一个横截面上的最大与最小读数。连续测量若干个横截面。

③ 检测结果。取各截面内所测得的所有最大与最小读数的差值的 1/2，作为该零件的圆柱度误差。

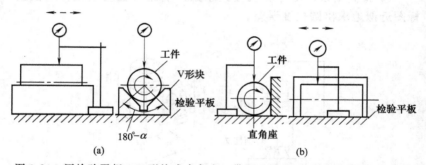

图 3-24　用检验平板、V 形块或直角座、带指示器的测量架检测圆柱度误差

3.3.4　圆度误差的检测

圆度公差是实际被测要素（圆或圆弧要素）对理想圆的允许变动。

3.3.4.1　图样标注与公差带

如图 3-25（a）所示，该圆度的公差为：在垂直于轴线的任一正截面内，其截面轮廓必须位于半径差为公差值 0.02mm 的两同心圆之间。

如图 3-25（b）所示，圆度的公差带是在同一正截面上半径差

为公差值 t 的两同心圆之间的区域。

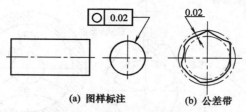

(a) 图样标注   (b) 公差带

图 3-25   圆度公差标注与公差带

3.3.4.2   检测方法

（1）用千分尺或用检验平板和带表的表架检测圆度误差

① 检测量具。千分尺，检验平板，带表的表架。

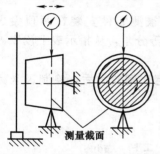

测量截面

图 3-26   用千分尺或用平板和
带表的表架检测圆度误差

② 检测方法。如图 3-26 所示，被测零件轴线应垂直于测量截面，同时固定轴向位置。在被测零件回转一周过程中，用千分尺或指示器读数的最大差值的 1/2 作为被测单个截面的圆度误差。

③ 检测结果。依次测量若干个截面，取其中最大的误差值作为该零件的圆度误差。

（2）用 V 形块和指示表检测圆度误差

① 检测量具与辅具。V 形块，鞍式 V 形座，V 形架和指示表。

② 检测方法。将被测零件放在 V 形块上或将鞍式 V 形座放在被测零件上或将 V 形架置于被测零件孔中，如图 3-27 所示，被测零件回转一周过程中，指示器读数的最大差值之半作为被测单个截面的圆度误差。

③ 检测结果。依次测量若干个截面，取其中最大的误差值作为该零件的圆度误差。

（3）用分度头检测圆度误差

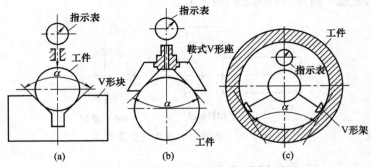

图 3-27 用 V 形块和指示表检测圆度误差

① 检测量具与辅具。分度头、指示器、磁力表座、顶尖及顶尖座。

② 检测方法。如图 3-28 所示,将被测零件安装在两顶尖之间,利用分度头使被测零件每次转一个等分角,从指示表上读取被测零件截面上各测点的半径差。

③ 检测结果。将所得读数值按一定比例放大后,绘制极坐标曲线,评定被测零件截面的圆度误差。

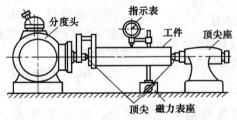

图 3-28 用分度头检测圆度误差

(4) 用圆度仪检测圆度误差

① 检测量具。圆度仪。

② 检测方法。如图 3-29 所示,将被测零件安置在圆度仪工作台上,调整被测零件的轴线,使它与圆度仪的回转轴线同轴。记录被测零件在回转一周过程中测量截面各点的半径差。绘制极坐标图,然后评定圆度误差。按最小二乘圆中心或最小外接圆中心计算外表面截面的圆度误差。按最大内接圆中心计算内表面截面的圆度

误差。

③ 检测结果。依次测量若干个截面，取其中最大的误差值作为该零件的圆度误差。

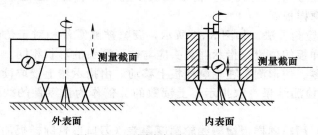

图 3-29   用圆度仪检测圆度误差

3.3.5   线轮廓度误差的检测

线轮廓度公差是实际被测要素（轮廓线要素）对理想轮廓线的允许变动。

3.3.5.1   图样标注与公差带

如图 3-30(a) 所示，该线轮廓度的公差为：被测实际轮廓必须位于包络一系列直径为公差值 0.04mm，且圆心在理想轮廓线上的圆的两包络曲线之间。

公差带是包络一系列直径为公差值 t 的圆的两包络曲线之间的区域，诸圆圆心应位于理想轮廓曲线上，如图 3-30(b) 所示。

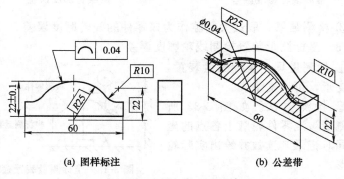

(a) 图样标注   (b) 公差带

图 3-30   线轮廓度公差标注与公差带

第 3 章   形状和位置误差的检测   135

3.3.5.2 线轮廓度误差的检测方法

（1）仿形测量装置检测线轮廓度误差

① 检测量具与辅具。仿形测量装置，指示器，固定和可调支承，轮廓样板。

② 检测方法。如图 3-31 所示，调整被测零件相对于仿形系统和轮廓样板的位置，指示器测头应与仿形测头的形状相同，再将指示器调零。仿形测头在轮廓样板上移动，由指示器上读取读数。

③ 检测结果。取指示器上读数的 2 倍作为该零件的线轮廓度误差。

（2）用轮廓样板检测线轮廓度误差（刀口形轮廓样板加光隙法检测）

① 检测量具。轮廓样板。

② 检测方法。如图 3-32 所示，将轮廓样板按规定的方向放置在被测零件上，根据光隙法估计的大小，确定线轮廓度误差。

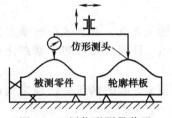

图 3-31　用仿形测量装置
检测线轮廓度误差

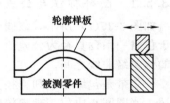

图 3-32　用轮廓样板检
测线轮廓度误差

③ 检测结果。取最大间隙作为该零件的线轮廓度误差。

（3）坐标测量装置检测线轮廓度误差

① 检测量具。坐标测量装置，固定支承，可调支承。

② 检测方法。如图 3-33 所示。测量被测零件轮廓上各点的坐标，同时记录其读数并绘出实际轮廓图形。

③ 检测结果。用等距的线轮

图 3-33　坐标测量装置检
测线轮廓度误差

廓区域包容实际轮廓，取包容宽度作为该零件的线轮廓度误差。

3.3.6 面轮廓度误差的检测

面线轮廓度公差是实际被测要素（轮廓面线要素）对理想轮廓面的允许变动。

如图 3-34(a) 所示，该面线轮廓度的公差为：实际轮廓面必须位于包络一系列球的两包络面之间，诸球直径为公差值 0.02mm，且球心在理想轮廓面上。

公差带是包络一系列直径为公差值 t 的球的两包络面之间的区域，诸球球心应位于理想轮廓面上，如图 3-34(b) 所示。

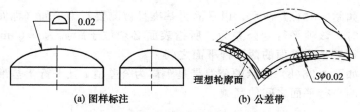

(a) 图样标注　　　　　　　　(b) 公差带

图 3-34　面轮廓度公差的标注与公差带

用轮廓样板加打表法检测面轮廓度误差的要点如下。

① 检测量具。指示表，轮廓样板。

② 检测方法。如图 3-35 所示，将被测零件和轮廓样板放在仿形系统上，同时调整被测零件相对于仿形系统和轮廓样板的位置，再将指示器调零，导向触头在轮廓样板上移动，由指示器读取数值。

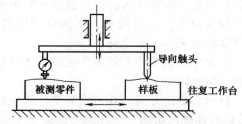

图 3-35　用轮廓样板加打表法检测面轮廓度误差

③ 检测结果。取其中最大的读数值的 2 倍作为该零件的面轮廓度误差。

3.4 位置误差的检测

被测实际要素（关联实际要素）的位置对基准所允许的变动全量，称为位置公差，位置公差分为定向公差、定位公差和跳动公差。

3.4.1 平行度误差的检测

平行度公差是一种定向公差，是被测要素相对基准在方向上允许的变动全量。所以定向公差具有控制方向的功能，即控制被测要素对基准要素的方向。

3.4.1.1 图样标注与公差带

如图 3-36(a) 所示，以平面为基准且被测要素为平面（称面对面）时，该项平行度公差为：所指表面必须位于距离为 0.05mm，且平行于基准平面的两平行平面之间。

如图 3-36(b) 所示的公差带是距离为公差值 t 且平行于基准平面的两平行平面之间的区域。

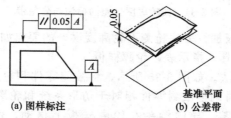

(a) 图样标注　　(b) 公差带

图 3-36　面对面的平行度公差的标注与公差带

如图 3-37(a) 所示，以轴线为基准且被测要素为平面（称面对线）时，该项平行度公差为：所指平面必须位于距离为 0.05mm，且平行于基准轴线的两平行平面之间。

如图 3-37(b) 所示的公差带是距离为公差值 t 且平行于基准轴线的两平行平面之间的区域。

图 3-38(a) 所示为给定方向的线对线的平行度公差，该项平行度公差为 ϕD 孔的实际轴线必须位于距离为公差值 0.2mm，平行于基准轴线 A 且垂直于给定方向的两平行平面之间。

图 3-38(b) 所示的公差带是距离为公差值 t，平行于基准轴线且垂直于给定方向的两平行平面之间的区域。

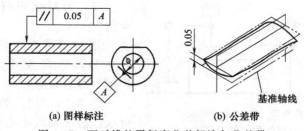

(a) 图样标注　　　　　(b) 公差带

图 3-37　面对线的平行度公差标注与公差带

图 3-39(a) 所示为任意方向上的线对线的平行度公差，该项平行度公差为 ϕD 孔的实际轴线必须位于直径为公差值 $\phi 0.1$mm，轴线平行于基准轴线 A 的圆柱面所构成的公差带区域内。

如图 3-39(b) 所示，任意方向上的线对线的平行度公差带是直径为公差值 ϕt，轴线平行于基准轴线的圆柱面内的区域。

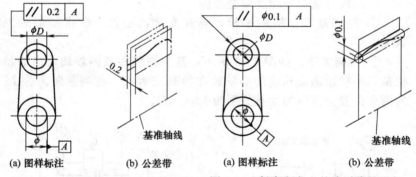

(a) 图样标注　　　　(b) 公差带

图 3-38　给定方向的线对线的平行度公差标注与公差带

(a) 图样标注　　　(b) 公差带

图 3-39　任意方向上的线对线的平行度公差标注与公差带

3.4.1.2　平行度误差的检测方法

（1）用打表法检测面对面的平行度误差

① 检测量具与辅具。检验平板，带指示器的测量架。

② 检测方法。如图 3-40 所示，将被测零件放置在检验平板上，用平板的工作面模拟被测零件的基准作为测量基准。

③ 检测结果。测量实际表面上的各点，取指示器的最大读数与最小读数之差作为该零件的平行度误差。

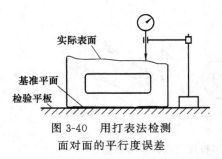

图 3-40 用打表法检测
面对面的平行度误差

（2）面对线平行度误差检测

① 检测量具与辅具。检验平板，等高支承，心轴，带指示器的测量架。

② 检测方法。如图 3-41 所示，基准轴线由心轴模拟，将模拟基准轴线的心轴放在等高支承上，被测零件和心轴无间隙配合放置在等高支承上，调整（转动）该零件使 $L_3 = L_4$，然后测量整个被测零件表面并记录读数。

③ 检测结果。测量被测表面上的各点，取指示器的最大读数与最小读数之差作为该零件的平行度误差。

（3）线对线的平行度误差检测

① 检测量具。检验平板，等高支承，心轴，带指示器的测量架。

② 检测方法。如图 3-42 所示，基准轴线和被测轴线均由心轴模拟，将模拟基准轴线的心轴放在等高支承上，在测量距离为 L_2 的两个位置上测得的读数分别为 M_1、M_2。

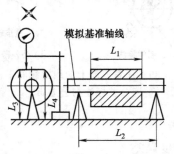

图 3-41 面对线平行度误差检测

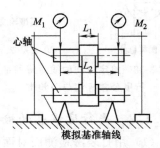

图 3-42 线对线的平行度误差检测

③ 检测结果。平行度误差为：

$$\Delta = \frac{L_1}{L_2} | M_1 - M_2 |$$

（4）当被测零件在互相垂直的两个方向上给定公差要求时，则按上述方法在两个方向上分别测量。测量时，最好选用胀式心轴或与孔成无间隙配合的心轴，以消除孔与心轴之间的间隙。

3.4.2　垂直度误差的检测

垂直度公差是一种定向公差，是被测要素相对基准在方向上允许的变动全量。所以定向公差具有控制方向的功能，即控制被测要素对基准要素的方向。理论正确角度为90°。

3.4.2.1　图样标注与公差带

图 3-43(a) 所示为以平面为基准且被测要素为平面的面对面的垂直度公差，该项垂直度公差为：右表面必须位于距离为公差值 0.05mm，且垂直于基准平面的两平行平面之间。

如图 3-43(b) 所示，垂直度公差带是距离为公差值 t，且垂直于基准平面的两平行平面之间的区域。

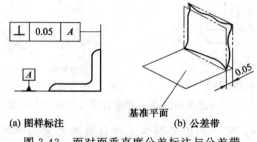

(a) 图样标注　　　　　　　　基准平面　(b) 公差带

图 3-43　面对面垂直度公差标注与公差带

图 3-44(a) 所示为以轴线为基准且被测要素为平面的面对线的垂直度公差，该项垂直度公差为：被测端面必须位于距离为公差值 0.05mm，且垂直于基准轴线的两平行平面之间。

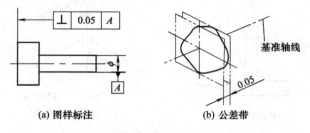

(a) 图样标注　　　　　　　　(b) 公差带

图 3-44　面对线垂直度公差标注与公差带

如图 3-44(b) 所示，垂直度公差带是距离为公差值 t，且垂直于基准轴线的两平行平面之间的区域。

图 3-45(a) 所示为以平面为基准且被测要素为轴线的给定方向的线对面的垂直度公差，该项垂直度公差为：ϕd 轴的实际轴线必须位于距离为公差值 0.1mm，垂直于基准平面 A 且垂直于给定方向的两平行平面之间。

如图 3-45(b) 所示，给定方向的线对面垂直度公差带是距离为公差值 t，且垂直于基准平面和给定方向的两平行平面之间的区域。

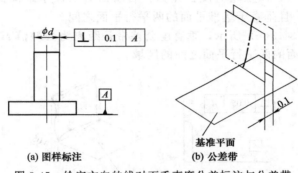

(a) 图样标注 (b) 公差带

图 3-45　给定方向的线对面垂直度公差标注与公差带

图 3-46(a) 所示为以平面为基准且被测要素为轴线的任意方向上线对面的垂直度公差，该项垂直度公差为：实际轴的轴线必须位于直径为公差值 $\phi 0.05$mm，轴线垂直于基准平面 A 的圆柱面所构成的公差带区域内。

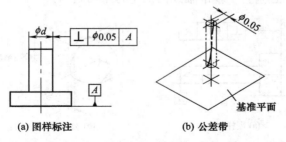

(a) 图样标注 (b) 公差带

图 3-46　任意定方向上的线对面垂直度公差标注与公差带

如图 3-46(b) 所示，任意方向上线对面垂直度公差带是直径为公差值 ϕt，轴线垂直于基准平面的圆柱面内的区域。

3.4.2.2 垂直度误差检测方法

（1）面对面垂直度误差检测

① 检测量具与辅具。检验平板，直角座，带指示器的测量架。

② 检测方法。如图 3-47 所示，将被测零件的基准面固定在直角座上，同时调整靠近基准的被测表面的读数差最小值。

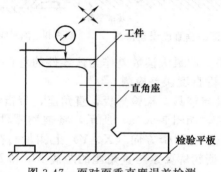

图 3-47　面对面垂直度误差检测

③ 检测结果。取指示器在整个被测表面各点测得的最大与最小读数之差作为该零件的垂直度误差。

（2）面对面垂直度误差检测

① 检测量具与辅具。检验平板，直角尺，带指示器的测量架。

② 检测方法。如图 3-48 所示，先用直角尺调整指示器，当直角尺与固定支承接触时，将指示器的指针调零。然后对工件进行测量，使固定支点与被测实际表面接触，指示器的读数即为该测点相对于理论位置的偏差。改变指示器在表架上的高度位置，对实际表面的不同点进行测量。

③ 检测结果。取指示器在整个被测表面测得的最大读数差作为该零件对其基准平面的垂直度误差。

（3）面对线的垂直度误差检测

① 检测量具与辅具。检验平板，导向块，固定支承，带指示器的测量架。

② 检测方法。如图 3-49 所示，将被测零件放置在导向块内，

用导向块模拟基准轴线，然后测量整个被测表面，并记录读数。

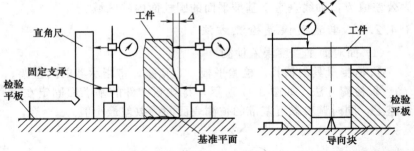

图 3-48 面对面的垂直度误差检测   图 3-49 面对线的垂直度误差检测

③ 检测结果。取最大读数差作为该零件的垂直度误差。

（4）线对面垂直度误差检测

① 检测量具与辅具。检验平板，直角座，带指示器的测量架。

② 检测方法。如图 3-50（a）所示，将被测零件放置在检验平板上，在相互垂直的两个方向（X、Y）上测量。在距离为 L_2 的两个位置测量被测轮廓要素与直角座的距离 M_1 和 M_2 及相应的轴径 d_1 和 d_2，则该测量方向上的垂直度误差为：

$$f_1 = \left| (M_1 - M_2) + \frac{d_1 - d_2}{2} \right| \frac{L_1}{L_2}$$

③ 检测结果。取两测量方向上测得误差中的较大值作为该零件的垂直度误差。

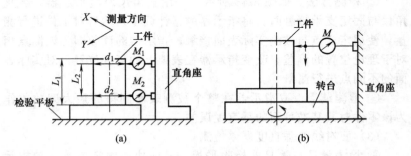

图 3-50 线对面垂直度误差检测

（5）线对面垂直度误差检测

① 检测量具与辅具。转台，直角座，带指示器的测量架。

② 检测方法。如图 3-50(b) 所示，将被测零件放置在转台上，并使被测轮廓要素的轴线与转台对中。按需要测量若干个轴向截面轮廓要素上各点的半径差，并记录在同一坐标图上。

③ 检测结果。用图解法求解垂直度误差，也可近似地按下式计算垂直度误差。

$$f = \frac{1}{2}(M_{max} - M_{min})$$

式中，M_{max}，M_{min} 为指示器的最大与最小读数值。

3.4.3 倾斜度误差的检测

3.4.3.1 图样标注与公差带

倾斜度公差有面对面、线对面、面对线、线对线四种形式。在一般情况下，倾斜度公差带是距离为公差值 t，且与基准轴线或基准平面成正确角度的两平行平面之间的空间区域。图 3-51(b) 所示为面对面倾斜度公差带，图 3-52(b) 所示为面对线倾斜度公差带。图 3-54(b)、图 3-55(b) 所示为线对线倾斜度公差带。

如图 3-51(a) 所示为面对面倾斜度公差。该项倾斜度公差为：被测斜表面必须位于距离为公差值 0.08mm、与基准平面成 45°角

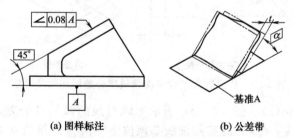

(a) 图样标注   (b) 公差带

图 3-51 面对面的倾斜度公差标注与公差带

的两平行平面所构成的公差带区域内。

图 3-52 所示为面对线的倾斜度公差，该项倾斜度公差为：被测斜表面必须位于距离为公差值 0.05mm、与基准轴线成 60°角的两平行平面所构成的公差带区域内。

图 3-53(a) 所示为任意方向上线对面的倾斜度公差，该项倾斜

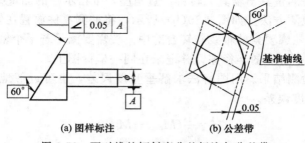

(a) 图样标注 (b) 公差带

图 3-52 面对线的倾斜度公差标注与公差带

度公差为：ϕD 孔的实际轴线必须位于直径为公差值 $\phi 0.05$mm、轴线与第一基准平面 A 成 45°角、平行于第二基准平面 B 的圆柱面所构成的公差带区域内。

如图 3-53(b) 所示，任意方向上线对面的倾斜度公差带是直径为公差值 ϕt，且与基准成理论正确角度的圆柱面内的区域。

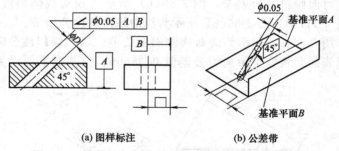

(a) 图样标注 (b) 公差带

图 3-53 任意方向上线对面倾斜度公差标注与公差带

图 3-54(a)、图 3-55(a) 所示为线对线的倾斜度公差，该项倾斜度公差为：ϕD 孔的实际轴线必须位于距离为公差值 0.1mm、与基准轴线 A 成 60°角的两平行平面所构成的公差带区域内。

3.4.3.2 倾斜度误差的检测方法

（1）面对面的倾斜度误差

① 检测量具。检验平板，定角座（可用正弦尺），固定支承，带指示器的测量架。

② 检测方法。如图 3-56 所示，将被测零件放置在定角座上，

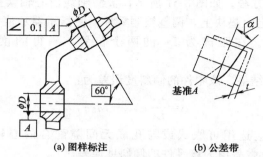

(a) 图样标注   (b) 公差带

图 3-54　线对线倾斜度公差标注与公差带（一）

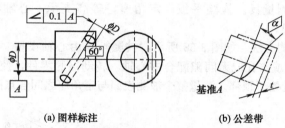

(a) 图样标注   (b) 公差带

图 3-55　线对线倾斜度公差标注与公差带（二）

调整被测零件，使整个被测表面的读数差为最小值。

③ 检测结果。取指示器的最大读数与最小读数之差作为该零件的倾斜度误差。

（2）线对面的倾斜度误差

① 检测量具。检验平板，直角座，定角垫块（可用正弦尺），固定支承，心轴，带指示器的测量架。

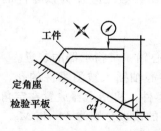

图 3-56　面对面的倾斜度误差检测

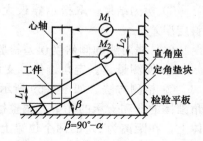

图 3-57　线对面的倾斜度误差检测

② 检测方法。如图 3-57 所示，被测轴线由心轴模拟。将被测零件放置在定角垫块上，调整被测零件，使指示器示值 M_1 为最大（距离最小）。在距离为 L_2 的两个位置，测得的读数分别为 M_1、M_2。

③ 检测结果。该零件的倾斜度误差为：

$$\Delta = \frac{L_1}{L_2} \mid M_1 - M_2 \mid$$

测量时应选用可胀式或与孔成无间隙配合的心轴，若选用 $L_1 = L_2$，则读数差值为该零件的倾斜度误差。

（3）面对线的倾斜度误差检验

① 检测量具。检验平板，定角座，等高支承，心轴，带指示器的测量架。

② 检测方法。如图 3-58 所示，被测轴线由心轴模拟。测量时应选用可胀式或与孔成无间隙配合的心轴，转动被测零件，使其最小长度 B 的位置处于顶部。测量整个被测表面与定角座之间各点的距离。

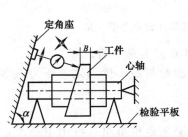

图 3-58　面对线的倾斜度误差检测

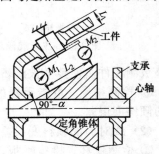

图 3-59　线对线的倾斜度误差检测（一）

③ 检测结果。取指示器最大与最小读数之差作为该零件的倾斜度误差。

（4）线对线的倾斜度误差检验（一）

① 检测量具。定角锥体，支承，心轴，带指示器的装置。

② 检测方法。如图 3-59 所示，将心轴插入被测零件的孔、定角锥体的孔和支承的孔中。调整被测零件，将指示器放置在定角锥体上，在距离为 L_2 的两个位置上测得的读数分别为 M_1 和 M_2。

③ 检测结果。该零件的倾斜度误差为

$$\Delta = \frac{L_1}{L_2} \mid M_1 - M_2 \mid$$

测量时应选用可胀式或与孔成无间隙配合的心轴。

(5) 线对线的倾斜度误差检验（二）

① 检测量具。检验平板，导向定角垫块，固定和可调支承，心轴，水平仪。

② 检测方法。如图 3-60(a)，被测轴线由心轴模拟。测量时应选用可胀式或与孔成无间隙配合的心轴。先调整检验平板处于水平位置，将被测零件放置在导向定角垫块上，调整被测零件，使心轴的右侧处于最高位置，用水平仪在心轴和检验平板上测得的数值分别为 A_1 和 A_2。

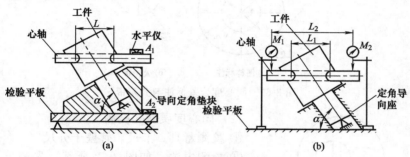

图 3-60　线对线的倾斜度误差检测 （二）

③ 检测结果。该零件的倾斜度误差为：

$$\Delta = \mid A_1 - A_2 \mid CL$$

式中的 C 为水平仪刻度值。

(6) 线对线的倾斜度误差检测 （三）

① 检测量具。检验平板，定角导向座，心轴，带指示器的测量架。

② 检测方法。如图 3-60(b) 所示，测量时应选用可胀式或与孔成无间隙配合的心轴。将被测零件放置在定角导向座上，调整被测零件，使心轴在 M_1 点处于最低位置或在 M_2 点处于最高位置。在距离为 L_2 的两个位置上测得的读数分别为 M_1 和 M_2。

③ 检测结果。该零件的倾斜度误差为：

$$\Delta = \frac{L_1}{L_2} \mid M_1 - M_2 \mid$$

3.4.4 同轴度误差的检测

3.4.4.1 示例一

（1）图样标注与公差带　如图 3-61(a) 所示，该项同心度公差为：ϕd 的实际圆心必须位于直径为公差值 $\phi 0.01$mm 且与圆心 A 同心的圆所构成的公差带区域内。

如图 3-61(b) 所示，同心度公差带是直径为公差值、且与基准圆心同心的圆内的平面区域。

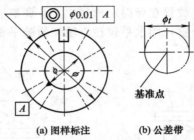

(a) 图样标注　　(b) 公差带

图 3-61　同心度公差标注与公差带

图 3-62　同心度误
差的检测

（2）同心度误差的检测

① 检测量具。卡尺，管壁千分尺。

② 检测方法。如图 3-62 所示，先测出内、外圆之间的最小壁厚 b，然后测出相对方向的壁厚 a。

③ 检测结果。同心度误差为

$$f=a-b$$

3.4.4.2 示例二

（1）图样标注与公差带　如图 3-63 所示，该项同轴度公差为：被测要素 ϕd 孔轴线对基准轴线 A 的同轴度公差为 $\phi 0.01$mm。ϕd 的实际轴线必须位于直径为 $\phi 0.1$mm、轴线与基准轴线 A 重合的圆柱面内。

如图 3-64 所示，该项同轴度公差为：大圆柱面的轴线必须位于直径为 $\phi 0.08$mm 且与公共基准线 A-B（公共基准轴线）同轴的圆柱面内。ϕD 的轴线必须位于直径为 $\phi 0.01$mm、且与公共基准轴

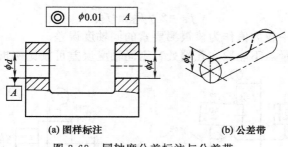

(a) 图样标注　　　　　　　　(b) 公差带

图 3-63　同轴度公差标注与公差带

线 A-B 同轴的圆柱面内。公共基准轴线为 A 与 B 两段实际轴线所共有的理想轴线。

（2）同轴度误差检验

① 孔的同轴度误差的检测

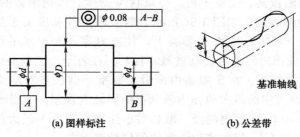

(a) 图样标注　　　　　　　　(b) 公差带

图 3-64　同轴度公差标注与公差带

a. 检测量具与辅具。检验平板，心轴，固定和可调支承，带指示器的测量架。

b. 检测方法。如图 3-65 所示，将心轴插入孔内，与孔成无间隙配合，并调整被测零件，使其基准轴线与检验平板平行。在靠近被测孔端 A、B 两点测量，并求出该两点分别与高度 $\left(L+\dfrac{d_2}{2}\right)$ 的差值 f_{Ax} 和 f_{Bx}。然后把被测零件翻转 $90°$，按上述方法测量取 f_{Ay} 和 f_{By} 的值。

c. 检测结果。A 点处的同轴度误差为：

$$f_A = 2\sqrt{f_{Ax}^2 + f_{Ay}^2}$$

B 点处的同轴度误差为：

$$f_B = 2\sqrt{f_{Bx}^2 + f_{By}^2}$$

取其中较大值作为该被测要素的同轴度误差。

如测量点不能取在孔端处，则同轴度误差可按比例折算。

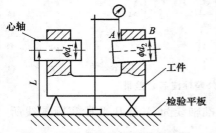

图 3-65　孔的同轴度误差的检测

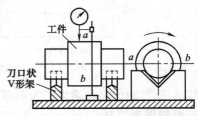

图 3-66　轴的同轴度误差的检测

② 轴的同轴度误差检验。用 V 形架和带指示器的表架检测。

a. 检测量具。检验平板，刀口状 V 形架，带指示器的测量架。

b. 检测方法。如图 3-66 所示，将被测零件基准要素的中截面放置在两个等高刀口状 V 形架上，使被测零件处于水平位置。先在一个正截面内测量。转动被测零件，再在若干个正截面内测量。

c. 检测结果。在正截面内测量，取指示器在各对应点读数差值 $|M_a - M_b|$ 中的最大值作为该截面的同轴度误差。在若干个正截面内测量，取各截面测得读数差中最大值（绝对值）作为该零件的同轴度误差。

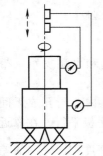

图 3-67　圆度仪检测同轴度

③ 圆度仪检测。使用圆度仪检测同轴度误差时，如图 3-67 所示，应该调整被测零件，使零件基准轴线与圆度仪主轴的回转轴线同轴，在被测零件的基准要素和被测要素上测量若干截面，对测得数据进行处理，即可得到同轴度误差。

3.4.5　对称度误差的检测

3.4.5.1　图样标注与公差带

如图 3-68(a) 所示，该项对称度公差为：槽的实际中心面必须位于距离为公差值 0.1mm、中心平面与基准中心平面 A 重合的两平行平面内。

如图 3-68(b) 所示，对称度公差带是距离为公差值 t，中心平面与基准中心平面重合的两平行平面之间的空间区域。

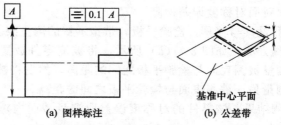

(a) 图样标注   (b) 公差带

图 3-68   面对面对称度公差标注与公差带

如图 3-69 所示，该项对称度公差为：键槽的实际中心轴线必

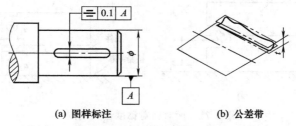

(a) 图样标注   (b) 公差带

图 3-69   面对线对称度公差标注与公差带

须位于距离为公差值 0.1mm、中心平面与基准中心平面 A 重合的两平行平面内。

如图 3-70 所示，该项对称度公差为：孔的实际轴线必须位于距离为公差值 0.1mm、中心平面与公共基准中心平面 A-B 重合的两平行平面内。

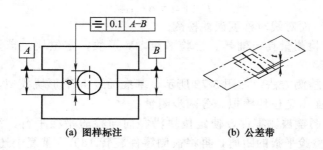

(a) 图样标注   (b) 公差带

图 3-70   线对面对称度公差标注与公差带

3.4.5.2 对称度误差检测

(1) 面对面对称度误差检测

① 检测量具与辅具。检验平板，带指示器的测量架。

② 检测方法。如图 3-71(a) 所示，将被测零件放置在检验平板上，先测量被测表面与检验平板之间的距离，然后将被测零件翻转后，再测量另一被测表面与检验平板之间的距离。

③ 检测结果。该零件的对称度误差取测量截面内对应两测点的最大差值。

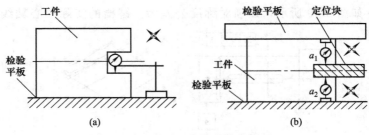

(a)   (b)

图 3-71　面对面对称度误差检测

(2) 面对面对称度误差检测

① 检测量具与辅具。检验平板，定位块，带指示器的测量架。

② 检测方法。如图 3-71(b) 所示，将被测零件放置在两块检验平板之间，并用定位块模拟被测中心面，在被测零件的两侧分别测出定位块与上、下检验平板之间的距离 a_1 和 a_2。

③ 检测结果。该零件的对称度误差为：

$$f = |a_1 - a_2|_{\max}$$

(3) 面对线对称度误差检测

① 检测量具与辅具。检验平板，V 形块，定位块，带指示器的测量架。

② 检测方法。如图 3-72 所示，基准轴线由 V 形块模拟，被测中心平面由定位块模拟。分两步测量。

a. 调整被测零件，使定位块沿径向与检验平板平行，测量定位块与检验平板的距离，再将被测零件旋转 180° 后重复上述测量，得到该截面上、下两对应点的读数差 a，则该截面的对称度误差为

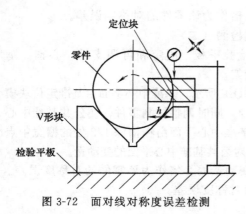

定位块

零件

V形块

检验平板

图 3-72　面对线对称度误差检测

$$f_{截} = \frac{\dfrac{ah}{2}}{R - \dfrac{h}{2}} = \frac{ah}{d-h}$$

式中　R——轴的半径；

　　　　h——槽深。

b. 沿键槽长度方向测量，取长向两点的最大读数差为长向对称度误差

$$f_{长} = a_{高} - a_{低}$$

③ 检测结果。该零件的对称度误差取截面和长向测得误差的最大值。

（4）线对面对称度误差检测（一）

① 检测量具与辅具。检验平板，固定和可调支承，带指示器的测量架。

② 检测方法。如图 3-73（a）所示，先测量基准轮廓要素③、④，并计算和调整，使公共基准中心平面与检验平板平行（该中心平面由在槽深 1/2 处的槽宽中点确定）。再测量被测轮廓要素①、②，计算出孔的轴线。

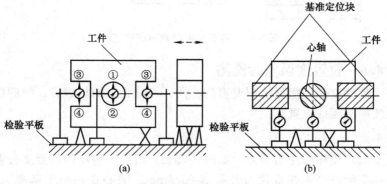

工件

检验平板

（a）

基准定位块

心轴

工件

检验平板

（b）

图 3-73　线对面对称度误差检测

③ 检测结果。取在各个正截面中孔的轴线与对应的公共基准

中心平面之最大变动量的 2 倍作为该零件的对称度误差。

（5）线对面对称度误差检测（二）

① 检测量具与辅具。检验平板，固定和可调支承，心轴，基准定位块，带指示器的测量架。

② 检测方法。如图 3-73(b) 所示，基准中心平面由基准定位块模拟。测量定位块的位置和尺寸，同时调整被测零件，使公共基准中心平面与检验平板平行（公共基准中心平面由在槽深 1/2 处的槽宽中点确定）。测量和计算被测轴线对公共基准中心平面的变动量。

③ 检测结果。取最大变动量的 2 倍作为该零件的对称度误差。

（6）用卡尺检测线对面对称度误差

① 检测量具。卡尺。

② 检测方法。如图 3-74 所示，在 B、D 和 C、F 处测量壁厚。

③ 检测结果。取两个壁厚差中较大的值作为该零件的对称度误差。

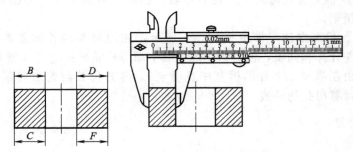

图 3-74　用卡尺检测对称度误差

3.4.6　位置度误差的检测

位置度公差根据被测要素的不同，可分为点的位置度、线的位置度以及面的位置度。

3.4.6.1　示例一

（1）图样标注与公差　如图 3-75(a) 所示，该项的位置度公差为：实际点必须在直径为公差值 $\phi0.3$mm，圆心在相对于基准 A、B 距离为理论正确尺寸 30mm 和 40mm 的理想位置上的圆内。

点的位置度公差带是直径为公差值 ϕt 或 $S\phi t$，以点的理想位置

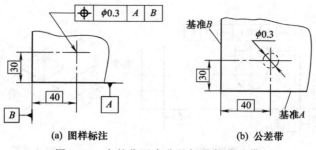

(a) 图样标注　　　　(b) 公差带

图 3-75　点的位置度公差标注与公差带

为中心的圆或球面内的区域，如图 3-75(b) 所示。

(2) **点的位置度误差检测**

① 检测量具。坐标测量装置。

② 检测方法。如图 3-76 所示，按基准调整被测零件，使其与测量装置的坐标方向一致，将测出的被测点坐标值 x_0、y_0 分别与相应的理论正确尺寸比较，得出差值 f_x 和 f_y。

③ 检测结果。被测点位置度误差

$$f=2\sqrt{f_x^2+f_y^2}$$

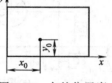

图 3-76　点的位置度
误差检验

3.4.6.2　示例二

(1) **图样标注与公差**　图 3-77(a) 所示

为给定一个方向上的线的位置度公差，该项的位置度公差是：被测孔的轴线必须位于距离为公差值 0.1mm 且相对于 A、B、C 基准表面理论正确尺寸 "30"、"40" 所确定的理想位置上的两平行平面之间。

给定一个方向上的线的位置度公差带是距离为公差值 t，中心平面（或中心线）通过线的理想位置且与给定方向垂直的两平行平面（或平行直线）之间的区域，如图 3-77(b) 所示。

图 3-78(a) 所示为任意方向上的线的位置度公差，该项的位置度公差是：ϕD 孔的被测轴线必须位于直径为公差值 ϕ0.1mm、轴线位于由基准 A、B、C 和理论正确尺寸 "90°"、"30"、"40" 所确定的理想位置的圆柱面内所构成的公差带区域内。

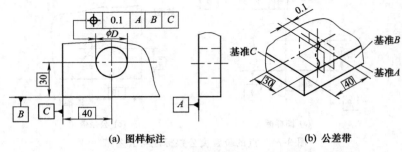

图 3-77　给定一个方向上的线的位置度公差标注与公差带

任意方向上的线的位置度公差带是直径为公差值 ϕt，轴线在线的理想位置上的圆柱面内的区域，如图 3-78(b) 所示。

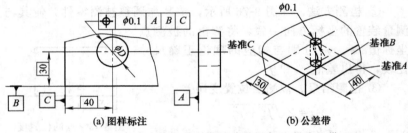

图 3-78　任意方向上线的位置度公差标注与公差带

(2) 任意方向上线的位置度误差检测　用坐标测量装置检测位置度误差

a. 检测量具。坐标测量装置、心轴。

b. 检测方法。如图 3-79 所示，按基准调整被测零件，使其与测量装置的坐标方向一致，将心轴无间隙地安装在被测孔中，用心轴轴线模拟被测孔的实际轴线。在靠近被测零件的端面处测得 x_1、x_2、y_1、y_2，。按下式分别计算出坐标尺寸 x、y。

x 方向坐标尺寸　　　　$x = \dfrac{x_1 + x_2}{2}$

y 方向坐标尺寸　　　　$y = \dfrac{y_1 + y_2}{2}$

将 x、y 分别与相应的理论正确尺寸比较，得出差值 f_x 和 f_y。

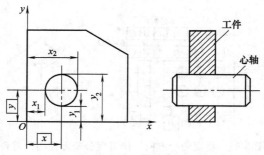

图 3-79　线的位置度误差检验

则位置度误差为

$$f = 2\sqrt{f_x^2 + f_y^2}$$

然后测量被测孔的另一端，按上述方法进行测量。

c. 检测结果。取两端测量中所得较大误差值作为该零件的位置度误差。

对于多孔组（图 3-80），则按上述方法逐孔测量与计算，如图 3-81 所示。若位置度公差带为给定两个方向的四棱柱（图 3-82），则直接取 $2f_x$ 和 $2f_y$ 分别作为该零件在两个方向上的位置度误差。

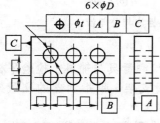

图 3-80　多孔组公差标注

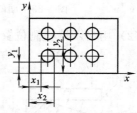

图 3-81　多孔组测量与计算

3.4.6.3　示例三

（1）图样标注与公差　图 3-83(a) 所示为面的位置度公差，该项的位置度公差是：被测斜表面必须位于距离为公差值 0.05mm，中心平面在由基准轴线 A、基准平面 B 以及理论正确尺寸"60°"和"50"所确定的面的理想位置上的两平行平面之间。

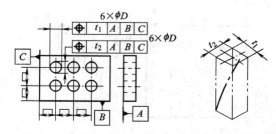

图 3-82　给定两个方向上位置度公差标注与公差带

面的位置度公差带是距离为公差值 t，中心平面在面的理想位置上的两平行平面之间的区域，如图 3-83(b) 所示。

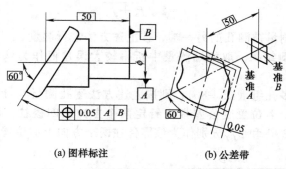

(a) 图样标注　　　　　(b) 公差带

图 3-83　面的位置度公差标注与公差带

（2）用指示器检测位置度误差

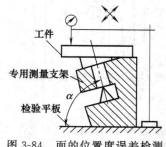

图 3-84　面的位置度误差检测

① 检测量具与辅具。检验平板，专用测量支架，带指示器的测量架，标准零件。

② 检测方法。如图 3-84 所示，调整被测零件在专用测量支架上的位置，使指示器的读数差为最小，指示器按专用的标准零件调零。在整个被测表面上测量若干点。

③ 检测结果。取指示器读数的最大值（绝对值）乘以 2 作为该零件的位置度误差。

3.4.7 圆跳动误差的检测

3.4.7.1 示例一

（1）图样标注与公差　图 3-85（a）所示为径向圆跳动公差，该项径向圆跳动公差是：ϕd 圆柱面绕基准轴线做无轴向移动的回转运动时，在任一测量平面内的径向跳动量均不得大于 0.05mm。

公差带表示为垂直于基准轴线的任一测量平面内，圆心在基准轴线上的半径差为公差值 0.05mm 的两同心圆，如图 3-85（b）所示。

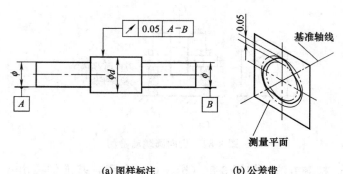

（a）图样标注　　　　　　（b）公差带

图 3-85　径向圆跳动公差标注与公差带

（2）检测方法

① 径向圆跳动检测方法一

a. 检测量具与辅具。一对同轴圆柱导向套筒，带指示器的测量架。

b. 检测方法。如图 3-86（a）所示，将被测零件支承在两个同轴圆柱导向套筒内，并在轴向定位。在被测零件回转一周过程中指示器的最大差值即为单个测量平面上的径向圆跳动。按上述方法在若干个截面上进行测量。

c. 检测结果。取各截面上测得的跳动量中的最大值，作为该零件的径向圆跳动量。

② 径向圆跳动检测方法二

a. 检测量具与辅具。检验平板，V 形架（刀口形 V 形架），带指示器的测量架。

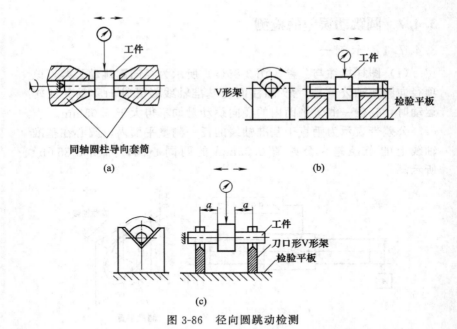

图 3-86 径向圆跳动检测

b. 检测方法。如图 3-86（b）、（c）所示，基准轴线由 V 形架（刀口形 V 形架）模拟，被测零件支承在 V 形架（刀口形 V 形架）上，并轴向定位。在被测零件回转一周过程中指示器最大差值，即为单个测量平面上的径向跳动。按上述方法在若干个截面上进行测量。

c. 检测结果。取各截面上测得的跳动量中的最大值作为该零件的径向圆跳动。

3.4.7.2 示例二

（1）图样标注与公差 图 3-87（a）所示为轴向圆跳动（端面圆跳动），该项圆跳动公差为：被测零件绕基准轴线做无轴向移动的回转运动时，在左端面上任一测量直径处的轴向跳动量均不得大于公差值 0.05mm。

公差带是在与基准轴线同轴的任一直径位置的测量圆柱面上，沿其素线方向宽度为公差值 0.05mm 的圆柱面区域，如图 3-87（b）所示。

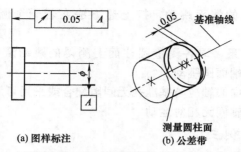

(a) 图样标注　　　(b) 公差带

图 3-87　轴向圆跳动（端面圆跳动）公差标注与公差带

（2）检测方法

① 轴向圆跳动（端面圆跳动）检测

a. 检测量具与辅具。导向套筒（或 V 形块），带指示器的测量架。

b. 检测方法。如图 3-88(a) 所示。将被测零件固定在导向套筒内，并在轴向上固定；或如图 3-88(b) 所示，将被测零件支承在 V 形块上，并在轴向固定。在被测零件回转一周过程中指示器读数最大差值即为单个测量圆柱面上的端面圆跳动。按上述方法在若干个圆柱面上进行测量。

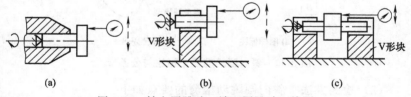

(a)　　　　　　　(b)　　　　　　　(c)

图 3-88　轴向圆跳动（端面圆跳动）检测

c. 检测结果。取各测量圆柱面上测得的跳动量中的最大值作为该零件的端面圆跳动。

② 端面圆跳动检测

a. 检测量具与辅具。检验平板，V 形块（或顶尖），导向心轴，带指示器的测量架。

b. 检测方法。如果零件是套类零件，采用如图 3-88(c) 的安装方法，将被测零件固定在导向心轴上，并安装在 V 形块上或顶尖上。在被测零件回转一周过程中指示器读数最大差值，即为单个测量圆柱面上的端面跳动。按上述方法在若干个圆柱面上进行测量。

c. 检测结果。取各测量圆柱面上测得的跳动量中的最大值，作为该零件的端面圆跳动。

注意：导向心轴应与基准孔无间隙配合或采用可胀式心轴，以保证零件与心轴间无相对运动。

3.4.7.3 示例三

（1）图示标注和公差带　图 3-89（a）所示为斜向圆跳动公差，该项圆跳动公差为：被测零件圆锥表面绕基准轴线做无轴向移动的回转运动时，在任一测量圆锥面上的跳动量均不得大于公差值 0.05mm。

图 3-89（b）所示公差带是在与基准轴线同轴的任一测量圆锥面上，沿其素线方向宽度为公差值 0.05mm 的圆锥面区域。

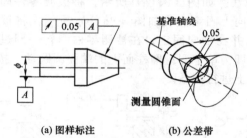

(a) 图样标注　　　**(b) 公差带**

图 3-89　斜向圆跳动公差标注与公差带

（2）检测方法　斜向圆跳动检测的要点如下。

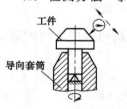

图 3-90　斜向圆跳动检测

a. 检测量具与辅具。导向套筒，带指示器测量架。

b. 检测方法。如图 3-90 所示，将被测零件固定在导向套筒内，并在轴向固定。在被测零件回转一周过程中指示器的最大差值即为单个测量圆锥面上的斜向跳动。按上述方法在若干个圆锥面上进行测量。

c. 检测结果。取各测量圆锥面上测得的跳动量中的最大值作为该零件的斜向圆跳动。

3.4.8 全跳动误差的检测

3.4.8.1 示例一

（1）图样标注与公差　如图 3-91(a) 所示，该项的径向全跳动公差为：ϕd 表面绕基准轴线做无轴向移动的连续回转运动，同时指示器平行于基准轴线方向直线移动。在整个 ϕd 表面上的跳动量不得大于公差值 0.05mm。

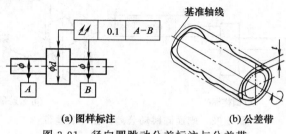

(a) 图样标注　　　　　(b) 公差带

图 3-91　径向圆跳动公差标注与公差带

如图 3-91(b) 所示，公差带为：半径差为公差值 0.05mm 且与基准轴线同轴的两同轴圆柱面之间的区域。

（2）检测方法　径向全跳动的检测要点如下。

a. 检测量具与辅具。一对同轴导向套筒，检验平板，支承，带指示器的测量架。

b. 检测方法。如图 3-92 所示，将被测零件固定在两同轴导向套筒内，同时在轴向上固定并调整套筒，使其同轴并与检验平板平行。在被测零件连续回转过程中，同时让指示器沿基准轴线的方向做直线运动。

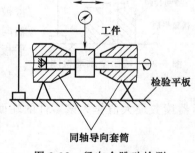

工件

检验平板

同轴导向套筒

图 3-92　径向全跳动检测

c. 检测结果。在整个测量中取指示器读数最大值作为该零件的径向全跳动。

3.4.8.2 示例二

（1）图样标注与公差带　图 3-93(a) 所示为端面全跳动公差，

该项的端面全跳动公差为：被测零件绕基准轴线做无轴向移动的连续回转运动，同时指示器沿垂直轴线的方向移动，在整个端面上的跳动量不得大于公差值 0.05mm。

如图 3-93(b) 所示，公差带为：垂直于基准轴线，距离为公差值 0.05mm 的两平行平面之间的区域。

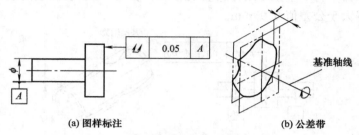

(a) 图样标注   (b) 公差带

图 3-93　端面圆跳动公差标注与公差带

（2）检测方法　端面全跳动的检测要点如下。

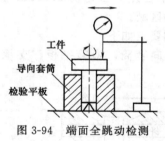

图 3-94　端面全跳动检测

a. 检测量具与辅具。导向套筒，检验平板，支承，带指示器的测量架。

b. 检测方法。如图 3-94 所示，将被测零件支承在导向套筒内，并在轴向固定。导向套筒的轴线应与检验平板垂直。在被测零件连续回转过程中，指示器沿其径向做直线运动。

c. 检测结果。在整个测量中取指示器读数最大值作为该零件的端面全跳动。

第4章

尺寸精度和表面粗糙度的检测

4.1 尺寸精度的检测

尺寸精度的检测，其实质是将测得的实际尺寸与理想尺寸进行比较，若实际尺寸在极限尺寸范围内，即为合格，若实际尺寸超出所允许的范围，即为不合格。

零件的尺寸精度要求，是指将实际尺寸限制在规定的范围内。对于零件的尺寸精度检测：单件、小批量生产时，采用各种通用量具检测；大批大量生产时，采用专用测量工具或专用量规进行检测。

4.1.1 检测方法

4.1.1.1 常用量具

光滑工件尺寸的检测测量可用量规、通用量具、比较仪等。

（1）量规 量规是一种没有刻度的专用定值检测工具，其外形与被检测工件相反。例如，检测孔的量规为塞规，可认为是按一定尺寸精确制成的轴；检测轴的量规为环规，可认为是按一定尺寸精确制成的孔。用量规与被测孔和轴进行比较，虽然得不到被测工件的实际尺寸和形状误差的具体数值，但可以定性地判断孔和轴是否合格。

极限量规一般都是成对使用，并分为通规与止规。通规的作用是防止工件尺寸超过最大实体极限，止规的作用是防止工件尺寸超过最小实体极限。检测时，如果通规能通过工件，而止规不能通过，则认为工件是合格的。

根据量规的不同用途，分为工作量规、验收量规和校对量规三类。

① 工作量规是在生产加工过程中用来检测工件时使用的量规。

② 验收量规是检测部门或用户验收产品时使用的量规。

③ 校对量规是用来检测工作量规在制造中是否符合制造公差和使用过程中是否已达到磨损极限所用的量规。

（2）通用量具　通用量具、量仪即有刻度的变值测量器具。通常采用"两点法"测量，即在工件表面两点处测定工件实际尺寸的具体数值。在车间常用的测量仪器有游标卡尺，内、外径百分尺，千分尺，内测千分尺，各种指示表等。例如，用卡尺测量，卡尺的主要作用是测量长度、厚度、深度、高度、直径等尺寸；用千分尺测量，千分尺按其主要用途分为测量外尺寸的外径千分尺，测量内尺寸的内径千分尺和测量深度、厚度的深度厚度千分尺。

（3）比较仪　比较仪是测量被测尺寸与基准尺寸微差的比较测量方法，是一种可调检测工具，有机械、电动或气动的指示表或信号装置。

① 立式光学比较仪。立式光学比较仪是一种精度较高而结构简单的常用量具，用量块作为基准，按相对法（比较方法）测量各种工件的外尺寸。

② 机械比较仪。机械比较仪是由杠杆式测微表及底座等组成的。利用不等臂杠杆传动将测量杆的微小直线位移放大为角位移，再通过读数装置表示出来。

③ 万能测长仪。万能测长仪是由精密机械、光学系统和电气部分相结合的长度测量仪器。

（4）坐标　使用投影仪、工具显微镜、三坐标测量机测量轮廓线或面上的点（或线）的坐标、角度等数值，通过一定的几何计算方法，得到被测尺寸的大小。

（5）检验平台（检验平板）　使用检验平台检测器具间接测量被测尺寸的方法，此方法能够在不具备条件的情况下测量许多特殊尺寸。图 4-1 所示为测量工件的交点 A 的尺寸 x，把被测工件的基面放在检验平台上，利用半径为 R 的圆柱、方块、量块、刀口尺

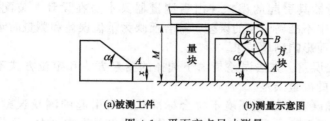

(a)被测工件　　　　　　**(b)测量示意图**

图 4-1　平面交点尺寸测量

测出尺寸 M，然后计算尺寸 x

$$x = M - R - AB = M - R[1 + \cot(45° - \alpha/2)]$$

4.1.1.2　检测条件

（1）标准温度　由于工件和量具都具有热胀冷缩的特点，所以要精确测定工件尺寸，检测温度应为 20℃，即检测结果以工件、量具温度均为 20℃ 时为准。检测时，若工件和量具的温度不是 20℃，而工件与量具的线胀系数又不相等，原则上应对测量结果进行修正。

（2）测量力　测量力会引起工件、测量器具的变形，产生压陷效应，造成测量误差。因此，标准规定检测过程中测量力应为零，如果测量力不为零，原则上应考虑由此引起的测量误差，应进行必要的修正。

4.1.1.3　测量误差

不论采用什么器具与方法进行检测，都会有测量误差。测量误差是指测量结果与被测量真值之差。

（1）绝对误差 Δ　绝对误差 Δ 是测量结果（X）与被测量真值（X_0）之差。

测量结果可能大于或小于真值，故 Δ 值可能为正值亦可能为负值，为代数值。绝对误差 Δ 只能反映同一尺寸的测量精度，评定不同尺寸的测量精度就需要用到相对误差。

（2）相对误差 ε　相对误差是测量的绝对误差与被测量真值（X_0）之比。由于测量结果近似于真值，因此相对误差又可近似地

用绝对误差与测量结果的比值表示。

（3）测量误差产生的原因

① 测量器具引起的误差。由于测量器具本身在设计、装配、制造和使用中不准确引起的误差，综合反映为示值误差和测量时示值的变化性而影响测量结果。

② 方法误差。方法误差是由于选择的测量方法和定位方式不完善所引起的测量误差。

③ 环境误差。指在环境不符合标准状态时引起的测量误差，测量环境包括温度、湿度、振动等，其中以温度的影响最大。国家标准规定：测量标准温度应为 20℃。

④ 人员误差。测量人员主观因素和操作技术所引起的测量误差。

4.1.2　用测量器具直接测量

4.1.2.1　验收极限和安全裕度

当采用普通测量器具（如游标卡尺、百分尺、比较仪等）测量孔、轴尺寸时，如果以被测工件规定的极限尺寸作为验收的界值，在测量误差的影响下，实际尺寸超出极限尺寸范围的工件可能被判为合格品；实际尺寸处于极限尺寸范围之内的工件也可能被判为不合格品，前者称为"误收"，后者称为"误废"。

所用验收方法应只接收位于规定的尺寸极限之内的工件。因此标准规定验收极限一般采用内缩方式，即从规定的最大极限尺寸和最小极限尺寸分别向公差带内移动一个安全裕度 A，如图 4-2 所示。

孔尺寸的验收极限：

上验收极限＝孔的最大极限尺寸（D_{max}）－安全裕度（A）

下验收极限＝孔的最小极限尺寸（D_{min}）＋安全裕度（A）

轴尺寸的验收极限：

上验收极限＝轴的最大极限尺寸（d_{max}）－安全裕度（A）

下验收极限＝轴的最小极限尺寸（d_{min}）＋安全裕度（A）

安全裕度 A 的确定：A 值应按被测工件的尺寸公差来确定，一般情况下，A 值可以取工件公差的 1/10。安全裕度 A 相当于测

表 4-1　安全裕度 A 与测量器具的测量不确定度允许值 μ_1　　　　μm

公差等级			6					7					8					9			
基本尺寸 /mm		T	A	μ_1			T	A	μ_1			T	A	μ_1			T	A	μ_1		
大于	至			I	II	III			I	II	III			I	II	III			I	II	III
—	3	6	0.6	0.54	0.9	1.4	10	1.0	0.9	1.5	2.3	14	1.4	1.3	2.1	3.2	25	2.5	2.3	3.8	5.6
3	6	8	0.8	0.72	1.2	1.8	12	1.2	1.1	1.8	2.7	18	1.8	1.6	2.7	4.1	30	3.0	2.7	4.5	6.8
6	10	9	0.9	0.81	1.4	2.0	15	1.5	1.4	2.3	3.4	22	2.2	2.0	3.3	5.0	36	3.6	3.3	5.4	8.1
10	18	11	1.1	1.0	1.7	2.5	18	1.8	1.7	2.7	4.1	27	2.7	2.4	4.1	6.1	43	4.3	3.9	6.5	9.7
18	30	13	1.3	1.2	2.0	2.9	21	2.1	1.9	3.2	4.7	33	3.3	3.0	5.0	7.4	52	5.2	4.7	7.8	12
30	50	16	1.6	1.4	2.4	3.6	25	2.5	2.3	3.8	5.6	39	3.9	3.5	5.9	8.8	62	6.2	5.6	9.3	14
50	80	19	1.9	1.7	2.9	4.3	30	3.0	2.7	4.5	6.8	46	4.6	4.1	6.9	10	74	7.4	6.7	11	17
80	120	22	2.2	2.0	3.3	5.0	35	3.5	3.2	5.3	7.9	54	5.4	4.9	8.1	12	87	8.7	7.8	13	20
120	180	25	2.5	2.3	3.8	5.6	40	4.0	3.6	6.0	9.0	63	6.3	5.7	9.5	14	100	10	9.0	15	23
180	250	29	2.9	2.6	4.4	6.5	46	4.6	4.1	6.9	10	72	7.2	6.5	11	16	115	12	10	17	26
250	315	32	3.2	2.9	4.8	7.2	52	5.2	4.7	7.8	12	81	8.1	7.3	12	18	130	13	12	19	29
315	400	36	3.6	3.2	5.4	8.1	57	5.7	5.1	8.4	13	89	8.9	8.0	13	20	140	14	13	21	32
400	500	40	4.0	3.6	6.0	9.0	63	6.3	5.7	9.5	14	97	9.7	8.7	15	22	155	16	14	23	35

公差等级	10					11					12				13			
基本尺寸/mm	T	A	μ_1			T	A	μ_1			T	A	μ_1		T	A	μ_1	
大于 至			I	II	III			I	II	III			I	II			I	II
— 3	40	4.0	3.6	6.0	9.0	60	6.0	5.4	9.0	14	100	10	9.0	15	140	14	13	21
3 6	48	4.8	4.3	7.2	11	75	7.5	6.8	11	17	120	12	11	18	180	18	16	27
6 10	58	5.8	5.2	8.7	13	90	9.0	8.1	14	20	150	15	14	23	220	22	20	33
10 18	70	7.0	6.3	11	16	110	11	10	17	25	180	18	16	27	270	27	24	41
18 30	84	8.4	7.6	13	19	130	13	12	20	29	210	21	19	32	330	33	30	50
30 50	100	10	9.0	15	23	160	16	14	24	36	250	25	23	38	390	39	35	59
50 80	120	12	11	18	27	190	19	17	29	43	300	30	27	45	460	46	41	69
80 120	140	14	13	21	32	220	22	20	33	50	350	35	32	53	540	54	49	81
120 180	160	16	15	24	36	250	25	23	38	56	400	40	36	60	630	63	57	95
180 250	185	18	17	28	42	290	29	26	44	65	460	46	41	69	720	72	65	110
250 315	210	21	19	32	47	320	32	29	48	72	520	52	47	78	810	81	73	120
315 400	230	23	21	35	52	360	36	32	54	81	570	57	51	86	890	89	80	130
400 500	250	25	23	38	56	400	40	36	60	90	630	63	57	95	970	97	87	150

| 公差等级 | | 14 | | | | 15 | | | | 16 | | | | 17 | | | | 18 | | | |
| 基本尺寸/mm | | | | μ_1 | | | | μ_1 | | | | μ_1 | | | | μ_1 | | | | μ_1 | |
大于	至	T	A	I	II	T	A	I	II	T	A	I	II	T	A	I	II	T	A	I	II
—	3	250	25	23	38	400	40	36	60	600	60	54	90	1000	100	90	150	1400	140	135	210
3	6	300	30	27	45	480	48	43	72	750	75	68	110	1200	120	110	180	1800	180	160	270
6	10	360	36	32	54	580	58	52	87	900	90	81	140	1500	150	140	230	2200	220	200	330
10	18	430	43	39	65	700	70	63	110	1100	110	100	170	1800	180	160	270	2700	270	240	400
18	30	520	52	47	78	840	84	76	130	1300	130	120	200	2100	210	190	320	3300	330	300	490
30	50	620	62	56	93	1000	100	90	150	1600	160	140	240	2500	250	220	380	3900	390	350	580
50	80	740	74	67	110	1200	120	110	180	1900	190	170	290	3000	300	270	450	4600	460	410	690
80	120	870	87	78	130	1400	140	130	210	2200	220	200	330	3500	350	320	530	5400	540	480	810
120	180	1000	100	90	150	1600	160	150	240	2500	250	230	380	4000	400	360	600	6300	630	570	940
180	250	1150	115	100	170	1850	180	170	280	2900	290	260	440	4600	460	410	690	7200	720	650	1080
250	315	1300	130	120	190	2100	210	190	320	3200	290	290	480	5200	520	470	780	8100	810	730	1210
315	400	1400	140	130	210	2300	230	210	350	3600	320	320	540	5700	570	510	850	8900	890	800	1330
400	500	1500	150	140	230	2500	250	230	380	4000	400	360	600	6300	630	570	950	9700	970	870	1450

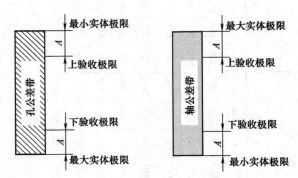

图 4-2　内缩验收极限与安全裕度 A

量中不确定度（μ），其中含有计量器具的不确定度 μ_1 和其他因素引起的不确定度，一般 $\mu_1 = 0.9A$。

4.1.2.2　测量器具的选择

按测量器具测量不确定度的允许值 μ_1 选择计量器具是比较合理的。选择时，应使所选用的测量器具的不确定度 μ 等于或小于表 4-1 中的 μ_1 值。

测量器具测量不确定度的允许值 μ_1 按测量不确定度 μ 与工件尺寸公差的比值分挡：对公差等级为 IT6～IT11 工件分 Ⅰ、Ⅱ、Ⅲ挡；对公差等级为 IT12～IT18 工件分 Ⅰ、Ⅱ挡，见表 4-2。测量不确定度 Ⅰ、Ⅱ、Ⅲ挡的数值，分别为工件公差的 $T/10$、$T/6$ 和 $T/4$。一般情况下，优先选用Ⅰ挡，其次选用Ⅱ、Ⅲ挡。

表 4-2　测量不确定度允许值 μ 与工件尺寸的比值分挡

被测工件公差等级	IT6～IT11			IT12～IT18	
分挡	Ⅰ	Ⅱ	Ⅲ	Ⅰ	Ⅱ
允许值	$T/10$	$T/6$	$T/4$	$T/10$	$T/6$

注：T 为被测工件尺寸的公差。

表 4-3 为千分尺和游标卡尺的不确定度值，表 4-4 为比较仪和指示表的不确定度值，可供选择测量器具时参考。

表 4-3　千分尺和游标卡尺的不确定度 μ　　　mm

尺寸范围	分度值为 0.01mm 的外径千分尺	分度值为 0.01mm 的内径千分尺	分度值为 0.02mm 的游标卡尺	分度值为 0.05mm 的游标卡尺
0～50	0.004			
50～100	0.005	0.008		0.050
100～150	0.006		0.020	
150～200	0.007			
200～250	0.008	0.013		
250～300	0.009			
300～350	0.0010			
350～400	0.0011	0.020		0.100
400～450	0.0012			
450～500	0.0013	0.025		
500～600	0.0015			
600～700	0.0016	0.030		
700～800	0.0018			0.150

例 4-1　试确定 $\phi140H10$ 的验收极限，并选择相应的测量器具。

解　根据工件公差 H10，$T_D=0.16$mm，可知 $A=0.016$mm；$\mu_1=0.015$mm，则

上验收极限 $=D_{max}-A=140+0.16-0.016=140.144$（mm）

下验收极限 $=D_{min}+A=140+0.016=140.016$（mm）

验收极限如图 4-3 所示。选择不确定度小于 $\mu_1=0.015$mm 的内径千分尺可满足测量要求，由表 4-3 查得：分度值为 0.01mm 的内径千分尺，在尺寸范围 100～150mm 内的不确定度为 0.008mm$<\mu_1$，故满足使用要求。

表 4-4 比较仪和指示表的不确定度 μ

mm

名称	分度值	放大倍数或量程范围	尺寸范围 不确定度/mm								
			≤25	>25~40	>40~65	>65~90	>90~115	>115~165	>165~215	>215~265	>265~315
比较仪	0.0005	2000 倍	0.0006	0.0007	0.0008		0.0009	0.0010	0.0012	0.0014	0.0016
	0.001	1000 倍	0.0010		0.0011		0.0012	0.0013	0.0014	0.0016	0.0017
	0.002	400 倍	0.0017		0.0018		0.0019		0.0020	0.0021	0.0022
	0.005	250 倍	0.0030							0.0035	
千分表	0.001	0 级全程内	0.005								
	0.001	1 级 0.2mm 内									
	0.002	1 级全程内	0.006								
百分表	0.01	0 级任意 1mm 内	0.010								
	0.01	0 级全程内	0.018								
	0.01	0 级任意 1mm 内	0.018								
	0.01	1 级全程内	0.030								

注：测量时，使用的标准器由 4 块 1 级（或 4 等）量块组成。

图解机械零件加工精度测量及实例

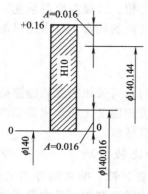

图 4-3　H10 孔的验收极限

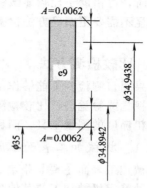

图 4-4　$\phi35e9$ 轴孔的
验收极限

例 4-2　被测工件为轴 $\phi35e9^{-0.050}_{-0.112}$。试确定验收极限并选择测量器具。

解　工件公差 $T_d = 0.062$mm，由表 4-1 查得：安全裕度 $A = 0.0062$mm。

上验收极限 $= D_{\max} - A = 35 - 0.050 - 0.0062 = 34.9438$（mm）

下验收极限 $= D_{\min} + A = 35 - 0.112 + 0.0062 = 34.8942$（mm）

由表 4-1 查得测量器具不确定度允许值，按 Ⅰ 挡 $\mu_1 = 0.0056$mm。

由表 4-3 查得分度值为 0.01mm 的外径千分尺，在尺寸范围 0~50mm 范围内的不确定度为 0.004mm $< \mu_1$，故满足使用要求。验收极限如图 4-4 所示。

4.2　表面粗糙度的检测

表面粗糙度是指加工表面上具有较小间距和峰谷所组成的微观几何形状特征。表面粗糙度是衡量零件表面质量好坏的重要指标。表面粗糙度对机械零件的使用性能有着很多方面的影响。检测零件表面粗糙度常用的测量方法有目测检测、比较检测和测量仪器检测等。

4.2.1　目测检测方法

当被测表面比较光滑时，可借助于放大镜比较；当被测表面非常光滑时，可借助于比较显微镜进行比较，以提高检测精度。对于那些明显不需要更精确方法检查工作表面的场合，可以用目测法进行检测。

4.2.2　比较检测方法

如果用目测检测不能够作出判断时，可采用表面粗糙度标准样块通过视觉或触觉进行比较检测。表面粗糙度比较样块是检测工件的表面粗糙度的测量工具，简称粗糙度样块。

4.2.2.1　机械加工表面粗糙度的比较样块

机械加工表面主要是指磨、车、镗、铣、插和刨等加工表面。表征一种特定机械加工或其他生产方式的已知表面轮廓算术平均偏差（R_a）值，用以通过视觉和触觉评定机械加工表面粗糙度的测量工具，称为机械加工表面粗糙度比较样块，如图 4-5 所示。

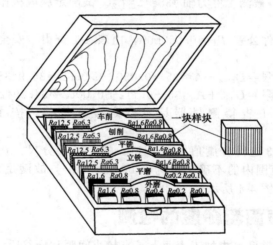

图 4-5　机械加工表面粗糙度比较样块

4.2.2.2　表面粗糙度比较样块的使用方法

（1）选择样块　首先应根据被检测对象选择样块，样块的表面粗糙度特征要与被比较检测的表面的粗糙度特征相同，即样块的材质要与被检测工件材质相同，样块表面的加工方法与被检测表面的加工方法相同。

（2）检查样块　选取样块后，应该检查样块上的标志是否与要求相符，检查样块标志表征的材质和加工方法，检查样块的外观质量及样块的检定合格证。

（3）使用样块　将被检测表面与粗糙度比较样块的工作面放在一起，用眼睛从各个方向观察样块表面和被检测表面上反射光线的强弱和色彩的差异，判断被检测表面的粗糙值相当于粗糙度比较样块上哪一块的粗糙度数值，这块样块的粗糙度数值即是被检测表面的粗糙度值。

用手指抚摸两个表面，要沿与加工纹理垂直的方向去抚摸。凭手感判断两个表面上的粗糙度的差异。图 4-6 所示的是用样块比较检测车削加工后工件的表面粗糙度。

用样块比较法检测时，被测表面应具有和比较样块相同的加工方法、加工纹理、几何形状、色泽和材料，这样才能保证评定结果的可靠。进行批量加工时，

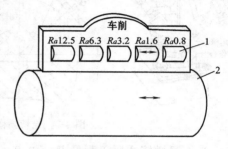

图 4-6　比较检测表面粗糙度
1—样块；2—被检测表面

可以先加工出一个合格零件，并精确测出其表面粗糙度参数值。以它作为比较样块检测其他零件。

用样块比较法检测简便易行，常在生产实践中使用，适合车间条件下评定较粗糙的表面。此方法的判断准确程度与检测人员的技术熟练程度有关。

如果用比较检测仍不能够作出判断时，则应采用适当的仪器进行测量检验。根据仪器的原理不同，测量检测可以分为光切法、干涉法、激光反射法、激光全息法、针描法、印模法和三维几何表面测量法等。

4.2.3　光切法

光切法是利用光切原理测量表面粗糙度的一种方法，使用细窄的光带切割被测表面，获得实际轮廓的放大影像，再对影像进行测量，经计算得到参数值。按光切法测量表面粗糙度的仪器称为光切

显微镜，如图 4-7 所示。先将被测零件放在工作台上，被测表面的加工纹理应与狭缝垂直。并在燕尾槽处装上适当倍数的物镜，经粗调及微调手轮调焦，使视场中出现清晰的狭缝齿状亮带。测量时，转动目镜上的千分尺，使目镜分划板上十字线的水平线在亮带最清晰的一边，与 5 个最高波峰和同边的 5 个最低波谷相切，并读取相应的数值进行评定。

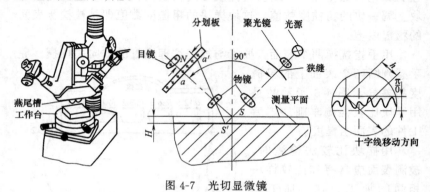

图 4-7　光切显微镜

　　光切显微镜适用于测量 $Rz=0.8\sim80\mu m$ 的表面粗糙度。

4.2.4　干涉法

　　干涉法是利用光学干涉原理测量表面粗糙度的方法，应用光波干涉将被测表面微观不平度以干涉条纹的弯曲程度表现出来，再对放大了的干涉条纹进行测量，经过计算得到参数值。利用干涉法测量表面粗糙度的仪器为干涉显微镜。

　　将被测工件的被测表面向下，放置在干涉显微镜上，如图 4-8 所示，调整仪器使工件表面图像清晰地出现在目镜中，得到所需的干涉条纹亮度和深度，并使工件的加工痕迹方向与干涉条纹垂直。在取样长度范围内，移动水平线分别与同一干涉条纹的 5 个最高波峰、5 个最低波谷相切，得到相应的读数，算出干涉条纹弯曲量，再由测微目镜测量出相邻两干涉带的距离。则被测表面微观不平度高度为：

$$Rz=\frac{b}{a}\times\frac{\lambda}{2}$$

式中 b——干涉条纹弯曲量；

a——测微目镜测量出的相邻两干涉带的距离；

λ——光波波长。

干涉显微镜的测量范围为 $0.03\sim1\mu m$，适用于测量 Rz 的参数值。

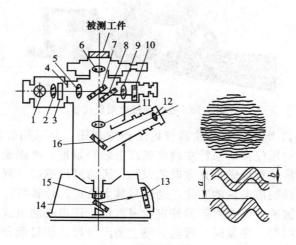

图 4-8　干涉显微镜

1—光源；2,11—聚光镜；3—滤色片；4—光栅；5—透镜；6,9—物镜；7—分光镜；
8—补偿镜；10,14,16—反光镜；12—目镜；13—毛玻璃；15—照相物镜

4.2.5　感触法

感触法又称针描法或轮廓法。采用此法测量表面粗糙度的仪器称为电动轮廓仪（图 4-9、图 4-10）。

电动轮廓仪是目前应用最广泛、最为方便的表面粗糙度测量仪

图 4-9　便携式表面粗糙度测量仪器

器，可以测量并计算出所有表面粗糙度值。这种仪器通常直接显示示值，其测量范围为 $0.025 \sim 6.3\mu m$。

图 4-10 表面粗糙度测量仪器

图 4-11 所示为电动轮廓仪的工作原理图，是采用针描法进行检测的。利用仪器的触针在被测表面上轻轻划过，被测表面的微观不平轮廓将使触针做垂直方向的位移，再通过传感器（测头）将位移变化量转换成电量的变化，经信号放大后送入计算机，处理计算后显示出被测表面粗糙度的评定参考数值，还可绘制出被测表面轮廓的误差图形。测量时，转动目镜上的千分尺，使目镜分划板上十字线的水平线先后与波峰及波谷相切。

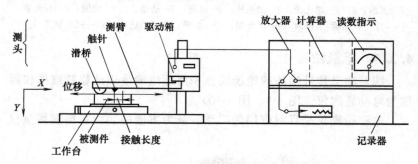

图 4-11 电动轮廓仪的工作原理图

Chapter **05**

常用机械零件的检测实例

5.1 轴类零件的检测实例

轴类零件的作用是安装、支承回转零件并传递动力和运动。其特点是：

① 素线长度大于直径，即为细长形状，一般用车削制成。

② 都是回转体类零件。由于组成零件的回转体都处在同一旋转轴线上，而且可以由圆柱、圆锥、球等形体同轴组合而成。

检测特点：由于轴类零件都是回转体类零件，其尺寸检测主要是直径尺寸的检测，所使用的检测仪器主要为千分尺和游标卡尺，轴类零件的轴向尺寸一般精度要求不高，其检测仪器一般为钢直尺，当轴向尺寸的精度等级要求较高时可用加长游标卡尺，有条件的可用机床上安装的光栅数显尺进行检测，当然也可以设计制造专用的计量装置进行检测。轴类零件的形位精度检测项目是径向圆跳动，在装轴承的轴颈部位一般还有圆柱度、同轴度等精度要求。

5.1.1 光轴

5.1.1.1 零件图样

光轴如图 5-1 所示。

5.1.1.2 零件分析

(1) 尺寸精度 光轴的直径尺寸为"$\phi 40_{-0.016}^{0}$"，总长度

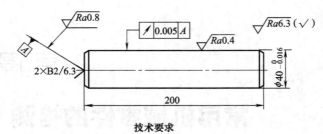

技术要求

材料45,热处理调质220～250HBS

图 5-1　光轴

为 200mm。

（2）形位精度　光轴外圆面对两端中心孔公共轴线的圆跳动公差要求为 0.005mm。

（3）表面粗糙度　光轴外圆表面粗糙度 Ra 为 0.4μm，两端中心孔圆锥面的表面粗糙度 Ra 要求为 0.8μm。

5.1.1.3　检测量具与辅具

根据此工件所需检测的位置和尺寸精度要求以及表面粗糙度的要求，选用的检测量具有：千分表及其磁力表架，带前后顶尖支架的检验平台，量程为 25～50mm 的千分尺，表面粗糙度（Ra）比较样块（以下简称粗糙度样块）。

5.1.1.4　零件检测

（1）外径的检测　在单件、小批生产中，外圆直径的测量一般用千分尺检验，用千分尺测量工件外径的方法如图 5-2 所示。测量时，将工件通过两端的中心孔支承在检验平台的前后顶尖上，用千分尺从不同轴向长度位置和不同直径方向进行测量（此测量过程也可将被测轴平放在检验平台上，通过滚动轴来改变测量的直径方向，从而进行

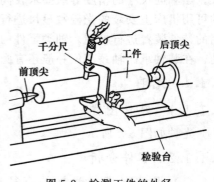

图 5-2　检测工件的外径

　图解机械零件加工精度测量及实例

上述测量）。当所有的测量值均不超过图纸规定的极限尺寸值时，工件的尺寸检测可判定为合格。当然在大批量生产中，常用极限卡规测量外圆直径尺寸。当通规通过被测面，被测面止住止规时，工件的尺寸合格。

（2）工件的径向圆跳动的检测　测量工件的径向圆跳动如

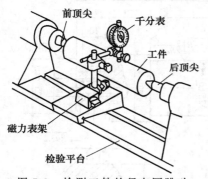

图 5-3　检测工件的径向圆跳动

图 5-3 所示。测量时，先在检验平台上安放一个测量桥板，然后将千分表架放在测量桥板上，本例因只测量径向圆跳动可不使用测量桥板，可将千分表架直接放在检验平台上并打开磁力使之牢牢吸在检验平台工作面上，调整表架使千分表量杆与被测工件轴线垂直，并使测头位于工件圆周最高点上。外圆柱表面绕轴线轴向回旋时，在任一测量平面内的径向跳动量（最大值与最小值之差）为径向圆跳动误差值。此过程应在轴向多个不同的位置上重复进行，当所有测得的径向圆跳动误差值小于图纸规定的径向圆跳动公差值 0.005mm 时，工件此项检测合格。

（3）工件的表面粗糙度的检测　工件的表面粗糙度在工作现场的测量方法为目测法，即用表面粗糙度样块与被测表面进行比较来判断，如图 5-4 所示。检测时把样块靠近工件表面，用肉眼观察比较。一般对于轴类零件常用的表面粗糙度样块有 $Ra = 3.2\mu m$、$Ra = 1.6\mu m$、$Ra = 0.8\mu m$、$Ra = 0.4\mu m$、$Ra = 0.2\mu m$ 等粗糙度等级，应常练习用肉眼判断比较这些表面粗糙度等级的样块和工件表面。

图 5-4　粗糙度样块测量

5.1.2 交换齿轮轴

5.1.2.1 零件图样

交换齿轮轴如图 5-5 所示。

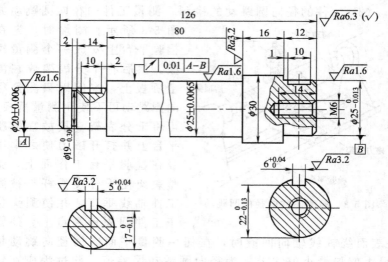

图 5-5 交换齿轮轴

5.1.2.2 零件精度分析

（1）尺寸精度　此零件尺寸精度要求较高的部位都为外圆柱面，左侧带沟槽的圆柱面的直径尺寸为"$\phi20\pm0.006$"，其精度比IT6 级精度稍高又低于 IT5 级精度，标准中没有与之正好对应的标准精度等级，与之相邻的中部轴段的直径尺寸要求为"$\phi25\pm0.0065$"，右端轴段的直径尺寸要求为"$\phi25_{-0.013}^{0}$"，这两个尺寸均为 IT6 级精度，最粗的轴段尺寸为 $\phi30\text{mm}$，精度要求不高，属于未注公差的尺寸，它可由一般公差控制。其他精度要求较高的尺寸是左右两个键槽的宽度尺寸，分别为"$5_{0}^{+0.04}$"和"$6_{0}^{+0.04}$"（见两个移出断面图），这两个尺寸的公差均为非标准公差，其精度介于IT9～IT10 级精度之间，另外，用于控制键槽深度的尺寸是键槽底面距轴外圆面的尺寸"$17_{-0.11}^{0}$"和"$22_{-0.13}^{0}$"，这两个尺寸的精度达到了 IT11 级。

（2）形位精度　图示零件只标有一个径向圆跳动的精度要求，此精度项目属于位置精度，它的含义是直径尺寸为"$\phi25\pm0.0065$"的轴段外圆面在 80mm 的轴向范围内的任意处，其径向圆跳动误差值不能超过 0.01mm，此径向圆跳动的基准是两端 A、B 两基准轴线的公共轴线（A 基准是直径为"$\phi20\pm0.006$"轴段的轴线，B 基准是直径为"$\phi25_{-0.013}^{\ 0}$"轴段的轴线）。

（3）表面粗糙度　在尺寸精度要求较高的圆柱表面上的表面粗糙度要求均为 $Ra=1.6\mu m$，键槽的工作侧面以及直径为"$\phi25\pm0.0065$"的轴段的轴肩面的表面粗糙度要求为 $Ra=3.2\mu m$，其余表面的粗糙度要求均为 $Ra=6.3\mu m$。

5.1.2.3　检测量具与辅具

根据此工件的精度要求，长度尺寸的检测量具选用的是量程为 0～25mm 的千分尺以及量块；此外还有游标深度尺、游标卡尺、钢直尺、螺纹塞规等；测量外圆面径向圆跳动的检测量具选用的是千分表和磁力表架，以及一对 V 形架和检验平台；粗糙度的检测使用 R_a 值粗糙度样块。

5.1.2.4　零件的检测

直径尺寸为"$\phi20\pm0.006$"的轴段以及"$\phi25\pm0.0065$"的轴段，还有右端直径尺寸为"$\phi25_{-0.013}^{\ 0}$"的轴段均可使用量程为 0～25mm 的千分尺，须注意的是千分尺在进行较高精度的检测时，必须在计量室用量块进行精确的校对，并且校对用的量块应分别选尺寸为 20mm 和 25mm 的两块量块，最好应准备两把千分尺分别校对这两个尺寸。实践表明，当使用与工件形状相同的标准器（如环规）对千分尺进行校对调零时，千分尺的测量不确定度可降为原来的 40%；当使用与工件形状不相同的标准器（如量块）对千分尺进行校对调零时，千分尺的测量不确定度可降为原来的 60%，可对较高精度的尺寸进行测量。校对好后，千分尺拿到工作现场应至少放置 30min 进行恒温，以减少温度对测量的影响，然后用这两把千分尺分别在不同尺寸的轴段进行测量，测量应在被测轴段的多个部位、多个方向上进行，所有测量值均不超过公差带要求时，该被测轴段的实际尺寸方可判定为合格。

键槽宽度尺寸的测量在大批量生产时，应使用键槽光滑极限塞规进行测量。在进行单件小批生产时，可使用 6 等量块进行直接塞入测量，即把量块用作光滑极限塞规使用。限制键槽深度的尺寸"$17_{-0.11}^{0}$"和"$22_{-0.13}^{0}$"的检测也可用千分尺进行，但由于键槽宽度太小，千分尺测头无法接触到键槽底平面，所以应使用间接测量法，方法是：将一宽度尺寸较小的、厚度尺寸较合适且厚度尺寸较精确的垫块放入键槽，使它的一个工作面与键槽底平面可靠接触，另一工作面应能露出键槽，然后就可用千分尺测量此垫块露出的工作面到对应的圆柱面的距离尺寸，然后用这一尺寸减去垫块的厚度尺寸即可测定此类控制键槽深度的尺寸的实际值，最后把它与设计的极限尺寸进行比较，作出合格与否的判断，如图 5-6 所示。

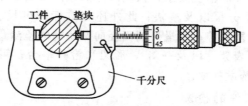

图 5-6　用千分尺测量控制键槽深度的尺寸

其他未标注公差的尺寸可使用游标深度尺、游标卡尺、钢直尺进行检测，包括图示左端圆柱面上的沟槽底面的直径尺寸"$\phi19_{-0.30}^{0}$"都可用游标卡尺直接进行测量。

右端螺纹的检测应使用螺纹塞规进行测量，也是当通规可旋入，止规被卡住时螺纹孔合格。

径向圆跳动误差的检测：由于此公差项目的基准是轴两端轴段轴线的公共轴线，所以其基准的体现一般采用模拟法，如图 5-7 所示，将一对等高的 V 形架放置在检验平板上，将被测轴两端的基准轴线所对应的圆柱面分别放在两 V 形架的 V 形槽中，由于这两个轴段的直径不同，所以轴的轴线不平行于检验平板，此时可将一平行垫块垫在较低的一端的 V 形架下，将轴垫水平，如 V 形架的 V 形槽槽角为 90°，则垫块厚度应为 3.536mm（如 V 形架的 V 形槽槽角为 60°，则垫块厚度应为 5mm），这一厚度的计算公式为：

$$h = \left| \frac{R_1}{\sin\alpha} - \frac{R_2}{\sin\alpha} \right|$$

式中 h——垫块厚度；

α——V 形架的 V 形槽槽角；

R_1, R_2——两支承轴段的半径。

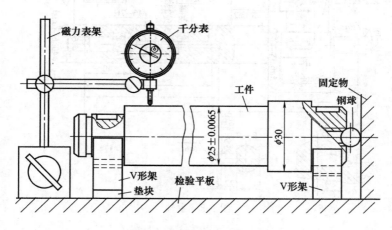

图 5-7　径向圆跳动检验方法

　　垫平被测轴后，将一颗钢珠用黄油粘在轴的一端端面上（如有螺纹孔的一端），将支承好的轴通过此滚珠顶在一固定物上（如可在检验平板上放上一个方箱），将千分表安装在磁力表架上，并把它们平稳地放置在检验平板上靠近被测轴的位置上，调整表架将千分表测头压在被测圆柱面的某处上，应使千分表测头轴线尽量沿着被测面的法线方向，测头压缩量应使表的指针转半圈以上，在表的示值中间部位较好，轻轻转动被测轴并注意使之始终顶在固定物上，即保持轴向不移动，仔细观察千分表指针的摆动范围，记录下这一摆动所代表的测量数值。以上过程应在被测轴段圆柱面上再重复 1～2 次，同样观察并记录读数，当所有读数均没有超过图纸标注的公差值时，则可判定工件此项检测合格。

　　表面粗糙度的检测仍通过与标准样板的目测对比进行，这里不再赘述。

5.1.3 主轴

5.1.3.1 零件图样

主轴如图 5-8 所示。

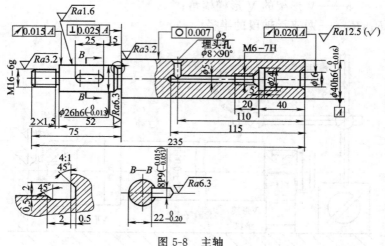

图 5-8 主轴

5.1.3.2 零件精度分析

（1）尺寸精度 图示这根轴只有两个轴段的直径精度要求较高，尺寸分别为"$\phi 26h6$（$_{-0.013}^{0}$）"和"$\phi 40h6$（$_{-0.016}^{0}$）"，显然它们都是 IT6 级精度。其他标注了公差带的尺寸还有：键槽的宽度尺寸"$8P9$（$_{-0.051}^{-0.015}$）"，控制键槽深度的尺寸"$22_{-0.20}^{0}$"。其余尺寸均为未注公差的尺寸。另外，图中轴的最左端有一段外螺纹，标注有"M16-6g"，其含义是：M 表示普通螺纹；16 表示大径尺寸，单位为 mm；螺距为 2mm（因该螺纹是粗牙螺纹，故该螺距值被省略）；6g 表示中径和顶径的公差带代号，在公差带代号中 6 表示其公差精度等级，g 表示外螺纹的一种基本偏差，通过查阅国家标准 GB/T 197—2003 的有关表格可得，g 表示的是 es = $-38\mu m$，而螺纹 6 级公差通过查阅有关螺纹的国家标准可得，外螺纹大径（即顶径）6 级公差为 $T_d = 280\mu m$，外螺纹中径 6 级公差为 $T_{d_2} = 160\mu m$。除此之外，在轴的右端，有一个"$\phi 16$"孔，孔的底部连接着一段内螺纹，标注为"M6-7H"，同样，7H 表示中径和顶径的公差带代号，7 表示其公差精度等级，H 表示内螺纹的一种基本偏差。

（2）形位精度　图示主轴标注的形位精度要求较多，其中属于形状精度要求的有："ϕ40h6"轴段的圆柱面标有圆度公差项目，其公差值为 0.007mm。有位置精度要求的部位是："ϕ26h6"轴段的外圆面有径向圆跳动精度要求，其公差值为 0.015mm，它的基准为直径"ϕ40h6"轴段的轴线（A 基准）；"ϕ26h6"轴段与"ϕ40h6"轴段之间的轴肩面相对于"ϕ40h6"轴段的轴线（A 基准）有垂直度公差要求，其公差值为 0.025mm；另外，在图示"ϕ40h6"轴段的右端有一直径为 ϕ16mm 的内孔，其孔壁相对于基准 A 也有一径向圆跳动公差要求，公差值为 0.02mm。

（3）表面粗糙度　"ϕ26h6"轴段的表面粗糙度要求是 $Ra=1.6\mu m$，"ϕ40h6"轴段以及 M16 外螺纹的表面粗糙度要求为 $Ra=3.2\mu m$，有垂直度要求的轴肩以及键槽的两个工作侧面的表面粗糙度要求为 $Ra=6.3\mu m$，其余表面的粗糙度要求均为 $Ra=12.5\mu m$。

5.1.3.3　检测量具与辅具

长度尺寸的检测量具可选用量程为 25～50mm 的千分尺和 0～25mm 的千分尺以及量块，还有游标深度尺、游标卡尺、钢直尺、螺纹塞规、螺纹塞规等；测量外圆面径向圆跳动的检测量具选用的是千分表和磁力表架，以及一对 V 形架和检验平板；粗糙度的检测使用 Ra 值粗糙度样块。

5.1.3.4　零件的检测

该零件直径尺寸的检测使用量程为 25～50mm 的千分尺即可，当然，测量两个精确的尺寸需要对千分尺分别进行两次校对，或使用两把千分尺分别校对为两个被测尺寸的名义尺寸。键槽宽度尺寸的测量可使用量块进行，用量块组合出该尺寸的最大极限尺寸和最小极限尺寸，当代表最小极限尺寸的量块组可放入键槽，而代表最大极限尺寸的量块组不可放入键槽时，该键槽宽度的实际尺寸合格。控制键槽深度的尺寸"$22_{-0.20}^{\ 0}$"可用 0～25mm 的千分尺进行测量，因为此规格的千分尺测杆直径为 $\phi6.5mm$，可直接伸入到键槽内，使测杆工作面与键槽底面接触，从而可直接进行测量，不用再加垫块。M16 外螺纹大径（顶径）尺寸的测量也使用千分尺进行，但其中径尺寸必须结合三针法进行测量。对于批量比较大的螺纹加工，其精度检测一般是通过螺纹环规进行的；M6 的内螺纹一般就只能通过螺纹塞规进行精度检测。

圆柱度误差的检测：如果是在计量室检测，一般使用专门的圆度仪，工件的圆度误差可通过专门的计算软件用计算机进行分析计算得出。但在一般的车间级计量室没有这样的装备，在车间加工现场的圆度误差的测量一般是用简易的直径法进行的，其方法是：用两点接触式测量仪器（如本例中使用千分尺），测出被测轴段轴向某一截面处 360°范围内直径实际尺寸的最大值和最小值，用该截面的直径实际尺寸最大值和最小值的差值的 1/2 作为该截面的圆度误差。用公式可表示为：

某截面的圆度误差＝（该截面直径实际尺寸最大值－该截面直径最小值）÷2

在被测轴段的轴向多个截面位置上，对每个截面重复进行上述测量，得出每个截面的圆度误差值，取这些圆度误差值的最大值作为该被测轴段的圆度误差值。这种检测圆度误差值的方法所测得的误差值一般比其他方法所测得的误差值要大一些，所以用此方法判定圆度误差值合格的零件，其实际圆度误差一定合格；而用此方法判定圆度误差值不合格的零件，其实际圆度误差不一定不合格，因此对于价值较大，但通过此方法被判定为不合格的零件，应使用更准确、更先进的测量方法和相关装备进一步检测。

跳动误差的检测：此零件有两处径向圆跳动的公差要求，一处在"$\phi26h6$"轴段的圆柱面，另一处在右端 $\phi16mm$ 内孔面，测量时由于它们的基准都为"$\phi40h6$"轴段圆柱面的轴线，所以可在一次定位中将这两处表面的径向圆跳动误差测量出来。工件定位时，将一对等高的 V 形架放在检验平板工作面的合适位置上，将工件"$\phi40h6$"轴段圆柱面可靠支承在这对等高的 V 形架上，跨距应尽可能大一些。在工件有 M16 螺纹的一端端面的工艺中心孔的锥面上，用黄油粘一合适的钢珠，通过此钢珠将工件顶靠在一合适的固定物上，该步骤的目的是使工件在测量过程中不发生轴向窜动，然后将一杠杆千分表安装在磁力表架上，将磁力表架吸合在检验平板上靠近工件被测面的合适位置上，千分表测头与工件被测面接触，要求使测头摆动方向与接触处被测面的法线方向尽可能相同，如图5-9所示，测量过程的其他操作和读数方法与前面两个零件的圆跳动误差的测量相同。

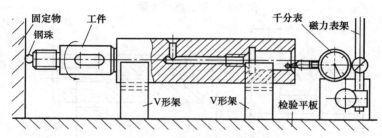

图 5-9　跳动误差的检测

　　端面垂直度的检测：将工件仍然用一对等高的 V 形架支承在检验平板上，定位面仍是"$\phi40h6$"轴段的外圆面，将－1 级或 0级精度的直角尺放置在检验平板上，将此直角尺较厚的工作面与检验平板工作面可靠接触，将其另一直角边与被测端面接触，观察直角边与工件被测端面之间缝隙所透过的光的颜色，通过光隙所透过光色判断缝隙的宽度，当缺乏经验时，可通过刀口尺、量块和检验平板组合出标准光隙，如图 5-10 所示，观察这些标准光隙的光色并与测量中的缝隙光色进行目测对比，从而可得出缝隙宽度大小的估计，此缝隙宽度大小即为垂直度误差的数值，将这一误差值与图纸规定的公差值进行比较就可作出合格与否的判断，当然，为防止误判，全面评价工件的此项误差，应转动工件，在端面的多个位置上进行上述测量。另外，也可通过塞塞尺的方法进行光隙宽度测量，转动工件找到一处直角尺直角边与工件被测端面之间缝隙最大的位置，当此缝隙可塞入或不可塞入 0.02mm 塞尺塞片，而不能塞入 0.03mm 塞尺塞片时，可判定工件此项检测合格，如图 5-11所示。

　　表面粗糙度的检验仍通过与粗糙度样块的目测比较进行。

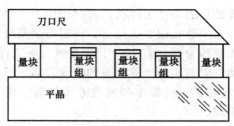

图 5-10 组合标准光隙

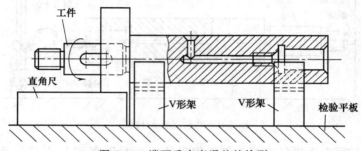

图 5-11 端面垂直度误差的检测

5.1.4 阶梯轴

5.1.4.1 零件图样

阶梯轴如图 5-12 所示。

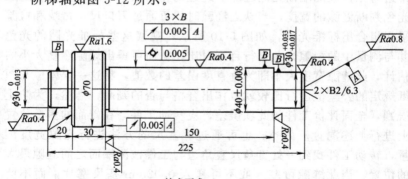

技术要求

材料40Cr,热处理淬硬至42～46HRC,未注倒角1×45°,
其余表面Ra=6.3μm,两端中心孔须经修研。

图 5-12 阶梯轴

5.1.4.2 零件精度分析

(1) 尺寸精度 图 5-12 所示的阶梯轴，尺寸精度高的主要表面为三个外圆表面。三个外圆表面尺寸精度经查 GB/T 1800.3—2009 标准公差数值可知均为 IT6 级，它们分别是："$\phi40\pm0.008$"、"$\phi30_{-0.013}^{\ 0}$" 和 "$\phi30_{+0.017}^{+0.033}$"，通过查轴的基本偏差数值表可得它们的公差带代号分别为："$\phi40js6$"、"$\phi30h6$"、"$\phi30n6$"。

(2) 形位精度 图中用三个 T 尾箭头加字母 B 表达了上述三个尺寸精度高的外圆面对基准 A（即工件左右两个端面中心锥孔轴线的公共轴线）的径向圆跳动公差均为 0.005mm（径向圆跳动公差框格上相应标有 "$3\times B$" 字样）；$\phi70mm$ 右端面对基准 A（轴心线）的端面跳动公差为 0.005mm，上述精度要求均为位置精度，另外，还有属于形状精度要求的是："$\phi40\pm0.008$" 外圆面的圆柱度公差，其公差值为 0.005mm。其他未注公差的尺寸的极限尺寸可查阅 GB/T 1804—2000，在一般的设计图纸中，这些尺寸的极限偏差数值可被选为中等精度。

(3) 表面粗糙度 尺寸精度高的三个外圆表面与三个轴肩端面的表面粗糙度均为 $Ra=0.4\mu m$，直径 $\phi70mm$ 的轴段的表面粗糙度均为 $Ra=1.6\mu m$，其余表面（未标注表面粗糙度要求）的粗糙度要求为 $Ra=6.3\mu m$。

5.1.4.3 检测量具

长度尺寸的检测量具选用的是量程为 25～50mm 的千分尺，此外还有游标卡尺、游标深度尺、钢直尺等；测量外圆面径向圆跳动和圆柱度误差的检测量具选用杠杆千分表和普通千分表和一副磁力表架，带一对顶尖架和导轨的检验平台（如带光学分度头的检验平台或磨床的工作台上）；使用 Ra 值粗糙度样块检验表面粗糙度。

5.1.4.4 零件检测

(1) 尺寸精度的检测 这主要涉及三个精度要求高的圆柱外表面，这些表面的直径尺寸检测使用量程为 25～50mm 的千分尺即可进行，当然测量两个精确的尺寸需要在计量室对千分尺分别进行两次校对，或使用两把千分尺分别校对为两个被测尺寸的名义尺寸。其他未注公差的尺寸可使用游标卡尺、游标深度尺、钢直尺等量具进行测量并判断合格性。

(2) 用杠杆千分表测量径向圆跳动和端面圆跳动 如图 5-13 所示，将被测轴通过它两端面的中心孔支承在检验平台的一对顶尖架上，要求不能顶得太紧，要使轴能自由转动而又不能产生轴向窜动。再将一安装好千分表的磁力表架吸合在检验平台上，调整表架使千分表测杆的摆动方向尽可能与其接触处的被测工件表面垂直（即沿着接触处被测工件表面的法线方向），并使测头轻压在被测圆柱面上，测头压缩量约为千分表表盘示值的 0.5 圈左右。然后，用

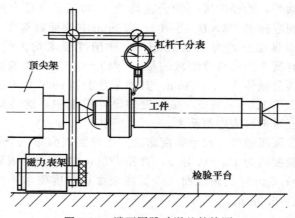

图 5-13 端面圆跳动误差的检测

手慢慢转动工件，使被测外圆柱表面绕顶尖孔的公共轴线回旋，观察千分表的指针，记录下指针在测头滑过全部被测轴段外圆面时的摆动量（最大值与最小值之差），这一摆动量即为该被测面的径向跳动误差值（当千分表测头接触的是端面时，则测出的表针摆动量就是端面圆跳动误差值）。当测得的径向全跳动误差值小于图纸规定的公差值 0.005mm 时，工件此项检测合格（当被测面比较大时，应在同一被测表面上多测量几个截面位置的跳动误差来进行比较和判断）。

(3) 工件外圆的圆柱度误差的检测 用 V 形架检测工件圆柱度误差的过程可参考图 5-14 进行，将一较长的 V 形架（V 形架的长度应大于被测零件检测部位的轴线长度）安放在检验平台上，找

正 V 形架的 V 形槽使槽面平行于一条检验平台的导轨，如条件有限，可将检验平台上 T 形槽的定位槽口看成是导轨，V 形架底部定位面上可制作出定位键，V 形架的定位键的定位工作面应与 V 形槽面对被测轴轴线的定位方向平行，安装时将 V 形架的定位键卡入检验平台上 T 形槽的定位槽口来定位，并尽量使之靠向定位槽口的一侧，然后用螺栓压板固定 V 形架。将被测零件的被测圆柱面放入 V 形架的 V 形槽内，在它的一端中心孔中用黄油粘上一颗大小合适的钢珠，将工件通过钢珠顶在一固定物上，其目的是当转动工件时，用一较小的力轻顶工件，使之靠在固定物上旋转，保证工件不发生轴向窜动。上述操作完成后，将一带有定位键的托板

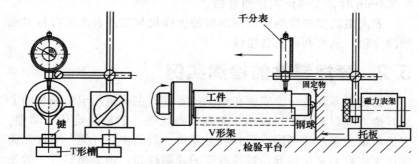

图 5-14　测量圆柱度误差

定位在附近另一条 T 形槽的定位槽口中，此托板应能沿 T 形槽的定位槽口自由移动，将一安装好普通千分表的磁力表架吸合在托板上，调整表架使千分表测杆与被测工件轴线垂直，并使测头轻压在被测圆柱面的最高点上，测头压缩量约为千分表表盘示值的 0.5 圈左右。

上述操作完成后即可开始测量，测量时用手慢慢地、无轴向移动地转动外圆柱表面，同时推动托板带动千分表沿被测轴面的轴向缓慢移动（推动时应使托板定位键始终靠向 T 形槽的定位槽口的某一侧工作面），在被测零件无轴向移动回转过程中观察千分表的指针，记录下千分表指针在测头滑过全部被测轴段外圆面时的总跳动量 Δ_{max}（最大值与最小值之差），依据这一总跳动量可按如下公式近似计算该被测面的径向全跳动误差值 f：

$$f = \Delta_{max}/K$$

K 为反映系数，这是一个需要查表的系数，可根据工件和千分表之间的安装方法和相对位置的不同以及工件棱数的不同来查表确定其大小。本例为顶点式三点法测量圆度误差，当 V 形架的 V 形槽角为 90°且工件外圆面棱圆（注：有时，在工件加工中会形成一种近似于等径多边形的误差，工件外圆可能有 2 棱、3 棱、4 棱，甚至更多，一般人眼无法判断出棱数，可在跳动测量中，根据千分表表针在工件转一周的过程中所发生的较大幅度摆动的次数来判别其棱数），测得的径向全跳动误差值小于图纸规定的公差值 0.005mm 时，工件此项检测合格。

表面粗糙度的检测可用标准粗糙度样块与工件表面进行目测或感测比较，从而判断其合格性。

5.2　套类零件的检测实例

轴套类零件是一类安装在轴上的零件，主要是用于安装在轴上的其他零件（如齿轮、轴承、带轮、链轮等）的轴向定位和调整。它们与轴类零件的不同点是：轴类零件一般是实心杆类，零件几何形体大多数为直径各异、精度较高的外圆柱面；轴套类零件一般是空心套类，套类零件除存在外，圆柱面外，还有很多精度要求较高的内孔表面。

5.2.1　导套

5.2.1.1　零件图样

导套如图 5-15 所示。

5.2.1.2　零件分析

图 5-15 为一导套零件，零件的材料为 38CrMoAlA 合金钢，粗加工后热处理调质至 220～250HBS，半精加工后渗氮处理至硬度为 700HV。

（1）尺寸精度　零件外圆尺寸为"$\phi 80_{-0.03}^{0}$"，查标准相关表格可知其公差带代号为"$\phi 80h7$"；内孔尺寸为"$\phi 50_{0}^{+0.025}$"，其公差带代号为"$\phi 50H7$"；轴套的总长尺寸为"100 ± 0.05"，其精度

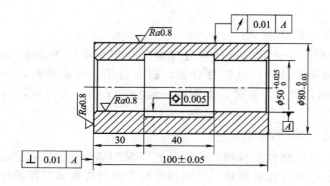

技术要求

材料38CrMoAlA，粗加工后调质220~250HBS，半精加工后渗氮700HV。

图 5-15　导套

介于 IT9～IT10 之间，属于非标准精度。

(2) 形位精度和表面粗糙度　尺寸为 "$\phi80_{-0.03}^{0}$" 的零件外圆要求以内孔轴线 A 为基准的跳动公差为 0.01mm，这属于 5 级精度的要求，表面粗糙度上限的要求为 $Ra = 0.8\mu m$。尺寸为 "$\phi50_{0}^{+0.025}$" 的内孔，其圆柱度公差要求为 0.005mm，其精度介于 6～7 级之间，表面粗糙度为 $Ra = 0.8\mu m$。导套左端面相对于内孔轴线的垂直度误差为 0.01mm，其精度为 4 级，属较高精度要求，其表面粗糙度要求为 $Ra = 0.8\mu m$。

导套检测的项目和要求见表 5-1。

表 5-1　导套检测的项目和要求

检测项目	检测内容	检测要求
主要项目	内孔 "$\phi50_{0}^{+0.025}$"	1. 尺寸为 "$\phi50_{0}^{+0.025}$" 2. 圆柱度公差为 0.005mm 3. 表面粗糙度为 $Ra = 0.8\mu m$
	外圆 "$\phi80_{-0.03}^{0}$"	1. 尺寸为 "$\phi80_{-0.03}^{0}$" 2. 圆跳动公差为 0.01mm 3. 表面粗糙度 $Ra = 0.8\mu m$
一般项目	左右端面	1. 尺寸(100±0.05)mm 2. 与内孔轴线垂直度误差为 0.01mm 3. 表面粗糙度 $Ra = 0.8\mu m$

5.2.1.3　检测量具

量程为 75～100mm 的外径千分尺、测量范围为 $\phi60$～50mm 的三爪内径千分尺，杠杆百分表，磁力表架，检验平板，一对 V 形架，90°直角尺，方箱，小钢球，量块，平晶，刀口尺，内径千分表。

5.2.1.4　零件检测

（1）尺寸精度的检测　外圆的直径采用量程为 75～100mm 的外径千分尺进行相对测量，使用的外径千分尺在测量前需经计量室用量块按尺寸 80mm 进行校对。在大批量生产中，外径尺寸采用光滑极限卡规测量。

内孔的直径采用三爪内径千分尺进行相对测量，测量精度 0.005mm，测量范围 $\phi60$～50mm，测量前三爪内径千分尺需经计量室用尺寸为 $\phi50$mm 的校对环规进行校对。在大批量生产中，内径尺寸和形状公差可采用光滑极限塞规测量。

轴套总长尺寸"100±0.05"的测量可采用量程为 75～100mm 的外径千分尺进行绝对测量，这样测量比较可靠。也可采用分度值为 0.02mm 的游标卡尺进行测量，但测量的精度和可信度较低。

（2）形位精度的检测　导套零件外圆面对内孔轴线的径向圆跳动误差的测量如图 5-16 所示，将一对等高的 V 形架平稳放置在检验平板上，再将导套通过其内孔套装在 $\phi50$mm 标准心轴上，并将其安放在上述 V 形架上，使标准心轴的圆柱面在 V 形槽中定位，标准心轴的端面须轴向定位，其定位方法是：在标准心轴的轴端中心孔锥面上用润滑脂粘一颗钢球（图 5-16），在检验平板上再放置一较重的方箱，将心轴通过钢球顶在方箱的一个平面上，这样就实现定位了。然后将杠杆百分表和磁力表座安装在一起，将磁力表座吸在检验平板上，调整百分表测头使之与被测面可靠接触，并且要使百分表测头的摆动方向尽可能与被测面被测头接触点处的法线同向，用手轻轻转动标准心轴，带动工件一同回转，为使转动灵活，可在心轴与 V 形槽接触处加润滑油，转动过程中要保证工件不发生轴向移动，观察千分表表针的摆动范围，即可进行测量读数。

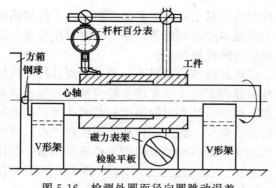

图 5-16　检测外圆面径向圆跳动误差

　　端面对内孔轴线的垂直度测量如图 5-17 所示，同跳动误差测量一样，先将工件套装在 ϕ50mm 标准心轴的一端上，这端心轴端面可不露出，距离工件端面 1～2mm 即可，心轴尺寸应合适，它与工件孔的配合应无间隙，但也不能有过盈。安装好后将它们安放在上述 V 形架上，V 形架的 V 形槽主要对心轴的其余部分进行定位，然后用压板、螺栓轻轻压紧心轴（图中未画），工件的右端面需与 V 形架的端面接触定位。用高精度 90°（0 级或 00 级）角度尺测量工件被测端面和检验平板之间的垂直度误差。测量方法主要为观测角尺工作面与被测端面之间的缝隙，缝隙的大小可通过透过缝隙的光色进行判断。测完一个方向之后，将工件在心轴上绕其内孔轴线旋转一定角度后再次进行上述测量，在 360° 范围内多测几个方向的误差值，当所有垂直度误差均小于公差值时工件此项检测合格。

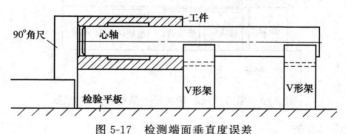

图 5-17　检测端面垂直度误差

　　圆柱度误差的测量在单件小批生产中，一般采用圆度仪进行测量，测量方法也较为复杂。在装备有三坐标测量机的单位可采用坐标测量法进行测量，其主要方法是通过测头在工件被测圆柱面的多个测量截面上采集多点的坐标值，用专门的程序对这些坐标进行分析从而获得相应的圆柱度误差值。

在没有上述仪器装备的情况下，可采用测量特征值原则，对被测孔进行圆度误差和素线直线度误差的测量，当圆度误差和素线直线度误差之和不超过图纸规定的圆度公差时，则工件的圆柱度误差一定不会超过其公差值。测量工件孔的圆度误差时，可使用内径千分表对工件孔的多个截面多个方向的直径进行测量，找出这些直径测量值的最大值 D_{max} 和最小值 D_{min}（注：一般的圆度误差是测量某一测量截面上的最大直径 D_{max} 和最小直径 D_{min}），则圆度误差 $f_{圆度} = (D_{max} - D_{min})/2$。被测圆柱面素线直线度误差的测量可采用 0 级刀口尺与被测素线进行比

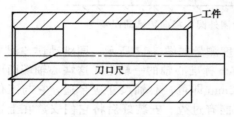

图 5-18 用刀口尺检验内孔
素线的直线度误差

较的方法，如图 5-18 所示，由于孔内光线不足可采用补充光照，其直线度误差值的获得还是通过观察比较被测缝隙的光色与标准光色的差异来估测，标准光隙的光色可通过刀口尺、量块和平晶的组合获得，如图 5-19 所示。

图 5-19 用刀口尺、量块、平晶组合标准光隙

5.2.2 轴套

5.2.2.1 零件图样

轴套如图 5-20 所示。

5.2.2.2 零件分析

图 5-20 为一轴套工件，材料为 HT200。该轴套的阶梯内孔尺寸分别为 "$\phi30^{+0.021}_{0}$" 和 "$\phi35^{+0.016}_{0}$"，前者为 IT7 级精度，后者为 IT6 级精度，它们的基本偏差均为 H。该零件的位置精度要求有：尺寸为 "$\phi30^{+0.021}_{0}$" 的孔的轴线相对于 "$\phi35^{+0.016}_{0}$" 内孔轴线的同轴度要求，其公差值为 $\phi0.01$mm，这一数值达到了 6 级精度；图样规定的形状精度要求是 "$\phi35^{+0.016}_{0}$" 孔的

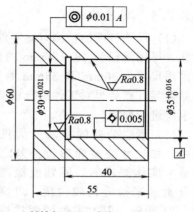

材料为HT200，未注Ra=3.2μm

图 5-20　轴套

圆柱度，其公差要求为 0.005mm，精度介于 6～7 级之间；两内孔与台阶端面的表面粗糙度 Ra 均为 0.8μm，属较高要求。轴套的主要检测项目和要求见表 5-2。

表 5-2　轴套的检测项目和要求

检测项目	检测内容	检测要求
主要项目	内孔 $\phi35^{+0.016}_{0}$	1. 尺寸为 $\phi35^{+0.016}_{0}$ 2. 圆柱度公差为 0.005mm 3. 表面粗糙度为 $Ra=0.8\mu$m
	内孔 $\phi30^{+0.021}_{0}$	1. 内孔尺寸 $\phi30^{+0.021}_{0}$ 2. 对内孔 $\phi35^{+0.016}_{0}$ 的同轴度公差为 $\phi0.01$mm 3. 表面粗糙度为 $Ra=0.8\mu$m
一般项目	台阶端面	表面粗糙度 $Ra=0.8\mu$m

5.2.2.3　检测量具

内径千分表，量块，游标卡尺，心轴，带螺钉压紧装置的一对 V 形架，杠杆千分表，磁力表架，检验平板，刀口尺。

5.2.2.4 零件检测

(1) 尺寸精度的检测 此零件尺寸精度要求高的部位就是两个内孔，可用量程为 18～35mm 的内径千分表用相对法检测，即检测前用尺寸为 30mm 和 35mm 的量块分别对两把内径千分尺进行校对调零，然后再对工件进行检测。其他未注公差的尺寸均可用游标卡尺进行检测。

(2) 形位公差的检验 大批量生产中，如尺寸公差和形位公差之间采用最大实体要求时，同轴度检测采用综合量规来检验比较快捷、可靠，如图 5-21 所示，但本零件的图样标注中并没有标明相关标注，而一般零件在采用最大实体要求零件形位公差的同

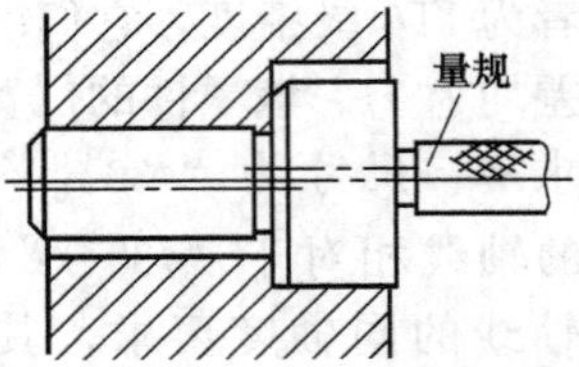

图 5-21 孔对孔的同轴度
误差检测

轴度量规检验时，易被误判为废品，故一般不建议采用综合同轴度量规检验。

除用综合量规检测之外还可用普通计量仪器进行检测，如图 5-22 所示。将工件上作为基准的 "$\phi 35^{+0.016}_{0}$" 孔套装在一直径亦为 $\phi 35mm$ 的标准心轴的端部，要求此二者的配合紧密，没有间隙，或者可以有一些小的过盈。将一对等高的 V 形架放置在检验平板上，再将装配好工件的心轴外圆面定位在它们的 V 形槽中，再用螺钉、压板将心轴轻轻压紧，使心轴与 V 形槽面可靠接触而且二者可以有一定的相对运动。将杠杆千分表安装在磁力表架上，将磁力表架吸合在检验平板上，将杠杆千分表的测头调整至与工件被测内孔壁接触，然后，用手转动心轴带动工件旋转，就可以从杠杆千分表的表盘读数了，另外，使心轴转动的同时还应使其做缓慢的轴向移动，使千分表测头能与被测孔壁轴向的各测点接触，记录下千分表指针的摆动量，这个量其实是被测面相对于基准轴线的径向全跳动误差值，此误差值实际包含有被测面的圆柱度误差和同轴度误差，只要此误差值小于同轴度公差值 0.01mm，则被测面的同轴度误差就一定小于同轴度公差值 0.01mm。

圆柱度可采用圆度仪进行检测。如想用普通计量仪器进行检测，可分别测出被测孔的最大圆度误差和素线的最大直线度误

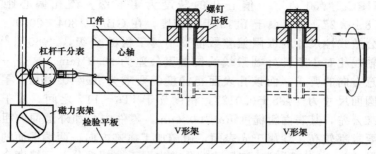

图 5-22　检验 φ30mm 孔轴线的同轴度误差

差，二者相加，误差值不超过图纸规定的圆柱度公差值 0.005mm 时，即可断定此工件的圆柱度合格。具体方法可参考上一实例的描述。

5.2.3　定量泵偏心定子

5.2.3.1　零件图样

定量泵偏心定子如图 5-23 所示。

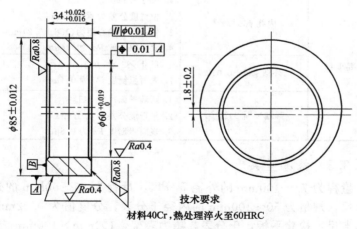

技术要求
材料40Cr，热处理淬火至60HRC

图 5-23　定量泵偏心定子

5.2.3.2　零件分析

图 5-23 为定量泵偏心定子，材料为 40Cr，热处理淬火至

60HRC。"$\phi 60^{+0.019}_{0}$" 偏心孔的精度为 IT6 级，该孔偏心距为 "1.8±0.2"，这仅属于 IT15 级的精度，在 GB/T 1804—2009《未注公差线性尺寸的极限偏差数值》中属于粗糙 C 级，"$\phi 60^{+0.019}_{0}$" 孔轴线相对于零件外圆素线的位置度公差为 $\phi 0.01$mm，这是一个任意方向的要求，而该孔表面粗糙度的要求为 $Ra = 0.4\mu m$。零件外圆面尺寸为 "$\phi 85 \pm 0.012$"，精度介于 IT6～IT7 之间，属于非标准公差，其表面粗糙度 Ra 为 $0.4\mu m$，零件内孔和外圆面的粗糙度要求都较高，均属于光表面，微辨加工痕迹方向。两端平面的距离尺寸为 "$34^{+0.025}_{+0.016}$"，该尺寸的公差也属于非标准公差，精度介于 IT4～IT5 之间，属较高要求；两端平面的平行度公差要求为 0.01mm，精度为 4 级，而且其基准为任选基准，表面粗糙度 R_a 为 $0.8\mu m$，要求也不低，一般需磨削才能达到。该零件主要要求保证偏心孔的精度，定量泵偏心定子的主要检测工作项目和要求见表 5-3。

表 5-3　定量泵偏心定子检测的工作项目和要求

检测项目	检测内容	检测要求
主要项目	内孔 $\phi 60^{+0.019}_{0}$	1. 尺寸为 $\phi 60^{+0.019}_{0}$ 2. 位置度公差为 $\phi 0.01$mm 3. 偏心孔的偏心距为(1.8±0.2)mm 4. 表面粗糙度 Ra 为 $0.4\mu m$
	外圆 $\phi 85 \pm 0.012$	1. 尺寸 $\phi 85 \pm 0.012$ 2. 表面粗糙度 Ra 为 $0.4\mu m$
	两端平面 $34^{+0.025}_{+0.016}$	1. 两端平面尺寸 $34^{+0.025}_{+0.016}$ 2. 平行度公差为 0.01mm 3. 表面粗糙度 Ra 为 $0.8\mu m$

5.2.3.3　检测量具

　　量程为 75～100mm 的外径千分尺，量程为 25～50mm 的外径千分尺，规格为 50～100mm 的内径千分表，分度值为 0.02mm 的游标卡尺，检验平板，千分表，磁力表架，100mm×100mm 方箱，$\phi 60$mm 标准心轴。

5.2.3.4　零件检测

　　(1) 尺寸精度的检测　工件外圆直径尺寸用量程为 75～

100mm 的外径千分尺检测，测量方法采用比较测量，即测量前用尺寸为 80mm 的量块对千分尺校对调零。工件内孔的尺寸用规格为 50～100mm 的内径千分表测量，测量前也须用尺寸为 60mm 的量块校对调零。同样，零件两端面之间的距离尺寸也可用外径千分尺进行比较测量。

本零件内孔与外圆的偏心距公差大小达 $400\mu m$，这样大的公差用分度值为 0.02mm 的游标卡尺测量就可满足精度要求，测量时用卡尺反复测量零件上内孔与外圆间壁厚最大和最小处，取测量值中最大壁厚值和最小壁厚值，二者相减然后除以 2 即为偏心距的实际值，此值只要介于图纸上规定的偏心距极限尺寸之间，即可判断该零件偏心距合格。

（2）形位精度的检测

① 零件两端面的平行度误差的检测。用精密检验平板和千分表检测平行度，检测方法如图 5-24 所示，将工件的任意一个端面稳定地平放在检验平板上，将千分表安装在磁力表架上，也放置在检验平板上，表的测头与零件被测的端面可靠接触，转动表盘，将示值调零，轻轻在精密检验平板上移动磁力表架，使表的测头与被测面的各任意测点接触，观察千分表的读数，记录下表针摆动的最大范围，此读数即为该被测面相对于另一端面的平行度误差，但由于图纸标注的该平行度公差的基准为任选基准，所以，进行完上述检测之后，还须将工件翻转过来，以上述的被测面作为基准重新定位，原基准面变成了被测面，用同样方法测量该面，该面的平行度误差如也不超过公差值时，才说明工件的该项检测合格。

② 偏心孔轴线位置度误差的检测。从零件图样上看，该孔轴线相对于外圆面轴线的位置已由偏心距尺寸"1.8 ± 0.2"确定，而该位置度公差的基准要素采用的是外圆面的任意一条素线，而被测轴线相对于外圆面素线的理想位置关系是平行，所以该位置度实际上已退化成一种任意方向均有要求的平行度公差，该公差的公差带可在图纸规定的偏心距公差带内浮动，其位置并不确定。具体的检测方法如下：如图 5-25 所示，在检验平板上平稳放置一小型方箱，在工件的偏心孔中安装一根 $\phi60mm$ 的标准心轴，要求二者之间的配合没有间隙，将工件连同配好的心轴放置在由上述两种检测器具

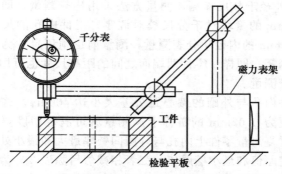

图 5-24　端面平行度误差的检测

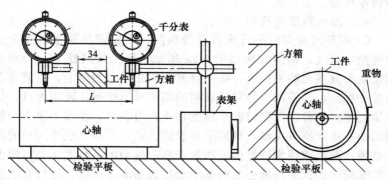

图 5-25　偏心孔轴线位置度误差检测方法示意图

组成的相互垂直的检测基准面之间，工件的外圆面与两检具的检测工作面可靠接触，为防止工件滚动还可用一重物将工件轻轻顶住，然后将装好千分表的表架也放置在检验平板上，调整杠杆千分表的测头，使之与露在工件孔外的一端心轴面可靠接触，接触点须是位于心轴表面最高位置素线上的一点，记下表针在表盘的位置或转动表盘将示值调零，另外，还须记下此时测头在心轴上的位置，接下来在检验平板上移动表座，使千分表测头与心轴另一端的外圆面最高位置的素线上一点可靠接触，观测千分表在两测点的读数差 $\Delta(\mu m)$，并记下此刻测头在心轴上的位置，用卡尺或钢直尺（测量精度要求不高）测出两测点间的轴向距离尺寸 $L(mm)$，那么，偏心孔轴线在该方向的平行度误差为 $f_1 = 34\Delta/L$（μm），测完后，绕工件轴线转动一下工件，使工件以其外圆面的其他素线重新定位，再重复进行上述平行度误差的测量，可再得到一个平行度误差为 f_2，依此类推，多次转动工件，沿圆周方向多测几个方向的平行度误差 f_3、f_4、f_5 等，选其中最大值作为该偏心孔轴线的位置度误差 $f_{位置}$。

5.2.4　薄壁套

5.2.4.1　零件图样

薄壁套如图 5-26 所示。

5.2.4.2　零件分析

图 5-26 所示薄壁套，材料为 60Si2Mn，要求热处理淬火至 62HRC，外圆面的直径尺寸为"$\phi106h6$"，该尺寸的上偏差为"0"，下偏差为"-0.022"，内孔直径为"$\phi100H7$"，公差带代号为 H7，最小极限尺寸为 $\phi100mm$，最大极限尺寸为 $\phi100.035mm$，外圆面轴线相对

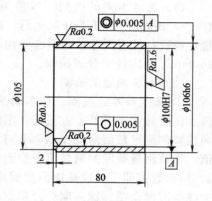

技术要求

材料60Si2Mn,热处理淬硬至62HRC。

图 5-26　薄壁套

于内孔轴线的同轴度公差要求为 $\phi0.005mm$，内孔的圆度公差为 $0.005mm$，$\phi105mm$ 端面的表面粗糙度 Ra 为 $0.1\mu m$，内、外圆的表面粗糙度 Ra 均为 $0.2\mu m$。薄壁套的检测工作项目要求见表 5-4。

表 5-4　薄壁套的检测工作项目和要求

检测项目类型	检测内容	检测要求
主要项目	内孔 $\phi100H7$	1. 尺寸 $\phi100H7$ 2. 圆度公差为 $0.005mm$ 3. 内、外圆同轴度公差为 $\phi0.005mm$ 4. 表面粗糙度 Ra 为 $0.2\mu m$
	外圆 $\phi106h6$	1. 尺寸 $\phi106h6$ 2. 表面粗糙度 Ra 为 $0.2\mu m$
	左端面	表面粗糙度 Ra 为 $0.1\mu m$

5.2.4.3　检测量具

外径千分尺，内径千分表，千分表及其磁力表座，一对等高的
V形架，标准心轴，检验平板等。

5.2.4.4　零件检测

（1）尺寸误差的检测　零件用外径尺寸的检测可使用量程为
100～125mm 的外径千分尺进行，使用前须在计量室用 106mm 的
量块组进行校对调零；薄壁套的内径尺寸可用相应量程（如 100～
160mm）的内径千分表检测。

（2）形位误差的检测

① 圆度误差的检测。在车间的生产现场，一般采用较简单的
两点法测量圆度误差。方法是：用内径千分表在工件内孔的任一轴
向位置的测量截面内，在多个不同方向上测量内孔直径尺寸的实际
值，从该测量截面的测量值中找到最大值和最小值，二者相减除以
2，所得数值即可看成是该测量截面内被测内圆柱面与测量截面截
交线的圆度误差。这一测量过程应在轴向多个任意位置上进行，可
得多个测量截面的圆度误差值，从这些误差值中选出最大值即可作
为该工件内孔圆度误差最终检测结果。

② 同轴度误差的检测。在工件内孔中插入 $\phi100mm$ 的标准心
轴，将一对等高的 V形架放置在（0～1级）精密检验平板上，将
心轴两端支承在 V形架上，心轴端部顶住固定物，这样就通过心
轴将工件定位在检验平板上了，将千分表安装在磁力表架上，将它
们安放在检验平板上，调整千分表测头的位置使之和工件表面可靠
接触，千分表测头要轻轻压在工件的外圆面上，压缩量一般使表针
转 0.5 圈即可，测头的压缩运动方向应与测头与工件接触点处的法
线方向相同，用手轻轻推着心轴，使之顶着轴端的固定物并缓缓转
动，使之带着工件无轴向移动的连续回转并且不能影响 V形架对
心轴的定位，同时观察千分表表针的摆动范围，计录下这一读数，
工件上这一测量位置的跳动误差测量就完成了，如图 5-27 所示。

为保证测量的完整性和准确性，应在工件的其他轴向位置上重
复上述测量并分别记录下千分表读数，取其中最大值作为该工件外
圆面相对于基准轴线的跳动误差，如这一误差不超过图纸规定的同

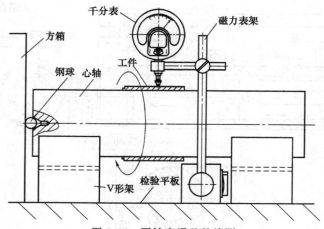

图 5-27　同轴度误差的检测

轴度公差值，则工件的同轴度误差一定不会超过图纸要求的公差值，该项检测合格。这种测量符合测量特征值原则。但是，如果跳动误差值超过图纸规定的同轴度公差值，也不能立刻判定该工件报废，应在正规的计量室内用较复杂的仪器进行进一步的同轴度误差的检测，该种检测较为复杂，数据量大，在工作现场一般难以实施，这里不做介绍。

5.2.5　花键套

5.2.5.1　零件图

图 5-28 所示为花键套。

5.2.5.2　零件图分析

（1）该零件的外圆面上有一个键槽，其长度是 25mm，宽度是"$8_{-0.036}^{0}$"，其公差带代号是 8M7，7 级精度，深度是 4mm，实际控制键槽深度的尺寸是"$26_{-0.20}^{0}$"，定位尺寸是"46"，键的两侧面的表面粗糙度要求是 $Ra=3.2\mu m$。

（2）花键套上的花键是矩形内花键，一共有 4 齿，大径尺寸是"$\phi20_{0}^{+0.02}$"，小径尺寸是"$\phi17_{0}^{+0.18}$"，键宽尺寸是"$6_{+0.025}^{+0.047}$"，这些尺寸的精度要求（极限偏差）中，小径尺寸公差带代号为

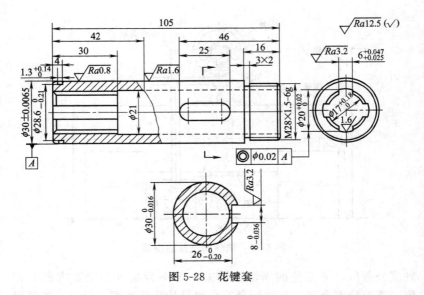

图 5-28　花键套

17H8，大径和键宽尺寸公差均为非标准公差，大径尺寸公差很接近 IT7 级公差（21μm），此公差大小要求仅比 IT7 级公差小 1μm，键宽尺寸公差 22μm 介于 IT8～IT9 级公差之间。花键长度尺寸是 30mm，键槽底面的表面粗糙度要求是：评定参数为轮廓算术平均偏差 Ra，上限值为 1.6μm。而花键槽侧面的表面粗糙度要求是 $Ra=3.2\mu$m。从以上分析可见大径尺寸精度及表面粗糙度要求均较高，说明该面是花键连接的重要的定位面。

（3）尺寸"3×2"表示的结构是退刀槽，其宽度是 3mm，深度是 2mm。

（4）尺寸"M28×1.5-6g"中：M 表示普通螺纹，28 表示大径尺寸为 28mm，1.5 是表示螺距尺寸为 1.5mm，6g 是中径和顶径的公差带代号，即两者公差代号均为 6g，这一符号比较特别，不同于一般尺寸公差带代号的表示方法，查 GB/T 197—2003 可得，螺纹大径尺寸公差带为"$\phi28^{-0.032}_{-0.268}$"，中径尺寸公差带为"$\phi27.026^{-0.032}_{-0.182}$"（中径名义尺寸根据相关公式计算得到）。

（5）主视图中标出外圆面的尺寸为"$\phi30\pm0.0065$"，其精度为 IT6 级，该尺寸用公差带代号可表示为"$\phi30$js6"，应用该精度要求的圆柱面长度为 42mm，图纸中用一细实线进行了分界，且在该长度范围内的表面粗糙度要求是 $Ra=0.8\mu m$，剩下的圆柱面的精度要求为"$\phi 30_{-0.016}^{~0}$"，这一尺寸在反映键槽截面形状的移出剖面图上标注出来了，该尺寸公差为非标准公差，精度介于 IT6～IT7 之间，表面粗糙度要求是 $Ra=1.6\mu m$。主视图中零件左侧外圆上设计有一环形窄槽，槽宽"$1.3_{0}^{+0.14}$"，其尺寸精度等级为 IT13，槽底直径为"$\phi 28.6_{-0.21}^{~0}$"，其精度为 IT12 级，此窄槽的尺寸精度均不高。

(6) 图中的形位公差框格表示的是同轴度公差要求，此公差要求的被测要素是内花键的大径孔轴线，基准要素是"$\phi 30\pm 0.0065$"外圆面的轴线，同轴度公差值是 $\phi 0.02$mm。

5.2.5.3 检测量具

游标卡尺，钩头游标卡尺，量程为 25～50mm 外径千分尺，46 块一套的 6 等量块，螺纹。三针，带表内卡钳，检验平板，带夹紧装置的 V 形架，杠杆千分尺，磁力或非磁力表架，90°直角尺。

5.2.5.4 零件检测

(1) 尺寸误差的检测 本零件形状较复杂，未注公差的尺寸较多，此类尺寸均可用带深度尺的游标卡尺和钩头游标卡尺进行测量，该类尺寸合格性的极限偏差值可查 GB/T 1804—2000 中有关未注公差线性尺寸的极限偏差数值以及倒圆半径与倒角高度尺寸的极限偏差数值。

零件的外圆面尺寸精度要求较高，而且分成两段，要求不同，可用量程为 25～50mm 的外径千分尺进行检测，检测前将千分尺在计量室中用 30mm 的量块进行校对调零。外圆面上的键槽宽度尺寸在单件小批生产中可用 6 等量块组合出具有该被测尺寸的极限尺寸的量块组进行塞量块检测，检测方法与用极限量规测量中用塞规测量的方法类似，如图 5-29 所示。

控制键槽深度的尺寸"$26_{-0.20}^{~0}$"，一般可用量程为 25～50mm 的外径千分尺进行检测。主视图中零件左侧外圆上的环形窄槽槽宽尺寸"$1.3_{0}^{+0.14}$"，同样可用 6 等量块组合出该被测尺寸的最大和最小极限尺寸进行塞量块检测，以判断合格与否。槽底直径尺寸"$\phi28.6_{-0.21}^{0}$"可用小游标卡尺的刀口测头进行测量，测量时要仔细观察，保证刀口测头与被测槽底圆柱面接触，如工人使用卡钳的技能较高，也可用卡钳结合千分尺进行检测。

工件右端的外螺纹的检测一般均采用螺纹环规进行检测，单件小批生产时，如没有相应的环规规格，可采用专门的量具——螺纹三针，结合外径千分尺对螺纹中径进行检测，也可采用专门的螺纹千分尺进行检测。检测时，合格范围的极限尺寸一般由工艺技术人员提供。大径尺寸的检测和一般外圆柱面的检测基本相同，用外径千分尺检测即可。

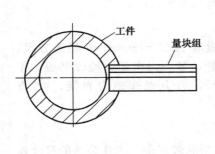

图 5-29　外圆面上键槽宽度的检测

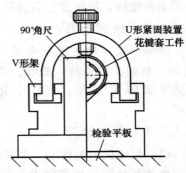

图 5-30　花键套工件在 V 形架上的找正

零件内花键的大径尺寸"$\phi20_{0}^{+0.02}$"可使用带千分表的内卡钳进行检测，测量前在计量室校对好尺寸；小径尺寸"$\phi17_{0}^{+0.18}$"可用游标卡尺进行检测；键宽尺寸是"$6_{+0.025}^{+0.047}$"，该尺寸也可用 6 等量块进行检测，方法同外圆面上键槽宽的检测方法。

(2) 位置误差的检测　通过以上对图纸的分析，这种零件只涉及一个同轴度误差的检测，检验时可采用如下方案：将一个带夹紧装置的 V 形架放置在检验平板上，将零件上尺寸为"$\phi30\pm0.0065$"的外圆柱面放置在 V 形架的 V 形槽中定位，让划线工在工件有内花键的一端端面上划上两条线，一条水平中心线，一条竖直中心线，每条线应位于花键槽的对称中心平面内（允许有一定误差，不超过 0.5mm），轻轻在 V 形架上转动工件，使其中一条划线垂直于检验平板，具体操作时可用直角尺作为基准进行找正，找正过程完成后用夹紧装置轻轻夹紧工件，如图5-30所示。在被测花键轴向长度内选定若干个等距均布的假想测量平面，本例为简化起见选定三个平面，即花键起始、中间和末尾三个位置，可定义为Ⅰ、Ⅱ、Ⅲ三个平面，在工件内孔中的相应位置可用记号笔作出标记。

然后将一带表座（可不带磁力装置）杠杆千分表放置在检验平板上，并使其测头轻轻与工件内花键端部起始位置大径键槽底部最低位置的弧面接触，如图5-31所示，应轻轻移动表座使测表测头在被测面上轻轻移动来寻找这一点，千分表测头压缩量应使表针转0.5圈左右，测表表针稳定后将表盘转动，使表针指到表盘上零点位置，这一读数对应的就是第Ⅰ测量截面内0°方向的读数，可用符号$\delta_{I0}=0$表示。千分表调零后就不能对它（包括支撑它的表架）产生任何冲击和振动，以免对测量结果产生不良影响。在检验平板上，通过移动表架沿花键轴向小心移动千分表，并通过不断微动表座使其测头与内花键中部位置大径键槽底部最低位置的弧面接触，记下此位置千分表的读数$\delta_{Ⅱ0}$。（如此位置比调零的Ⅰ位置高，为负

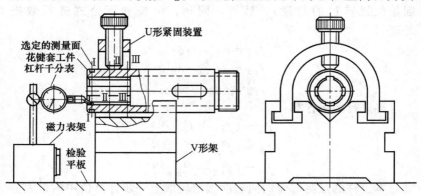

图5-31 花键套工件花键孔大径表面的同轴度误差的检测

值；如比Ⅰ位置低，则为正值），然后，再次沿轴线小心移动千分表，用同样方法使千分表测头与内花键末尾位置大径键槽底部最低位置的弧面接触，记下此位置千分表的读数$\delta_{Ⅲ0}$。小心移动表座，将千分表移出花键孔，保持其调整好的状态备用，再将工件稍微松开一点，将其旋转180°，使原来垂直于检验平板的那条刻线再次

垂直于检验平板（当然同样应使用直角尺进行找正），再次将工件轻轻压紧在 V 形架上，还使用上一阶段使用过的千分尺（保持原零位不变），用同样方法，测出花键大径键槽底部最低位置的弧面在三个测量截面的读数 δ_{I180}、δ_{II180}、δ_{III180}。然后可按如下公式进行数据处理：

$$f_{xI} = \delta_{I180} - \delta_{I0}$$
$$f_{xII} = \delta_{II180} - \delta_{II0}$$
$$f_{xIII} = \delta_{III180} - \delta_{III0}$$

f_{xI}、f_{xII}、f_{xIII} 为此方向上，工件花键大径内表面在三个测量截面内圆心的坐标值。

接下来的测量中还是保持上一阶段使用过的千分表的零位不变，将工件旋转 90°并使提前划好的另一条划线垂直于检验平板，用千分表测出这一方向上内花键大径键槽底部最低位置的弧面在三个测量截面的读数 δ_{I90}、δ_{II90}、δ_{III90}，然后，再将工件旋转 180°，再用千分表测出被测面在 I、II、III 三个测量截面内的读数 δ_{I270}、δ_{II270}、δ_{III270}（下标中 0、90、180、270 为工件相对于起始位置转过的角度），然后，同理，可按如下公式进行数据处理：

$$f_{yI} = \delta_{I270} - \delta_{I90}$$
$$f_{yII} = \delta_{II270} - \delta_{II90}$$
$$f_{yIII} = \delta_{III270} - \delta_{III90}$$

再进行如下计算：

$$f_{I} = (f_{xI}^2 + f_{yI}^2)^{1/2}$$
$$f_{II} = (f_{xII}^2 + f_{yII}^2)^{1/2}$$
$$f_{III} = (f_{xIII}^2 + f_{yIII}^2)^{1/2}$$

本工件的被测部位的同轴度误差应取上一步计算值中的最大值作为测量结果，可用数学式表示为：

$$f_{\circledcirc} = \max\{f_{I}, f_{II}, f_{III}\}$$

当测量结果没有超过图纸要求的公差值时，工件的此项检测合格。

5.3 盘盖类零件的检测实例

盘盖类零件一般在机器中起到支承、轴向定位以及密封等作用，其长度和直径之比一般较小，零件主要形状特征为圆盘状，一般具有一个或一个以上定位用止口（用于径向定位的短外圆柱面或内圆柱面），而且一般此类零件还有成组分布的、用于螺栓连接的光滑圆柱孔。

5.3.1 法兰盘

5.3.1.1 零件图

图 5-32 所示为法兰盘。

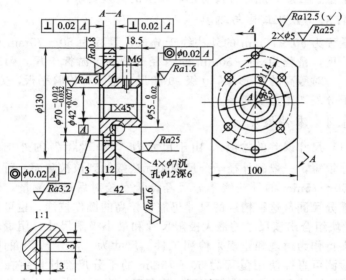

图 5-32 法兰盘

5.3.1.2 零件主要几何量精度分析

零件图中尺寸为"$\phi70_{-0.032}^{-0.012}$"的短外圆面为一外止口结构，其最大极限尺寸为 ϕ69.988mm，最小极限尺寸为 ϕ69.968mm，公差是 0.020mm，其精度是非标准精度，与标准公差 IT6 级精度非常接近，只比 IT6 级大 1μm。该圆柱面的表面粗糙度要求是 $Ra=3.2\mu$m；长外圆面尺寸为"$\phi55_{-0.02}^{0}$"，此圆柱面为一有配合要求的定位面，其精度与标准公差 IT6 级精度非常接近，同样比 IT6 级大 1μm，该圆柱面的表面粗糙度要求是 $Ra=1.6\mu$m。"$\phi42_{0}^{+0.027}$"

孔的精度介于 IT7～IT8 之间，比较接近 IT7 级精度，该孔的表面粗糙度要求是 $Ra=1.6\mu m$。

位置公差："$\phi70_{-0.032}^{-0.012}$" 的止口轴线以孔 "$\phi42_{0}^{+0.027}$" 轴线为基准的同轴度公差要求为 $\phi0.02mm$，尺寸为 "$\phi55_{-0.02}^{0}$" 的圆柱面轴线相对于 "$\phi42_{0}^{+0.027}$" 孔轴线的同轴度公差要求为 $\phi0.02mm$，其精度介于 IT6～IT7 之间。两被测端面相对于 "$\phi42_{0}^{+0.027}$" 孔轴线（基准轴线）的垂直度公差为 0.02mm，其精度为 IT5 级。两项均属于位置公差，此零件没有形状精度的公差要求。

5.3.1.3 检测工具与辅具

量程为 50～75mm 的外法线千分尺，量程为 50～75mm 的外径千分尺，量程为 35～50mm 的内径千分表，游标卡尺，$\phi42mm$ 心轴，一对等高的 V 形架，0 级 90°角尺，塞尺，检验平板，方箱，杠杆千分表，磁力表架等。

5.3.1.4 零件检测

（1）尺寸误差的检测 由于尺寸为 "$\phi70_{-0.032}^{-0.012}$" 的外止口轴向尺寸很短，一般的外径千分尺测头无法接触到该被测面，可用量程为 50～75mm 的外法线千分尺经计量室校对后进行测量，使用这种千分尺测量这种精度的尺寸仍需有较高的操作技能。也可以用 6 等量块组合出该尺寸的最大极限尺寸和最小极限尺寸，用量块夹持器夹持作为通规和止规来检测工件。尺寸为 "$\phi55_{-0.02}^{0}$" 的圆柱面的检测可直接使用量程为 50～75mm 的千分尺经计量室在尺寸 55mm 处校对后对工件进行检测。直径为 "$\phi42_{0}^{+0.027}$" 的内孔实际偏差的检测可使用量程为 35～50mm 的内径千分表进行，检测前同样应对此内径千分表进行校对。其他几何形体上未注公差的尺寸，其实际尺寸均可用游标卡尺进行测量、检验。

（2）位置误差的检测

① 两端面垂直度误差的检测。将一尺寸为 $\phi42mm$ 的标准心轴插到零件 "$\phi42_{0}^{+0.027}$" 孔中，用以模拟基准轴线 A，心轴安装好后，工件应位于它的中部。再将心轴两端部的圆柱面支承于一对放置在检验平板上且等高的 V 形架上，测量时将一 0 级 90°角尺放置在检验平板上，它的底座工作面与检验平板工作面接触，垂直的直

角测量面与工件被测端面接触，如图 5-33 所示，目测两者之间存在的缝隙透出的光色并结合塞尺进行检测，厚度为 0.02mm 的塞尺塞不到此缝隙中时说明缝隙宽度小于 0.02mm，工件被测端面的垂直度误差合格。

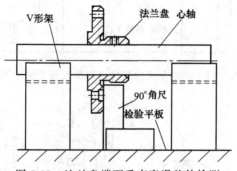

图 5-33　法兰盘端面垂直度误差的检测

②同轴度误差的检测。实际上在大多数工作现场的检测方法是按检测径向圆跳动误差的检验方法进行的。检测时，工件的安装定位方法同上述垂直度误差的检测，且心轴一端通过钢球顶靠在一固定物（如方箱）上，测量时采用的仪器是安装在磁力表架上的杠杆千分表，磁力表架一般需吸合在检验平板上，调整表架的关节使杠杆千分表的测头与被测圆柱面接触，千分表测头与工件被测圆柱面要有一定的预压量（一般预压量应使表针转 0.5 圈左右），并且一般要求千分表测头此刻的运动方向应大致沿着接触点处被测面的法线方向（即应大致垂直于被测面），然后，用手向固定物方向轻轻顶着工件并缓慢转动工件，观察杠杆千分表指针的摆动范围，记录下其指针最大的摆动范围（即最大读数减去最小读数），此数值只要不超过图纸上标注出的公差值，即可断定此件工件该项同轴度误差合格。两处同轴度误差均可用此方法，如图 5-34 所示。

5.3.2　丝杠支座

5.3.2.1　零件图

图 5-35 所示为丝杠支座。

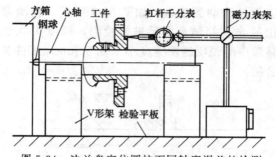

图 5-34 法兰盘定位圆柱面同轴度误差的检测

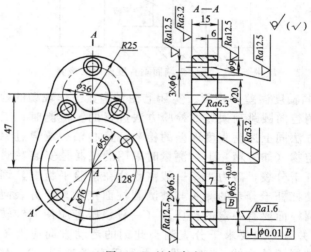

图 5-35 丝杠支座

5.3.2.2 零件几何量精度分析

（1）该零件图中尺寸"$2 \times \phi6.5$"表示有 2 个基本尺寸是 $\phi6.5$mm 的孔，其定位尺寸"$\phi56$"是孔的分布圆直径，"128°"是孔的分布方位角。台阶孔中，大孔直径为 $\phi9$mm，深度为 6mm；小孔直径是 $\phi6$mm，深度为 9mm；其定位尺寸是"$\phi36$"、"47"。上述这些尺寸均为未注公差尺寸，其精度可按国家标准规定的一般公差选取，即 GB/T 1804—2000《未注公差线性尺寸的极限偏差数值》选取。

(2) 零件下部有一较大盲孔，其直径尺寸"$\phi 65^{+0.03}_{0}$"表示的是此孔基本尺寸是 $\phi 65$mm，上偏差是＋0.03mm，下偏差是0，即最大极限尺寸是 $\phi 65.03$mm，最小极限尺寸是 $\phi 65$mm，公差值是0.03mm，其尺寸精度等级查国家标准《标准公差数值》（GB/T 1800.3—2009）可知为 IT7 级精度。

(3) 位置公差：被测要素是"$\phi 65^{+0.03}_{0}$"盲孔轴线，其相对于基准要素——零件右端面的垂直度公差要求项目，此公差项目的公差值是 0.01mm，公差值前的符号"ϕ"表示此公差值为任意方向均有此公差要求，此公差项目的精度等级介于 IT6～IT7 级之间。

(4) 该零件"$\phi 65^{+0.03}_{0}$"盲孔圆柱面加工表面粗糙度 Ra 值为 1.6μm，两个大端面的粗糙度 Ra 值为 3.2μm，三个沉孔的各个表面均为 $Ra = 12.5\mu$m，$\phi 20$mm 内孔圆柱面的粗糙度 Ra 值为 6.3μm，其余表面不要求加工（即用不去除材料的方法获得，因本零件是铸造件，此处"其余"表面均可为原铸造表面，不需要再进行切削加工），其粗糙度代号是 $\diamondsuit$。

5.3.2.3 检测量具与辅具

50～75mm 内测千分尺，游标卡尺，光学分度头，方箱，千分表，表架。

5.3.2.4 零件检测

(1) 尺寸误差的检测 此丝杠支座零件仅有一尺寸较大的盲孔尺寸精度要求较高，其直径尺寸为"$\phi 65^{+0.03}_{0}$"，可采用 50～75mm 内测千分尺进行测量，测量前，须在计量室对此内测千分尺在尺寸65mm 处进行校对，然后再进行测量，如图 5-36 所示。其他尺寸均可采用游标卡尺进行测量。

(2) 位置误差的检测 此零件的垂直度误差较难检测，因为基

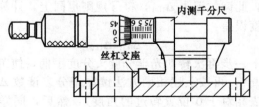

图 5-36 丝杠支座 $\phi 65$mm 盲孔直径尺寸的检测

准面 B 一旦与测量基准面接触定位,测量仪器就很难接触到被测的盲孔圆柱面,而且因为被测面很短,很难用测量心轴来模拟被测孔的轴线。基于上述情况,现设计一种检测方案:给检测用光学分度头换上四爪配件,将工件基准 B 朝外安装在光学分度头上,用方箱或角铁靠平工件基准面 B,目的是使它垂直于光学分度头导轨的水平工作面,然后轻轻夹紧工件,使之在四爪夹具中固定,然后,将一只千分表安装在表架上,将表架连同千分表一起安放在光学分度头导轨的水平工作面上,调整表架及千分表,使千分表测头在靠近被测盲孔(直径"$\phi 65^{+0.03}_{0}$")孔口处与其圆柱面最低的一条素线的可靠接触,如图 5-37 所示。在此处将千分表调零,然后轴向移动表架,使千分表测头与前述那条盲孔素线的另一端在靠近孔底处接触,记录此刻千分表的读数 Δ_0,可设定当此处比孔口处

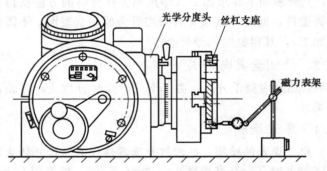

图 5-37　丝杠支座盲孔轴线垂直度误差检测方案示意图

高时读数为正号,当比孔口处低时读数为负号,另外,此位置可定义为 0°位置,所以符号下标为 "0"。测完后,转动分度手柄使工件回转 180°,重复上述测量过程,即在孔口处将千分表调零,在孔底处读数,此读数记为 Δ_{180},符号规则也同上,计算此方向被测轴线的垂直度误差:

$$f_x = \Delta_0 - \Delta_{180}$$

同理,下一步再次转动光学分度头分度手柄,使工件按原转动方向再转过 90°,再按上述相同方法读取千分表读数 Δ_{270}(注:下标的数值代表相对于 0°位置转过的角度),然后,同样再使工件按原转动方向再转过 180°,再按上述相同方法读取千分表读数 Δ_{90},

符号规则也同上，计算此方向被测轴线的垂直度误差：

$$f_y = \Delta_{270} - \Delta_{90}$$

则此工件盲孔轴线的垂直度误差可按下式计算：

$$f_\perp = (f_x^2 + f_y^2)^{0.5}$$

合格条件：当 $f_\perp \leqslant 0.01\text{mm}$ 时，可判定工件此项垂直度误差合格。

5.4 叉架类零件的检测实例

叉架类零件分析如下。

结构特点：叉架类零件通常由工作部分、支承（或安装）部分及连接部分组成，零件上常有叉形结构、肋板和孔、槽等，此类零件结构形状通常比较复杂且不规则，一般把这些形状不规则的零件归类为叉架类零件。

用途：如拨叉用于变速机构中，拨动轴上滑移齿轮滑动，从而改变传动比，从输出轴获得各种不同的速度；如轴座主要起支承作用。

技术要求：支承部分、运动配合面及安装面，均有较严的尺寸公差、形位公差和表面粗糙度等要求。

5.4.1 托架

5.4.1.1 零件图

图 5-38 所示为托架。

5.4.1.2 零件几何量精度分析

（1）冂形截面板在此托架上主要起支承和连接的作用，其截面定形尺寸从移出剖面图上看分别是宽 50mm、高 30mm、壁厚 7mm 和 8mm。这些尺寸均为未注公差尺寸，这些尺寸的极限偏差可按 GB/T 1804—2000《未注公差线性尺寸的极限偏差数值》执行，具体选用哪一等级精度应视制造工厂的实际加工能力而定。

（2）托架底板有两个长圆形孔，其定形尺寸是孔半径 R6mm、两半圆孔孔心距 3mm，定位尺寸分别是 90mm、70mm，主视图中尺寸"R40"是定形尺寸，175mm 是定位尺寸，带括号的尺寸"(14)"是参考尺寸，此尺寸是在保证其他尺寸及其精度的前提下

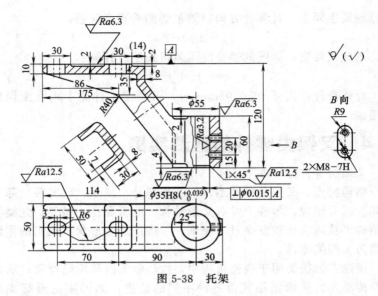

图 5-38 托架

自动形成的尺寸，一般不用保证其精度，这些尺寸均为未注公差尺寸。

（3）尺寸"2×M8-7H"表示有 2 个螺孔，M 表示普通螺纹，8 表示基本尺寸（大径）为 8mm，螺距是 1.25mm，因为是标准的粗牙螺纹，所以该螺距尺寸并没有在标注中写出，7H 表示中径和顶径的公差带代号，表示该内螺纹精度为 7 级，基本偏差为 H，其定位尺寸分别是 15mm、20mm。

（4）该零件上一个最精确的孔"$\phi35H8$（$^{+0.039}_{0}$）"，"$\phi35$"是基本尺寸，单位为 mm，H 是基本偏差代号，8 是表示标准公差的等级数，即精度为 IT8 级，括号内"+0.039"是上偏差，"0"是下偏差（单位均为 mm），所以公差是 0.039mm。

（5）形位公差："$\phi35H8$（$^{+0.039}_{0}$）"孔的轴线相对于 A 基准面在任意方向的垂直度公差为 $\phi0.015$mm，其精度介于 IT5～IT6 之间，且接近 IT5 级，属于非标准公差值。

5.4.1.3　检测工具

35～50mm 内径千分表，游标卡尺，检验平板，方箱，千分表，表架，$\phi35$mm 标准检验心轴。

5.4.1.4　零件检测

（1）尺寸误差的检测　　此托架零件仅有一个"$\phi35H8$（$^{+0.039}_{0}$）"孔的尺寸精度要求较高，达到了8级，该孔实际尺寸的检测可用量程为35～50mm的内径千分表进行，使用前应在计量室对其进行校对，使其千分表在尺寸35mm处读数归零。其他未注公差的尺寸可用游标卡尺或钢直尺进行检测，当然有的尺寸要使用间接测量法进行测量。两个"M8"的内螺纹的检测一般需要使用相对应的规格、尺寸和精度的螺纹塞规来进行。

（2）垂直度误差的检测　　此托架零件"$\phi35H8$（$^{+0.039}_{0}$）"孔的轴线相对于顶面A的垂直度精度要求较高，本设计方案推荐使用尺寸为150mm×150mm×150mm的0级或00级方箱进行检测，方法如下：如图5-39所示，将托架的顶面A与方箱的一个工作面可靠接触并定位，用C形夹具将托架工件夹紧在方箱上，将方箱连同夹好的工件一起放置在0级检验平板上，方箱与检验平板的接触定位面应与上述托架工件A面垂直，在工件"$\phi35H8$（$^{+0.039}_{0}$）"孔中插入一根标准心轴，它们之间的配合应无间隙，即用心轴模拟被测轴线，此时心轴轴线应与检验平板处于垂直状态，然后，取一带表座的千分表也放置在检验平板上，调整千分表的位置使其测头与露在被测孔面外且靠近基准面A的那一侧心轴圆柱面的最高位置的素线接触，接触点要尽可能靠近被测孔端面并产生一定的压缩量，随后将千分表调零，沿检验平板移动千分表及其表架，用千分表测头与露在工件孔另一端端面的外心轴圆柱面处于最高位置的素线接触，接触点同样要尽量靠近工件被测孔另一端端面，观察并记录此刻千分表的读数。这一阶段结束后，将方箱连同夹在上面的工件绕被测孔轴线转过90°再放置在检验平板上，如图5-40所示，用上述带表座的千分表进行与上述方法相同的检测过程，同样靠近A面的那一端千分表调零，远离A面的那一端读数，得另一方向的检测读数，则工件被测孔轴线的垂直度误差应为：

$$f_\perp = (\Delta_x^2 + \Delta_y^2)^{0.5}$$

该误差$f_\perp$小于或等于垂直度公差值0.015mm时，工件被测孔轴线的垂直度误差合格。

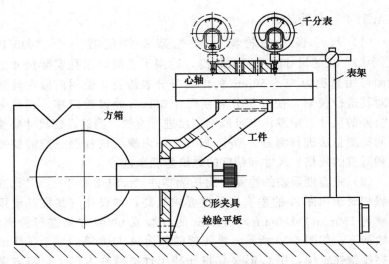

图 5-39 "$\phi35H8\ (^{+0.039}_{0})$" 孔轴线垂直度误差检验方案之第一阶段

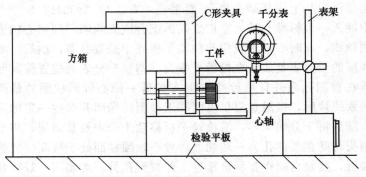

图 5-40 "$\phi35H8\ (^{+0.039}_{0})$" 孔轴线垂直度误差检验方案之第二阶段

5.4.2 支架

5.4.2.1 零件图

图 5-41 所示为支架。

5.4.2.2 零件几何量精度分析

（1）该零件绘图比例是 1：1.5，共用了 4 个图形来表达，左下角主视图中有 2 处局部剖视，其中一处是尺寸为 "$\phi25H9$" 的形

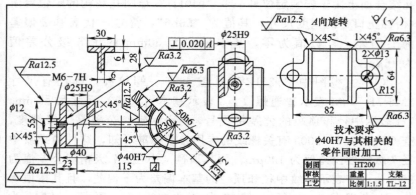

图 5-41 支架

状完整的孔，"$\phi 25$"是基本尺寸，H 表示基本偏差，代表的偏差为下偏差。其偏差值为 0，9 表示标准公差等级为 IT9 级，公差值为 0.052mm，H9 是基本偏差和标准公差等级组成的公差带代号，该公差带的另一极限偏差为上偏差，其值经查表、计算后可知为 +0.052mm。

（2）主视图中另一精度较高的部位是一个与上述"$\phi 25$H9"孔垂直的半圆孔，该孔结构不完整，只有一半（加工时须安装上另一半孔才能加工），其尺寸用一引出标注注写为"$\phi 40$H7"，"$\phi 40$"是基本尺寸，H 同样表示基本偏差，其偏差值为 0，且为下偏差，7 表示标准公差等级为 IT7 级，公差值为 0.025mm，H7 也是上述基本偏差和标准公差等级组成的公差带代号，该公差带的另一极限偏差为上偏差，其值经查表、计算后可知为 +0.025mm。该孔的尺寸标注下方标有基准符号，基准符号中标有大写字母 A，该符号表示 A 基准为"$\phi 40$H7"孔轴线。在左视图中"$\phi 25$H9"孔的尺寸标注的尺寸线延长线方向标注有垂直度公差框格，基准格中标注有字母 A，此垂直度公差标注表示要求该"$\phi 25$H9"孔轴线相对于基准 A 的垂直度公差为 0.02mm，此公差精度级别为国家形位精度标准的 7 级公差，公差带的大小、方向为公差框格指引线箭头所指示的方向。

（3）主视图中还有一精度达 IT6 级的尺寸，即"$\phi 40$H7"半圆孔结合面上用于安装定位另一半"$\phi40H7$"半圆孔结构的定位台阶（俗称止口）的宽度尺寸，其值为"$50h6$"，符号 h 代表基准偏差为上偏差，且数值为零，基本尺寸为 50mm 的 IT6 级公差值为 $16\mu m$。

（4）主视图中"$\phi25H9$"孔壁上有一螺纹孔，标注有尺寸"M6-7H"，M 表示普通螺纹，6 表示基本（大径）尺寸为 $\phi6mm$，7H 表示中径和顶径的公差带代号，7 表示螺纹公差是 7 级精度，查 GB/T 197—2003 有关螺纹的专用公差标准可知，这种内螺纹中径 7 级精度公差值为 $190\mu m$，而其顶径（小径）7 级精度公差值为 $300\mu m$，H 表示螺纹中径和顶径的基本偏差为下偏差，且其数值为 0，则该螺纹的中径上偏差为 + 0.190mm，顶径上偏差为 + 0.300mm。

（5）主视图中的其他尺寸均为未注公差尺寸，A 向旋转是斜向视图旋转后的图形，另外还有一个移出剖面图，在这些图上的定形定位尺寸（包括 7 处"$1\times45°$"的倒角尺寸）也均为未注公差尺寸，包括"$1\times45°$"的倒角有 7 处，这些尺寸的极限偏差均按一般公差给出其极限偏差，即按 GB/T 1804—2000《未注公差线性尺寸的极限偏差数值》执行。

5.4.2.3 检测工具

量程为 18～35mm 的内径千分表，量程为 35～50mm 的内径千分表，量程为 50～75mm 的外法线千分尺，方箱，$\phi25mm$ 标准心轴，$\phi40mm$ 标准心轴，千分表，表架，C 形夹具。

5.4.2.4 零件检测

（1）尺寸误差的检测　本零件有些部位由于结构上的特点较难检测，"$\phi40H7$"孔由于结构上只有一半，如单独对其进行检测困难较大，所以一般情况下，检测时都会将此孔的另一半安装上进行检测，此时可用量程为 35～50mm 的内径千分表进行其尺寸误差的检测。"$\phi40H7$"半孔结合面上的止口尺寸"$50h6$"，由于止口高度只有 2mm，一般的剂量仪器测头难以接触到它，可采用量程为 50～75mm 外法线千分尺进行测量。"$\phi25H9$"孔的检测可用量程为 18～35mm 的内径千分表进行。上述计量仪器在使用前均须在计量室在需检测的尺寸处调零，即采用相对法进行测量。

（2）垂直度误差的检测　根据图纸的标注，"$\phi25H9$"孔的垂直度基准为"$\phi40H7$"半孔轴线，为便于对此孔定位，须将此孔的另一半安装上去，使其成为一个完整的孔，在此孔中插入一根直径为 $\phi40mm$ 的标准心轴，最好是无间隙定位，将此心轴连同工件一起定位并固定在一方箱（精度应是 0 级以上）的 V 形槽中，再将此方箱稳定地放置在一 0 级检验平板上，方箱放置的方向应使心轴轴线垂直于检验平板，此时被检验的"$\phi25H9$"孔轴线应处于平行于检验平板的方向，再在"$\phi25H9$"孔中无间隙地插入一根 $\phi25mm$ 标准心轴，心轴两端要露出孔外，如图 5-42 所示。然后，将一带表座的千分表放置在检验平板上，调整、移动千分表使其测头与插入工件孔中的 $\phi25mm$ 标准心轴的一端最高位置的素线接触，记下此刻千分表的读数 Δ_1。然后移动表座，将千分表移到露在工件被测孔外的心轴另一端，再次使千分测头与标准心轴的此端最高位置的素线接触，记下此刻千分表的读数 Δ_2，并同时测量、记录这两次测量中千分表测头之间的相对距离 L。最后，该被测孔轴线相对于基准轴线 A 的垂直度误差可按如下公式计算：

$$f_\perp = |\Delta_1 - \Delta_2| \times 55/L$$

Δ_1，Δ_2 单位为 μm；L 单位为 mm；55 是被测孔轴线的长度值。

5.4.3　接头

5.4.3.1　零件图

图 5-43 所示为接头。

5.4.3.2　零件几何量精度分析

此零件属于叉架类零件，有两个相互垂直的孔系，第Ⅰ孔系为在两凸起的叉耳部的两组同轴的阶梯孔，此孔系主孔尺寸"$\phi40^{+0.025}_{0}$"，其基本偏差代号为 H，它代表下偏差 EI＝0，公差等级为 IT7 级，公差值为 $25\mu m$，其表面粗糙度要求为 $Ra＝1.6\mu m$，并且阶梯孔的主孔内还有沟槽，其尺寸为 $\phi42.5mm$、宽 1.7mm，粗糙度要求为 $Ra＝3.2\mu m$，其他孔的表面粗糙度要求为 $Ra＝12.5\mu m$；第Ⅱ孔系为与叉耳相连的基座部分中一中间小两头大的三级阶梯孔，两头的大孔尺寸也为"$\phi40^{+0.025}_{0}$"，粗糙度要求为

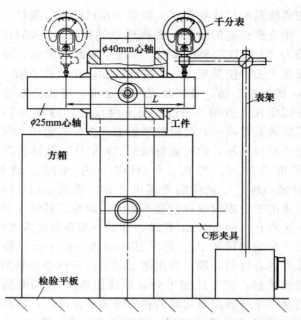

图 5-42　"$\phi25H9$"孔相对于"$\phi40H7$"孔垂直度误差的检测

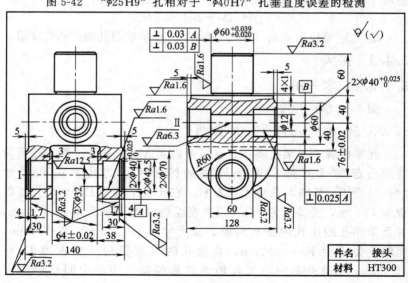

图 5-43　接头

$Ra=1.6\mu m$，且此大孔相对于叉耳部主孔的垂直度公差值为 0.0025mm，它的精度达到 IT7 级精度，这两个相互垂直的孔的孔距公差为 (76±0.02)mm，其精度介于 IT7～IT8 级之间，中间小孔的尺寸为 $\phi 12mm$，表面粗糙度要求为 $Ra=6.3\mu m$，此外，接头的圆柱形柄部的尺寸为 "$\phi 60^{+0.039}_{+0.020}$"，查国家相关的标准公差和基本偏差表可知，其公差带代号为 "$\phi 60n6$"，精度达国标 IT6 级公差，其表面粗糙度要求为 $Ra=1.6\mu m$，其轴线与上述两相互垂直的孔系的垂直度要求为 0.03mm，精度为 IT7 级。两叉耳的内端面的距离为 (64±0.02)mm，其精度介于 IT7～IT8 级之间，属于非标准公差。其他尺寸均未注公差，由国标规定的一般公差控制，各孔的端面粗糙度要求均为 $Ra=3.2\mu m$。

5.4.3.3　检测量具

量程为 35～50mm 的内径千分表，量程为 50～75mm 的内径千分尺，量程为 50～100mm 的外径千分尺，游标卡尺，内卡钳，钢直尺，塞尺，定位胎具，精密回转工作台，量块，百分表，表架，$\phi 40mm$ 半锥检验心轴，千分表及其表架，可调支承，90°角尺。

5.4.3.4　零件检验

(1) 尺寸精度的检测

① 各尺寸精度的检验。零件上 "$\phi 40^{+0.025}_{0}$" 孔径可用内径千分表检测，圆柱形柄部的尺寸 "$\phi 60^{+0.039}_{+0.020}$" 可用外径千分尺检测，两叉耳的内端面的距离 (64±0.02)mm 可用内径千分尺检验。孔内环槽的直径可用弹簧内卡钳结合卡尺进行检测，环槽宽度的检测可用塞尺进行检验。未注公差的孔径、厚度、长度尺寸可用卡尺和钢直尺检测。

② 孔系 I 距离孔系 II 的尺寸精度 (76±0.02)mm 的检测。

检测时可借用加工时的定位胎具和回转工作台，将工件上尺寸为 "$\phi 60^{+0.039}_{+0.020}$" 的圆柱面插入胎具的定位孔中定位，将尺寸为 20mm 的量块放置于定位胎具工作端面上，工作平面相互接触，再将一带表架的百分表放在回转工作台面上，在保持表架座与工作台面接触的情况下，使百分表测头与量块工作面接触并产生约 0.5mm 的压缩量，将百分表的读数调零，此时可用此百分表去测量工件基座上"$\phi 40^{+0.025}_{0}$"孔壁的某一处最低点，那么此孔在该处相对于回转工作台面的孔心坐标 $Y_{孔系 I}$ 为：量块尺寸＋百分表读数＋1/2该孔的实际尺寸。同理，可用此方法测得工件叉耳孔的孔心坐标 $Y_{孔系 II}$，那么这两个空间垂直交错孔的实测孔距尺寸为 $Y_{孔距}=Y_{孔系 II}-Y_{孔系 I}$，要求检测出的最大孔距和最小孔距均不得超过尺寸 (76 ± 0.02)mm。

(2) 形位公差的检验

① "$\phi 60^{+0.039}_{+0.020}$" 的圆柱面相对于孔系 I 和孔系 II 的垂直度误差的检测。为提高检验的效率，可仍用加工时的定位胎具和回转工作台，胎具中定位孔轴线相对于工作台面的垂直度误差应已测得，要求误差值不大于 0.01mm 并已知其倾斜方向，以工件"$\phi 60^{+0.039}_{+0.020}$"的圆柱面定位，定位方法同上，并将基座"$\phi 40^{+0.025}_{0}$"孔轴线方向转至定位孔轴线倾斜方向的垂直方向，再在基座"$\phi 40^{+0.025}_{0}$"孔中插入检验心轴，心轴应尽可能与被测孔无间隙地配合，为此可将心轴一端制成锥形（锥度可为 1：1000，此心轴可称为半锥心轴），再用一带表座的百分表检测心轴最上面的素线相对于回转工作台面的平行度误差，操作：将百分表在心轴最上面的素线上一点调零，然后移动百分表，在距刚才那一点轴向 60mm 处再测该素线上一点，此时百分表的读数即可认为是所测的垂直度误差。工件叉耳处"$\phi 40^{+0.025}_{0}$"孔轴线的检验与上述方法相同，如图5-44 所示。

② 工件基座处"$\phi 40^{+0.025}_{0}$"孔相对于叉耳处"$\phi 40^{+0.025}_{0}$"孔的垂直度误差的检测。在上述两孔中均插入检测用心轴（与上述相同的），在检验平板上，用可调支承将工件水平支承起来，仔细调节各支承，使插入叉耳处"$\phi 40^{+0.025}_{0}$"孔中的心轴

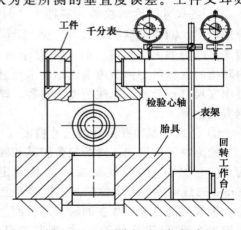

图 5-44　叉耳孔相对于柄部垂
直度误差的检测

垂直于检验平板工作面（可用 1 级 90°角尺在两个方向上测量），再将一带表座的百分表放在检验平板上，用百分表检测插入基座处 "$\phi 40^{+0.025}_{0}$" 孔的心轴最上面的素线相对于检测工作台面的平行度误差，操作方法与上述垂直度误差的检测方法基本相同，只是这次两测点的轴向距离应为 34mm 左右，这一平行度误差就是所测得的垂直度误差，如图 5-45 所示。

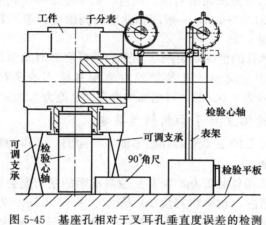

图 5-45　基座孔相对于叉耳孔垂直度误差的检测

5.5　箱体类零件的检测

　　箱体类零件主要起包容、支承、定位和密封的作用，常有内腔、轴承孔、光孔、凸台、安装板、螺纹孔等结构。箱体轴承孔的尺寸精度、形状精度和表面粗糙度直接影响与轴承的配合精度和轴的回转精度。箱体类零件的主要技术要求为：轴承孔的尺寸、形状精度要求；轴承孔的相互位置精度要求；箱体主要平面的精度要求。

5.5.1　箱体类零件主要技术要求

5.5.1.1　轴孔的尺寸、形状精度要求

　　箱体零件上轴承孔的尺寸精度和几何形状精度要求较高。一般来说，主轴轴承孔的尺寸精度为 IT6，形状误差小于孔径公差的 1/2，表面粗糙度 Ra 值为 $1.6 \sim 0.8 \mu m$；其他轴承孔的尺寸精度为 IT7，形状误差小于孔径公差的 $1/3 \sim 1/2$，表面粗糙度 Ra 值为

$0.8\sim1.6\mu m$。

5.5.1.2 轴承孔的相互位置精度要求

（1）各轴孔的中心距和轴线的平行度误差　一般机床箱体轴孔的中心距公差为（$\pm0.01\sim\pm0.025$）mm。轴线的平行度公差在300mm长度内为$0.03\sim0.1$mm。

（2）同轴线的轴孔的同轴度误差　机床主轴轴承孔的同轴度误差一般小于$\phi0.008$mm，一般同轴孔系的同轴度误差不超过最小孔径尺寸公差的1/2。

（3）轴承孔的轴线对装配基准面的平行度和对端面的垂直度误差　一般机床主轴轴承孔的轴线对装配基准面的平行度公差在650mm长度内为0.03mm；对端面的垂直度公差为$0.015\sim0.02$mm。

5.5.1.3 箱体主要平面的精度要求

箱体零件上的主要平面有底平面、导向面，多作为装配基准面和加工基准面。

一般机床箱体装配基准面和定位基准面的平面度公差在$0.03\sim0.10$mm范围内，表面粗糙度Ra值为$0.8\sim1.6\mu m$。箱体上其他平面对装配基准面的平面度公差，一般在全长范围内为$0.05\sim0.20$mm，垂直度公差在300mm长度内为$0.06\sim0.10$mm。其他非主要面的表面粗糙度Ra值为$3.2\sim6.3\mu m$。

5.5.2 箱体类零件的检测

箱体零件加工完成后的最终检验包括：主要孔的尺寸精度，孔和平面的形状精度，孔系的相互位置精度，即孔的轴线与基面的平行度；孔轴线的相互平行度及垂直度；孔的同轴度及孔距尺寸精度；主轴孔与端面的垂直度。

5.5.2.1 孔的尺寸及几何形状精度检验

在单件、小批量生产中，孔的尺寸精度可用内径千分表、游标卡尺、千分尺检测或通过使用内卡钳配合外径百分尺检测。在大批大量生产中，可用塞规检测孔的尺寸精度。

图5-46所示为用内径千分表检测孔。测量时必须摆动内径千分表，千分表的最小读数即为被测孔的实际尺寸。

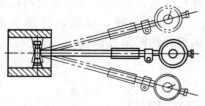

图 5-46　用内径千分表检测孔

孔的几何精度（表面的圆度、圆柱度误差）也可用内径千分表检测。测量孔的圆度时，只要在孔径圆周上变换方向，比较其测量值即可。测量孔的圆柱度时，只要在孔的全长上取前、后、中几点，比较其测量值。其最大值与最小值之差的 1/2 即为全长上的圆柱度误差。

5.5.2.2　孔系的相互位置精度检测

（1）同轴线的轴孔的同轴度检测

① 用检验棒检测同轴度误差。用检验棒检测的方法大多用在大批大量生产中。检测孔的精度要求高时，可用专用检验棒。检验精度要求较低，可用通用检验棒配外径不同的检验套，如图 5-47 所示。如果检验棒能顺利通过同一轴线上的两个以上的孔时，说明这些孔的同轴度误差在规定的允许范围内。

② 用检验棒和千分表检验同轴度误差。如图 5-48 所示，先在箱体两端基准孔中压入专用的检验套，再将标准的检验棒推入两端检验套中，然后将千分表固定在检验棒上，校准千分表的零位，使千分表测头伸入被测孔内。检测时，先从一端转动检验棒，计下千

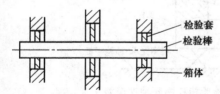

图 5-47　通用检验棒配专用检验套

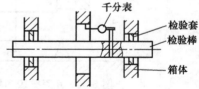

图 5-48　用检验棒和千分表检验同轴度误差

分表转一圈后的读数差，再按此方法检测孔的另一端，其检测结果：哪一个横剖面内的读数差最大则为同轴度误差。

③ 用杠杆百分表检测同轴度误差。如图 5-49 所示，先在其中一基准孔中装入衬套，再将标准的检验棒推入检验套中，然后在检

验棒靠近被测孔的一端吸附一杠杆百分表，百分表测头与被测孔壁接触并产生约 0.5mm 的压缩量，转动检验棒，观察表针摆动范围，表头读数即为被测孔相对于基准孔的同轴度误差。

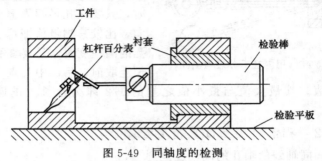

图 5-49　同轴度的检测

④ 用百分表和检验棒检测同轴度误差。如图 5-50 所示，将检验棒插入孔内，并与孔成无间隙配合，调整被测零件使其基准轴线与检验平板平行。在靠近被测孔端 A、B 两点测量，并求出该两点分别与高度 $\left(L+\dfrac{d_2}{2}\right)$ 的差值 f_{Ax} 和 f_{Bx}。然后把被测零件翻转 $90°$，按上述方法测量取 f_{Ay} 和 f_{By} 的值。测得 A、B 点处同轴度

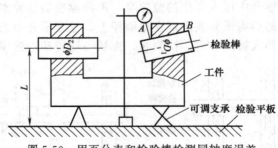

图 5-50　用百分表和检验棒检测同轴度误差

误差为

$$f_A = 2\sqrt{f_{Ax}^2 + f_{Ay}^2}$$

$$f_B = 2\sqrt{f_{Bx}^2 + f_{By}^2}$$

取其中较大值作为该被测要素的同轴度误差。

⑤ 用综合量规检测同轴度误差。如图 5-51 所示，量规的直径为孔的实效尺寸，检测时，综合量规应通过工件的孔，则认为工件

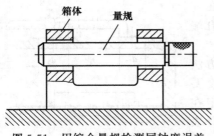

图 5-51　用综合量规检测同轴度误差

的同轴度合格，否则就不合格。

（2）各轴孔的中心距和轴线的平行度检测

① 两平行孔中心距检测方法一。用检验棒检测孔距，如图 5-52 所示。首先在两组孔内分别推入与孔径尺寸相对应的检验棒，然后用游标卡尺或千分尺分别测量检验棒两端尺寸 L_1 和 L_2，若检验棒直径分别为 d_1 和 d_2，则两孔中心距离为

$$A = \frac{L_1 + L_2}{2} - \frac{d_1 + d_2}{2}$$

检测精度约为 0.04mm。

② 两平行孔中心距检测方法二。用游标卡尺检测孔距，如图 5-53 所示。用游标卡尺测量孔壁的最小尺寸 L 及两孔直径尺寸 d_1 和 d_2，则两孔的中心距为

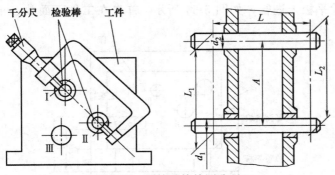

图 5-52　用检验棒检测孔距

$$L' = L + \frac{d_1 + d_2}{2}$$

也可用游标卡尺或千分尺分别测量孔的最大尺寸 L_{max} 和最小尺寸 L_{min}，则两孔中心距为

$$L' = \frac{L_{max} + L_{min}}{2}$$

检测精度当两孔端面同在一个平面时约为 0.08mm，当两孔端面不在一个平面时为 0.1mm。

③ 两平行孔中心距检测方法三。当两平行孔中心距的精度要求较高时，可将被测工件固定在检验平板上的角铁上，用百分表校正工件，使两个被测孔中心连线与检验平板垂直，在被测孔中

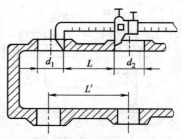

图 5-53　用游标卡尺检测孔距

分别推入与孔径大小相对应的检验棒，然后用高度尺、百分表、量块和可调测量座等检测工具，使下孔内检验棒的最低点与可调测量座上平面等高，再在可调测量座上平面上放置量块，使量块上平面与上孔内检验棒的最高点在同一平面上。设两检验棒的直径分别为 d_1 和 d_2，量块的高度尺寸之和为 h，则两平行孔中心距为

$$L = h - \frac{d_1 + d_2}{2}$$

④ 孔系坐标尺寸检测。检测箱体工件孔系的坐标尺寸一般多在检验平板上进行，如图 5-54 所示，首先在工件下面放三个可调

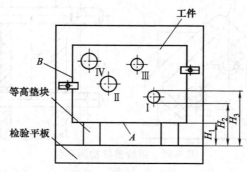

图 5-54　孔系坐标尺寸检测

支承，用百分表校正基准面 A，然后将工件固定在角铁上。再用可调高度规和量块组合成所需高度，用百分表分别测量出 I 孔的下孔壁高度尺寸 H_2 和上孔壁高度尺寸 H_3，分别与上述量块组合比较，百分表指针不变，则说明上孔壁高度尺寸与下孔壁高度尺寸与量块

组合件高度尺寸一致，如 A 面的安装高度为 H_1，则孔 I 的 Y 方向坐标尺寸为

$$y_1 = \frac{H_2 + H_3}{2} - H_1$$

同理可分别得出 II、III 孔的 Y 方向的坐标尺寸 y_2 和 y_3。

Y 方向尺寸测量完后，松开工件，将工件转 $90°$。将工件 B 面放在可调支承上，用百分表校正 B 基准面，将工件固定在角铁上。按上述测量方法分别测量出 I、II、III 孔的 X 方向尺寸 x_1、x_2、x_3。若测量的尺寸在工件图样上要求的尺寸范围内，则工件的坐标尺寸合格。

(3) 轴承孔的轴线对装配基准面的平行度和对端面的垂直度误差

① 孔与孔中心线的平行度误差检测

a. 用百分表和检验棒检测孔与孔中心线的平行度误差。如图5-55 所示，箱体两孔中心线检测时，用千斤顶将箱体支承在检验平板上，将基准孔 A 与检验平板找平，然后在被测孔给定长度上进行检测。

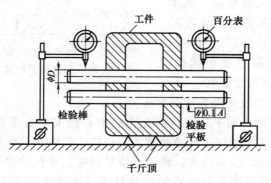

图 5-55　平行度误差检测

若检测另一方向或任意方向的平行度误差时，可将箱体转 $90°$之后再找平基准孔 A，测得另一方向上的平行度误差，再计算平行度误差

$$f = \sqrt{f_x^2 + f_y^2}$$

b. 用千分尺和游标卡尺检测孔与孔中心线的平行度误差。如图

5-56 所示，将检验棒分别推入两孔中，用千分尺或游标卡尺检测出两端的孔距 L_1 和 L_2，其差值即是在被测长度上的平行度误差值。

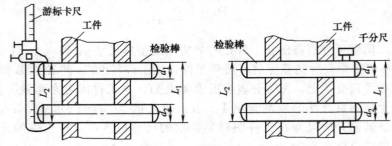

图 5-56　用千分尺和游标卡尺检测平行度误差

② 孔中心线对装配基准面的平行度误差检测。如图 5-57 所示，检测孔的中心线对底面的平行度误差时，将零件的底面放在检验平板上，被测孔内推入检验棒。如果未明确检测长度，则在孔的全长上测量并分别记下指示计的最大读数和最小读数，其差值即为平行度误差。

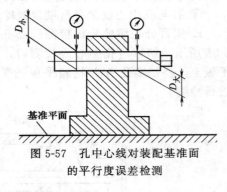

图 5-57　孔中心线对装配基准面的平行度误差检测

③ 孔中心线间垂直度误差检测

a. 用直角尺和千分表检测孔孔的中心线间垂直度误差。如图 5-58 所示，将检验棒 1 和检验棒 2 分别推入孔内，箱体用三个千斤顶支承并放在检验平板上，利用直角尺调整基准孔的轴心线垂直于检验平板，然后用千分表在给定长度 L 上对被测孔进行检测，即千分表读数的最大差值为被测孔对基准孔的垂直度误差。

若实际检测长度 L_1 不等于给定长度 L 时，则垂直度误差为

$$f = f_1 \frac{L}{L_1}$$

式中　f——垂直度误差；

f_1——L_1 上实际测得的垂直度误差。

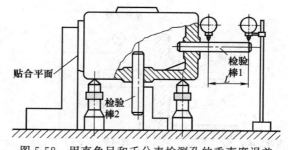

图 5-58　用直角尺和千分表检测孔的垂直度误差

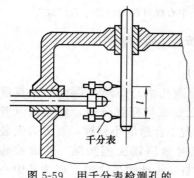

图 5-59　用千分表检测孔的
垂直度误差

用同样的方法，可使直角尺与平面贴合，测出孔Ⅰ对贴合平面在给定长度内的垂直度误差。

b. 用千分表检测孔的垂直度误差。如图 5-59 所示，在检验棒上安装千分表，然后将检验棒旋转 $180°$，即可测量出在 l 长度上的垂直度误差。

④ 孔中心线对孔端面的垂直度误差

a. 用直角尺和千分表检测孔中心线对孔端面的垂直度误差。如图 5-60 所示，在平台上将零件的底面支承起来，用直角尺靠在基准平面上，调整支承使直角尺紧贴基准平面，使基准平面与检验平板垂直，然后在被测孔中推入检验棒，在给定一个方向检测时，用千分表在给定长度上进行检测，千分表的读数差即为孔对端面的垂直度误差。

在给定两个方向上检测时，将零件翻转 $90°$，用直角尺并调整可调支承将基准平面调整到与检验平板垂直，再检测一次。

在给定任意方向的检测时，将互相垂直的两个方向的检验结果 f_x 和 f_y，按下式进行计算。

$$f = \sqrt{f_x^2 + f_y^2}$$

在所有的检测中要在给定长度 L 上进行检测，若实际检测长

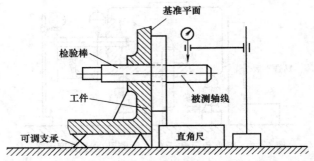

图 5-60　用直角尺和千分表检测孔中心线对孔端面的垂直度误差

度 L_1 不等于给定长度 L 时，需要按下式进行换算。

$$f = f_1 \frac{L}{L_1}$$

b. 用杠杆百分表和检验心轴检测孔中心线对孔端面的垂直度误差。如图 5-61 所示，在检验棒上安装杠杆百分表，用角铁（弯板）顶住检验棒一端，顶端加一个大小合适的小钢球，百分表安装在检验棒另一端，表杆测量头与工件被测端面相接触，转动检验棒，百分表指针所示的最大读数值与最小读数值之差，即为孔中心线对孔端面的垂直度误差。

箱体表面粗糙度的检测：在车间里多使用表面粗糙度样块采用比较法进行评定。精度要求高时，可用仪器检测。

箱体外观检测：箱体外观检测，主要是根据工艺规程检验完工情况及加工表面有无缺陷。

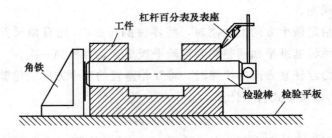

图 5-61　用杠杆百分表和检验心轴检测孔中心线对孔端面的垂直度误差

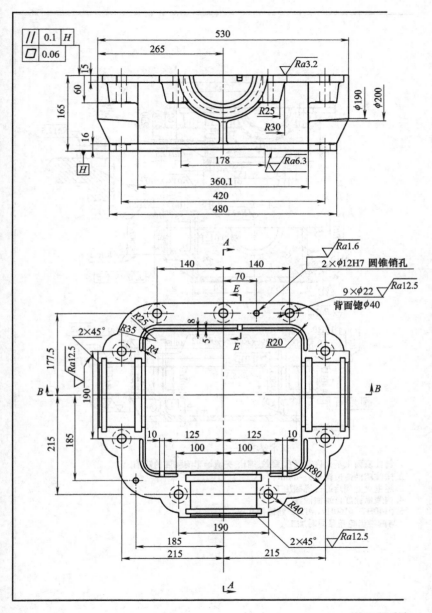

图 5-62 齿

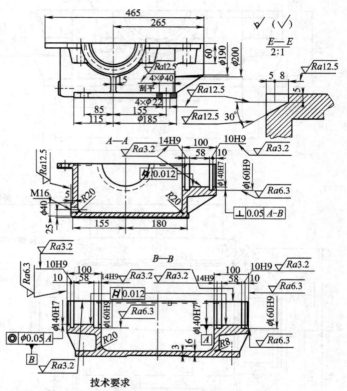

技术要求

1. 铸件表面上不允许有气孔、裂纹、缩松、夹渣等影响强度的缺陷。
2. 未注明的铸造圆角6～8mm。
3. 经退火处理后进行机械加工。
4. 内表面涂红色耐油油漆。
5. φ140H7、φ160H9、φ12H7圆锥销孔应
   与圆锥齿轮箱盖同时加工。

轮箱箱座

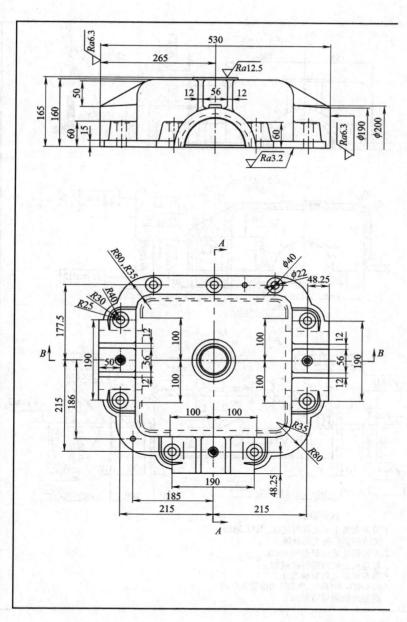

图 5-63 齿

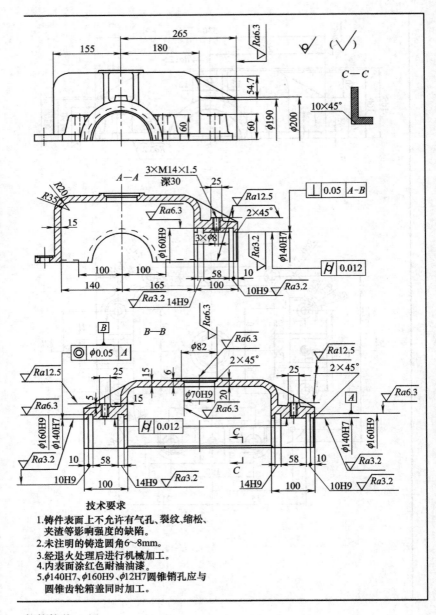

技术要求
1. 铸件表面上不允许有气孔、裂纹、缩松、夹渣等影响强度的缺陷。
2. 未注明的铸造圆角6~8mm。
3. 经退火处理后进行机械加工。
4. 内表面涂红色耐油油漆。
5. φ140H7、φ160H9、φ12H7圆锥销孔应与圆锥齿轮箱盖同时加工。

轮箱箱盖

5.5.3　圆锥齿轮箱体的检测

5.5.3.1　零件图

圆锥齿轮箱箱座如图 5-62 所示，齿轮箱箱盖如图 5-63 所示。

5.5.3.2　零件精度分析

由图中可以看到，有三个尺寸为"$\phi140H7$"的孔，其中 A 和 B 两个孔为同轴孔，B 孔轴线相对于 A 孔轴线的同轴度公差为 $\phi0.05mm$，另一个"$\phi140H7$"孔与 A、B 孔垂直，并且设计要求其轴线相对于 A、B 基准轴线的公共轴线的垂直度要求为 $0.05mm$，各"$\phi140H7$"孔均有圆柱度公差要求 $0.012mm$，其孔壁的表面粗糙度 Ra 要求为 $3.2\mu m$，在每个"$\phi140H7$"孔中都有两条沟槽，宽度分别为"$14H9$"和"$10H9$"，两槽的槽底直径都为"$\phi160H9$"，槽宽的两个侧面粗糙度 Ra 要求为 $3.2\mu m$，槽底面的粗糙度 Ra 要求为 $6.3\mu m$。在箱盖顶部中心的阶梯孔，较大的孔为"$\phi82$"，较小的孔为"$\phi70H9$"，其粗糙度 Ra 要求均为 $6.3\mu m$。

5.5.3.3　检测量具与辅具

根据此工件所需检测的位置和尺寸精度要求以及表面粗糙度的要求，选用的检测量具为百分表及其磁力表架，精密检验心轴，Ra 值粗糙度样块。

5.5.3.4　零件检测

（1）孔径的检测　对于工件上精度较高的孔"$\phi140H7$"、"$\phi70H9$"可以用内径百分表架进行检验，而对于精度为 9 级的槽底直径可用槽深尺寸加"$\phi140$"实测孔径的方法间接测量。

槽宽的检验：槽宽精度为 9 级，应制作相应的卡板或塞规进行检验，需要"$14H9$"和"$10H9$"塞规。

（2）形状精度的检测　"$\phi140H7$"孔有较高的圆柱度要求，检验时可用内径百分表架在孔的多个截面、在每个截面的多个方向进行测量，要求测量值的读数差不超过 $0.012mm$。

（3）位置精度的检测　两个"$\phi140H7$"孔有同轴度要求，另一个"$\phi140H7$"孔与前两个"$\phi140H7$"孔的公共轴线有垂直度要求，可用如下方法进行检测。

① 两同轴"$\phi140H7$"孔的同轴度误差检测。工件在合箱状态下，检测时，在作为基准的孔 A 中插入一根精密心轴，将心轴重心放在孔 A 的中间部位，然后在心轴靠近被测孔一端吸附磁力表架，安装百分表，使百分表的侧头与被测孔壁接触并产生一定压缩量，然后转动心轴并可将心轴沿轴向移动一定距离，观察表针摆动范围的读数，此表针摆动量数值的 1/2 即为此两孔之间的同轴度误差，如图 5-64 所示。

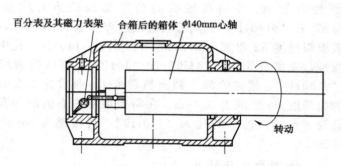

图 5-64　两同轴"$\phi140H7$"孔同轴度误差的检测

② "$\phi140H7$"孔轴线间的垂直度误差检测。如图 5-65 所示，工件还保持合箱状态，在两同轴的"$\phi140H7$"孔中插入一根通长的心轴，两端要露在箱体外 100mm 以上，再在另一个与之垂直的"$\phi140H7$"孔中插入一根较短的心轴，心轴端部的中心孔中用黄油粘一颗钢球，钢球表面一定要露出中心孔外。将此心轴推入孔中直至钢球与前一根心轴表面接触，再在较短的心轴露在孔外的圆柱面上，用磁力表座安装百分表，表的测头要与较长的心轴露在孔外的部分微微接触，轻轻转动表座吸附的那根心轴，找到表的测头所接触的心轴最高点，将表的读数调零，然后将表座吸附的心轴轻轻旋转 180°，旋转过程中始终要保持钢球与两心轴的接触，此时表架带着百分表也转过 180°，其测头与较长心轴的另一端接触，再微微转动较短的心轴，使表的测头与较长心轴表面的最高点接触，读出此时的百分表读数 Δ，则被测孔轴线的垂直度误差可用如下公式计算：

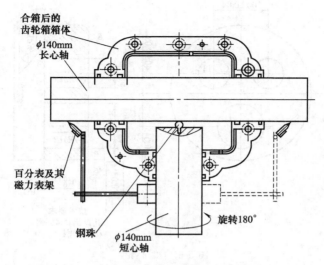

合箱后的
齿轮箱箱体

φ140mm
长心轴

百分表及其
磁力表架

钢珠

旋转180°

φ140mm
短心轴

图 5-65 "φ140H7" 孔轴线间垂直度误差的检测

$$\delta_{垂直} = \Delta L_1 / L_2$$

式中　$\delta_{垂直}$——被测孔轴线的垂直度误差；

　　　　L_1——被测孔的轴线长度；

　　　　L_2——百分表测头两次与心轴接触点间的轴向长度。

当垂直度误差值小于垂直度公差值时，工件合格。

5.6　孔类零件检测

5.6.1　平行孔系

5.6.1.1　偏心轮

（1）零件图　图 5-66 所示为偏心轮。

（2）零件图分析

① 尺寸精度。偏心轮孔的尺寸要求分别为 "$\phi 90^{+0.054}_{0}$"、2 个 "$\phi 60^{+0.046}_{0}$"，孔的尺寸精度均为 IT8。偏心轮的直径为 270mm；厚度为 "$80^{+0.127}_{0}$"。

② 形位精度。ϕ90mm 孔中心到圆盘中心距离为（65±0.045）mm，两个 ϕ60mm 中心连线到圆盘中心距离为（40±0.03）mm，

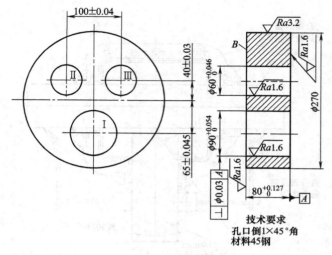

图 5-66 偏心轮

$\phi 60$mm 和 $\phi 60$mm 两孔的中心距为 (100 ± 0.04) mm。孔 $\phi 90$mm 的轴心线对于 A 面垂直度要求为 $\phi 0.03$mm。

③ 表面粗糙度。三个孔内表面的粗糙度要求均为 $Ra = 1.6\mu m$；A、B 两面的表面粗糙度为 $Ra = 1.6\mu m$。

(3) 检测量具与辅具　根据此工件所需检测的位置和尺寸精度要求，选用的检测量具有：角铁，磁力表座及百分表，内径量表（测量范围 $0 \sim 5$mm），高度游标卡尺，$\phi 65$h5、$\phi 90$h5 检验心轴。

(4) 零件检测

① 尺寸精度的检测。用内径百分表检验孔径尺寸；工件厚度尺寸 "$80^{+0.127}_{0}$" 的检测可用分度值为 0.02mm 的游标卡尺进行。

② 孔距的检测

a. 2 个 "$\phi 60^{+0.046}_{0}$" 孔之间的距离 (100 ± 0.04) mm 的检测。在 2 个 "$\phi 60^{+0.046}_{0}$" 孔中各插入一支 $\phi 65$h5 检验心轴，用外径千分尺测量两心轴外圆面的相对距离，此距离分别减去两心轴直径实测值的 $1/2$，即为被测孔距的实测值。

b. 2 个 "$\phi 60^{+0.046}_{0}$" 孔的中心连线到圆盘中心的距离 (40 ± 0.03) mm 的检测。将相应规格的检验心轴插入 2 个 "$\phi 60^{+0.046}_{0}$"

孔中，再将工件连同心轴定位在检验平板上的 V 形架的 V 形槽中，以外圆面定位确定工件的轴线位置。用 V 形架压板和紧固螺钉将工件轻轻压紧，再将带表座的百分表放在检验平板上，用百分表找正插在工件中的心轴相对于检验平板的位置，使两心轴轴线到检测平板的距离相等。

找正时可用百分表测量两心轴圆柱面靠近孔端面最高点相对于检验平板的距离差，根据此差值微微转动工件，然后再次进行测量，直到测得的高度差为零。然后将工件夹紧使其固定在 V 形架上。将高度游标卡尺换上刀口式测头，用高度游标卡尺测量工件顶部最高点到检验平板的距离尺寸，然后用量块组合出这一尺寸，将此量块组和带表座的百分表都放置在检验平板上，将百分表测头轻轻调整至与量块组工作面接触并产生约 0.5mm 的压缩量，然后将百分表调零，用此百分表再次测量工件外圆顶部最高处到检验平板的距离，用这一距离尺寸减去工件外圆直径尺寸实测值的 1/2，即为工件圆心相对于检验平板的距离尺寸。同理可测量出插入 2 个 "$\phi 60^{+0.046}_{0}$" 孔中的两心轴轴线到检验平板的距离尺寸，将上述两个距离尺寸相减，即可得出两孔的中心连线到圆盘中心的实际距离。

c. "$\phi 90^{+0.054}_{0}$" 孔对工件轴线的距离尺寸 "65 ± 0.045" 的检测。仍保持上述工件相对于检验平板的装夹位置，用高度游标卡尺直接测量 "$\phi 90^{+0.054}_{0}$" 孔壁下部最低点到检验平板的距离尺寸，用量块组合出这一尺寸，同上述用此量块组将百分表调整零，从而可测出 "$\phi 90^{+0.054}_{0}$" 孔心到检验平板的距离尺寸，进一步可通过计算求得 "$\phi 90^{+0.054}_{0}$" 孔心到工件轴线的实际距离尺寸并进行合格性判断。

③ 形位精度的检测。"$\phi 90^{+0.054}_{0}$" 孔轴线相对于基准面 A 的垂直度误差的检测：如图 5-67 所示，将工件上的 A 基准面平放在检验平板上，在工件的 "$\phi 90^{+0.054}_{0}$" 孔中插入 $\phi 90h5$ 心轴，再将检测用角铁安放在检验平板上，将角铁的一个垂直于检验平板的工作面朝向心轴，将百分表的表座工作面靠在角铁的垂直工作面上，调整百分表测头，使其与心轴圆柱面接触，水平方向移动百分表，使百分表与心轴圆柱面上某一处到角铁工作面的最近点接触，将百分表

的读数调零，然后在心轴轴向距此点 80mm 处，找一到角铁垂直工作面最近的测点，并读出此时百分表盘的读数。注意，在测量过程中，角铁和工件均不能移动。这就是某一方向上工件"$\phi 90^{+0.054}_{0}$"孔轴线相对于检验平板的垂直度误差。上述测量过程应在相对于工件"$\phi 90^{+0.054}_{0}$"孔轴线的多个方向上进行，在各个方向上的垂直度误差均不大于 0.02mm 时，工件的此项精度为合格。

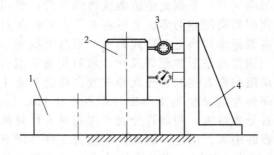

图 5-67　"$\phi 90^{+0.054}_{0}$"孔轴线相对于基准面 A 的垂直度误差的检测

1—工件；2—$\phi 90 \text{h5}$ 心轴；3—百分表；4—角铁

5.6.1.2　钻模板

（1）零件图　图 5-68 所示为钻模板。

（2）零件图分析

① 尺寸精度：钻模板孔尺寸分别为"$\phi 80^{+0.030}_{0}$"、"$4 \times \phi 36^{+0.025}_{0}$"和"$4 \times \phi 42^{+0.04}_{0}$"；长 360mm；宽 240mm；厚 30mm。

② 形位精度。"$\phi 80^{+0.030}_{0}$"和"$4 \times \phi 36^{+0.025}_{0}$"与 B 面的垂直度要求为 0.03mm，阶梯孔"$\phi 42^{+0.04}_{0}$"与"$\phi 36^{+0.025}_{0}$"的同轴度要求为 $\phi 0.03$mm，"$\phi 42^{+0.04}_{0}$"端面与"$\phi 36^{+0.025}_{0}$"轴线的垂直度要求为 0.03mm，保证孔距精度（280±0.03）mm，（140±0.02）mm，（180±0.03）mm。

③ 表面粗糙度。"$4 \times \phi 36^{+0.025}_{0}$"孔和底面 B 的表面粗糙度 Ra 为 1.6μm，"$\phi 42^{+0.04}_{0}$"与"$\phi 80^{+0.030}_{0}$"的表面粗糙度 Ra 为 3.2μm，其余均为 $Ra = 12.5\mu$m。

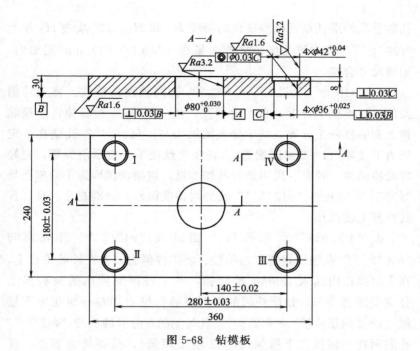

图 5-68 钻模板

（3）检测量具与辅具 根据此工件所需检测的位置和尺寸精度要求以及表面粗糙度的要求，选用的检测量具为内径千分尺，游标卡尺，高度游标卡尺，检验棒，杠杆百分表及其磁力表架，检验平台，Ra 值粗糙度样块。

（4）零件检测

① 尺寸精度的检测。各孔径尺寸用内径千分尺检测。其余尺寸用游标卡尺检测。

② 形位精度精度检测

a. 孔距（280±0.03）mm 和（180±0.03）mm 的检测。将工件底面 B 放置在检验平台上，用游标卡尺测量相邻的孔壁之间的距离，再加上两孔的实际半径就是该两孔的孔心距。

b. 孔距（140±0.02）mm 的检测。将工件侧面放置在检验平台上，Ⅲ、Ⅳ位于下方，利用高度游标卡尺分别测量 "$\phi 80^{+0.030}_{0}$"

孔和Ⅲ孔的最低点至检验平台的高度 H_1 和 H_2，H_1 减去 H_2 加上"$\phi80^{+0.030}_{0}$"孔和Ⅲ孔半径之差如果在（140±0.02）mm 范围内，则该尺寸合格。

c. "$\phi36^{+0.025}_{0}$"孔与"$\phi42^{+0.04}_{0}$"孔同轴度的检测。将工件侧面放置在检验平台上，在Ⅰ阶梯孔内插入 $\phi36$mm 检验棒，在检验棒上安装杠杆千分表，使千分表的触头与"$\phi42^{+0.04}_{0}$"孔壁在一定压力下接触（1～2 圈压缩量），转动表盘使千分表示值为零，轻轻转动检验棒，观察一周内表针的摆动量，该摆动量即为Ⅰ阶梯孔处"$\phi36^{+0.025}_{0}$"孔与"$\phi42^{+0.04}_{0}$"孔的同轴度误差。分别在Ⅱ、Ⅲ、Ⅳ孔重复上述操作。

d. "$4 \times \phi36^{+0.025}_{0}$"孔与 B 面以及"$\phi42^{+0.04}_{0}$"孔底面与"$\phi36^{+0.025}_{0}$"孔轴线垂直度的检验。将工件侧面放置在检验平台上，在Ⅰ阶梯孔内插入 $\phi36$mm 检验棒，在工件两侧伸出的检验棒上分别安装百分表，B 面外侧的百分表触头与 B 面在一定压力下接触（1～2 圈压缩量），"$\phi42^{+0.04}_{0}$"孔外侧的百分表触头与"$\phi42^{+0.04}_{0}$"孔底面在一定压力下接触（1～2 圈压缩量），分别转动表盘，使两个百分表示值为零，轻轻转动检验棒，观察一周内表针的摆动量，以确定同轴度是否符合要求。分别在Ⅱ、Ⅲ、Ⅳ孔重复上述操作。

5.6.1.3 连杆

（1）零件图 图 5-69 所示为连杆。

（2）零件分析

① 尺寸精度。连杆大孔直径尺寸要求为"$\phi107^{+0.035}_{0}$"，孔径精度为 IT7。大孔外端面间距离为"$80^{-0.5}_{-0.8}$"。小孔直径尺寸要求为"$\phi70^{+0.03}_{0}$"，孔径精度为 IT2。

② 形位精度。两孔间中心距要求为（381±0.1）mm。大孔两外端面对孔中心线的端面跳动不大于 0.1mm；小孔中心线水平方向对大孔中心线中心线平行度不大于 100∶0.04；小孔中心线垂直方向对大孔中心线平行度不大于 100∶0.06。

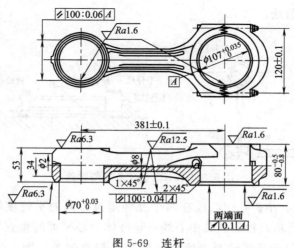

图 5-69　连杆

③ 表面粗糙度。大孔内表面的粗糙度要求均为 $Ra=1.6\mu m$；小孔内表面的粗糙度要求均为 $Ra=1.6\mu m$；大孔两外端面的表面粗糙度为 $Ra=1.6\mu m$；小孔两外端面的表面粗糙度为 $Ra=6.3\mu m$。

（3）检测量具与辅具　根据此工件所需检测的位置和尺寸精度要求以及表面粗糙度的要求，选用的检测量具有：内径百分表、千分尺，检验心轴，百分表及其磁力表架，检验平台，Ra 值粗糙度样块。

（4）零件检测

① 孔径检测。孔加工中及加工后的最终检测都可用内径百分表进行比较检测。

② 连杆厚度检测及两孔中心距可用千分尺检测。两孔内装入心轴，用千分尺测两心轴侧母线间距，将该数值减去两心轴半径即两孔的中心距。但应扣去孔、轴的偏差对测量数值的影响。大头孔轴间隙为 0.02mm，小头孔轴间隙为 0.025mm，则千分尺所测两心轴外径距离，减去大、小头轴半径，加上大、小头孔轴间隙的一半 $\left(\dfrac{0.02+0.025}{2}\right)$ 即为两孔中心距。图 5-70 所示的是孔径、孔中

心距的测量法。

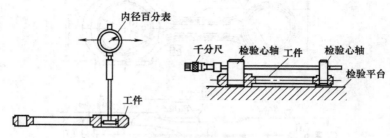

图 5-70　孔径、孔中心距的检验

③ 大、小头孔中心线在两个互相垂直方向的平行度检测如图5-71(a) 所示。检测两孔中心线在连杆体中心平面的垂直平面上平行度，用百分表测轴两端读数差即为平行度误差；图 5-71(b) 即检测连杆体的中心平面上两孔中心线平行度方法，在小头孔的轴两端读数差即为平行度误差值。用图 5-71 的检测方法，对大头心轴下两垫块的等高精度有较高的要求。

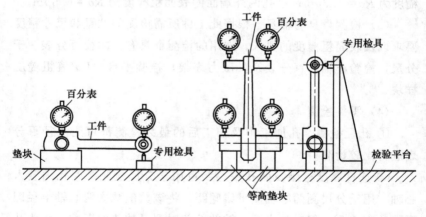

(a) 大小头孔中心线水平方向平行度检测　**(b) 大小头孔中心线垂直方向平行度检测**

图 5-71　大小头孔中心线向平行度检测

④ 大小头孔端面同孔的垂直度检测。用厚薄规和 2mm 块规可检测孔端面同孔的垂直度。

⑤ 孔的精度检测。在孔表面涂红丹粉，用心轴对孔表面进行染点检查，以孔表面接触面积评定孔圆度，此外也可用圆度仪检查。

⑥ 表面粗糙度以表面粗糙度样板进行比较测量。

5.6.2　同轴孔系

5.6.2.1　箱体

（1）零件图　图 5-72 所示为箱体零件图。

（2）零件图分析

① 尺寸精度。箱体的两个同轴孔的尺寸要求分别为"ϕ90J8"、"ϕ95K8"，精度等级为 IT8 级。箱体的长度为 300mm。

② 形位精度。箱体两孔轴线到底面的距离为（70±0.095）mm，孔在端面处于对称位置为 92mm；"ϕ90J8"孔长（70±0.06）mm、"ϕ95K8"孔长 80mm。"ϕ95K8"孔端面与"ϕ95K8"孔轴线的垂直度公差为 0.03mm；"ϕ95K8"孔的圆柱度公差为 0.005mm；"ϕ90J8"孔轴线与"ϕ95K8"孔轴线的同轴度公差为 ϕ0.015mm。

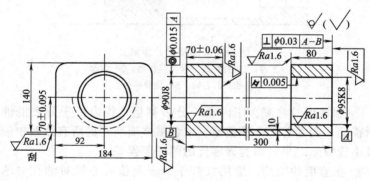

图 5-72　箱体

③ 表面粗糙度。"ϕ95K8"孔后端面 Ra 为 6.3μm；其余加工表面的粗糙度要求均为 $Ra=1.6\mu$m。

（3）检测量具与辅具　根据此工件所需检测的位置和尺寸精度要求以及表面粗糙度的要求，选用的检测量具有：内径千分表，游标卡尺，衬套，检验心轴，杠杆百分表及其磁力表架，高度游标卡尺，检验平台，Ra 值粗糙度样块。

（4）零件检测

① 孔的尺寸的检测。用内径千分表检验孔径尺寸"$\phi 90J8$"和"$\phi 95K8$"。两个孔长及箱体总长用游标卡尺测量，"$\phi 90J8$"孔孔长为（70 ± 0.06）mm，"$\phi 95K8$"孔孔长为 80mm。

② 同轴度的检测。如图 5-73 所示，在 B 基准孔中装入衬套，衬套外圆直径为"$\phi 95K8$"，内径为 $\phi 50$mm，用一直径为 $\phi 50h5$ 的心轴紧密配合，在心轴靠近被测孔的一端吸附一杠杆百分表，百分表测头与被测"$\phi 90J8$"孔壁接触并产生约 0.5mm 的压缩量，转动心轴，观察表针摆动范围，表头读数即为被测孔相对于基准 A 的同轴度误差。

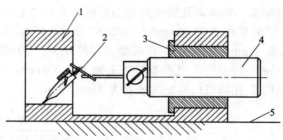

图 5-73　同轴度的检测

1—工件；2—杠杆百分表及其表座；3—衬套；
4—$\phi 50h5$ 心轴；5—检验平台

③ 圆柱度的检测。用内径千分表测量，将内径千分表沿轴向间断移动，测量若干个横截面，取各横截面所得的所有读数中最大与最小读数差之半，即为该零件的圆柱度误差。

④ 垂直度的检测。应用杠杆千分表及检验心轴对轴孔的端面进行检测，如图 5-74 所示，在检验时，在"$\phi 90J8$"和"$\phi 95K8$"孔中分别装入外圆直径为"$\phi 95^{+0.016}_{-0.038}$"、内径为 $\phi 50$mm，外圆直径为"$\phi 90^{+0.034}_{-0.020}$"、内径为 $\phi 50$mm 的衬套。用一直径为 $\phi 50h5$ 的心轴紧密配合，用角铁顶住心轴一端，顶端加一个大小合适的小钢珠，百分表装在心轴另一端，表杆测量头与工件被测端面相接触，转动心轴，百分表指针所示的最大与最小读数之差，即为端面相对于轴孔中心线的垂直误差。

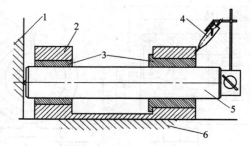

图 5-74　垂直度的检测

1—角铁；2—工件；3—衬套；4—杠杆百分表及其表座；

5—ϕ50h5 心轴；6—检验平台

⑤ "ϕ90J8"、"ϕ95K8" 孔轴线的位置尺寸要求的检测。孔轴线的位置尺寸要求为（70$\pm$0.095）mm，可将工件底板面朝下放置在检验平台上，如图 5-75 所示，将高度游标卡尺换上刀口形测头并测量 "ϕ90J8"、"ϕ95K8" 孔壁相对于工件底板面最近处的距离（在孔的两个端面都要进行此类

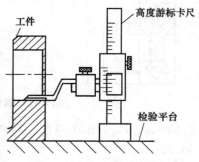

图 5-75　孔中心离底面距离检测

测量），此距离加上 "ϕ90J8"、"ϕ95K8" 孔的实测孔径尺寸的一半就是被测 "ϕ90J8"、"ϕ95K8" 孔轴线的实际位置尺寸，要求孔两端的轴线的实际位置尺寸都应在其极限尺寸范围内。

⑥ 表面粗糙度。表面粗糙度用样板目测比较。

5.6.2.2　阀体

（1）零件图　图 5-76 所示为阀体零件图。

（2）零件精度分析

① 尺寸精度。阀体的同轴孔的尺寸要求分别为 "ϕ44H8"、2 个 "ϕ52H9" 孔，尺寸精度分别为 IT8、IT9。

② 形位精度。ϕ44mm 孔与 2 个 ϕ52mm 孔中心距底面的距离为（56$\pm$0.095）mm。ϕ52mm 孔中心线与底面 B-C 的平行度要求

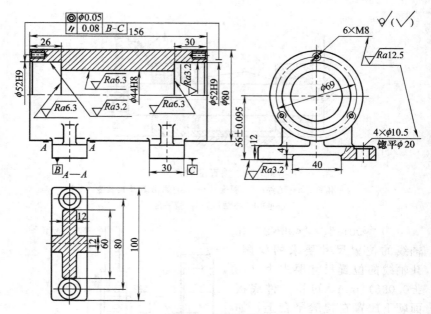

图 5-76　阀体零件图

为 0.08mm，ϕ44mm 孔与前、后两台阶孔 ϕ52mm 的同轴度要求为 ϕ0.05mm。

③ 表面粗糙度。孔各表面的粗糙度要求为：ϕ44mm，$Ra=$ 6.3μm；2 个 ϕ52mm，$Ra=3.2\mu$m；台阶孔底面为 $Ra=6.3\mu$m；阀体底面的表面粗糙度为 $Ra=3.2\mu$m。

（3）检测量具与辅具　根据此工件所需检测的位置和尺寸精度要求以及表面粗糙度的要求，选用的检测量具有：内径百分表、量块，游标卡尺，衬套，检验心轴，杠杆百分表及其磁力表架，固定和活动顶尖，检验平台，Ra 值粗糙度样块。

（4）零件成品检测

① 孔径尺寸检测。采用内径百分表测量工件孔径。

② 孔与底面的相互位置精度检测

a. 孔中线与基面的距离"56±0.095"的检测。如图 5-77 所示，将工件的两底角平放在检验平台上，将尺寸为 30mm 的量块和带表座的杠杆百分表也放在检验平台上，用量块将百分表调零，测量两个"$\phi52H9$"台阶孔最下部素线距离检验平台的距离 H（应多测几个测点，找出最大值和最小值），则该孔中线与基面 B 和 C 的公共基准面的距离尺寸 A 可用如下公式计算得到：

$$A = H + \frac{d}{2} = 56 \pm 0.095$$

式中　　H——"$\phi52H9$"台阶孔最下部素线距离检验平台的距离尺寸；

　　　　A——被测尺寸；

　　　　d——"$\phi52H9$"孔实测孔径尺寸。

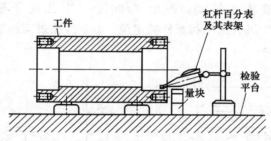

图 5-77　孔与基面的距离及平行度误差检验

b. 平行度误差检测。用上述方法若测得被测孔轴线距离基准面的最大距离值和最小距离值之差不大于 0.08mm，则该孔轴线的平行度误差为合格。

c. 同轴度误差检测。采用检验心轴推入工件"$\phi44H8$"孔内并用检验平台上一对等高的顶尖顶住心轴两端中心孔将其支承起来，如图 5-78 所示。用带表架的杠杆百分表测量 $\phi52$mm 孔壁相对于 $\phi44$mm 孔轴线的跳动量，要求表针跳动量不大于 0.05mm，该同轴度精度为合格。

③ 表面粗糙度的检测。表面粗糙度用样板目测比较。

5.6.2.3　十字接头

（1）零件图　图 5-79 所示为十字接头零件图。

（2）零件图分析　该零件上的"M45×2.5"用于连接转体，两个"$\phi82^{+0.087}_{0}$"的同轴度为 $\phi0.03$mm，同轴孔用于穿销轴带动

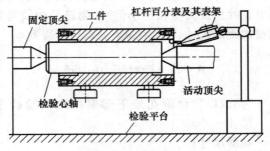

图 5-78 同轴度的检验

其他零件随转体转动，2 个 "$\phi 90^{+0.087}_{0}$" 孔用于销轴定位，"$\phi 140^{+0.074}_{0}$" 沉孔用于相配件的定位。4 个内孔表面的表面粗糙度 Ra 为 $1.6\mu m$。

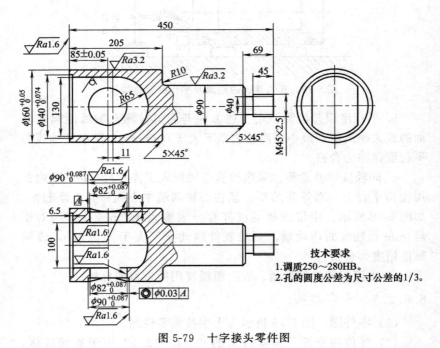

技术要求
1.调质250～280HB。
2.孔的圆度公差为尺寸公差的1/3。

图 5-79　十字接头零件图

（3）检测量具与辅具　根据此工件所需检测的位置和尺寸精度

要求以及表面粗糙度的要求，选用的检测量具有：杠杆千分表、量块、内径百分表、游标卡尺、$\phi82$mm 检验心轴、百分表与磁力表架。

（4）零件检验

① 尺寸精度的检测。检测"85 ± 0.05"尺寸时，如图 5-80 所示，将工件"$\phi160$"端面直接放置在检验平台上，在 2 个"$\phi82$"孔中插入 $\phi82$mm 心轴，用带表架的百分表结合量块（量块组尺寸为 126mm）测量心轴最高点距检验平台的距离，然后减去心轴的实际半径即为"$\phi82$"孔中心线距"$\phi160$"端面的距离，如果在"85 ± 0.05"范围内，即为合格零件。

其余各尺寸利用内径百分表或游标卡尺检验。

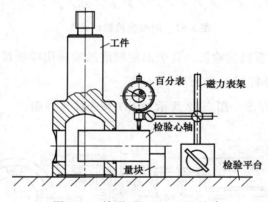

图 5-80　检测"85 ± 0.05"尺寸

② 2 个"$\phi82^{+0.087}_{0}$"孔同轴度的检测。将工件"$\phi160^{+0.05}_{0}$"端平面放在检验平台工作面上，在工件一个"$\phi82^{+0.087}_{0}$"孔中插入 $\phi82$mm 的检验心轴，心轴的一端安装一杠杆百分表，如图 5-81所示。杠杆百分表的测头与另一个"$\phi82^{+0.087}_{0}$"孔的内表面接触，使表的测头与孔的内表面之间有 $1\sim2$ 圈的压缩量，将表盘示值调零。然后轻轻转动心轴，观察表针的摆动范围，转动一周内表针的最大摆动范围即为 2 个"$\phi82^{+0.087}_{0}$"孔的同轴度误差。

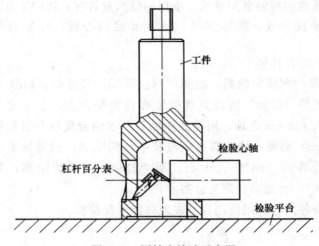

图 5-81　同轴度检验示意图

③ 表面粗糙度检验。各表面粗糙度的检验用样板目测比较。

5.6.2.4　M7130 磨头体

(1) 零件图　图 5-82 所示为 M7 磨头体零件图。

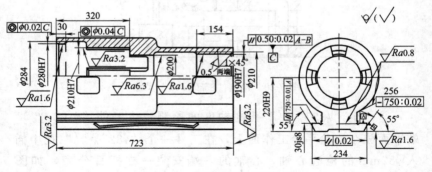

图 5-82　M7 磨头体零件图

(2) 零件图分析

① 尺寸精度。M7 磨头体筒体内有四个同轴孔,孔径分别为 "$\phi 280H7$"、"$\phi 210H7$"、"$\phi 200$" 和 "$\phi 190H7$",其中 "$\phi 200$" 和 "$\phi 210H7$" 孔是缺圆孔,"$\phi 280H7$" 孔长 30mm,"$\phi 190H7$" 孔长

154mm，"$\phi210H7$"孔底端面距离磨头体左端面 320mm。

② 形位精度。M7 磨头体的阶梯筒的下方为长 723mm 的燕尾导轨，导轨面 A 距底面的距离为"30js8"，导轨面 A、B 面的直线度要求为在 750mm 的长度内不超过 0.02mm。筒体两侧燕尾导轨的上部平面之间的平行度公差值为 750mm 内不超过 0.01mm。"$\phi190H7$"孔为 C 基准孔，其轴线相对于由基准面 A、B 组成的公共基准的平行度要求为：在 750mm 的测量长度上的平行度误差不大于 0.02mm。"$\phi280H7$"孔相对于基准孔"$\phi190H7$"的同轴度公差为 0.02mm，"$\phi210H7$"孔相对于基准孔"$\phi190H7$"的同轴度公差为 0.04mm，此孔系的轴线距工件底平面的尺寸为"220H9"。

③ 表面粗糙度。导轨面 A、B 的表面粗糙度要求为 $Ra = 0.8\mu m$，底面的表面粗糙度要求为 $Ra = 1.6\mu m$，"$\phi280H7$"孔与"$\phi190H7$"孔的表面粗糙度要求为 $Ra = 1.6\mu m$，"$\phi210H7$"孔的表面粗糙度要求为 $Ra = 3.2\mu m$，$\phi200mm$ 孔的表面粗糙度要求为 $Ra = 6.3\mu m$，磨头体两端面的表面粗糙度要求为 $Ra = 3.2\mu m$。

（3）检测量具与辅具　根据此工件所需检测的位置和尺寸精度要求以及表面粗糙度的要求，选用的检测量具有：内径百分表，内径千分尺，3 级量块，游标卡尺，衬套，$\phi190mm$、$\phi25mm$ 检验心轴，杠杆百分表及其磁力表架，固定和活动顶尖，检验平板，测量用 1 级角铁，Ra 值粗糙度样块。

（4）零件检测

① 尺寸精度的检测

a. 各处孔径尺寸的检验用量程相对应的内径千分尺进行。

b. 孔系轴线的高度尺寸"220H9"的检测。如图 5-83 所示，将工件底面朝下放置在检验平板上，再将一组组合为尺寸 125mm 的量块和一只带表座的百分表也放置在检验平板上，将百分表测头与量块组接触并产生约 0.5mm 的压缩量，然后将百分表读数调零，用此百分表测量"$\phi190H7$"孔下部孔壁最低处距离检验平板的尺寸与量块组尺寸的高度差，从而测出此尺寸，将这一尺寸加上"$\phi190H7$"孔径实测值的 1/2 就是"$\phi190H7$"孔轴线距离工件底平面的尺寸，再进行合格性判断。"$\phi280H7$"和

"$\phi 210 H7$"孔轴线相对于底平面的距离的测量与此方法类似，只是量块组尺寸应分别为80mm 和 115mm。

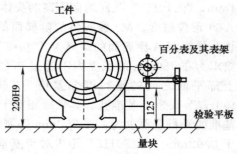

图 5-83 孔系轴线的高度
尺寸"220H9"的检测

② 形位公差的检验

a. 导轨 A、B 工作面的直线度公差的检测。此直线度公差的精度达到了 5 级，可用长500mm 的 1 级刀口尺工作面与工件被测面接触，通过观察光隙颜色进行检验，工件导轨另一侧的工作面也用同样方法进行检验。

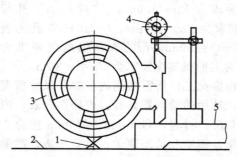

图 5-84 导轨小侧平面的平行度误差的检测
1—可调支承；2—工作台；3—工件；
4—百分表及其表架；5—检验平板

b. 燕尾导轨两侧垂直方向的窄平面之间的平行度公差的检测。将工件侧放，如图 5-84 所示，将导轨上的被测窄平面与1 级检验平板接触，工件上的圆柱部分可放在检验平板以外，用可调支承顶起，调整可调支承，使被测窄平面与检验平板精确靠平接触（可用塞尺检验接触程度），然后在检验平板上放置带表座的百分表，使百分表测头与另一侧导轨窄平面接触，并使表头产生约 1mm 的压缩量，将表的读数调零，然后在检验平板上移动表座，使百分表测头与工件窄平面各点接触进行测量，观察表针的摆动范围，这个摆动范围的读数就是两窄平面之间的平行度误差。

c. 燕尾导轨两侧水平平面之间的平行度公差的检测（图5-85）。将工件导轨底平面向下平放在检验平板上（此平板需特制，其平面尺寸为 800mm×250mm），将检验平板连同工件再通过可调支承一起放在另一块较大的检验平板上，在较大的检验平板上放置带表座的百分表，用百分表测量工件导轨面 A 上相距最远且不在一条直线上的三个点相对于检验平板的距离，用可调支承来进行调整，使这三点的距离读数相等，然后将百分表在这三个点的读数调零，再用这个百分表去检测工件另一侧与 A 面等高且与 A 面平行的被测平面相对于检验平板的距离，观察记录表针

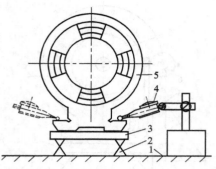

图 5-85　导轨两侧水平平面的平行
度误差的检测
1,3—检验平板；2—可调支承；
4—百分表及其表架；5—工件

的摆动的最大范围，这一读数就是被测平面相对于基准 A 的平行度误差。

d. "$\phi190H7$"孔轴线相对于工件导轨 A 面和 B 面组成的公共基准的平行度误差的检测，工件的放置和找正同上一步检验两平面平行度误差的检测，在工件的"$\phi190H7$"孔中安装 $\phi190mm$ 心轴，然后在检验平板上放置带表座的百分表，用此百分表检测 $\phi190mm$ 检验心轴上方素线上的两点距离检验平板的高度差，此高度差就是此孔轴线在垂直方向的平行度误差（注意两测点在轴向的距离大致为 $154mm$）；然后再在导轨的 B 面安放一直径为 $\phi25mm$ 的检验心轴，再将角铁或方箱放在检验平板上，使工件 B 面、$\phi25mm$ 检验心轴圆柱面、角铁竖直工作面相互靠紧在一起，用一带表座的百分表沿角铁竖直工作面上下移动，测量检验心轴水平素线上两点距离角铁竖直工作面的距离差，此距离差可近似认为是轴线相对于工件燕尾导轨 A、B 面的水平方向的平行度误差（注意两测点在轴向的距离大致为 $154mm$），如图5-86所示。

e. "$\phi280H7$"与"$\phi210H7$"孔轴线相对于基准"$\phi190H7$"孔轴线的同轴度误差的检测。在工件的"$\phi190H7$"孔中安装 $\phi190mm$ 检验

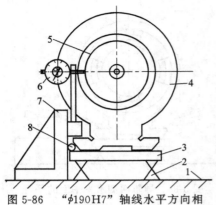

图 5-86 "$\phi190H7$" 轴线水平方向相
对于 A、B 面平行度误差的检测

1,3—检验平板；2—可调支承；4—工件；
5—$\phi190mm$ 检验心轴；6—百分表及其表架；
7—角铁；8—$\phi25mm$ 检验心轴

心轴，在心轴朝向"$\phi280H7$"孔的一端通过磁力表座安装百分表，调整百分表测头使之与"$\phi280H7$"孔壁接触并产生一定压缩量，然后轻轻转动心轴并可将心轴沿轴向移动一定距离，观察记录百分表表针摆动范围的数值，此表针的摆动量即为此孔相对于基准孔之间的同轴度误差，如图 5-87 所示。"$\phi210H7$"孔轴线的同轴度误差的测量与"$\phi280H7$"孔基本相同，只不过在让过缺圆部位时，需用手轻轻提起百分表的测头。

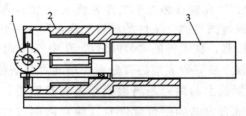

图 5-87 同轴度误差的检测方案示意图

1—百分表及其表架；2—工件；3—检验心轴

5.6.3 垂直孔

5.6.3.1 定位套

（1）零件图 图 5-88 所示为定位套。其材料为 1Cr18Ni9Ti 奥氏不锈钢。

（2）零件分析

① 尺寸精度。定位套孔的尺寸分别为"$2 \times \phi32H7$"、"$\phi60H7$"，精度等级均为 IT7；定位套的直径为 $\phi250mm$，总长度

为 102mm。

② 形位精度。"2×φ32H7"两孔的中心距为（152±0.03）mm。"2×φ32H7"孔端面与"φ60H7"孔轴线的垂直度公差为 0.02mm。

③ 表面粗糙度。"2×φ32H7"表面粗糙度 Ra 为 3.2μm，其余的孔和面表面粗糙度要求均为 $Ra=1.6μm$。

（3）检测量具与辅具 根据此工件所需检测的位置和尺寸精度要求以及表面粗糙度的要求，选用的检测量具有：内径千分表，千分表及其磁力表架，带前后顶尖支架的检验平

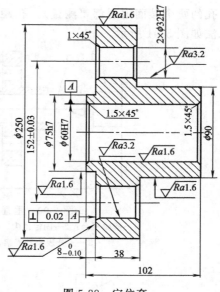

图 5-88　定位套

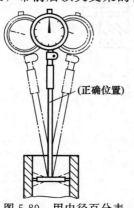

图 5-89　用内径百分表测量孔径

台，千分尺，检验心轴，游标卡尺，Ra 值粗糙度样块。

（4）零件的检测

① 用内径量表检测"φ60H7"、"2×φ32H7"孔径尺寸，确保孔径尺寸符合图样要求，如图 5-89 所示。

② "2×φ32H7"孔端面相对于基准轴线 A 的垂直度误差的检测。在工件"φ60H7"孔插入检验心轴，将其连同工件顶在检验平台上一对等高的顶尖上，将千分表测头与工件被测端面接触，将检验心轴旋转，千分表所示的最大值和最小值之差即为垂直度误差，如图 5-90 所示。

③ "2×φ32H7"孔距的检测。在两个"φ32H7"孔中插入 2 级精度 φ32mm 标准检验心轴，用测量范围在 175～200mm 的千分尺检测两检验心轴外侧圆柱面间的距离 L（测点要靠近工件端面并且

孔的两个端面附近都要测量），孔距为（152±0.03）mm，检测方法如图 5-91 所示。

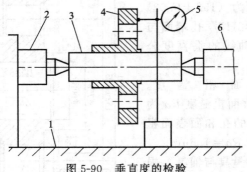

图 5-90 垂直度的检验

1—检验平台；2—固定顶尖；3—检验心轴；4—工件；
5—千分表及其表架；6—活动顶尖

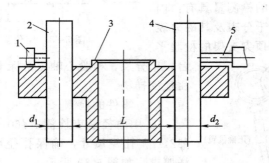

图 5-91 孔距的检测

1,5—千分尺测头；2,4—检验心轴；3—工件

5.6.3.2 齿轮架

（1）零件图 图 5-92 所示为齿轮架。

（2）齿轮架零件的主要技术要求分析

① 尺寸精度。齿轮架零件两个垂直相交孔 D 孔和 C 孔，两孔的尺寸要求均为"$\phi28H8$"；D 孔端面到 C 孔轴线的距离尺寸为 45mm。

② 形位精度。D 孔轴线相对于 C 孔轴线的垂直度公差为 0.04mm，D 孔轴线与 C 孔轴线之间的对称度公差为 0.05mm；C

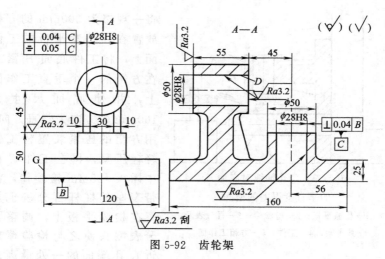

图 5-92　齿轮架

孔轴线对底面 B 的垂直度公差要求为 0.04mm。

③ 表面粗糙度。各加工表面的表面粗糙度要求均为 $Ra=3.2\mu m$。

（3）检测量具与辅具　根据此工件所需检测的位置和尺寸精度要求以及表面粗糙度的要求，选用的检测量具有：内径百分表（分度值为 0.01mm，测量范围 25～30mm），杠杆百分表及其磁力表架（分度值为 0.01mm，测量范围 0～5mm），3 级精度量块（83块），$\phi28mm$ 检验棒 2 支，300mm 的游标卡尺和深度游标卡尺，检验平板，中心顶尖，$\phi30mm$ 定位心轴，Ra 值粗糙度样块。

（4）零件检测

① 尺寸精度的检测。用内径百分表分别测量两个"$\phi28H8$"孔的孔径尺寸。在使用前，内径百分表需要用标准环规或千分尺和量块来校对。

D 孔端面到 C 孔轴线距离尺寸 45mm 的检验，可使用加工中的测量方法，在 C 孔中插入检验棒后用深度游标卡尺测量，并进行计算即可获得。其他尺寸的检验均可用游标卡尺进行。

② 位置精度的检测

a. C 孔轴线对底面 B 的垂直度误差的检测。如图 5-93 所示，

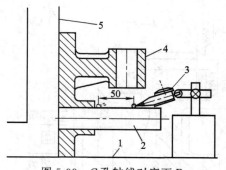

图 5-93 C 孔轴线对底面 B
的垂直度误差的检测

1—检验平板；2—检验棒；3—百分表及
其表架；4—工件；5—方箱工作面

将一规格为 300mm 的方箱放置在一检验平板的工作面上，将工件底面 B 紧靠在方箱的一个垂直工作面上，并使底面尺寸为 160mm 的方向为竖直方向，用方箱的压紧装置将工件轻轻压紧，再在工件 C 孔中插入 φ28mm 检验棒，将带表座的杠杆百分表也放置在检验平板上，调整百分表测头使之与检验棒靠近 C 孔端面的一处最高点

接触，并使测头的压缩量约为 0.5mm，将此刻的百分表读数调零，然后移动百分表，使其测头与检验棒另一处最高点接触，两测点的轴向距离应大致为 50mm，百分表在第二测点的读数就是 C 孔轴线对底面 B 的垂直度误差，此误差值不大于 0.04mm 时为合格。

b. C、D 两孔轴线垂直度误差的检测。如图 5-94 所示，在齿轮架的 D

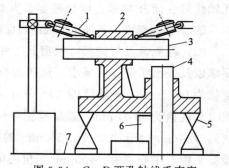

图 5-94　C、D 两孔轴线垂直度
误差的检测

1—百分表及其表架；2—工件；
3,4—检验棒；5—可调支承；
6—90°角尺；7—检验平板

孔和 C 孔中分别插入检验棒 3 和检验棒 4，将零件底平面 B 通过可调支承置于检验平板上，通过可调支承的调节使检验棒 4 垂直于检验平板（可用 90°角尺在两个不同方向上验证），然后将带表座的杠杆百分表放置在检验平板上，使百分表测头与检验棒 3 上靠近 D 孔一端端面的一处最高点接触，并使测头的压缩量约为

0.5mm，将百分表读数调零，然后移动百分表至 D 孔另一端面并使其测头与检验棒 3 靠近该端面的最高点接触，此时百分表读数即为测量结果，若该值不大于 0.04mm，则工件上两孔轴线的垂直度误差满足要求，否则，该零件两孔轴线的垂直度误差超差，应判为不合格产品。

c. C、D 两孔轴线的对称度误差的检测。如图 5-95 所示，在齿轮架的 C 孔和 D 孔中分别插入检验棒 7 和检验棒 5，将 C 孔中的检验棒 7 通过其自身两端面上的顶尖孔支承在检验平板上一对等高的顶尖上。在工件底板（尺寸为 160mm×25mm）的侧平面上支承上可调支承，然后将带表座的杠杆百分表也放置在检验平板上。用可调支承结合百分表将插入 D 孔中的检验棒 5 找平，使之平行于检验平板工作面并将百分表测头调整至与检验棒 5 圆柱面一处最高点接触并产生约 0.5mm 的压缩量，然后将其读数调零。随后将工件绕 C 孔中的心轴轴线翻转 180°，使零件底板另一个 160mm×50mm 的侧平面与可调支承接触。用另一套带表座的百分表再次将插入 D 孔中的检验棒 5 找平，然后用上述调好零位的百分表测量此时 D 孔中的检验心棒最高点相对于该表零位的高度差，若该值不大于 0.05mm，则工件上两孔轴线的对称度误差满足要求，否则，该零件此项精度检验为不合格。

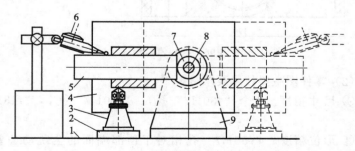

图 5-95　C、D 两孔轴线的对称度误差的检测
1—检验平板；2—垫块；3—可调支承；4—工件；5,7—检验棒；
6—百分表及其表架；8—前顶尖；9—后顶尖座

③ 表面粗糙度的检验。用表面粗糙度样块目测出两孔的表面粗糙度值，Ra 应不大于 $3.2\mu m$。

5.6.4 相交孔系

5.6.4.1 挡块汽缸箱体

(1) 零件图 图 5-96 所示为挡块汽缸箱体。

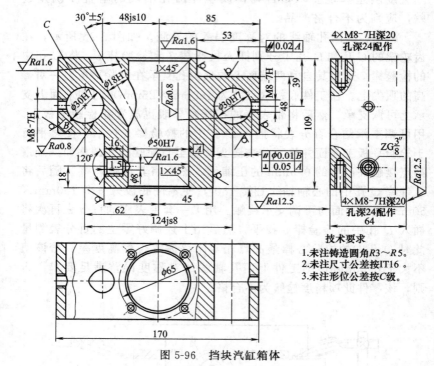

图 5-96 挡块汽缸箱体

(2) 零件图主要技术要求分析

① 尺寸精度。2 个 "ϕ30H7" 孔, "ϕ50H7" 孔, "ϕ18H7" 斜孔。

② 形位精度。"ϕ50H7" 孔相对于顶部端面的全跳动公差值为 0.02mm, 其精度介于 IT6～IT7 级之间; 两边有两个尺寸为 "ϕ30H7" 的孔, "ϕ30H7" 两孔轴线平行度公差为 ϕ0.01mm, 其精度达到了 IT4 级, 孔距为 "124js8", 2 个 "ϕ30H7" 孔的轴线与 "ϕ50H7" 孔的轴线要求垂直度公差值为 0.05mm, 其精度等级介于 IT7～IT8 级之间, "ϕ18H7" 斜孔的轴线与端面 C 的交点

到"$\phi50H7$"孔轴线的距离为"48js10",并且此孔轴线与"$\phi50H7$"孔轴线有一角度要求：$30°±5'$。此外，在工件的侧面还有"$2×M8-7H$"孔分别与"$\phi30H7$"孔相通，在工件侧下部有一个"$ZG\frac{3}{8}''$"锥管螺纹孔与"$\phi50H7$"孔相通，在工件"$\phi50H7$"孔的两个端面上分别有 4 个均布的"$M8-7H$"螺纹孔，孔深 20mm。

③ 表面粗糙度。2 个"$\phi30H7$"孔的表面粗糙度值 Ra 为 $0.8\mu m$，"$\phi50H7$"孔的表面粗糙度值 Ra 为 $1.6\mu m$，"$\phi18H7$"斜孔的表面粗糙度值 Ra 为 $1.6\mu m$，其余均为 $Ra=12.5\mu m$。

（3）检测量具与辅具　根据此工件所需检测的位置和尺寸精度要求以及表面粗糙度的要求，选用的检测量具有：内径百分表，杠杆百分表及其磁力表架，外径千分尺，量块组，检验平板，V 形铁，球头心轴，心轴，万能角度尺，角度量块或正弦规，直角尺，塞尺，Ra 值粗糙度样块。

（4）零件检测

① "$\phi18H7$"斜孔轴线与端面交角的检测。在"$\phi18H7$"斜孔中插入 $\phi18h5$ 心轴，用角度量块或正弦规在 120°处校对一把分度值为 $2'$ 的万能角度尺，用这把万能角度尺检验 $\phi18h5$ 心轴素线与端面的夹角，用塞尺测量万能角度尺的工作面与被测面的缝隙，角度误差为：

$$（塞尺厚度/L）×（180°/3.1416）$$

注：L 为万能角度尺的工作面与被测面的接触处到塞尺处的距离。

② 尺寸精度的检测

a. "$\phi30H7$"孔、"$\phi50H7$"孔与"$\phi18H7$"孔径就用序检时使用的各自相应规格的内径百分表检测。各螺纹孔的检测可使用螺纹塞规进行。

b. 两个"$\phi30H7$"孔的孔距检测时，可先分别将两个 $\phi30h5$ 心轴插入两个"$\phi30H7$"孔中，然后用量程为 $150\sim175mm$ 的外径千分尺测量孔距方向上两心轴外圆面相距最远的两点之间的距离，用这一实际尺寸分别减去两心轴的实测半径尺寸，就可得到两"$\phi30H7$"孔的实测孔距尺寸。

c. "$\phi18H7$"斜孔轴线与端面 C 的交点到"$\phi50H7$"孔轴线

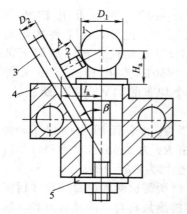

图 5-97　斜孔位置误差的检测
1—球头心轴；2—量块组；3—心轴；
4—工作；5—压板

的距离 l_a 的检测。如图 5-97 所示，将球头心轴安装在"$\phi50H7$"孔中，在"$\phi18H7$"斜孔中插入 $\phi18h5$ 心轴，球头心轴的球心到"$\phi50H7$"孔的端面距离为 70mm，球头直径是 50mm，则球面到 $\phi18h5$ 心轴圆柱面的理论最近距离是 32.569mm，可用名义尺寸为 1.07mm，1.5mm，30mm 的三块量块通过研合组合为尺寸 32.57mm 的量块组，将量块组放入到球面和心轴圆柱面之间，通过更换量块的组合，使在移动量块组时感觉量块与被测面有轻微摩擦即可，记下此时的量块组的尺寸数值 A，则斜孔轴线与端面的交点与"$\phi50H7$"孔轴线的距离 l_a 可由下式计算：

$$l_a=\left[(A+D_1/2+D_2/2)-H_a\sin\beta\right]/\cos\beta$$

式中　D_1——球头的实测直径尺寸；

D_2——$\phi18h6$ 心轴的实测直径尺寸；

H_a——球头球心距离工件端面的实测尺寸；

β——"$\phi18H7$"斜孔轴线与端面 C 法线相交角（图纸中设计值为 30°）的实测角度，由检测"$\phi18H7$"斜孔轴线与端面交角中获得。

③ 形位误差的检测

a. "$\phi50H7$"孔带有斜孔的端面相对于"$\phi50H7$"孔轴线的全跳动误差的检测。"$\phi50H7$"孔带有斜孔的端面不是一个完整的圆形端面，如按全跳动的测量方法去测量极不方便，所以现改为测量跳动误差和平面度误差并将这两种误差相加值来作为全跳动误差值。检验跳动误差时，如图 5-98 所示，将一根 $\phi50h5$ 心轴插入"$\phi50H7$"孔中，两端露出，将心轴支承在一对等高的、放在检验平板上的 V 形铁中，心轴的一端用角铁等顶住，将千分表用磁力表座吸附在检验平板的适当位置，使表的测头与被测端面有大约 1mm 的压缩量，将表的读数调零，然后轻轻转动工件，观察表针的摆动范围，此读数即为工件端面的跳动误差，注意只有测头在靠近孔口的位置工件才能整周转动，在其他非正圆的位置工件只能做一定范围的摆动。检验工件端面平面度时，可用刀口尺或平尺放在工件被测端面上，通过观察光隙来判断其平面度。

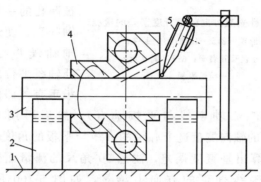

图 5-98　工件端面跳动的检测

1—检验平板；2—V 形铁；3—ϕ50h5 心轴；4—工件；5—杠杆千分表及其表架

　　b. 两个"ϕ30H7"孔之间平行度的检测。将两个"ϕ30H7"孔中各插入一支 ϕ30h5 心轴，心轴两端要露出孔外，用量程为 150～175mm 的外径千分尺测量两心轴圆柱面孔距方向相距最远的两点，测点要尽量靠近孔的端面，在孔的两个端面附近各测一个数据，两者的差值即为两孔水平方向的平行度误差；然后再将一心轴的两端支承在一对等高的 V 形铁中，V 形铁平稳地放在检验平板上，另一孔的下方用可调支承（小千斤顶）顶起，然后用带表座的千分表在没有用 V 形铁支承的心轴两端测量心轴表面的高度差（测点要尽可能靠近孔的端面），此高度差就是两孔垂直方向的平行度误差，如图5-99所示。当上述两个方向的误差值均小于公差值 0.01mm 时，工件的此项精度为合格。

　　c. "ϕ30H7"孔与"ϕ50H7"孔的垂直度误差的检测。在各孔

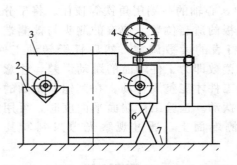

图 5-99　两孔垂直方向的平行度误差的检测

1—V 形铁；2,5—心轴；3—工件；

4—千分表及其表架；6—可调支承；

7—检验平板

中均插入各自相应尺寸的心轴，将 ϕ50h5 心轴两端支承在一对等高的并安放在检验平板上的 V 形铁上，两个 ϕ30h5 心轴自然下垂与平板接触，用 90°角尺将插入被测孔的一根 ϕ30h5 心轴找正，使过 ϕ30h5 心轴轴线并与"ϕ50H7"孔轴线平行的平面与平板垂直（即使与此平面平行的 ϕ30h5 心轴素线与平板垂直），然后再用 90°角尺在"ϕ50H7"孔的轴向测量这个心轴的素线与平板的角度，用观察光隙的方法估算出垂直度误差，注意 90°角尺的测量面要摆放在与 ϕ50h5 心轴轴线垂直的方向上测量，如图 5-100 所示。另一"ϕ30H7"孔的垂直度误差的检验相同。

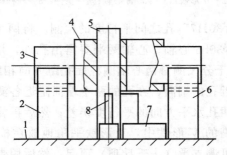

图 5-100　"ϕ30H7"孔垂直度误差的检测

1—检验平板；2,6—V 形铁；3—ϕ50h5 心轴；4—工件；5—ϕ30h5 心轴；

7—测量用 90°角尺；8—找正用 90°角尺

5.6.4.2　相交孔块

（1）零件图　图5-101所示为相交孔块。

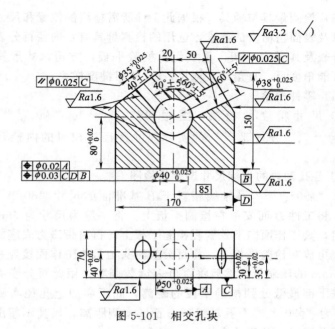

图 5-101　相交孔块

（2）零件图分析　该零件上 4 个孔的尺寸要求分别为
"$\phi50^{+0.025}_{0}$"、"$\phi40^{+0.025}_{0}$" 和 "$\phi38^{+0.025}_{0}$"、"$\phi35^{+0.025}_{0}$" 尺寸精度
均为 IT7。"$\phi40^{+0.025}_{0}$" 孔轴心线与 "$\phi50^{+0.025}_{0}$" 孔轴心线 A 的位
置度公差为 $\phi0.02\text{mm}$；"$\phi40^{+0.025}_{0}$" 孔轴心线与 C、D、B 面的位
置度为 $\phi0.03\text{mm}$；"$\phi38^{+0.025}_{0}$" 孔轴心线与 C 面的平行度公差为
$\phi0.025\text{mm}$；"$\phi35$" 孔轴心线与 C 面的平行度公差为 $\phi0.025\text{mm}$，
"$\phi50^{+0.025}_{0}$" 孔距底面 B 的距离为 "$80^{+0.02}_{0}$"，"$\phi50^{+0.025}_{0}$" 孔中心距
左斜面距离为 20mm、距右斜面距离为 50mm。"$\phi40^{+0.025}_{0}$" 孔距 C 面
的距离为 "$35^{+0.02}_{0}$"。"$\phi35^{+0.025}_{0}$" 孔距 C 面的距离为 "$40^{+0.02}_{0}$"。
"$\phi38^{+0.025}_{0}$" 孔距 C 面的距离为 "$30^{+0.02}_{0}$"。"$\phi40^{+0.025}_{0}$" 孔轴线与
$\phi38^{+0.025}_{0}$" 孔轴线的角度要求为 $60°\pm5'$，　"$\phi40^{+0.025}_{0}$" 孔轴线与
"$\phi35^{+0.025}_{0}$" 孔轴线的角度要求为 $40°\pm5'$。"$\phi40^{+0.025}_{0}$" 和 "$\phi38^{+0.025}_{0}$"、
"$\phi35^{+0.025}_{0}$" 内表面、B 面、D 面及两个斜面的表面粗糙度要求均为
$Ra=1.6\mu\text{m}$；其余均为 $Ra=3.2\mu\text{m}$。

（3）检测量具与辅具　根据此工件所需检测的位置和尺寸精度要求以及表面粗糙度的要求，选用的检测量具有：内径百分表，杠杆百分表及其磁力表架，量块组，检验平板，方箱，V形铁，心轴，万能角度尺，直角尺，塞尺，Ra 值粗糙度样块。

（4）零件检验

① 尺寸精度的检测。图中 "$\phi 50^{+0.025}_{0}$"、"$\phi 40^{+0.025}_{0}$" 和 "$\phi 38^{+0.025}_{0}$"、"$\phi 35^{+0.025}_{0}$" 的实际尺寸用经过校对的内径百分表测量。

② 各孔轴线的坐标尺寸误差的检测

a. "$\phi 50^{+0.025}_{0}$" 孔轴线相对于 B 基准面的尺寸 "$80^{+0.02}_{0}$" 的检测。将工件 B 面安放在检测平板上，将一组为尺寸为 55mm 的量块组，其工作面向下放置在检验平板上，再将带磁力表座的杠杆百分表也放在检验平板上。将百分表测头与量块工作面接触并产生约 0.5mm 的压缩量，然后将百分表读数调零，用此百分表测量被测孔壁下部最低处到检验平板的距离，此距离加上孔径实测值的 1/2 即为 "$\phi 50^{+0.025}_{0}$" 孔轴线到 B 面的实测距离，当其不超出尺寸公差带范围时，此尺寸合格。

b. "$\phi 40^{+0.025}_{0}$" 孔轴线到 C 基准面距离尺寸 "$35^{+0.02}_{0}$" 的检测。将工件 C 面平稳地安放在检验平板上，用尺寸为 10mm 的量块，其工作面向下放置在检验平板上。然后用与上述相同的操作和计算方法，就可检测出 "$\phi 40^{+0.025}_{0}$" 孔轴线相对于 C 基准面距离。此方法可用于 "$\phi 35^{+0.025}_{0}$" 孔轴线相对于 C 面的距离尺寸 "$40^{+0.02}_{0}$" 的检测以及 "$\phi 38^{+0.025}_{0}$" 孔轴线相对于 C 面的距离尺寸 "$30^{+0.02}_{0}$" 的检测。需要量块组尺寸分别为 22.5mm 和 11mm。

③ 形位精度的检测

a. "$\phi 35^{+0.025}_{0}$" 孔轴线相对于 C 基准面的平行度误差的检测。如图 5-102 所示，在 "$\phi 35^{+0.025}_{0}$" 孔中插入 $\phi 35h5$ 心轴，然后将工件 C 面平放在检验平板工作面上，将带磁力表座的杠杆百分表也放在检验平板上，将其测头与心轴表面靠近孔的端面的最高点接触，并要求约有 0.5mm 的压紧量，将表头读数调零，然后用此表再次测量一处心轴表面最高点（要求两次测量点的轴向距离约为40mm），此读数即为被测孔轴线相对于 C 基准面的平行度误差。此误差要求不超过 0.025mm 时为合格。

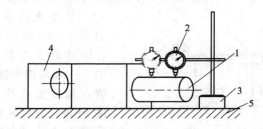

图 5-102　孔轴线相对于 C 基准面的平行度误差的检测
1—检验心轴；2—百分表；3—磁力表架；
4—工件；5—检验平板

b. "$\phi 38^{+0.025}_{0}$" 孔轴线相对于 C 基准面的平行度误差的检测与上述 "$\phi 35^{+0.025}_{0}$" 孔检验相同，只是需要在 "$\phi 38^{+0.025}_{0}$" 孔中插入 $\phi 38h5$ 心轴。

c. "$\phi 40^{+0.025}_{0}$" 孔轴线相对于 C、D、B 基面的位置精度检验。

ⓐ 相对于 C 面的误差检测。在 "$\phi 40^{+0.025}_{0}$" 孔中插入 $\phi 40h5$ 心轴，将工件的第一基准面 C 面平放在检验平板工作面上，用上述检测轴线平行度的方法，检测此孔轴线相对于 C 面的平行度误差，要求此误差不大于 0.03mm。

ⓑ 相对于 D 面的误差检测。将工件的 D 基准面放置检验平板工作面上，用上述检测轴线平行度的方法，检测此孔轴线相对于 D 面的平行度误差，要求此误差不大于 0.03mm。然后拆下心轴。组成 65mm 的量块组，用上述测量孔轴线的坐标尺寸的方法测量此被测孔轴线相对于 D 面的坐标实测尺寸，此尺寸在（85±0.015）mm 范围内为合格。

ⓒ 相对于 B 面的误差检测。将 $\phi 40h5$ 心轴插入 "$\phi 40^{+0.025}_{0}$" 孔中，用 90°角尺测量心轴轴线与工件基准面 B 的垂直度误差，通过透光检查和塞尺测量 90°角尺工作面与心轴素线的缝隙。测量过

程要在不少于三个方向上进行，要求在轴向 55mm 长度上所测量的缝隙不大于 0.03mm。

d. "$\phi 40^{+0.025}_{0}$" 孔轴线相对于基准 A 面的位置度误差检测。

ⓐ 垂直度误差的检测。如图 5-103 所示，将 $\phi 50h5$ 心轴装夹在方箱的 V 形槽中，一端从槽中露出 80mm。将方箱放置在检验平台上，使 $\phi 50h5$ 心轴垂直向上，然后将工件的 "$\phi 50^{+0.025}_{0}$" 孔套在 $\phi 50h5$ 心轴露出的那一端上，再在 "$\phi 40^{+0.025}_{0}$" 孔中插入 $\phi 40h5$ 心轴，然后将带磁力表座的杠杆百分表放

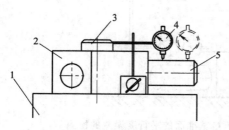

图 5-103　垂直度检测

1—方箱；2—工件；3—$\phi 50h5$ 心轴；
4—百分表及其表座；5—$\phi 40h5$ 心轴

置在方箱上部的工作表面上，用百分表测量 $\phi 40h5$ 心轴轴线相对于方箱上表面的平行度误差，此误差即为被测孔轴线相对 A 基准面的垂直误差。在 55mm 的轴向长度上误差不超过 0.02mm 为合格。

ⓑ 对称度误差的检测。如图 5-104 所示，在 "$\phi 50^{+0.025}_{0}$" 孔中插入 $\phi 50h5$ 心轴，将心轴两端支承在一对等高的并放置在检验平板的工作面上的 V 形铁上，再在 "$\phi 40^{+0.025}_{0}$" 孔中插入 $\phi 40h5$ 心轴，然后用放置在平板上带磁力表座的杠杆百分表将 $\phi 40h5$ 心轴找平，使之平行于检验平板（可用可调支承调节）将其测头与心轴最高点

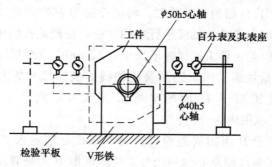

图 5-104　对称度误差的检测

　图解机械零件加工精度测量及实例

接触，并要求约有 0.5mm 的压紧量，将表头读数调零，然后将工件翻转 180°，用另一百分表经可调支承将心轴再次找平，使之平行于检验平板。用上述调零的百分表测头与重心找平的心轴圆柱面最高点接触，观察百分表读数 Δ，则被测孔的对称度误差为 $\Delta \times \dfrac{55}{105}$。

ⓒ 角度误差的检测。

"$\phi 38^{+0.025}_{0}$" 孔轴线与 "$\phi 40^{+0.025}_{0}$" 孔轴线的交角 $60° \pm 5'$ 的检测：如图 5-105 所示，在 "$\phi 40^{+0.025}_{0}$" 孔中插入 $\phi 40h5$ 心轴，将此心轴支承在放置在检验平板上的 V 形铁中，并用 V 形铁压紧元件略微压紧心轴，再在 "$\phi 38^{+0.025}_{0}$" 孔中插入 $\phi 38h5$ 心轴。用 90° 角尺找正工件 C 面，使之垂直于检验平板，用分度值为 $2'$ 的万能角度尺测量 $\phi 38h5$ 心轴轴线与检验平板所成的角度。可在通过心轴轴线且垂直于检验平板的平面内测量心轴素线与平板的夹角，此时用 90° 角尺减去万能角度尺的读数即为被测角实测值。

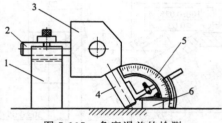

图 5-105　角度误差的检测

1—V 形铁及其压紧元件；2—心轴；3—工件；

4—$\phi 35h5$ 心轴；5—万能角度尺；

6—检验平板

"$\phi 35^{+0.025}_{0}$" 孔轴线与 "$\phi 40^{+0.025}_{0}$" 孔轴线的交角 $40° \pm 5'$ 的检测：检测方法同上，只是此次检测在 "$\phi 35^{+0.025}_{0}$" 孔中插入 $\phi 35h5$ 心轴，如图 5-106 所示，此时用 90° 角尺减去万能角度尺的读数即为被测角实测值。

工件两侧斜面与顶面的夹角 $40° \pm 5'$ 与 $60° \pm 5'$ 的检测可使用分度值 $2'$ 的万能角度尺进行。

5.6.4.3　钻模体

(1) 零件图　图 5-107 所示为钻模体。

(2) 零件图分析

① 尺寸精度。钻模体上 4 个孔的尺寸精度均为 IT7，尺寸分

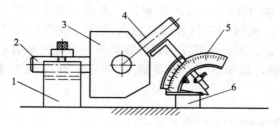

图 5-106　角度误差的检测

1—V 形铁及其压紧元件；2—心轴；3—工件；4—φ35h5 心轴；
5—万能角度尺；6—检验平板

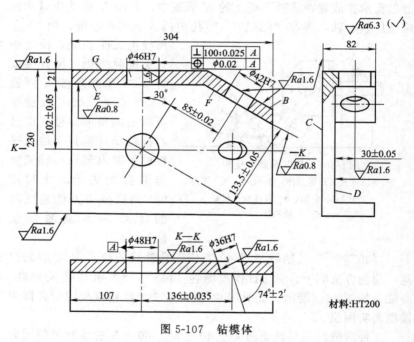

图 5-107　钻模体

别为"φ48H7"，"φ46H7"，"φ42H7"，"φ36H7"。"φ48H7"孔与
两相交内侧面 E、F 之间的位置要求分别为"102±0.05"和
"133.5±0.05"；"φ42H7"孔与"φ48H7"孔属于空间交叉孔，有
"85±0.02"的位置要求；斜孔"φ36H7"孔与"φ48H7"孔也属
于空间交叉孔，同时有"136±0.035"和 74°±2′的位置要求；相

交内侧面 E、F 的角度要求为 30°。

② 形位精度。"$\phi46H7$"孔对基准孔 A 的轴线的垂直度和位置度要求分别为 100∶0.025 和 $\phi0.02mm$；"$\phi46H7$"和"$\phi42H7$"孔与面 D 的位置要求为（30±0.05）mm。

③ 表面粗糙度。相交内侧面 E、F 的表面粗糙度 Ra 为 0.8μm，G、B、C、D 面以及上述 4 个孔的表面粗糙度要求均为 $Ra=1.6\mu m$；其余表面的表面粗糙度 Ra 为 6.3μm。

（3）检测量具与辅具 根据此工件所需检测的位置和尺寸精度要求以及表面粗糙度的要求，选用的检测量具有：三爪内径千分尺（0 级精度，测量范围 6～40mm 及 40～100mm 各一只），3 级量块一套（83 块），正弦规（$l=100mm$，1 级精度），杠杆千分表，磁力表座，球形检具、$\phi48h5×150$ 心轴、$\phi46h5×150$ 心轴、$\phi42h5×150$ 心轴、$\phi36h5×150$ 心轴、90°角尺（1 级，125mm 以上）各一个。带莫氏 5 号锥柄的 $\phi40mm$ 精密定位心轴，分度值为 0.02mm 的卡尺和深度尺，塞尺。

（4）零件检验

① 尺寸精度的检验。工件上"$\phi48H7$"、"$\phi46H7$"、"$\phi42H7$"和"$\phi36H7$"孔的实际直径尺寸，采用加工中所使用的相应规格的三爪内径千分尺经重新校对后进行测量检验。

② 孔的位置尺寸检验

a．"$\phi48H7$"孔轴线到 E 面距离尺寸"105±0.05"的检测。将工件 G 面平放在检验平板上，将一组组合后尺寸为 78mm 的量块组的工作面与工件的 E 面接触，然后将一带表座的杠杆百分表也放在 E 面上，百分表测头与量块组工作面接触并使之产生约 0.5mm 的压缩量，随后将百分表读数调零，用此百分表在其表座保持与 E 面接触的状态下测量"$\phi48H7$"孔壁最低处到 E 面的距离相对于量块的偏差值，仅计算可获得该距离的实际值，此距离值加上"$\phi48H7$"孔直径的实测值的 1/2 即为"$\phi48H7$"孔轴线到 E 面距离尺寸。

b．"$\phi36H7$"孔轴线距离的尺寸的检测也使用与上述相同的方法，只是量块的尺寸应为 84mm，并且因为 E 面与"$\phi36H7$"孔不正对，测量不方便，所以表架悬伸长度要长一些。

此外，"$\phi 48H7$"孔轴线到 E 面距离尺寸"133.5 ± 0.05"的检测方法同上，只是须将工件 B 面放在检验平板上，使 F 面放平，量块组尺寸为 109.5mm。"$\phi 46H7$"和"$\phi 42H7$"孔轴线到 D 面的距离尺寸"30 ± 0.05"的检测也与上述相同，但须将 D 面放平，量块尺寸分别应为 7mm 和 9mm。

c. "$\phi 48H7$"孔与"$\phi 42H7$"孔两交错孔轴线距离尺寸"85 ± 0.02"的检测。在"$\phi 48H7$"孔和"$\phi 42H7$"孔中分别插入相应的 $\phi 48h5$ 心轴和 $\phi 42h5$ 心轴，$\phi 42h5$ 心轴要插到与 $\phi 48h5$ 心轴外圆面相对的位置，用尺寸为 40mm 的量块结合塞尺测量两心轴圆柱面之间的距离，如图 5-108 所示，从而可进一步计算得到两交错孔轴线的距离尺寸，即

量块+塞尺尺寸+两心轴的直径实测尺寸的 1/2。

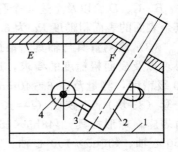

图 5-108 "$\phi 48H7$"孔与
"$\phi 42H7$"孔轴线距离的检测
1—工件；2—$\phi 42h5$ 心轴；
3—量块；4—$\phi 48h5$ 心轴

d. "$\phi 36H7$"孔轴线在 D 面的交点与"$\phi 48H7$"孔轴线的距离尺寸"136 ± 0.035"的检测。此尺寸的检验可利用加工时的原理和方法，"$\phi 48H7$"孔中放入球形检具，在"$\phi 36H7$"孔中穿入心轴，用量块测量球形检具的球面与心轴圆柱面的实际距离 S_a，则在加工时所用公式中的 L 的实际尺寸为

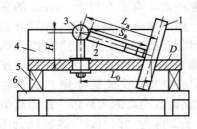

图 5-109 "$\phi 36H7$"孔轴线在 D
面的交点到"$\phi 48H7$"孔轴线距
离的检测

1—心轴；2—量块；3—球形检具；
4—工件；5—支承；6—检测工作台

$L_a = S_a +$ 实测球头直径的 1/2
$+$ 实测心轴直径的 1/2

那么通过上述公式反向推导可得所测尺寸的实际值

$$L_0 = [L_a - H\sin(90°-74°)]/\cos(90°-74°)$$

式中 H 须为实测值，如图 5-109

所示。

③ 位置公差的检测

a. "$\phi46H7$" 孔轴线相对于作为基准 A 的 "$\phi48H7$" 轴线垂直度误差的检测。在 "$\phi46H7$" 孔中插入 $\phi46h5$ 心轴，在 "$\phi48H7$" 孔中插入 $\phi48h5$ 心轴，插入 $\phi46H7$ 孔的心轴端面应与 $\phi48h5$ 心轴圆柱面接触，用 90°角尺（63mm 宽座角尺，1 级精度）在两轴线平面内测量两心轴素线所成角度，观测角尺的测量工作面和心轴素线间的间隙，要求在角尺测量面 63mm 的长度上其缝隙宽度不超过 0.015mm，可观察光隙光的颜色并与标准光隙的光色进行对比，从而判定被测缝隙的宽度，如图 5-110 所示。

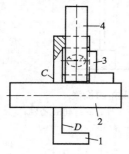

图 5-110 "$\phi46H7$" 孔轴线垂直度误差的检验方案
1—工件；2—$\phi48h5$ 心轴；
3—90°角尺；4—$\phi46h5$ 心轴

b. "$\phi46H7$" 孔轴线相对于基准 A 的位置度公差 $\phi0.02$mm 的检测（图 5-111）。由于被测轴线相对于基准轴线的理想位置是垂直相交，垂直要求可由上一步垂直度公差保证，而相交的要求相当于一个对称度公差要求，检测时在 "$\phi48H7$" 孔中插入 $\phi48h5$ 心轴并通过其顶尖孔将其支承在检验工作台上的一对等高的顶尖上，同样再在 "$\phi46H7$" 孔中插入 $\phi46h5$ 心轴，用百分表和可调支承将此心轴调整至平行于检测工作台工作面，将百分表测头调整至与此心轴最高点接触并将表的读数调零，然后将工件翻转 180°，再次用百分表将 $\phi46h5$ 心轴找正，使其两端等高，即使其平行于检测工作台工作面，再次将百分表测头调整至与此状态下的心轴最高点接触，百分表的读数假设为 Δ(mm)，则被测轴线相对于基准 A 的位置度误差为：$\Delta\times21\div102$(mm)，21 为被测轴线长度，102 为被测轴线到基准轴线的距离。此公式是借用键槽对称度误差的计算公式。

④ "$\phi36H7$" 孔轴线与工件 D 面的角度误差检测。此角度要求较高，为 $74°\pm2'$，检测时可先将镗好的 "$\phi36H7$" 孔中穿入心轴，心轴的圆柱部分露出在 D 面以上，将工件 D 面朝上支承在检验工作台上，再将正弦规安放在 D 面上，一端垫上量块，使正弦规工

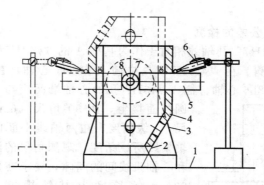

图 5-111 "φ46H7" 孔轴线的位置度误差的检测

1—检验工作台；2—可调支承；3—后部顶尖座；4—工件；5—φ46h5 心轴；
6—杠杆百分表及其表架；7—前部顶尖；8—φ48h5 心轴

作平面与 D 面的夹角为 $16°$，再在正弦规工作平面上放上 $90°$ 角尺，使 $90°$ 角尺的测量工作平面与 D 面的夹角为 $74°$（锐角），用此角作为标准量来测量 "φ36H7" 孔中穿入的心轴轴线与 D 面的夹角误差，将 $90°$ 角尺的测量面与心轴一侧的素线接触，调整移动正弦规与角尺的位置，使角尺的测量面与心轴素线接触光隙为最小，通过观测

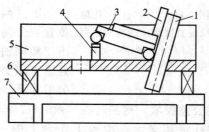

图 5-112 "φ36H7" 孔轴线的角度误
差检测示意图

1—心轴；2—90°角尺；3—正弦规；4—量块；
5—工件；6—支承（垫铁）；7—检验工作台

光隙（可结合塞尺）来估计测量角度误差，如图 5-112 所示。

5.6.4.4 壳体

（1）零件图 图 5-113 所示为壳体。

（2）零件分析

① 尺寸精度。壳体零件孔的尺寸为 "φ120H6($^{+0.022}_{0}$)" 和 2 个 "φ25H6"，6 个 "R10" 及 4 个 "φ19" 以及 E、F 面间的距离尺寸 "$52^{-0}_{-0.1}$"，工件法兰盘端面的厚度尺寸 14mm。"φ120H6($^{+0.022}_{0}$)" 孔

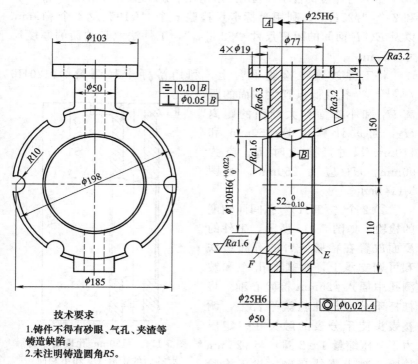

图 5-113 壳体

中心线到大端面的距离为 150mm，"$\phi120H6\left(^{+0.022}_{0}\right)$"孔中心线到小端面的距离为 110mm。

② 形位精度。2 个"$\phi25H6$"孔间同轴度的误差为 $\phi0.02mm$，"$\phi120H6\left(^{+0.022}_{0}\right)$"与 2 个"$\phi25H6$"孔的对称度与垂直度误差为 $\phi0.05mm$，"$\phi120H6\left(^{+0.022}_{0}\right)$"与 2 个"$\phi25H6$"孔的对称度误差为 0.10mm。

(3) 检测量具与辅具 根据此工件所需检测的位置和尺寸精度要求以及表面粗糙度的要求，选用的检测量具有：三爪内径千分尺，游标卡尺，杠杆千分表及磁力表座；检验心轴，球面支承；检验平台。

(4) 零件检验

① 尺寸精度的检验。利用三爪内径千分尺检验 "$\phi 120 H6(^{+0.022}_{0})$"
和 2 个 "$\phi 25 H6$"。利用游标卡尺检验 6 个 "$R10$" 及 4 个 $\phi 19mm$
以及 E、F 面间的距离尺寸 "$52^{0}_{-0.10}$",工件法兰盘端面的厚度尺
寸 14mm。

将工件放置在检验平台上,利用游标卡尺测量 "$\phi 120 H6$
($^{+0.022}_{0}$)" 孔最低点到大端面的距
离 H_1 和小端面到大端面的距离
H_2,通过计算检验 150mm 和
110mm 尺寸,检验时 H_1 应为
90mm,H_2 应为 260mm,如图
5-114 所示。

② 2 个 "$\phi 25 H6$" 孔间同轴度
的检验。如图 5-115 所示,工件的
E 面放置在检验平台的等高垫铁
和可调支承上,在基准孔 A 和被
测孔中插入 $\phi 25mm$ 检验心轴,将
杠杆千分表放在检验平台上,调
整表头使千分表的触头在一定压
力下(压缩量 1～2 圈)与 $\phi 25mm$
检验心轴上素线接触,找正检验
心轴上素线,使之平行于检验平
台工作面,并在千分表的触头与
$\phi 25mm$ 检验心轴上素线接触的情
况下,转动表盘使其示值为零。移

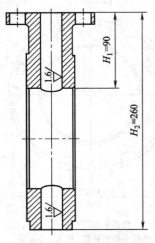

图 5-114 $\phi 120mm$ 孔最低点到
大端面的距离 H_1 和小端面
到大端面的距离
H_2 的检测

动表座,并在平台上滑动移动到另一个 "$\phi 25 H6$" 孔处,使表头与
插入被测孔表面的心轴上素线靠近孔端面处测点接触,观察千分表
指针的变化值 Δ_1,再沿轴向移动杠杆千分表,在距离上一测点
50mm 处,再次进行测量,得变化值 $\Delta_{1(50)}$,取两读数最大者乘以
2,如果数值小于 0.02mm,则此方向上两孔满足同轴度要求。再
将工件翻转 90°,重复上述测量,得千分表指针的变化值 Δ_2 和
$\Delta_{2(50)}$,取两读数中最大者乘以 2 则为该方向上的两孔同轴度误差,

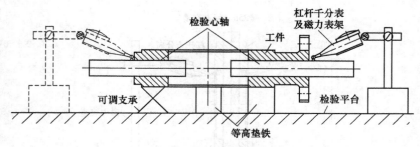

图 5-115　壳体零件同轴度的检测

如果数值小于 0.02mm 则合格，再计算

$$\sqrt{\Delta_1^2+\Delta_2^2},\ \sqrt{\Delta_{1(50)}^2+\Delta_{2(50)}^2}$$

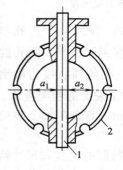

图 5-116　$\phi120mm$ 与 2 个
$\phi25mm$ 孔的对称度的检测
1—$\phi25mm$ 检验心轴；2—工件

如得数仍不超过 0.02mm，则此工件两孔的同轴度精度合格。

③ "$\phi120H6\ (^{+0.022}_{0})$" 与 2 个 "$\phi25H6$" 对称度与垂直度的检验

a. 对称度检验。在图 5-116 中撤去杠杆千分表，在 "$\phi25H6$" 孔插入 $\phi25mm$ 检验心轴，测量心轴两侧外素线到孔壁的距离 a_1、a_2，如图 5-116 所示。如果 a_1 与 a_2 差值不超过 0.10mm，则对称度合格。

b. 垂直度的检验。将插有检验心轴的工件垂直放置在图 5-117 所示的检具上，用杠杆千分表测量 "$\phi120H6$ $(^{+0.022}_{0})$" 孔接近两端面处的上素线的高度差，该差值不大于 0.05mm，则该孔垂直度合格。

5.6.5　斜孔

5.6.5.1　斜孔模块

(1) 零件图　图 5-118 所示为斜孔零件图，零件材料为 45 钢。

(2) 零件分析　该零件通孔的尺寸要求为 "$2\times\phi16^{+0.018}_{0}$"、斜

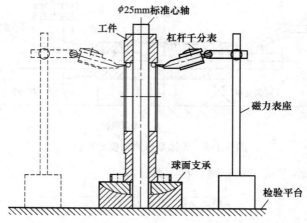

图 5-117 $\phi 120$mm 与 2 个 $\phi 25$mm 孔垂直度的检测

孔 "$\phi 20^{+0.021}_{0}$"，以上各孔尺寸精度均为 IT7；"$\phi 20^{+0.021}_{0}$" 孔与工件中心的位置要求为 (15 ± 0.013)mm、"$2\times \phi 16^{+0.018}_{0}$" 两孔的位置要求为 (40 ± 0.01)mm。"$2\times \phi 16^{+0.018}_{0}$" 孔的轴心线与端面 A 的垂直度为 $\phi 0.04$mm。"$2\times \phi 16^{+0.018}_{0}$" 孔加工表面的粗糙度 Ra 为 1.6μm，A 面的加工表面粗糙度 Ra 为 1.6μm；其余各加工表面的粗糙度要求均为 $Ra=3.2\mu$m。

（3）检测量具与辅具 根据此工件所需检测的位置和尺寸精度要求以及表面粗糙度的要求，选用的检测量具有：内径百分表，分度值为 $2'$ 的万能角度尺，外径千分尺，V 形铁，检验心轴。

（4）零件检验

① 各孔直径的检测。两个 "$\phi 16^{+0.018}_{0}$" 孔以及 "$\phi 20^{+0.021}_{0}$" 斜孔的孔径的检测可使用规格为 $15\sim 20$mm 的内径百分表进行（须经计量室校对）。

② "$\phi 20^{+0.021}_{0}$" 斜孔轴线与工件轴线所成角度的检测。在工件 "$\phi 20^{+0.021}_{0}$" 斜孔插入与之无间隙配合的心轴，用分度值为 $2'$ 的万能角度尺测量工件 B 面与心轴圆柱面素线所成角度（在工件轴线与 B 面交角为 $120°$方向测量），调整万能角度尺的角度并不断微微调整测量方向直到被测素线与万能角度尺工作面完全贴合，此时在

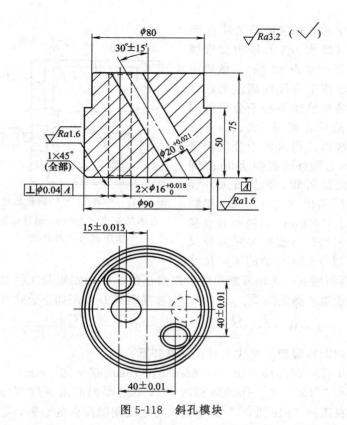

图 5-118　斜孔模块

游标上读出角度读数 β，则被测角度为 $\beta-90°$，注意：工件 B 平面与工件 $\phi90$mm 圆柱面应是"一刀活"，并且此测量也可在 A 基准面上进行。

③ "$\phi20^{+0.021}_{0}$" 斜孔轴线与 $\phi80$mm 圆柱 B 端面的交点到 $\phi80$mm 圆柱面轴线的距离尺寸的检测。同样要在工件 "$\phi20^{+0.021}_{0}$" 斜孔插入与之无间隙配合的心轴，再将工件 $\phi90$mm 圆柱面安放在一只放置在检验平板上的 V 形架的 V 形槽中（工件轴线成水平状态），并将工件略微压紧在其上面，应以能转动为宜，转动工件并用百分表找正插入 "$\phi20^{+0.021}_{0}$" 斜孔中的心轴轴线，使心轴轴线平行于检验平板，随后将工件压紧在 V 形架上，如图 5-119 所示，然后将一支 $\phi12$h5 心轴垂直放置在检验平板上并与插入 "$\phi20^{+0.021}_{0}$"

斜孔中的心轴表面及工件 B 面接触（即 $\phi20h5$ 心轴表面素线与 B 面交角为 60°处），然后将一公法线千分尺的固定测砧拆下，换装普通外径千分尺的固定测砧并在尺寸 78.32mm 处进行校对，用这种千分尺测量 $\phi12h5$ 心轴外圆面到 $\phi80$mm 圆柱面的距离 W，再用普通外径千分尺测出（与尺寸 L_1 相同方向上） $\phi80$mm 圆柱面的直径 P 和 $\phi12h5$ 心轴的实际直径尺寸 Q 以及 $\phi20$ 心轴的实际尺寸

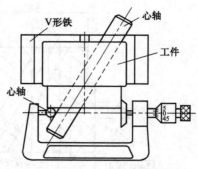

图 5-119 " $\phi20^{+0.021}_{0}$ " 斜孔轴线与 B 面的交点到 $\phi80$mm 圆柱面轴线距离尺寸的检测

S，再利用前一次用万能角度尺测量出的、心轴轴线与工件轴线所成的锐角的测量结果：$\beta-90°$，则被测距离 L 可用如下公式计算：

$$L=W-\frac{P}{2}-\frac{Q}{2}-\frac{Q}{2}\times\tan(\beta-90°)-\frac{Q+S}{2\cos(\beta-90°)}$$

如都将理想尺寸代入时，计算如下：

$$L=78.320-40-6-6\tan30°-16\cos30°=15 \ (\text{mm})$$

④ " $\phi16^{+0.018}_{0}$ " 孔轴线相对于 A 基准端面的垂直度误差的检测。在工件 " $\phi16^{+0.018}_{0}$ " 孔中插入与之无间隙配合的心轴，心轴一端要从 A 基准面伸出至少 75mm，将一只 0 级的 90°角尺放置在 A 基准面上，其基座面与工件 A 基准面可靠接触，其 90°测量面与心轴表面的素线接触，通过观察两者之间的光隙并塞塞尺来测量被测孔轴线相对于工件 A 基准面的垂直度误差，要求在 75mm 的接触长度上光隙宽度不超过 0.04mm。

(5) 表面粗糙度的检验　表面粗糙度用粗糙度样块目测比较。

5.6.5.2　底座

(1) 零件图　图 5-120 所示为底座零件图，零件材料为 HT300，毛坯为铸件，并经时效处理。

(2) 零件分析　该零件两个孔的尺寸要求分别为 " $\phi80H6$ " 和 " $\phi40H6$ "。" $\phi80H6$ " 孔轴线定位尺寸要求为 (180 ± 0.01)mm、

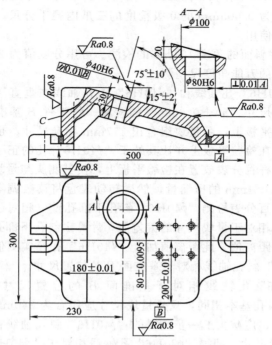

图 5-120 底座零件图

（200±0.01）mm、（80±0.0095）mm；"$\phi40H6$"孔轴线定位尺寸要求为（180±0.01）mm、（200±0.01）mm。

"$\phi80H6$"孔轴线与 A 面的垂直度公差为 0.01mm；"$\phi40H6$"孔轴线与 B 面的平行度公差为 0.01mm。加工表面的粗糙度要求均为 $Ra=0.8\mu m$。

（3）检测量具与辅具 根据此工件所需检测的位置和尺寸精度要求以及表面粗糙度的要求，选用的检测量具有：磁力表座，杠杆百分表（分度值为 0.01mm，测量范围 0～5mm），分度值为 0.02mm 的游标卡尺，分度值为 0.005mm 的 0 级精度的三爪内径千分尺，深度游标卡尺，$\phi60mm$ 心轴，$\phi40h2$ 检验心轴，$\phi80mm$ 的 2 级标准心轴各一根。

（4）零件检测

① "$\phi80H6$" 孔和 "$\phi40H6$" 孔孔径的检验，可用加工中使用过的分度值为 0.005mm 的 0 级精度的三爪内径千分尺，经计量室再次校对后使用。

② 工件斜面的角度 $15°\pm2'$ 的检测。可用分度值为 $2'$ 的并经角度量块校对的万能角度尺检测。

③ "$\phi80H6$" 孔轴线和 "$\phi40H6$" 斜孔轴线在垂直于基准面 B 方向的位置尺寸 "80 ± 0.0095" 的检测。将工件 B 基准面平稳地放置在检验平板上，用量块组合出 177mm 标准尺寸，也将其工作面向下放置在检验平板上并让其处于 "$\phi40H6$" 孔的正下方，用一带表座的杠杆百分表放置在检验平板上，使其测头与量块工作面接触并产生约 0.4mm 的压缩量，然后转动表盘将读数调零，用此调零后的杠杆百分表检测 "$\phi40H6$" 斜孔下部孔壁（相对于检验平板的最近处）相对于量块尺寸的偏差值，计算出斜孔下部孔壁相对于检测平板的距离值，此距离值加上 "$\phi40H6$" 孔径实测值的 1/2 就是 "$\phi40H6$" 斜孔轴线相对于基准面 B 的位置尺寸。

"$\phi80H6$" 孔轴线相对于基准面 B 的位置尺寸的检测与 "$\phi40H6$" 斜孔基本相同，只是量块尺寸应组合为 240mm，在测量出此尺寸后，应减去上一步测得的 "$\phi40H6$" 斜孔轴线相对于基准面 B 的位置尺寸，即得 "$\phi80H6$" 孔轴线相对于 "$\phi40H6$" 斜孔轴线在此方向上的距离尺寸，当其满足公差要求 "80 ± 0.0095" 时为合格。

④ "$\phi80H6$" 孔轴线相对于面 C 的位置尺寸 "180 ± 0.01" 的检测。检验方法与上述基本相同，只是需将工件的 C 面平稳地放置在检验平板上，需用量块组合出理想尺寸 140mm。

⑤ "$\phi40H6$" 斜孔轴线与斜面所成角度 $75°\pm10'$ 的检测。在 "$\phi40H6$" 斜孔中插入一支与之无间隙配合的精密检验心轴，在检验心轴与工件斜面成 75° 方向，用分度值为 $2'$ 的万能角度尺检测心轴表面素线与工件斜面之间的夹角 β，要求角度尺工作面与被测面接触密实。

⑥ "$\phi40H6$" 斜孔轴线与斜面交点相对于 C 面的位置尺寸 "180 ± 0.01" 的检测。如图 5-121 所示，仍在 "$\phi40H6$" 斜孔中插入 $\phi40h2$ 检验心轴，将工件竖起，使工件的 C 面与检验平板平稳

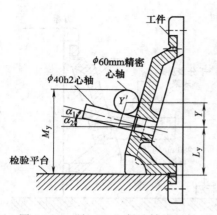

图 5-121 "φ40H6" 斜孔轴线与斜
面交点被测相对于 C 面的位
置尺寸的检测

接触，在 φ40h2 心轴素线与
工件斜面成 75°角处放上一根
直径为 φ60mm 的精密心轴，
此心轴一端与 φ40h2 心轴和
工件斜面接触，另一端用平
顶可调支承支起，用百分表
将其找正，使其轴线平行于
检验平板，用量块组合出标
准尺寸 275.529mm，将此量
块组工作面向下也放在检验
平板上，并用此量块组校对
一放置在平板上的带表座的
百分表的读数零位，用此百
分表测量直径为 φ60mm 的精
密心轴外圆面到检验平板的

距离 M_y，则此被测尺寸 L_y 应用如下公式计算：

$$L_y = M_y - D/2 - Y$$

$$Y = \frac{D}{2}\sin\alpha_2 + Y'\cos\alpha_2$$

$$Y' = \frac{D+d}{2\cos\alpha_1} + \frac{D}{2}\tan\alpha_1$$

式中　α_1——φ40h2 心轴轴线与斜面法线的实际夹角（可用 90°减
　　　　去检测⑤中测得的角度）；

　　　α_2——斜面法线与检验平板工作面的实际夹角（可用分度值
　　　　为 2′的万能角度尺测量斜面与平板工作面的实际夹
　　　　角，然后用 90°减去这个夹角角度）；

　　　D——直径为 φ60mm 精密心轴的实际直径；

　　　d——φ40h2 心轴的实际直径。

⑦ "φ80H6" 孔轴线相对于 A 基准面的垂直度误差的检测。如
图 5-122 所示，将一高约 500mm 的 1 级方箱放置在检验平板上，
再将工件 A 基准面安装在方箱的一个垂直工作面上并略夹紧（工
件带 U 形槽的方向放在垂直方向），在 "φ80H6" 孔中插入 φ80mm

的 2 级标准心轴，此时心轴
应处于水平状态，然后将
一只带表座的千分表也放
置在检验平板上，用此千
分表测量心轴圆柱面最高
的素线相对于检验平板的
高度差，其合格条件是：
在轴向 60mm 的素线长度
上，高度差不大
于 0.01mm。

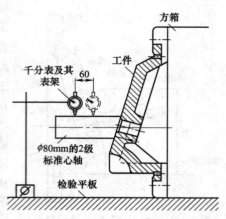

图 5-122 "ϕ80H6"孔轴线相对于 A
基准面的垂直度误差的检测

⑧"ϕ40H6"斜孔轴线
相对于 B 基准面的平行度
误差的检测。如图 5-123 所
示，将工件 B 基准面平稳地放置在一检验平板上，在工件
"ϕ40H6"斜孔中插入 ϕ40h2 检验心轴，此时心轴也应处于水平状
态，然后同样用一带表座的千分表测量心轴上部素线相对于检验平
板的高度差，此项检验的合格条件同样为：在轴向 60mm 的素线
长度上，测得的高度差不大于 0.01mm。

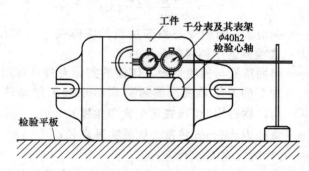

图 5-123 "ϕ40H6"斜孔轴线相对于 B 基准面的平行度误差的检测

5.6.5.3 斜孔

(1) 零件图 图 5-124 为斜孔。

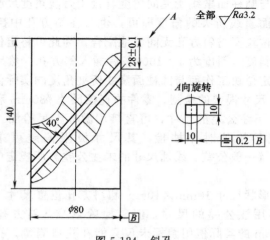

图 5-124　斜孔

（2）零件图分析　图 5-124 所示为斜孔的零件图，其材料为 45 钢。该零件的主要尺寸：直径为 $\phi80$mm，高度为 140mm。零件上平面的边离斜方孔的中心线为"28 ± 0.1"，斜方孔的中心线与零件左边的夹角为 $40°$。斜方孔的尺寸为 10mm×10mm，零件表面粗糙度 Ra 均为 3.2μm。

（3）检测量具与辅具　根据此工件所需检测的位置和尺寸精度要求以及表面粗糙度的要求，选用的检测量具有：游标卡尺；万能角度尺；内径百分表；定位块；$\phi10$mm 的标准心轴；V 形架；检验平板；百分表及磁力表架；深度游标尺。

（4）零件检验

① 零件斜孔角度误差的检测。

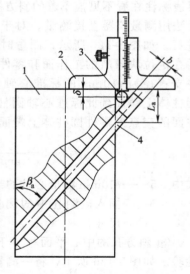

图 5-125　斜孔定位尺寸的检测
1—工件；2—游标深度尺；3—$\phi10$mm 标准心轴；4—10mm×10mm 定位块

此斜孔轴线与圆柱面素线所夹的角度直接用万能角度尺测量斜方孔孔壁与圆柱面素线所夹的角度即可，也可在斜方孔中插入一定位块，要求定位块要与斜方孔无间隙地配合，为此可将定位块的定位面作出一定斜度（斜度为 1：1000）后插入斜方孔，然后再用万能角度尺测量定位块工作面与圆柱面素线所夹角度的实际值 β_a。

② 零件尺寸误差的检测。零件的直径尺寸 $\phi80$mm 和长度尺寸 140mm 属于不注公差的尺寸，可直接用游标卡尺检测。在首检作检验，在成品检验时作抽检，其尺寸极限偏差可采用 GB/T 1804—2000《一般公差　线性尺寸的未注公差》所规定的一般公差要求。

斜方孔形状尺寸 10mm×10mm 和斜方孔位置尺寸 "28±0.1" 虽然也是不用注公差的尺寸，但其检验较难。斜方孔形状尺寸 10mm×10mm 的实际值用游标卡尺只能在孔口测量，孔较深的内部尺寸的测量可使用量程为 6～10mm 的内径百分表，有经验的人员可使用内径卡钳测量；而斜方孔位置尺寸 "28±0.1" 的一个边界线标注在看不见摸不着的斜方孔中心线与圆柱面的交点上，所以无法用测量仪器直接测量。对于这种情况，可采用间接测量方法进行。如图 5-125 所示，测量时可先在斜孔中插入一定位块，然后在定位块倾斜的工作面和零件圆柱面素线所形成的锐角中放入一支直径为 $\phi10$mm 的标准心轴，随后用深度游标卡尺测量零件圆柱体上端面到此标准心轴圆柱面的距离 δ，则斜孔中心线与圆柱面的交点到零件圆柱体上端面的距离实际值 L_a 可由下式计算：

$$L_a = \delta + 5 + \frac{5}{\tan\beta_a} + \frac{b}{2}\sin\beta_a \quad (\text{mm})$$

式中　5——$\phi10$mm 标准心轴的半径；

　　　b——插入被测孔中的测量定位块在工件轴线方向的宽度尺寸。

③ 斜方孔的中心平面相对于工件圆柱面轴线的对称度误差的检验。如图 5-126 所示，将一测量用 V 形架平稳地放置在检验平板上，将工件圆柱面放置在 V 形架的 V 形槽中可靠定位，用 V 形架夹紧装置将工件轻轻夹紧，以工件能用手轻轻转动为度，将一带表座的百分表也放置在检验平板上，在工件斜方孔中插入 10mm×

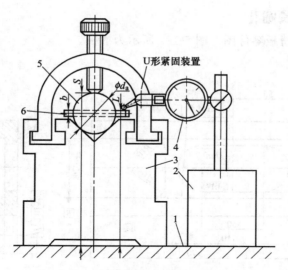

图 5-126　斜方孔中心对称度误差的检测

1—检验平板；2—百分表架；3—V 形架；4—百分表；

5—工件；6—定位块

10mm 定位块，要求此定位块与斜方孔定位可靠无间隙并且要求定位块两端要从斜方孔中露出一部分，用手轻轻转动工件，目测定位块的一个工作面平行于检验平板工作面，然后将百分表测头调整至与该定位块工作面接触并产生一定压缩量，然后将表的读数调零，在检验平板工作面上移动百分表，使百分表测头与另一端露出工件斜方孔外的定位块工作面轻轻接触，观察百分表的读数，要求百分表的读数变化量（摆动量）不大于 0.02mm，如果不能满足此要求，则需再次通过精确转动工件进行调整，直至满足上述要求。随后将工件小心压紧在 V 形架上，下一步用深度游标卡尺测出上述调整好的定位块工作面距离检验平板工作面尺寸 L，再用深度游标卡尺测出工件外圆面上最上面的一条素线到检验平板工作面的距离尺寸 S，工件的此项对称度误差值 $f_{对称}$ 可用如下公式计算：

$$f_{对称} = |(L-b/2)-(S-d_a/2)| \times 2$$

式中　b——测量方向上定位块的厚度实测尺寸；

d_a——工件外圆面直径的实测尺寸。

5.6.6 长圆孔

(1) 滑板零件图　图 5-127 所示为滑板。

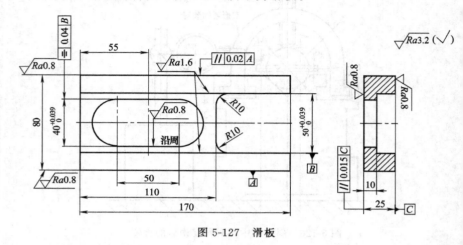

图 5-127　滑板

(2) 零件图分析　该零件的主要尺寸：长为 170mm，宽为 80mm，厚度为 25mm；长条孔的中心距工件的左端为 55mm，宽度为 "$40^{+0.039}_{0}$"，两圆弧中心距为 50mm。

长条孔相对于工件凹槽中心线 B 面的对称度公差为 0.03mm，工件上表面相对于下表面 A 面的平行度公差为 0.02mm，左端面相对于右端面 C 面的平行度公差为 0.015mm。长条孔和凹槽两平行平面的表面粗糙度 Ra 均为 1.6μm。零件在宽度和厚度方向上的表面粗糙度 Ra 均为 0.8μm，其他加工表面的表面粗糙度 Ra 均为 3.2μm。

(3) 检测量具与辅具　根据此工件所需检测的位置和尺寸精度要求以及表面粗糙度的要求，选用的检测量具有：内测千分尺；百分表及磁力表座；量块；检验平板。

(4) 零件检验

① 长圆孔宽度尺寸 "$40^{+0.039}_{0}$" 的检测。此尺寸精度要求较高，可选用内测千分尺进行测量，如图 5-128 所示。

② 长圆孔水平中心平面相对于工件凹槽中心线的对称度误差的检测。将工件放置在检验平板上，并使其 A 基准面与检验平板工作面可靠接触，再将一名义尺寸为 5mm 的量块放置在工件尺寸

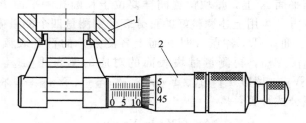

图 5-128　工件长圆孔宽度尺寸的检测
1—工件；2—内测千分尺

为"$50^{+0.039}_{0}$"凹槽的一个侧平面 M 上（此刻面朝上的），量块位置要位于长圆孔侧平面对应位置的下方，量块工作面要与工件凹槽的这个侧平面可靠接触，然后在长圆孔侧平面的位置上人为地设定 4 个假想的并与工件圆孔侧平面垂直的测量截平面Ⅰ-Ⅰ、Ⅱ-Ⅱ、Ⅲ-Ⅲ、Ⅳ-Ⅳ，如图 5-129 所示，各测量平面之间相距约 10mm。每个测量截面与被测的 E、F 平面的交线标定为测量点，一共 8 个测点，现分别编号为 Ⅰ$_e$、Ⅰ$_f$、Ⅱ$_e$、Ⅱ$_f$、Ⅲ$_e$、Ⅲ$_f$、Ⅳ$_e$、Ⅳ$_f$（下标 e 代表是 E 上的测点，下标 f 代表是 F 上的测点），这些测量截面与此时量块工作面的截交线编号为 Ⅰ$_{量块e}$、Ⅱ$_{量块e}$、Ⅲ$_{量块e}$、Ⅳ$_{量块e}$ 测点，然后再将一带表座的杠杆百分表也放置在检验平板上，将百分表测头调整至与量块测点 Ⅰ$_{量块e}$ 可靠接触并使之产生一定压缩量（约 0.5mm），在表针稳定后转动表盘，使百分表的指针指到零位，即此时表的读数 $Y_{Ⅰ量块e}=0$。然后移动此调整好的百分表，将其测头与 Ⅰ$_e$ 点（即测量截平面 Ⅰ-Ⅰ 与 E 面的测点）接触，记下读数 $Y_{Ⅰe}$，并计算数值 $\Delta_{Ⅰe}=Y_{Ⅰe}-Y_{Ⅰ量块e}$。同理，移动百分表使其测头与量块测点 Ⅱ$_{量块e}$ 可靠接触并记下表的读数 $Y_{Ⅱ量块e}$，然后在同一测量截面内移动百分表测头，使其与工件 E 上的测点 Ⅱ$_e$ 接触，记下读数 $Y_{Ⅱe}$ 并计算数值 $\Delta_{Ⅱe}=Y_{Ⅱe}-Y_{Ⅱ量块e}$。依此类推，测出Ⅲ-Ⅲ截面的 $Y_{Ⅲ量块e}$、$Y_{Ⅲe}$，计算出 $\Delta_{Ⅲe}$，测出 Ⅳ-Ⅳ 截面的 $Y_{Ⅳ量块e}$、$Y_{Ⅳe}$，计算出 $\Delta_{Ⅳe}$（其中 Y 代表垂直于检验平板工作面的方向），规定高于 Ⅰ$_{量块e}$ 点的读数为正，低于 Ⅰ$_{量块e}$ 点的读数为负。上述测点测完后将工件翻转 180°，使工件上与 A 基准面相对的 H 面与检验平板接触，同样将一名义尺寸为 5mm 的量块放置在工件凹槽的

另一个侧平面 N 上，量块位置同样要位于长圆孔侧平面 F 对应位置的侧下方，再用上述调整好的百分表分别测量四个测量截面内的 I_f、II_f、III_f、IV_f 各点（即 F 面上各测点）的百分表读数 $Y_{\text{I}f}$、$Y_{\text{II}f}$、$Y_{\text{III}f}$、$Y_{\text{IV}f}$，再测量量块表面的对应的测点 $\text{I}_{\text{量块}e}$、$\text{II}_{\text{量块}e}$、$\text{III}_{\text{量块}e}$、$\text{IV}_{\text{量块}e}$ 读数 $Y_{\text{I}\text{量块}f}$、$Y_{\text{II}\text{量块}f}$、$Y_{\text{III}\text{量块}f}$、$Y_{\text{IV}\text{量块}f}$。将上述数值按如下公式计算：

$$\Delta_{\text{I}f}=Y_{\text{I}f}-Y_{\text{I}\text{量块}f}$$
$$\Delta_{\text{II}f}=Y_{\text{II}f}-Y_{\text{II}\text{量块}f}$$
$$\Delta_{\text{III}f}=Y_{\text{III}f}-Y_{\text{III}\text{量块}f}$$
$$\Delta_{\text{IV}f}=Y_{\text{IV}f}-Y_{\text{IV}\text{量块}f}$$

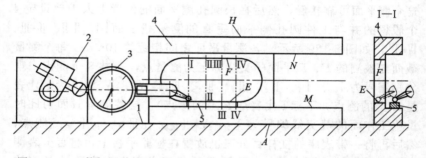

图 5-129　工件长圆孔中心平面相对于工件中心平面 A 的对称度误差的检测
1—检验平板；2—百分表座；3—百分表；4—工件；5—量块

上述测量计算结束后再按如下公式进行进一步计算：

$$f_{\text{对称I}}=|\Delta_{\text{I}e}-\Delta_{\text{I}f}|$$
$$f_{\text{对称II}}=|\Delta_{\text{II}e}-\Delta_{\text{II}f}|$$
$$f_{\text{对称III}}=|\Delta_{\text{III}e}-\Delta_{\text{III}f}|$$
$$f_{\text{对称IV}}=|\Delta_{\text{IV}e}-\Delta_{\text{IV}f}|$$

最后，选择这些数值中的最大值作为长圆孔在宽度 50mm 方向上的对称度误差，用公式表示为：

$$f_{\text{对称}}=\max\left\{f_{\text{对称I}},\ f_{\text{对称II}},\ f_{\text{对称III}},\ \text{f}_{\text{对称IV}}\right\}$$

5.6.7　盲孔

（1）支座零件图　图 5-130 所示为支座，零件材料为 HT200，毛坯为铸件，并经时效处理。

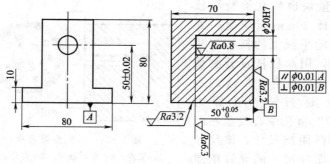

图 5-130　支座

（2）零件分析　零件上平底盲孔的直径尺寸要求为"$\phi 20H7$"，尺寸精度为 IT7，深度尺寸要求为"$50^{+0.05}_{0}$"（即孔底至孔端面 B 的距离），其中心线至零件底面 A 的距离要求为（50 ± 0.02）mm，横向尺寸居中。"$\phi 20H7$"孔中心线对零件底面 A 的平行度公差为 $\phi 0.01$mm，对孔端面 B 的垂直度公差为 $\phi 0.01$mm。"$\phi 20H7$"孔的表面粗糙度 Ra 要求为 $0.8\mu m$；零件底面 A 和端面 B 的表面粗糙度 Ra 要求为 $3.2\mu m$。

（3）检测量具与辅具　根据此工件所需检测的位置和尺寸精度要求以及表面粗糙度的要求，选用的检测量具有：百分表，百分表接长杆，专用表架，杠杆千分表及其表架，$\phi 20$ 标准检验心轴，检验平板，游标卡尺，千分尺，内径百分表（分度值为 0.01mm，测量范围 $0\sim 5$mm），3 级精度量块，表面粗糙度样块一套。

（4）零件检验

① 尺寸精度的检测。根据孔径尺寸精度选用内径百分表进行检测。

"$\phi 20H7$"孔深的检测：孔深尺寸精度的检测可用百分表深度测量装置进行，如图 5-131 所示。实际数值在工件图样允许的尺寸范围之内为合格。

② 形位精度的检测

a. "$\phi 20H7$"孔中心线至底面 A 的距离。如图 5-132 所示，"$\phi 20H7$"孔中心线至底面 A 的距离，可将工件以底面 A 为测量基

准面放在检验平板上，将
40mm 量块也放在检验平板
上，用此 40mm 量块对一安
放在检验平板上的杠杆百分
表调零，用此杠杆百分表量
得孔的最低点至底面 A 的距
离 H，则 $H + D/2$ 即为
"$\phi20H7$" 盲孔中心线至底面
A 的实际距离尺寸，该尺寸
在工件图样尺寸的允许范围
内为合格产品。

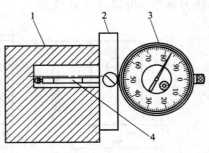

图 5-131　孔的深度检测
1—工件；2—专用表架；3—百分表；
4—百分表接长测杆

　　b. "$\phi20H7$" 孔中心线
与孔端面 B 的垂直度误差的检测。如图 5-133 所示，对 "$\phi20H7$"
盲孔中心线与孔端面 B 的垂直度误差进行检验时，先将工件孔竖
直向上，将 $\phi20$mm 标准心轴插入工件盲孔中，将千分表安装在心
轴上，使千分表测头与工件端面接触，旋转心轴，观察千分表的读
数，要求在工件端平面各处均进行上述测量，如图 5-132 所示。千
分表读数在 0.01mm 误差范围内，表明孔端面与孔轴线垂直度误
差在允许的范围内。

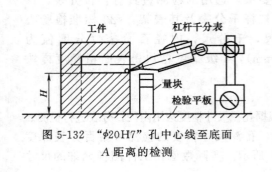

图 5-132　"$\phi20H7$" 孔中心线至底面
A 距离的检测

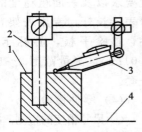

图 5-133　垂直度误
差的检测
1—工作；2—$\phi20$ 标准心轴；
3—千分表及其表架；
4—检验平板

　　c. "$\phi20H7$" 孔中心线与底面 A 的平行度误差的检验　　对

"$\phi20H7$"盲孔中心线与底面 A 的平行度误差进行检验时，可将工件以底面 A 为测量基准面放在检验平板上，在盲孔内插入检验轴，用百分表测量检验轴 50mm 距离上的两点，百分表上的读数值即为盲孔中心线对底面 A 的平行度误差，该数值应在 0.01mm 范围内为合格。

③ 表面粗糙度的检验。用表面粗糙度样块目测出孔的表面粗糙度值 Ra 应不大于 $0.8\mu m$。

5.6.8 型孔

(1) 零件图 图 5-134 为凸凹模。

(2) 零件图分析 图 5-134 所示为落料冲孔模的凸凹模的零件

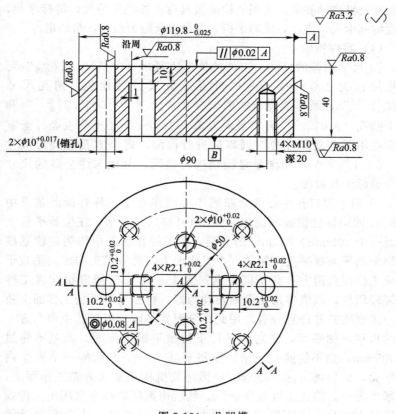

图 5-134 凸凹模

图。其材料为 Cr12，热处理 54～58HRC。该零件的主要尺寸：直径 "$\phi119.8_{-0.025}^{0}$"，厚度为 40mm，4 个螺钉孔，2 个定位销孔。需要线切割加工的 2 个方孔为 "$10.2_{0}^{+0.02}\times10.2_{0}^{+0.02}$"；方孔的上部深 10mm，下部深 30mm，2 个圆孔尺寸为 "$\phi10_{0}^{+0.02}$"。

四个型孔（2 个方孔和 2 个圆孔）中心所在圆弧 $\phi50$mm 的轴线相对于基准 A 的同轴度公差为 $\phi0.08$mm。方孔 "$10.2_{0}^{+0.02}\times10.2_{0}^{+0.02}$" 和圆孔 "$\phi10_{0}^{+0.02}$" 的表面粗糙度 Ra 为 0.8μm；工件外形表面粗糙度 Ra 为 0.8μm，其余被加工表面的表面粗糙度 Ra 均为 3.2μm。

（3）检测量具　根据此工件所需检测的位置和尺寸精度要求以及表面粗糙度的要求，选用的检测量具有：外径千分尺，游标卡尺，高度游标卡尺，方箱，检验平板，百分表及磁力表座，量块组。

（4）零件检验

① 尺寸误差的检测。工件的外形直径尺寸 "$\phi119.8_{-0.025}^{0}$" 可使用量程为 $100\sim125$mm 的外径千分尺进行检测，销孔尺寸 "$\phi10_{0}^{+0.017}$" 以及作为刃口的两个方孔 "$10.2_{0}^{+0.02}\times10.2_{0}^{+0.02}$" 和两个圆孔 "$\phi10_{0}^{+0.02}$" 可用量程为 $10\sim18$mm 内径千分表经计量室分别在不同名义尺寸校对调零后进行检测，每个方孔的圆角尺寸 "$4\times R2.1_{0}^{+0.02}$" 需用测量显微镜进行检测，其他未注公差的尺寸可用游标卡尺检测。

② 四个刃口孔中心的分布圆中心线相对于工件外圆面基准中心线 B 的同轴度误差的检测。如图 5-135（a）所示，在检验平板上放置一个 200mm×200mm 的方箱，把工件在加工中作为定位基准的那个端平面靠平在方箱的一个工作面上，此方箱工作面应垂直于平板工作面且两方孔位于同一水平面上，用 C 形压紧机构将工件先轻轻压住，以能够用手微微转动为好，再在检验平板工作面上放置一带表座的杠杆百分表，用此百分表找平四个刃口孔中两个方孔的水平内侧平面，使它们平行于检验平板工作面，误差不超过 0.005mm，如不能同时找平，则找平其中一个方孔的一个水平内侧平面，然后将工件小心地用 C 形压紧机构压紧在方箱工作面上，压紧力要小，防止工件被压变形。然后用高度游标卡尺测出工件找正用的小方孔侧平面距离检验平板工作面的距离。为提高测量精

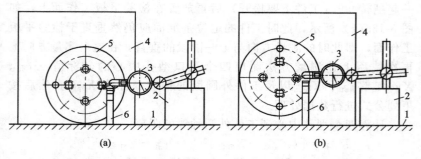

图 5-135 孔组分布圆中心线相对于工件外圆面轴线的同轴度
误差的检测（未画压紧装置）

1—检验平板；2—百分表座；3—百分表；4—检验用方箱；5—工件；6—量块组

度，用量块组合出刚才测出的距离尺寸，将量块组也放置在检验平板工作面上，量块组其中一个工作面与检验平板工作面可靠接触。调整上述找正用的百分表测头与量块组另一工作面接触并产生一定压缩量（约 0.5mm），将百分表的读数调零，这是对百分表的校准调零工作。然后用此百分表测量被测方孔刚才用高度游标卡尺测量的内侧平面并重新读百分表指示的数值，根据此读数与量块组尺寸的简单的比较计算，从而得到此被测内侧平面到检验平板工作面的精确距离。将这一距离尺寸加上方孔在此测量方向的宽度尺寸实测值的 1/2 即可得到此方孔中心在此测量方向的坐标值 $Y_{I孔}$。用调整好的百分表以同样的方法测量另一方孔中心在此测量方向的坐标值，如果这个方孔下部内侧平面不平行于检验平板工作面，误差较大，则应该测出该平面上最低点和最高点的坐标值并计算出平均值，以此平均值加上此方孔在此测量方向的宽度尺寸实测值的 1/2 即可得到方孔中心在此测量方向的坐标值 $Y_{III孔}$。然后用类似的方法测出两个圆孔中心在此测量方向的坐标值 $Y_{II孔}$、$Y_{IV孔}$，测量时需先用高度游标卡尺测出圆孔下部素线到检验平板工作面的一个距离尺寸，然后用量块和百分表重新测量此尺寸，提高测量精度，只是这两个圆孔下部素线到检验平板工作面的距离尺寸不同，须分别用量块去组合，比较麻烦。最后再用同样方法测出工件外圆面轴线在此测量方向的坐标值 $Y_{外圆}$。完成上述测量后，将方箱连同工件一起翻转 90°（工件不要松开）后再放置在检验平板工作面上，如图 5-135(b) 所示，此时工件的定位基准面应仍然垂直于检验平板工作面，即此时的测量方向与上一阶段的垂直，在这一测量方向上再次使用上述测量方法测出四个刃口型孔中心的坐标值 $X_{I孔}$、$X_{II孔}$、$X_{III孔}$、$X_{IV孔}$ 以及工件外圆面的轴线坐标值 $X_{外圆}$，然后按下列公式进行数据处理。

计算四个型孔中心到工件外圆轴线的距离：

$$R_{I孔} = [(X_{I孔} - X_{外圆})^2 + (Y_{I孔} - Y_{外圆})^2]^{0.5}$$
$$R_{II孔} = [(X_{II孔} - X_{外圆})^2 + (Y_{II孔} - Y_{外圆})^2]^{0.5}$$
$$R_{III孔} = [(X_{III孔} - X_{外圆})^2 + (Y_{III孔} - Y_{外圆})^2]^{0.5}$$
$$R_{IV孔} = [(X_{IV孔} - X_{外圆})^2 + (Y_{IV孔} - Y_{外圆})^2]^{0.5}$$

在上面四个计算值中找出最大值 R_{max} 和最小值 R_{min}。

合格性判断方法：如最大值 R_{max} 和最小值 R_{min} 分别为对角线上两个型孔的数据（如 $R_{max} = R_{II孔}$，$R_{min} = R_{IV孔}$），则当 $R_{max} - R_{min} \leqslant 0.08mm$ 时，工件此项同轴度误差检验合格。

如最大值 R_{max} 和最小值 R_{min} 分别为相邻两个型孔的数据（如 $R_{max} = R_{III孔}$，$R_{min} = R_{IV孔}$），则当 $R_{max} - R_{min} \leqslant 0.04mm$ 时，工件此项同轴度误差检验合格。

5.7 沟槽类零件的检测实例

键和键槽的尺寸检测比较简单，在小批量生产中可采用通用测量仪器，如游标卡尺、千分尺等。

(1) 键槽的对称度常用检测方法　键槽对称度可以用键槽对称测量仪测量。

① 方法一。用简便的方法检验键槽的对称度，将一检验平板横放在槽口上，利用放在工作台的划针检验检验平板是否与工作平台平行，如图 5-136(a) 所示。也可用直角尺检验轴侧面的键槽，如图 5-136(b) 所示。

如图 5-136(c) 所示，用杠杆百分表进行比较测量，将工件放在 V 形铁上，先用百分表检验槽的一侧，并同时将百分表调整到"0"位，然后将工件转过 180°，再用百分表检验槽的另一侧，此时百分表的读数不应超过不对称允差的 1 倍。

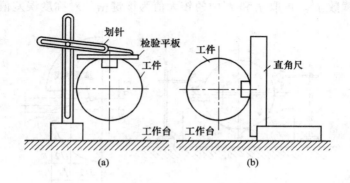

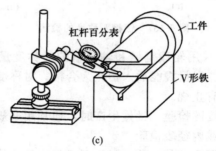

图 5-136　键槽对称度的检测

②　方法二。将被测轴件置于 V 形块上，用与键槽宽度相等的量块塞入键槽，转动轴件，用指示表将量块上平面校平，记下指示读数。将工件转过 180°，再次将量块校平，如图 5-137(a) 中左方的虚线所示，记下指示表的读数，两次读数之差为 a，按图 5-137(b)所示尺寸关系计算，即可得到该测量截面的对称度误差的近似值：

$$f=\frac{at/2}{d/2-t/2}=\frac{at}{d-t}$$

式中　　a——两次读数之差；

　　　　d——轴径；

　　　　t——轴的键槽宽度。

将轴固定不动，再沿键槽长度方向测量，取长度方向上两点的

最大读数 f'，再取 f 和 f' 中的较大值为该键槽的对称度误差值。

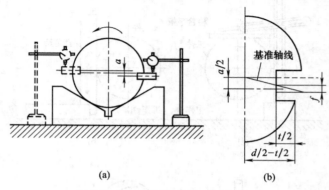

图 5-137　键槽对称度的检测

③ 方法三。采用轮毂键槽和轴键槽的对称度量规检测，主要用于大批量生产。以量规能插入槽底为合格。对称度量规为位置量规，只有通规没有止规。

（2）键槽宽度的检验　批量生产时，通常用塞规检验，单件生产时，可用块规或内径表检验。

（3）键槽槽深尺寸的检验　对于开式和半开式的键槽，可用卡尺直接测量键槽深度，如图 5-138（a）所示。槽较窄时，可在键槽内放一个圆形垫片，将测得的尺寸减去垫片的直径便可测得键槽的深度，如图 5-138（b）所示。封闭键槽可用深度尺直接测量键槽深度，如图 5-138（c）所示。月牙槽深度检验大批量生产时，采用塞规来检验槽宽；槽深一般采用间接测量法，如图 5-138（d）所示，$H = s - d$；月牙槽对工件轴线的对称度和平行度，检验方法与一般键槽相同。

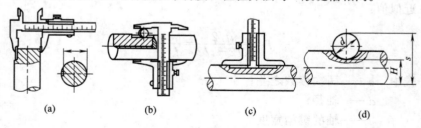

图 5-138　键槽槽深尺寸的检验

　图解机械零件加工精度测量及实例

5.7.1 矩形花键轴

（1）零件图样　矩形花键轴如图 5-139 所示。

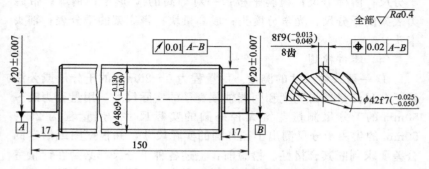

材料45, 调质至 250～280HBS

图 5-139　矩形花键轴零件图

（2）零件精度分析　该零件为小径定心的矩形花键轴，花键的规格尺寸为 $8 \times 42f7 \times 48c9 \times 8f9$，即键数 $z=8$，小径"$\phi42f7\binom{-0.025}{-0.050}$"，IT7 级精度，与花键孔间隙配合；大径外圆"$\phi48c9\binom{-0.130}{-0.190}$"，IT9 级精度；两端轴颈尺寸均为（$\phi20\pm0.007$）mm，精度介于 IT6～IT7 级之间，非常接近 IT6 级精度；花键小径外圆面相对于两端轴颈的公共轴线的径向圆跳动公差要求为 0.01mm；精度介于 IT5～IT6 级之间，键宽度尺寸均为"$8f9\binom{-0.013}{-0.049}$"，IT9 级精度，每个键两侧面的中心平面对两端（$\phi20\pm0.007$）mm 轴颈轴心的公共轴线的位置度公差要求为 0.02mm；表面粗糙度 Ra 均为 0.4μm。矩形花键的检测项目和要求见表 5-5 所示。

表 5-5　矩形花键的检测项目和要求

检验项目	检验内容	检验要求
主要项目	矩形花键小径	1. 小径"$\phi42f7\binom{-0.025}{-0.050}$" 2. 圆跳动为 0.01mm 3. 表面粗糙度 Ra 均为 0.4μm
	矩形花键两侧	1. 尺寸"$8f9\binom{-0.013}{-0.049}$" 2. 位置度为 0.02mm 3. 表面粗糙度 Ra 均为 0.4μm

（3）检测量具与辅具　量程为 0～25mm 的千分尺或公法线千分尺；用量程为 25～50mm 的千分尺；量程为 25～50mm 的尖头千分尺；游标卡尺；检验平板；一对等高的 V 形架；钢球；带磁力表架的千分尺；光学分度头；成套量块；带表架的千分表；轴头卡头。

（4）零件检测

① 一般线性尺寸的测量。用量程为 0～25mm 的千分尺或公法线千分尺测量键齿宽度和两端轴颈直径的实际尺寸。用量程为 25～50mm 的千分尺测量花键大径外圆的实际尺寸，用量程为 25～50mm 的尖头千分尺测出小径外圆的实际尺寸，并根据图纸给定的公差要求判断其合格性。检验前，上述各种千分尺都必须在计量室用量块进行校对调零，因为经校对调零之后，测量方法实际上是比较法，有较高的测量精度和可信度。其他未注公差的尺寸可用游标卡尺检测。

② 工件形位误差的测量

a. 花键小径径向跳动误差的测量。如图 5-140 所示，将工件两端（$\phi 20 \pm 0.007$)mm 的轴颈支承在一对等高的、平稳放置在检验平板上的 V 形架上，在工件端部中心孔中放置一颗钢珠，将工件顶靠在 V 形架的挡板上，再将一带磁力表架的千分表稳定放置在检验平板上。调整千分表使其测头与花键轴工件小径圆柱面此位置最高的素线上任意一点接触，吸附牢靠磁力表架并固定好千分表，记下千分表的读数，然后用表架上的测头提起装置提起千分表测头，轴向顶靠好工件，在保证工件不轴向移动的情况下，转动工件，使下一个花键槽底面转动到千分表测头下，放下千分表测头进行测量，再次记录下千分表读数。依此对剩余的花键槽底面进行测量，从测量值中找到最大值和最小值，计算二者的差值，这就是花键小径圆柱面径向跳动误差值，当它小于或等于 0.01mm 时，工件此项检测合格。

b. 花键键宽中心平面位置度误差的检测。如图 5-141 所示，将花键轴工件通过其两端的中心孔，顶在光学分度头上的两个等高顶尖上，在光学分度头上的顶尖上安装拨杆，在工件一端轴颈上安

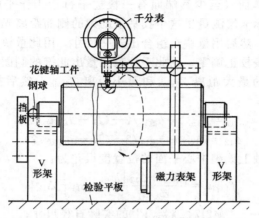

图 5-140　花键轴小径径向跳动误差检测方案

装夹头，将二者连接起来，要求在任何转动方向上都不应留有空当现象。在分度头工作台面上安放分度值为 0.001mm 的带表座的千分表，用高度游标卡尺测量出该（$\phi20\pm0.007$）mm 轴颈最高的素线距离光学分度头工作面的距离，然后用量块组组合出这一尺寸。将此量块组放在光学分度头工作平面上，将上述千分表校正调零，然后用此千分表测量（$\phi20\pm0.007$）mm 轴颈最高的素线距离光学

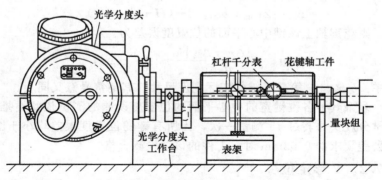

图 5-141　花键键宽中心平面位置度误差的检测方案示意图

分度头工作平面的精确距离 H，用千分表并转动光学分度头分度手柄旋转工件，将花键轴任意一键的一个侧面找正，使之平行于光

学分度头工作面（至少其端面有一棱边平行于工作平面）。同理，再用高度游标卡尺测量出这个找平了的键的侧面距离光学分度头工作面的距离，然后用量块组组合出这一尺寸，用此量块组将上述带表架的千分表校正调零。用此千分表测量出此键的侧面距离光学分度头工作面的最大距离 Z_{1max} 和最小距离 Z_{1min}，然后按下式进行计算：

$$\Delta_{11} = Z_{1max} - b_{键1a}/2 - (H - d_{a小径}/2)$$

$$\Delta_{12} = Z_{1min} - b_{键1a}/2 - (H - d_{a小径}/2)$$

则花键轴上该键中心平面的位置度误差为：

$$f_{1对称} = \frac{|\Delta_{11} + \Delta_{12}|h}{d_{a小径}} + |\Delta_{11} - \Delta_{12}|$$

式中　　$d_{a小径}$——"$\phi 42 f 7 \left({}^{-0.025}_{-0.050} \right)$"的实际直径尺寸；

　　　　h——键的实际高度尺寸，$h = (d_{a大径} - d_{a小径})/2$；

　　　　$b_{键1a}$——键的实际宽度尺寸。

测量花键轴上第二个键时，移开千分表测头朝一个方向转动分度头手柄，使工件精确转过 45°（注意：仅转动，不找平键的工作侧平面），测量时方法同第一个键。用上述调整好的千分表（为保险可再次校对调零）测量出此键侧面距离光学分度头工作平面的最大距离 Z_{2max} 和最小距离 Z_{2min}，然后再次按下式进行计算：

$$\Delta_{21} = Z_{1max} - b_{键2a}/2 - (H - d_{a小径}/2)$$

$$\Delta_{22} = Z_{1min} - b_{键2a}/2 - (H - d_{a小径}/2)$$

则花键轴上该键中心平面的位置度误差为：

$$f_{2对称} = \frac{|\Delta_{21} + \Delta_{22}|h}{d_{a小径}} + |\Delta_{21} - \Delta_{22}|$$

式中　　$b_{键2a}$——第二个键的实际宽度尺寸。其他符号意义同上。

剩余其他各键键宽的中心平面的位置度误差的测量依此类推，光学分度头每转过 45°测量一次，当所有键的位置度误差均小于图纸公差要求的 0.02mm 时，工件的该项检测合格。

5.7.2　V 形定位块

（1）零件图样　V 形定位块如图 5-142 所示。

（2）零件精度分析　图 5-142 所示为一 V 形定位块工件，材料为 40Cr，热处理淬火至 42～46HRC，长（100±0.02）mm，尺寸

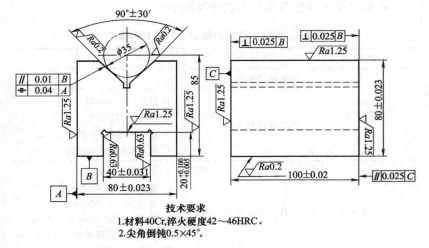

图 5-142 V 形定位块

技术要求
1.材料40Cr,淬火硬度42～46HRC。
2.尖角倒钝0.5×45°。

公差值为 0.04mm，为非标准公差值，精度介于 IT7～IT8 级之间，宽度尺寸为（80±0.023）mm，尺寸公差值为 0.046mm，是标准公差值，精度为 IT8 级，高度尺寸为（80±0.023）mm，精度也为 IT8 级。在零件上部开有 V 形槽，V 形槽夹角为 90°±30′，V 形槽定位 ϕ35mm 外圆面时的理论轴线以零件宽度中心平面 A 为基准的对称度公差为 0.04mm，精度为 IT8 级，而该假想 ϕ35mm 外圆面的理论轴线距离基面 B 的尺寸 85mm，属于未注公差的线性尺寸，而且该理论轴线对基面 B 的平行度公差要求为 0.01mm，精度为 IT4 级，其表面粗糙度 Ra 均为 0.2μm；工件底面有一定位用凹槽，槽宽（40±0.031）mm，公差值为 0.062mm，是标准公差值，精度为 IT9 级，槽深 "20$^{+0.100}_{+0.005}$"，尺寸公差值为 0.095mm，此为非标准公差值，精度介于 IT10～IT11 级之间，表面粗糙度 Ra 均为 0.63μm。另外，还有 V 形定位块（100±0.02）mm 长度方向的两端面之间任选其中一面作为基准面 C 的平行度公差为 0.025mm，精度为 IT6 级，图中基准符号为任选基准符号。长度方向的这两个端面相对于基准面 B 的垂直度公差为 0.025mm，也是 IT6 级精度，基面 B 的粗糙度 Ra 为 0.2μm，其余表面粗糙度 Ra 均为 1.25μm。

V 形定位块的检测项目和要求见表 5-6。

表 5-6 V 形定位块的检验工作项目和要求

检验项目	检验内容	检验要求
主要项目	V 形槽两侧面	
	凹槽两侧和底面	1. 槽宽"40±0.031" 2. 槽深"$20^{+0.100}_{+0.005}$" 3. 侧面粗糙度 Ra 均为 $0.63\mu m$ 4. 底面粗糙度 Ra 均为 $1.25\mu m$
一般项目	工件六个表面	1. 长为(100±0.02)mm 2. 宽为(80±0.023)mm 3. 高为(80±0.023)mm 4. 表面粗糙度 Ra 均为 $1.25\mu m$ 5. 两端面平行度误差为 0.025mm 6. 对 B 的垂直度误差为 0.025mm

（3）检测量具　检验平板；带磁力表架的千分表；成套量块；三个名义尺寸相同的圆柱检验棒；量程为 75～100mm 的外径千分尺；量程为 25～50mm 的内径千分尺或千分表；量程为 0～25mm 的深度千分尺；C 形夹具；ϕ35mm 计量圆柱棒；带表架的杠杆千分表；90°刀口角尺；精密圆柱棒。

（4）零件检测

① 角度尺寸的检测。本例零件上部开有 V 形槽，V 形槽夹角 90°±30′需要检测，按这个角的公差精度要求完全可用万能游标角度尺直接测量，在这里介绍一种间接测量的方法——三圆柱法，测量精度要高于前者。如图 5-143 所示，将工件放置在检验平板上，工件的基准面 B 与检验平板可靠平稳地接触，在工件 90°V 形槽中依次放置三个直径相同的标准计量圆柱（注：直径不相同也可以，最好是直径相同），然后用量块结合带表架的千分表精确测出三个标准计量圆柱面上最高的那条素线分别距离检验平板工作面的距离，工件的 V 形槽角 α 可按下列公式计算：

$$\alpha_1 = \arcsin \frac{2(h_2 - h_1)}{d_2 + d_1}$$

$$\alpha_2 = \arcsin \frac{2(h_3 - h_1)}{d_3 + d_1}$$

$$\alpha = \alpha_1 + \alpha_2$$

式中　d_1，d_2，d_3——三个标准计量圆柱的实际直径尺寸；

　　　　h_1，h_2，h_3——三个标准计量圆柱面上最高的那条素线距离检验平板工作面的距离。

　　注：这种方法还可测量出 V 形槽槽角的对称中心平面相对于垂直于检验平板工作面的理想平面的夹角，它等于 $\alpha_1 - \alpha_2$ 的绝对值的 1/2（即 $|\alpha_1 - \alpha_2|/2$），如果不取绝对值，计入正负号，还可知道它偏向哪一侧，如 $\alpha_1 > \alpha_2$，则偏向于 α_1 一侧。

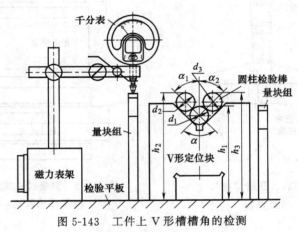

图 5-143　工件上 V 形槽槽角的检测

　　② 线性尺寸的检验。工件上精度要求较高的尺寸较多，但一般都可用普通标准计量仪器进行测量。

　　工件的长度尺寸（100±0.02）mm、宽度尺寸（80±0.023）mm以及高度尺寸（80±0.023）mm，均可用量程为 75~100mm 的外径千分尺测量，工件底部凹槽宽度尺寸（40±0.031）mm 可用量程为 25~50mm 的内径千分尺或千分表测量；凹槽的深度尺寸可用量程为 0~25mm 的深度千分尺测量，如图 5-144 所示。上述测量仪器测量前，都必须在计量室由计量人员在所测尺寸处用量块校对调零，以提高测量精度。

③ 各种位置误差的检测

a. 工件 V 形槽对称度误差的检测。由于图纸要求是 V 形槽放置理想 φ35mm 圆柱面时，该圆柱面轴线相对于工件宽度方向的中心平面的对称度公差要求，所以可用 φ35mm 计量圆柱棒模拟理想 φ35mm 圆柱面放置在工件 V 形槽中，并用 C 形夹具轻轻夹紧以便进行相应的检测操作，如图 5-145 所示。

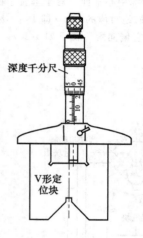

图 5-144　凹槽深度尺
寸的测量

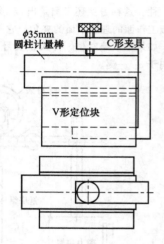

图 5-145　测量对称度误差
时工件的装夹

步骤一：将上述装夹好计量圆柱棒的工件放置在检验平板上，将工件侧放在检验平板工作面上，即工件宽度方向的一个侧面与检验平板工作面平稳接触，如图 5-146 所示。再将一带表架的杠杆千分表也放置在检验平板上，调整千分表及其测头的位置，使千分表测头与装夹在工件 V 形槽中的 φ35mm 计量圆柱棒圆柱面上最高的那条素线接触，接触点要尽可能靠近工件的端面，图中是 n 点，用记号笔记下这个测量截面，即 nm 线，记录此时千分表的读数 δ_n，然后移动千分表（千分表本身不能有任何冲击和改变），使其测头与这条素线的另一头，靠近工件另一侧端面的测点接触，图中是 e 点，用记号笔记下这个测量截面的位置，即 ef 那条线，记录此时

千分表的读数 δ_e，此步骤结束。

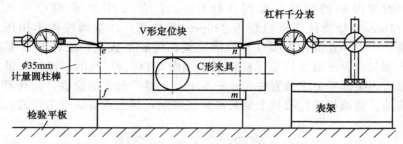

图 5-146　工件 V 形槽中 ϕ35mm 圆柱棒轴线对称度误差的检验方案步骤一

步骤二：移开上述杠杆千分表，保持它本身的状态不变，将工件在检验平板上翻转 180°，使对应的另一个侧面与检验平板工作面平稳接触，如图 5-147 所示。

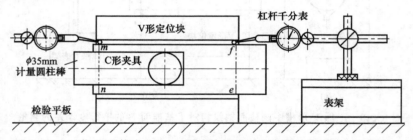

图 5-147　工作 V 形槽中 ϕ35mm 圆柱棒轴线对称度误差的检验方案步骤二

同理，移动上述千分表，使杠杆千分表测头于计量棒圆柱面上最高的那条素线接触，接触点要尽可能位于工件端面处的那个测量截面 ef 内，即图中的 f 点，记录此时千分表的读数 δ_f，然后再次移动千分表，保持千分表本身状态不变，使其测头与同一条素线的另一头，靠近工件另一侧端面的测量截面 mn 内的测点接触，即图中的 m 点，记录此时千分表的读数 δ_m，然后计算：

$$E_1 = \mid \delta_e - \delta_f \mid$$
$$E_2 = \mid \delta_n - \delta_m \mid$$

取 E_1、E_2 中的较大的数值作为本次测量的结果——V 形槽中 ϕ35mm 计量圆柱棒轴线的对称度误差，当其小于或等于公差值 0.04mm 时，工件的此项检测合格。

b. 工件 V 形槽中假想 $\phi35mm$ 圆柱面轴线相对于基准面 B 的平行度误差的测量。如图 5-148 所示，在工件 V 形槽中放入 $\phi35mm$ 计量圆柱棒模拟理想 $\phi35mm$ 圆柱面，计量圆柱棒不用压紧，将工件连同计量圆柱棒仪器放置在检验平板上，工件的 B 基准面与检验平板工作面平稳接触，如图 5-148(a) 所示，再将一带磁力表架的千分表放置在检验平板上，调整千分表的位置，使其测头与计量圆柱棒此位置上的最高素线接触，接触点要靠近工件的一

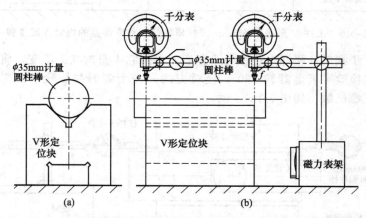

图 5-148　工件 V 形槽中圆柱面轴线相对于基准面 B 的平行度误差的测量

个端面，如图 5-148(b) 中的 f 点，记下此时千分表的读数 Δf，在检验平板工作面上移动千分表架，带动移动，使千分表测头移至这条最高素线的另一端，靠近工件另一端面，如图 5-148(b) 中的 e 点，再次记下此时千分表的读数 Δe，计算 Δf 与 Δe 的差值，此数值就是要测量的平行度误差，但它小于公差值时，工件的此项检测合格。

c. 工件 V 形槽两端面相对于基准面 B（工件底面）的垂直度误差的检测。如图 5-149 所示，将工件放置在检验平板上，作为 B 基准面的底面与检验平板工作面平稳接触，再将一 0 级精度的 90° 刀口角尺放置在检验平板工作面上，用此 90° 刀口角尺检测工件 V 形槽端面各处与检验平板工作面间的夹角，保证角尺底座工作面与检验平板工作面可靠接触，通过观察刀口角尺工作面与工件端面间

的缝隙光色或塞塞尺来判断其合格性，如此缝隙能塞入厚 0.02mm 的塞尺，但厚 0.02mm 的塞尺塞不进去，就可以判定该工件此端面的垂直度误差合格。如想得出工件端面具体的垂直度误差，可用图 5-149 中右侧的带表架杠杆千分尺测量，表架底部放有一个精密圆柱棒，使表架底部与工件隔开一定距离，测量时操作者推动表架底部，使表架沿精密圆柱棒轴向前后移动，千分表测头与工件被测面可靠接触，随表架的移动也就沿前后方向在工件被测端面滑动，观察千分表指针的最大摆动范围，即为工件被测端面的垂直度误差，这种方法比较适合于工件被测端面垂直度误差集中在被测面边沿的情况。当然，这个千分表装置（连同那个精密圆柱棒）须用 0 级以上 90°标准器（如 90°刀口角尺）校对调零。

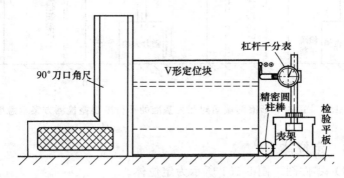

图 5-149　工件 V 形槽两端面相对于基准面 B 的垂直度误差的检测

　　d. 工件 V 形槽两端面间互为基准的平行度误差的检测。因为在工件的图纸中，平行度公差的基准是任选基准 C，这意味着检测时，被测面和基准面之间是可以任意互换的，而且互换后的平行度误差也必须都小于公差值时，工件的此项检测才合格。

　　如图 5-150(a) 所示，将工件 V 形槽两端面中间的任意一个作为基准面，将其平稳地放置在检验平板上，再将一带磁力表架的千分表放置在检验平板上，调整千分表，使其测头与工件 V 形槽另一个端面可靠接触，将千分表读数调零，沿检验平板工作面推动磁力表架，使千分表测头在被测工件端面上前、后、左、右来回移动，观察千分表指针的最大摆动范围，并记录下来。然后，如图

5-150(b) 所示，将工件在检验平板上翻转 180°，以工件 V 形槽的另一个端面作为基准面，将其平稳放置在检验平板上，再次用上述千分表进行同样的操作（包括调零），观察并记录千分表指针的最大摆动范围，当两次测量的结果都没有超过图纸规定的公差值 0.025mm 时，工件的此项检测合格。

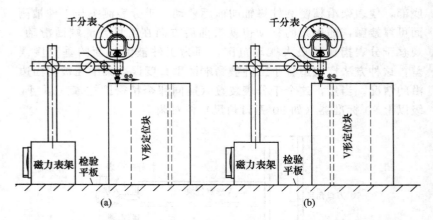

图 5-150　工件 V 形槽两端面间互为基准的平行度误差检测方案示意图

5.7.3　定位体

（1）零件图　图 5-151 所示为定位体。

（2）零件的主要技术要求

① 尺寸精度要求。通孔的尺寸要求为 "$2\times\phi18^{+0.011}_{0}$"、孔尺寸精度均为 IT6；"$2\times\phi18^{+0.011}_{0}$" 孔与工件中心的位置要求为 (18 ± 0.0055)mm，键槽的尺寸要求为 "$4^{+0.012}_{0}$"，侧面与工件中心的位置要求为 (45 ± 0.01)mm，侧斜面与工件中心的位置偏斜角度为 $20°\pm10'$。

② 形位精度要求。"$2\times\phi18^{+0.011}_{0}$" 孔的轴心线与 B 面的平行度公差为 0.02mm，"$2\times\phi18^{+0.011}_{0}$" 孔的轴心线与 B 面的对称度公差为 0.025mm。键槽的中心线与 B 面的对称度公差为 0.01mm。

③ 表面粗糙度要求。"$2\times\phi18^{+0.011}_{0}$" 孔加工表面的粗糙度 Ra 为 $0.8\mu m$，侧面、侧斜面的加工表面粗糙度 Ra 为 $0.8\mu m$；外圆

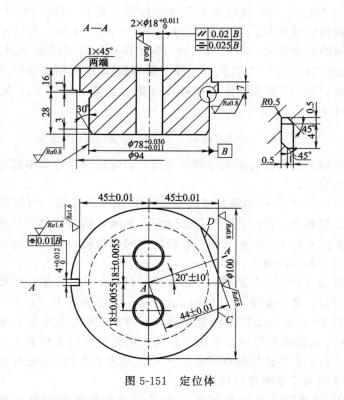

图 5-151 定位体

$\phi78$mm 加工表面粗糙度 Ra 为 0.8μm；其余各加工表面粗糙度要求 Ra 均为 1.6μm。

（3）检验量具 可用规格为 $75\sim100$mm 的外径千分尺；4H7 键槽塞规；内径千分表；壁厚千分尺；V 形架；0 级检验平板；百分表及磁力表座；$\phi18$h5 心轴。

（4）零件检测

① 工件 B 基准圆柱面的直径尺寸 "$\phi78^{+0.030}_{+0.011}$" 可用规格为 $75\sim100$mm 的外径千分尺检测。

② 槽宽 "$4^{+0.012}_{0}$" 可用 4H7 键槽塞规检测。

③ "$\phi18^{+0.011}_{0}$" 孔径可采用经过计量室校对的内径千分表检测。

④ "$\phi 18^{+0.011}_{0}$" 孔的位置尺寸的检测。两个 "$\phi 18^{+0.011}_{0}$" 孔轴线距离圆柱体轴线的尺寸要求为（18 ± 0.0055）mm，此尺寸可使用间接的测量方法：首先用千分尺测出圆柱体外圆的实际直径 D_a（应在两 "$\phi 18^{+0.011}_{0}$" 孔孔心连线方向测量），然后用壁厚千分尺测出 "$\phi 18^{+0.011}_{0}$" 孔孔壁距离圆柱体外圆面的实际距离 L_a，则该被测尺寸为：

$$\frac{D_a}{2}-L_a-\frac{1}{2}\times\text{"}\phi 18^{+0.011}_{0}\text{" 孔径的实际测量值}$$

此测量过程在孔的两端都应进行，两端的测量值都不超过其公差值为合格。

"$\phi 18^{+0.011}_{0}$" 孔轴线到平面 C 的距离尺寸的检测：可用壁厚千分尺直接测量 "$\phi 18^{+0.011}_{0}$" 孔孔壁距离平面 C 的实际尺寸，然后用此实际尺寸加上 "$\phi 18^{+0.011}_{0}$" 孔径的实际测量值的 1/2 即为所要检测的尺寸的实际值。

宽为 "$4^{+0.012}_{0}$" 的槽底平面距离 "$\phi 18^{+0.011}_{0}$" 孔轴线的尺寸误差的测量：将一截面尺寸为 4mm×6mm 的垫块塞入 "$4^{+0.012}_{0}$" 槽中（其 6mm 方向要精确测量出实际尺寸），然后用外径千分尺测量 4mm 宽的垫块面到 C 平面的距离，用此距离尺寸减去上一步测得的 "$\phi 18^{+0.011}_{0}$ 孔轴线到平面 C 的距离尺寸和垫块 6mm 方向的实际尺寸即为所要测量的尺寸。

⑤ "$\phi 18^{+0.011}_{0}$" 孔轴线相对于 B 基准轴线的平行度误差的检测。在 "$\phi 18^{+0.011}_{0}$" 孔中插入 $\phi 18h5$ 心轴，将工件 B 基准面安放于一 0 级 V 形架的 V 形槽工作面上（C 面应大致与 V 形架底平面平行），并用紧固装置轻轻压紧，再将此 V 形架放置于 0 级检验平板上，将一带表座的百分表也放置在检验平板上，其测头与 $\phi 18h5$ 心轴一端露出孔外部分的最高点接触，将百分表的读数调零，然后移动此百分表到心轴的另一端最高点，读出百分表的读数 Δ，两次测量测头间沿 $\phi 18h5$ 心轴轴向的距离为 60mm，则被测孔轴线相对于 B 基准轴线的平行度误差为：

$$\frac{44}{60}\times\text{百分表的读数 }\Delta$$

⑥ 2 个 "$\phi 18^{+0.011}_{0}$" 孔轴线的连线相对于 B 基准轴线的对称

度误差的检测。在 2 个"$\phi 18^{+0.011}_{0}$"孔中均插入直径为 $\phi 18h5$ 的心轴，并向上述一样将其安装于放在检验平板上的 V 形架上，用与上述相同的百分表测量两心轴最高点与检验平板的距离，并微微转动工件使两心轴最高点与检验平板的距离相等，目的是使两心轴轴线的所处平面与检验平板平行（如两心轴直径有不同，应记入此误差进行调整），然后转动表盘将百分表读数调零。在 V 形架上将工件旋转 180°，再次用百分表找正两心轴，使两心轴最高点与检验平板的距离相等，在百分表测头与心轴最高点接触的状态下观察记录此时百分表的读数，此读数就是 2 个"$\phi 18^{+0.011}_{0}$"孔轴线的连线相对于 B 基准轴线的对称度误差（如两心轴直径差异较大应分别按上述方法读数），如图 5-152 所示。

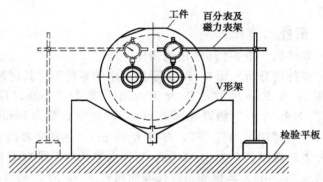

图 5-152　2 个"$\phi 18^{+0.011}_{0}$"孔轴线的连线相对于 B 基准轴线的对称度误差的测量

⑦ "$4^{+0.012}_{0}$"宽键槽的对称度误差的检测（图 5-153）。将工件的 B 基准圆柱面定位支承在检验 V 形架上，使 B 基准轴线平行于检验平板，再在被测键槽中无间隙地插入一检测样块（配合宽度 4h5，可用键槽宽度检验卡板代替），用百分表找正与键槽工作面接触的朝上的检测样块工作面，使之与检验平板平行（可在工件被轻微压紧的状态下进行），然后在百分表测头与检测样块工作面接触的状态下将百分表的读数调零，随后将工件绕 B 基准轴线翻转 180°，用上一步调零后的百分表再次将翻转后面朝上的检测样块工作面找平，并观察此时百分表的读数，用此读数乘 0.0526（即读

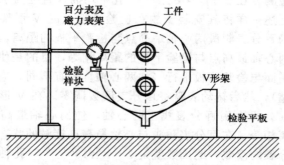

图 5-153 键槽的对称度误差的检测

数×5/95）就是"$4^{+0.012}_{0}$"键槽中心平面相对于 B 基准轴线的对称度误差。

5.7.4 滑座（宽槽）

（1）零件图 图 5-154 所示为滑座。

（2）零件图分析 图 5-154 所示为滑座的零件图，其材料为 45 钢。该零件的主要尺寸：长为 100mm，宽为 70mm，厚度为 15mm，"$2×\phi8^{+0.017}_{0}$"销钉孔深 15mm，两孔中心距为 55mm。滑座凹槽尺寸为"$70×40^{+0.025}_{0}$"，厚度为 15mm。在宽度方向上凹槽与工件外形对称度公差为 0.04mm。工件上平面与下平面 B 的平行度公差为 0.025mm。凹槽和销钉孔表面粗糙度 Ra 为 1.6μm，其余被加工表面的表面粗糙度 Ra 均为 0.8μm。

（3）检测量具与辅具 内径千分表，外径千分尺。

（4）零件检验 由于零件全部完工后变形较大，所以此检验应该在加工完成后、手工去除开口连接薄边部分前进行。

① 尺寸误差的检验。在零件图中，槽的宽度尺寸（纵向尺寸）精度较高，为"$40^{+0.025}_{0}$"，达到了 IT7 级精度。测量时可使用内径千分表进行检测，由于是借用测内孔的专用测量仪器，所以测量时需在不同方向仔细摆动标杆，找千分表指针摆动的最小点才能读数。

② 槽的宽度方向（尺寸"$40^{+0.025}_{0}$"方向）中心平面相对于工件外形的中心平面的对称度误差的检测。由于零件形状简单且槽的

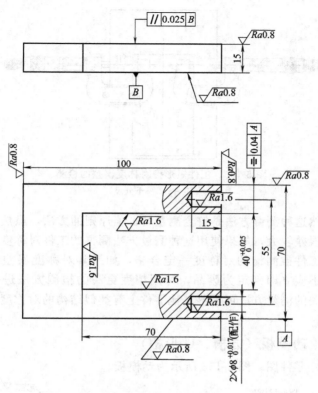

图 5-154　滑座

宽度较大、厚度较小，可使用简单的测量方法，使用量程为 0～25mm 的外径千分尺测量宽度方向（"$40^{+0.025}_{0}$"）槽两侧的壁厚差，测量时要求进行比较的两侧槽壁壁厚的测量位置的选取要尽可能在同一假想的测量截面内，测量截面可设定得密一些并做好标记，也不用均匀分布，但这些测量截面应尽可能与工件零件图图示的水平中心平面垂直。图 5-155 所示为某一测量截面内的测量过程，此截面内：

$$f_{\mathrm{I}对称} = |X_{\mathrm{IE}} - X_{\mathrm{IF}}|$$

最后选取最大的壁厚差值作为此槽的对称度误差值，即

$$f_{对称} = \max\{f_{\mathrm{I}对称},\ f_{\mathrm{II}对称},\ f_{\mathrm{III}对称},\ \cdots\}$$

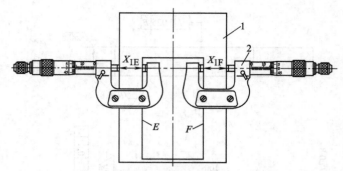

图 5-155 工件矩形槽对称度误差的检测
1—工件；2—千分尺

　　当然这种测量方法是符合测量特征值原则的方法，虽然简便但其测量误差较大，如果使用这种测量方法测得的工件对称度误差合格，则工件被测槽的对称度一定合格，如果其对称度误差超出公差，也不应立即判定为废品，可用精度更高的检测方法进一步检测，有关的测量方法可借鉴其他零件上有类似结构的对称度误差检测方法。

5.7.5　动模板（方槽、U形槽）

　　(1) 零件图　图 5-156 所示为动模板。

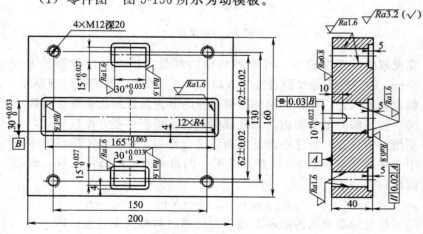

图 5-156　动模板

（2）零件图分析　该零件的主要尺寸：长为 200mm，宽为 160mm，厚度为 40mm；长方槽尺寸分别为 "$30^{+0.033}_{0} \times 15^{+0.027}_{0}$"、"$165^{+0.063}_{0} \times 30^{+0.033}_{0}$"。长方槽之间的中心距离均为 (62 ± 0.02) mm；U 形凹槽尺寸为 "$10^{+0.022}_{0} \times 10$"。零件上下平面即上平面对底平面 A 的平行度公差为 0.02mm；U 形凹槽相对于 165mm × 30mm 长方形凹槽基准中心平面 B 的对称度公差为 0.03mm。上、下平面表面粗糙度 Ra 为 $0.8\mu m$。凹槽表面粗糙度 Ra 为 $1.6\mu m$。其余被加工表面的粗糙度 Ra 均为 $3.2\mu m$。

（3）检测量具与辅具　内测千分尺或内径千分尺，内径千分表，检验平板，百分表座及其百分表，公法线千分尺，平行垫铁，压紧组件，小型方箱。

（4）零件检验

① 尺寸误差的检验。三个方孔的尺寸精度较高，其中两个小方孔的尺寸 "$30^{+0.033}_{0} \times 15^{+0.027}_{0}$" 和大方孔的宽度尺寸 "$30^{+0.033}_{0}$" 比较适合使用内测千分尺或使用内径千分表检测，其中 15mm 的尺寸使用的千分表为弹簧内径千分表。对于大方孔的长度尺寸 "$165^{+0.063}_{0}$" 可以使用内径千分尺进行检测。工件 A 基准面上 U 形槽的宽度尺寸 "$10^{+0.022}_{0}$" 可使用量块或弹簧内径千分尺检测。三个长方孔之间的位置尺寸 (62 ± 0.02)mm 的测量可借助公法线千分尺测出相邻两方孔之间的材料壁厚度，用此厚度的实际尺寸加上此相邻两方孔的实测宽度尺寸（主视图中的方孔纵向尺寸）之和的 1/2 就是此两方孔的位置尺寸的实测值，将此实测值与图中规定的极限尺寸相比较作出合格性判断。

② 工件 A 基准面上宽 10mm 的 U 形槽中心平面相对于 B 基准平面的对称度误差的检测。由于 B 基准为工件中部最长的长方形通槽的中心平面，要在测量中体现这一基准平面需制作一检测用平行垫铁，平行垫铁的截面尺寸应为 165mm × (10～20)mm，平行垫铁的两平行工作面的平行度误差应不大于 0.005mm，平行垫铁两平行工作面的宽度应在 80～100mm 之间，检测时先将一小型方箱放置在检验平板工作面上，将上述平行垫铁放置在此方箱的顶部工作面上，平行垫铁的平行工作面之一要与方箱的顶部工作面可靠接触，并且平行垫铁工作面的宽度方向要伸出一部分（长约 40～

50mm）在方箱顶部工作面之外，用压紧元件将此平行垫铁压紧在方箱顶部，压紧力不能过大，防止测量元件变形，将工件中部的长方孔套在平行垫铁悬伸出方箱顶面的那一部分"悬臂"上，使工件长方孔的一个侧平面 E 与平行垫铁的上部工作面可靠接触，同时要注意使被测的 10mm 宽 U 形槽朝向外部以便于测量，如图 5-157 所示，再将一带表座的杠杆百分表也放置在检验平板工作面上，将百分表测头调整至与 U 形槽此刻下侧槽壁平面 M 接触并使之有一定压缩量，沿 U 形槽侧壁来回轻轻移动百分表（通过移动表座），使测头在两侧 U 形槽同一被测面上来回滑动（因槽面不连续，操作一定要小心），在被测面最低点停下，要在两侧 U 形槽同一被测面，将百分表读数调零（即 $Y_{MI} = 0$）并将此刻百分表测头的位置在工件上做一标志。注意：应同时在此 U 形槽的另一被测面上在垂直方向对应于百分表测头的位置点做好标志，再次轻轻来回移动百分表在表的读数为最大处停下，记下表的读数 Y_{MII} 并仿照上一步也做好两个面上对应点的标记。上述测量完成后，将工件取下，侧向翻转 180°，然后再套回方箱上固定的平行垫铁"悬臂"上（此时 F 面与平行垫铁工作面接触，要求同上），此时被测 U 形槽也应朝向外侧，以便于测量，完成上述操作后，再用上一阶段测量中调整好的杠杆百分表（不能重新调整）测量 U 形槽另一侧壁 N 上在上一阶段已标记好的两处测量点，记下百分表的读数 Y_{NI} 和 Y_{NII}，为增加测量的可靠性，可移动百分表，使其测头沿着这一 U 形槽侧壁滑动，找到新的最大值和最小值的位置，记录读数并标记位置，然后工件再翻转 180°，回到原来的状态，再对新测点进行测量、读数和记录。数据处理时进行如下计算：

$$f_{对称 I} = |Y_{MI} - Y_{NI}|$$

$$f_{对称 II} = |Y_{MII} - Y_{NII}|$$

则取其中最大值作为本次测量的对称度误差，即用公式表达为

$$f_{对称} = \max\{f_{对称 I}, f_{对称 II}\}$$

当然，如果进行了第二次翻转，则应将其测得的两组新数据同样进行上述处理，即从 4 个数据中选择最大值作为本次测量的最终结果，然后结合对称度公差要求进行合格性判断。

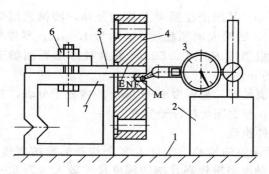

图 5-157　U 型槽中心平面的对称度误差检验方法示意图
1—检验平板；2—百分表座；3—百分表；4—工件；
5—平行垫铁；6—压紧组件；7—小型方箱

5.7.6　叶轮（均布窄槽）

（1）零件图　图 5-158 所示为叶轮。

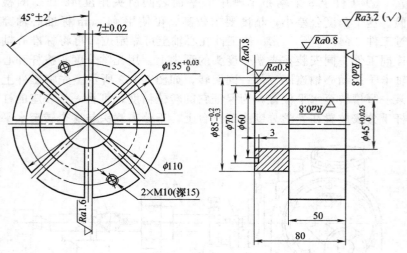

图 5-158　叶轮

（2）零件图分析　图 5-158 所示为叶轮的零件图。其材料为
9CrSi，热处理 50～54HRC。该零件的直径为 "$\phi 135^{+0.03}_{0}$"，厚度
为 80mm，内孔直径为 "$\phi 45^{+0.025}_{0}$"。8 个凹槽的宽度尺寸要求为

(7±0.02)mm，其凹槽在圆周上均匀分布，凹槽之间的角度尺寸均为45°±2′。凹槽表面粗糙度 Ra 均为 $1.6\mu m$。零件外圆和两端端面的表面粗糙度 Ra 为 $0.8\mu m$。其余被加工表面的表面粗糙度 Ra 均为 $3.2\mu m$。

（3）检测量具　量程为6～10mm的内径千分表，3级量块组，光学分度头，带表座的杠杆千分表。

（4）零件检验

① 尺寸误差的检验。工件上8个均布的窄槽宽度尺寸（7±0.02)mm，精度要求较高且槽的深度尺寸较大（为50mm），检验时应使用量程为6～10mm的内径千分表进行测量或使用3级量块组合出检验所需要的最大极限尺寸7.02mm和最小极限尺寸6.98mm，对工件槽宽尺寸进行合格性塞入检验，当尺寸为6.98mm的量块组可塞入窄槽而尺寸为7.02mm的量块组不能塞入窄槽或有一定力感时，工件窄槽宽度尺寸合格。

② 工件上8个均布窄槽中心平面之间所夹角度45°±2′的检验。这个角度公差小，精度要求较高，可使用 $\phi 45mm$ 标准心轴穿过工件"$\phi 45^{+0.025}_{0}$"孔，使工件在心轴上可靠定位，再将标准心轴连同工件一同安装在光学分度头的顶尖上，用光学分度头拨杆和心轴卡子拨动心轴连同工件一同回转，如图5-159所示。先将工件上某一窄槽转至水平位置，为保证它的转位精度，可将一带表座的杠杆千分表放置在光学分度头工作台上，千分表测头与这个转至水平

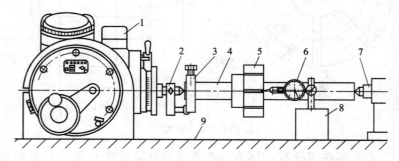

图 5-159　工件窄槽之间的角度误差检测方法示意图

1—光学分度头；2—分度头拨叉；3—心轴卡头；4—$\phi 45mm$ 标准心轴；5—工件；
6—千分表；7—分度头尾座及顶尖；8—表架；9—工作台

位置的窄槽侧壁要可靠接触（要有一定压缩量），然后在工作台上轻轻移动杠杆千分表，使其测头在此窄槽侧壁上滑动，同时观察千分表读数并依据此读数调整光学分度头，使工件此窄槽侧壁平行于工作台，要求其平行度误差不超过 0.005mm（杠杆千分表读数越小越好）。调好后记下光学分度头的读数，然后在这个读数的基础上转动光学分度头分度手柄，使工件随分度头精确转过 45°，这时工件上与上一槽相邻的窄槽应转至水平位置，再将上述杠杆千分表测头调整至与此槽侧壁接触并产生一定压缩量，再次小心移动杠杆千分表，使千分表测头在此槽侧壁上轻轻滑动，观察千分表读数，当在槽壁的全长上千分表读数不大于 0.02mm 时，则此槽与上一槽的角度误差满足精度要求，依此法可将所有窄槽之间所夹角度的合格性检验完毕。须注意的是：为保证测量的精度，要注意光学分度头转动方向的一致性。

5.7.7 定位滑座

（1）零件图　图 5-160 定位滑座。

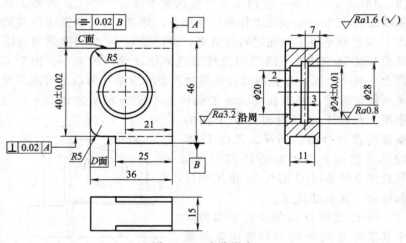

图 5-160　定位滑座

（2）零件分析　该零件的主要尺寸为 46mm×36mm×15mm；阶梯孔的尺寸为"$\phi24\pm0.01$"。孔内有一个 $\phi28$mm、宽度为 3mm 的凹槽；零件在尺寸 46mm 的方向上有两个凹槽，凹槽宽度为

11mm，两凹槽的距离为"40±0.02"。尺寸精度要求高，C、D 两平面相对于孔"$\phi24\pm0.01$"中心轴线 B 的对称度公差为 0.02mm，在 46mm 全长范围内垂直于 A 面的垂直度公差为 0.02mm。孔"$\phi24\pm0.01$"表面粗糙度 Ra 为 $0.8\mu m$，3mm 凹槽表面粗糙度 Ra 为 $3.2\mu m$，其他表面粗糙度 Ra 均为 $1.6\mu m$。

（3）检测量具与辅具　带磁力表座的杠杆百分表（刻度为 0.01mm，测量范围为 0～5mm）游标卡尺，外径千分尺，90°角尺，检验平板，平行垫铁，标准心轴，可调支承。

（4）零件检验

① 图纸上未注公差的尺寸的检测可用一般的分度值为 0.02mm 或 0.05mm 游标卡尺甚至钢板直尺进行。

② 尺寸"40±0.02"的检测可用分度值为 0.01mm、量程为 25～50mm 的外径千分尺进行。

③ 形位精度的检测

a. C 面和 D 面相对于基准面 A 的垂直度误差的检测。如图 5-161所示，先将一检测用平行垫铁置于检验平板上，再将工件基准面 A 与平行垫铁的工作面可靠贴合，用 90°角尺测量工件被测面 C 与检验平板工作面之间的角度，通过观察 90°角尺测量面与工件 C 面之间的缝隙所透出的光线颜色来估计缝隙的大小。由于 C 面上有两个凸起，在检测时会妨碍对误差的观察，所以也可用塞尺来测量此缝隙。要求在 30mm 的长度上不能塞入厚为 0.02mm 的塞尺，此时工件 C 面相对于 A 面的垂直度误差合格，同样，工件 D 面的垂直度误差的检测方法同 C 面，只是测量时要将 D 面与 90°角尺测量面贴合，其余过程同上。

b. C 面和 D 面的中心平面相对于基准孔 B 轴线的对称度误差的检测。在工件"$\phi24\pm0.01$"的孔中插入 $\phi24mm$ 标准心轴（要插得比较紧），然后将此心轴压紧在一个大小适当的 V 形架的 V 形槽中，如图

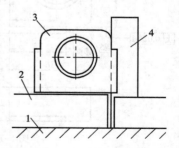

图 5-161　C、D 面垂直度误差
的检测

1—检验平板；2—检验用平行垫铁；
3—被测工件；4—90°角尺

5-162所示，将 V 形架放在一检验平板上，用小型可调支承支在 C 面或 D 面上的小凸起上，调整可调支承并用一带表座的百分表测量 C 面和 D 面，使 C 面和 D 面平行于检验平板的工作面，应使两平面的平行度误差相对（即假设 C 面在上，左高右低，那么 D 面应左低右高且误差数值应相等）。调整完毕后，用百分表结合量块测出 $\phi24\text{mm}$ 标准心轴轴线相对于检验平板工作面的距离 $H_{心}$（测量时可先用深度尺测出心轴最上边的素线与检验平板的距离，然后根据这一距离用量块组合出此距离的标准大小，用这一组量块对百分表调零校准后可精确测出 $\phi24\text{mm}$ 标准心轴最上边的素线相对于检验平板工作面的距离，用此距离减去标准心轴的半径就是标准心轴轴线相对于检验平板工作面的距离）。然后以标准心轴的圆心在检验平板上的垂足（正投影点）为坐标原点，在 C、D 面的长度方向（尺寸为 36mm 的方向）均匀地取 5 个大致垂直于检验平板的测量平面 I-I、II-II、III-III、IV-IV、V-V，每个测量平面相距约 6mm（不包括圆弧部分），用量块结合百分表检测出每个测量平面与 C、D 面的交点到检验平板的距离 H_{CI}、H_{CII}、H_{CIII}、H_{CIV}、H_{CV} 和 H_{DI}、H_{DII}、H_{DIII}、H_{DIV}、H_{DV}（注意：测量时量块组的尺寸可利用 $\phi24\text{mm}$ 标准心轴轴线相对于检验平板工作面的距离 $H_{心}$ 来确定，如 C 面到检验平板工作面的理想距离为 $20+H_{心}$，D 面到检验平板工作面的理想距离为 $H_{心}-20$，H_{CI} 和 H_{DI} 应处于同一测量平面上，其他各点的关系依此类推）。则 C、D 面的中心平面与各测量平面的交点到检验平板的距离可计算如下：

$$H_{中I} = (H_{CI} + H_{DI})/2$$
$$H_{中II} = (H_{CII} + H_{DII})/2$$
$$H_{中V} = (H_{CV} + H_{DV})/2$$

将数据点绘在坐标系中，如图 5-163 所示，然后从中选出最大值和第二大值，假设为 $H_{中I}$ 和 $H_{中IV}$（此例假设各点高度都大于 $H_{心}$），由此获得两个坐标点（$+6$, $H_{中I}$）和（-12, $H_{中IV}$），由这两点确定的直线方程式为：

$$\frac{y-(+6)}{-12-(+6)} = \frac{z-H_{中I}}{H_{中IV}-H_{中I}}$$

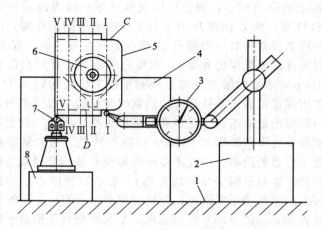

图 5-162　C、D 平面的中心平面对称度误差的检测

1—检验平板；2—百分表架；3—百分表；4—V 形架；5—工件；

6—ϕ24 标准心轴；7—可调支承；8—平行垫铁

将 $y=0$ 代入上式，得

$$z_0=(H_{中IV}+2H_{中I})/3$$

z_0 为上述直线方程式所代表的
直线在 z 坐标轴上的截距。零件上
C、D 面的实际中心平面相对于基
准孔的对称度误差 $f_{对称}$ 为：

$$f_{对称}=2(z_0-H_心)=$$
$$2[(H_{中IV}+2H_{中I})/3-H_心]$$

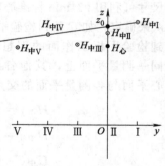

图 5-163　对称度误差图

5.7.8　六方套

（1）零件图　图 5-164 所示为
六方套。

（2）零件图分析　该零件主要尺寸：高度为 110mm，内孔直
径为"$\phi40^{+0.025}_{0}$"；键槽宽度为"$14^{+0.02}_{0}$"，深度为"$44.5^{+0.1}_{0}$"；
正六方形的外接圆的直径为 ϕ68mm，两直边的距离为
"$58.89^{0}_{-0.03}$"。

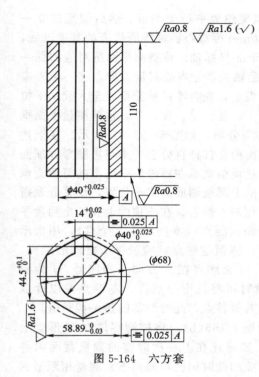

键槽在宽度方向上相对于内孔"$\phi 40^{+0.025}_{0}$"中心线的对称度公差为0.025mm。正六方形的直边与内孔"$\phi 40^{+0.025}_{0}$"中心线的对称度公差为0.025mm。键槽和外正六方面的表面粗糙度 Ra 为1.6 μm，其余各加工表面的表面粗糙度 Ra 均为0.8 μm。

（3）检测量具与辅具

内径百分表，外径千分尺，游标卡尺，内径千分尺，可调支承；检验平板；百分表架及其百分表；检验用键；$\phi 40mm$ 标准心轴；压紧装置；V形架。

图 5-164 六方套

（4）零件检测

① 零件尺寸精度的检测。尺寸为 $\phi 40^{+0.025}_{0}$ 的内孔可用内径百分表检测；两相距为"$58.89^{0}_{-0.03}$"的外表面的精度测量可用量程为 $50 \sim 75mm$ 的外径千分尺进行；键槽深度尺寸"$44.5^{+0.1}_{0}$"可用分度值为 0.02mm 的游标卡尺进行精度检测；键槽的宽度尺寸"$14^{+0.02}_{0}$"可用内径千分尺检测，必要时可用键槽塞规进行检测。

② 零件形位精度的检测

a. 两相距为"$58.89^{0}_{-0.03}$"的外表面相对于基准孔轴线的对称度误差的检测。零件的该对称度误差属于面对线的对称度误差，可用翻转打表法测量。测量前，在被测零件的"$\phi 40^{+0.025}_{0}$"的内孔中插入 $\phi 40mm$ 标准心棒，以其轴线作为基准轴线 A，测量前将插好工件的标准心棒外圆面部位放置在 V 形架工作面上并用压紧装置适当压紧，V 形架放在平板上，以检验平板作为测量基准，此时

ϕ40mm 标准心棒的轴线近似理想地平行于平板。然后假想建立一直角坐标系，x 坐标轴为 ϕ40mm 标准心棒轴线所代表的基准轴线，y 坐标轴平行于平板且垂直于 x 坐标轴，将被测平面所对应的那一段 x 轴中点设为原点，z 坐标轴为百分表的测量方向。将一带表座的杠杆百分表安放在检验平板上，先将零件被测面转至大致水平位置，然后选取 5 个测量平面 Ⅰ、Ⅱ、Ⅲ、Ⅳ、Ⅴ，这些测量平面垂直于基准轴线 x 且沿 x 轴均匀分布，如图 5-165(a) 所示。在上述零件被测部位的某一测量截面内将杠杆百分表测头与被测零件顶面上相距最远的两点接触，通过调整支承在零件底平面上的可调支承稍微转动被测零件来调整它的上部被测面的水平位置，使百分表指示器在上述两个点上的示值相同。然后，在该顶面上在 5 个测量平面内沿 y 方向布置若干个等距的测点（本例取了 3 个点），用指示器对这些测点逐一进行测量，测量这些点到检验平板之间的距离，并记录各个测点的示值 M_{ij}（i 为测点在 x 方向上的序号，j 为测点在 y 方向上的序号，测量时可将其中一点作为基准点并以此点将杠杆百分表调零后去测量其他各点，此时测得的是一相对值）。

测完上述测点后，参看图 5-165(b)，将被测零件在 V 形架上翻转 180°，为了精确旋转，要求还在上一次调整的测量截面内并且还是在相同被测平面上（此面此时面已转向向下）测量相距最远的两点到检验平板的距离，通过精确旋转工件，调整至使这两点到检验平板的距离相等，然后按照上述方法对零件被测部位的此时的顶面（翻转前的底面）进行测量，布置测点的方法应与翻转前的测点在 z 向相对应，用杠杆百分表在这顶面上对翻转前各个测点的对应点逐一进行测量，并记录各个对应点的示值 M'_{ij}。

实际被测中心平面上的点为被测部位顶面和底面上对应点的连线的中点。由上述用百分表测得的示值 M_{ij} 和 M'_{ij} 可以求出实际被测中心平面上各个点相对于通过基准轴线且平行于平板的 Oxy 平面的偏离量 Z_{ij}，即

$$Z_{ij} = (M_{ij} - M'_{ij})/2$$

由上述计算值 Z_{ij}（z 坐标值）求解对称度误差时，将实际被测中心平面向垂直于基准轴线的平面上投影并建立一直角坐标系，该直角坐标系的原点 O 为基准轴线的投影，如图 5-166 所示，将上

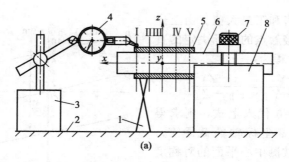

1—可调支承；2—检验平板；3—百分表架；4—百分表；5—工件；
6—ϕ40mm 标准心轴；7—V 形架压紧装置；8—V 形架

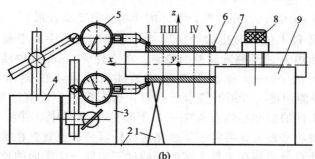

(b)

1—可调支承；2—检验平板；3—找平百分表及百分表架；4—百分表架；
5—检测读数百分表；6—工件；7—ϕ40mm 标准心轴；
8—V 形架压紧装置；9—V 形架

图 5-165　对称度误差检测之翻转打表法

述数值结合其 y 向坐标值形成一实际被测中心平面上的一点的坐标 $(Y_j，Z_{ij})$，根据这一坐标将实际被测中心平面上的这一点标注在该直角坐标系中，图 5-166 中小圆点为实际被测中心平面上各个点的投影。根据误差评定中的定位最小区域的评定方法，用两个平行平面 P_1 和 P_2（投影为两条平行直线）包容这些点，要求实际被测中心平面至少有两个点与平面 P_1 和 P_2 中的一个平面接触，此时评定的误差值应是最小的，实际被测中心平面的理想平面 Q（此时投影为一条直线）应通过基准轴线；而平面 P_1 和 P_2 对称于 Q 配置。设两个接触点投影的坐标分别为 $(Y_Ⅰ，Z_Ⅰ)$ 和 $(Y_Ⅱ，Z_Ⅱ)$，其中接触点的 Z 向坐标值 $Z_Ⅰ$ 和 $Z_Ⅱ$ 是上述计算得到的 Z_{ij} 值

中的最大值和第二大值。由上述
两个投影接触点的坐标决定的直
线 P_1 的方程为：

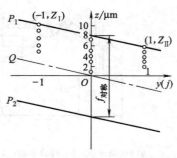

$$\frac{y - Y_\mathrm{I}}{Y_\mathrm{II} - Y_\mathrm{I}} = \frac{z - Z_\mathrm{I}}{Z_\mathrm{II} - Z_\mathrm{I}}$$

以 $y=0$ 代入上式，则求得
该直线在 z 坐标轴上的截距 Z_0，
那么实际被测中心平面的对称度
误差值 $f_{对称}$ 按下式确定：

$$f_{对称} = 2 \mid Z_0 \mid$$

图 5-166　对称度误差分析评定图

当 $f_{对称} \leqslant 0.025\mathrm{mm}$ 时，零件的此项公差要求合格。

b. 零件上位于内孔的 "$14^{+0.02}_{0}$" 键槽的对称中心平面相对于
基准孔轴线 A 的对称度误差的检测。在工件 $\phi40\mathrm{mm}$ 孔中插入上述
与之相配的 $\phi40\mathrm{mm}$ 标准心轴并在工件两端露出的键槽中插入
14mm 检测用键（可用键槽卡板代替，要求配合不能有间隙），将
安装好工件的标准心轴安装在一 V 形架的 V 形槽中，并将 V 形架
放置在检验平板上，再将一带表座的杠杆百分表也放置在检验平板
上并用此百分表将在工件上装配好的位于工件一个端面的检测用键
的工作面找平，使之平行于检验平板工作面（也可用另外一架百分
表专门用来找正工件上平行于键槽中心平面的上部外廓平面），将
此百分表测头与检测用键的上部工作面接触并使之相对产生一定压
缩量（约 0.5mm），然后将此百分表的读数调零，用此百分表检测
工件另一面安装的检测用键的上表面，并记下此时的百分表读数
Δ_1（规定：比零位置高时为正，比零位置低时为负），如图 5-167
所示。上述测量完成后，将工件翻转 180°，为使工件能精确转过
180°，可用同一百分表再次找平此时检测用键的上部工作面（也可
用另外一架百分表专门用来找正工件上此时平行于键槽中心平面的
下部外廓平面），找平后即可在百分表测头与此面接触的状态下读
数 Δ_2（规定：比零位置高时为负，比零位置低时为正），如图
5-168 所示，此时对称度误差可由下式计算：

$$f_{对称} = \frac{\mid \Delta_1 + \Delta_2 \mid h}{d + h} + \mid \Delta_1 \mid$$

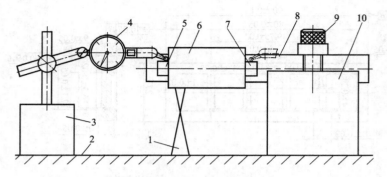

图 5-167 键槽对称度误差的检测 (一)

1—可调支承；2—检验平板；3—百分表架；4—百分表；5,7—检测用键；
6—工件；8—ϕ40mm 标准心轴；9—压紧装置；10—V 形架

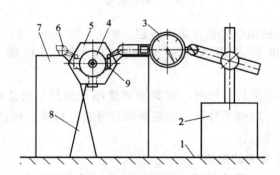

图 5-168 键槽对称度误差的检测 (二)

1—检验平板；2—百分表架；3—百分表；4—ϕ40mm 标准心轴；5—工件；
6—工件翻转 180°后百分表测头的位置；7—V 形架；8—可调支承；
9—检测用键

5.7.9 梳尺 (等距窄槽)

(1) 零件图 图 5-169 所示为梳尺。

(2) 零件图分析 该零件的内腔的尺寸为 (80 ± 0.05)mm×
(17 ± 0.05)mm，其中内腔含有 4 个枝芽，枝芽杆部宽度 2 个为
(3.1 ± 0.02)mm 和 2 个为 (3.3 ± 0.02)mm，厚度为 "4±0.05"，头
部有一薄片，薄片尺寸为 "4×8±0.02"，"4×0.3±0.02"，"7±

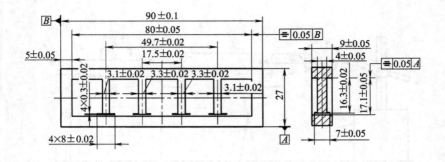

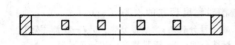

技术要求：
加工平面表面粗糙度Ra均为1.6μm。

图 5-169　梳尺

0.05"。零件的形位公差，要求内腔（80±0.05）mm×（17.1±0.05）mm，对称度公差不大于 0.05mm，内腔表面粗糙度 Ra 均为 1.6μm。

（3）检测量具与辅具　球面测砧壁厚千分尺，公法线千分尺，外径千分尺，内测千分尺，带表座的百分表，检验平板。

（4）零件检验

① 尺寸误差的检测

a. 零件边框厚度尺寸（5±0.05）mm 可用量程为 0～25mm 的球面测砧壁厚千分尺检测。

b. 零件枝芽杆部宽度尺寸（3.1±0.02）mm 和（3.3±0.02）mm 可用量程为 0～25mm 的公法线千分尺检测。

c. 零件枝芽杆部中心平面的距离尺寸（49.7±0.02）mm 和（17.5±0.02）mm 可用量程为 0～25mm 的公法线千分尺以及量程为 75～100mm 的公法线千分尺相结合进行间接检测，方法是：先用千分尺测出被测的两枝芽两相对的外部平面之间的距离，用此距离减去两被测枝芽实测的宽度尺寸之和的 1/2 得出的尺寸就是被测尺寸的实测值。

d. 零件内腔宽度尺寸 (80±0.05)mm 的检测可用量程为 0～25mm 的球面测砧壁厚千分尺结合量程为 75～100mm 的外径千分尺进行，方法是：先用千分尺测出零件总宽尺寸 (90±0.10)mm 的实际尺寸，用此尺寸减去零件两边边框厚度尺寸 (5±0.05)mm 的实际尺寸即可获得该被测尺寸的实际值。当然也可用量块组合成该尺寸的最大和最小极限尺寸，在量块组两端用量块夹子加上圆弧夹块测头，与塞规一样直接进行检测。

e. 零件枝芽杆头部薄片长度尺寸 (8±0.02)mm 和厚度尺寸 (0.3±0.02)mm 以及枝芽杆的总高尺寸 (16.3±0.02)mm 的检测。由于这些部位的被测量面太靠近边框内壁，普通计量仪器的测头难以接近和接触并且其本身的强度和刚性较差，极易变形或损坏，所以这里可应用小型测量显微镜，将工件放置在测量显微镜工作台上，通过目镜观察并调整测量工作台，将被测部位一个被测量面的投影对准视场中的分划线，然后转动测量方向的测微鼓轮以移动工件，再使工件被测部位的另一被测量面的投影对准视场中的分划线，实际尺寸的读数可由测微鼓轮上的刻度读出。

f. 零件内腔高度尺寸 (17.1±0.05)mm 的检测。可用量程为 0～25mm 的内测千分尺进行。

② 形位误差的检验

a. 零件内侧两枝芽杆的中心平面 [相距 (17.5±0.02)mm] 的对称中心平面相对于零件宽度方向的基准中心平面 E 的对称度误差的检测。如图 5-170 所示，将工件侧平面 T 平放在一检验平板的工作平面上，然后在被测的两个枝芽的被测平面上设立三个假想的被测平面 Ⅰ-Ⅰ、Ⅱ-Ⅱ、Ⅲ-Ⅲ，这些平面与被测的 G、H、M、N 面的交点分别为：I_g、I_h、I_m、I_n、II_g、II_h、II_m、II_n 以及 III_g、III_h、III_m、III_n。再将一带表座的百分表甲放置在检验平板上，调整百分表测头的位置，首先使它与 I_g 点可靠接触，将百分表读数调零，移动此百分表测出 G 面上 II_g、III_g 点的读数 Y_{IIg}、Y_{IIIg}（$Y_{Ig}=0$）；同理，再用另一百分表乙在平面 M 上 I_m 点处调零后，测出 II_m、III_m 点处的读数 Y_{IIm}、Y_{IIIm}（$Y_{Im}=0$）。上述测量完成后将工件翻转 180°，使 S 面与检验平板工作面接触，再用

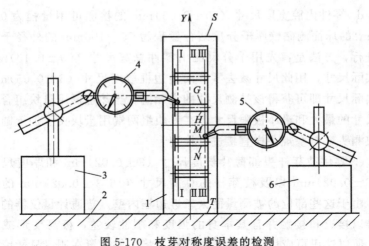

图 5-170　枝芽对称度误差的检测

1—工件；2—检验平板；3,6—百分表座；4—百分表甲；5—百分表乙

上述测量中调整好的两个百分表分别测量 H、N 面上的各测点，即用百分表甲测量 N 面上的 I_n、II_n、III_n 点的读数 Y_{In}、Y_{IIn}、Y_{IIIn}，用百分表乙测量 H 面上的 I_h、II_h、III_h 点的读数 Y_{Ih}、Y_{IIh}、Y_{IIIh}，测量结束后可进行如下计算：

$$\Delta_{Ign} = |Y_{Ig} - Y_{In}|$$
$$\Delta_{IIgn} = |Y_{IIg} - Y_{IIn}|$$
$$\Delta_{IIIgn} = |Y_{IIIg} - Y_{IIIn}|$$

取上述计算数值中的最大值

$$\Delta_{gnmax} = \max\{\Delta_{Ign}, \Delta_{IIgn}, \Delta_{IIIgn}\}$$

同理计算：

$$\Delta_{Ihm} = |Y_{Ih} - Y_{Im}|$$
$$\Delta_{IIhm} = |Y_{IIh} - Y_{IIm}|$$
$$\Delta_{IIIhm} = |Y_{IIIh} - Y_{IIIm}|$$

然后取其中的最大值

$$\Delta_{hmmax} = \max\{\Delta_{Ihm}, \Delta_{IIhm}, \Delta_{IIIhm}\}$$

则此项测量的对称度误差为：

$$\Delta_{对称} = (\Delta_{gnmax} + \Delta_{hmmax})/2$$

b. 零件内侧另外两枝芽杆的中心平面［相距 (49.7 ± 0.02)mm］

的对称中心平面相对于零件宽度方向的基准中心平面 E 的对称度误差的检测原理和方法同上。

5.7.10　支架

（1）零件图　图 5-171 所示为支架。

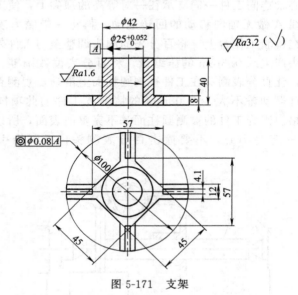

图 5-171　支架

（2）零件图分析　该零件的主要尺寸直径为 $\phi100mm$，厚度为 40mm，凸台的直径 $\phi42mm$；孔的直径为 "$\phi25^{+0.052}_{0}$"；四个外形槽尺寸宽为 12mm，开口槽尺寸宽为 4.1mm，以工件中心线为基准槽底间距为 57mm。零件外圆 $\phi100mm$ 的圆心与内孔 "$\phi25^{+0.052}_{0}$" 基准圆的圆心同轴度公差为 $\phi0.08mm$。零件内孔表面粗糙度 Ra 为 $1.6\mu m$，其余加工表面的粗糙度 Ra 均为 $3.2\mu m$。

（3）检测量具与辅具　游标卡尺，内径百分表，$\phi25mm$ 标准心轴，带磁力表座的百分表，一对等高的顶尖，固定顶尖座和活动顶尖座。

（4）零件检验

① 尺寸误差的检测。对于未注公差的线性尺寸可用游标卡尺进行检测，这些尺寸的极限偏差可按国家标准 GB/T 1804—2000

中的"一般公差"确定。对于精度较高的孔的直径尺寸"$\phi 25^{+0.052}_{0}$",可采用内径百分表进行测量并判断其合格性。

② 工件不完整外圆相对于基准轴线 A 的同轴误差的检测。如图 5-172 所示,在工件直径"$\phi 25^{+0.052}_{0}$"的孔中插入 $\phi 25$mm 标准心轴,将心轴连同工件一同支承在一对等高的顶尖上,使工件可绕其基准轴线 A 做无轴向移动的回转运动。再将一带磁力表座的百分表固定在检验工作台上,将百分表的测头调整至与工件外圆面接触并使测头产生约 0.3mm 的压缩量,将百分表读数调零,然后轻转动工件,让百分表测头在工件被测圆柱面上滑动,观测百分表的读数,表针摆动量不大于 0.08mm 的情况下工件的此项同轴度误差检验合格。因为工件的被测圆柱面是不完整的表面,所以转动工件的操作一定要小心,不要撞击百分表测头,否则会引起较大误差。

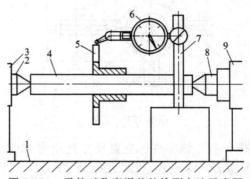

图 5-172 零件对称度误差的检测方法示意图
1—检验工作台;2,8—顶尖;3—固定顶尖座;4—标准心轴;5—工件;
6—百分表;7—百分表架;9—活动顶尖座

5.7.11 定刀块

(1)零件图 图 5-173 所示为定刀块。

(2)零件图分析 该零件的主要尺寸:长度为 50mm,宽度为 18mm,高度为 16mm;槽的外形宽度为 12mm,厚度为 5mm,槽的宽度为 6.5mm;两边槽之间的中心距为 30mm;刀具刃口斜度为 $10'$。刀具刃口与零件 A 面的平行度公差为 0.012mm。定刀块零件的加工表面的表面粗糙度 Ra 均为 1.6μm。

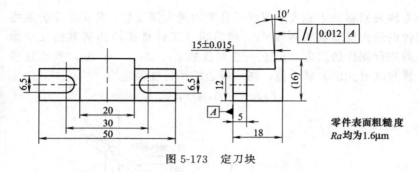

图 5-173　定刀块

（3）检测量具与辅具　游标卡尺，测深千分尺，万能角度尺，千分表及其磁力表座，检验平板。

（4）零件检验

① 尺寸误差的检验

a. 未注公差的线性尺寸的检测可使用游标卡尺进行，用以判定此类尺寸合格性的公差可采用 GB/T 1804—2000《一般公差　线性尺寸的未注公差》所规定的一般公差要求。

b. 精度较高的台阶尺寸（15±0.015)mm 的检测可使用测深千分尺直接进行检测，如图 5-174 所示。

② 角度误差的检测。在零件左视图中有一与竖直方向成 10′的小斜面，由于没有标注公差值，所以可用万能角度尺做一般性检验，一般也不作为判定零件合格性的决定性指标。

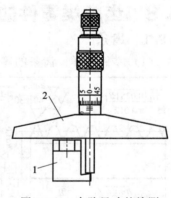

图 5-174　台阶尺寸的检测
1—工件；2—测深千分尺

③ 形位误差的检测。工件零件图上只有一处平行度公差要求，在检验工件上实际平行度误差时，可先将工件基准平面 A 平放在检验平板上，并与检验平板工作面可靠接触，如图 5-175 所示，再将一带表座的 0 级杠杆千分表也安放在检验平板工作面上，将其测头调整至与工件被测棱边接触，轻轻地沿工件被测棱边的垂直方向小

心地来回移动千分表，观察千分表的最大摆动量，并记下千分表指针的最大摆动量的读数 Δ_1，然后再在工件被测棱边的其他几个地方进行同样的测量，记下一系列读数 Δ_2、Δ_3、$\cdots$、Δ_n，找出这些读数的最大值和最小值，则该棱边的平行度误差为

$$f_{\text{平行}} = |\Delta_{\max} - \Delta_{\min}|$$

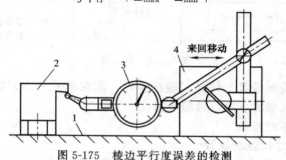

图 5-175　棱边平行度误差的检测
1—检验平板；2—工件；3—千分表；4—表座

5.8　齿轮类零件的检测实例

5.8.1　齿条

（1）零件图样　齿条的零件图如图 5-176 所示。

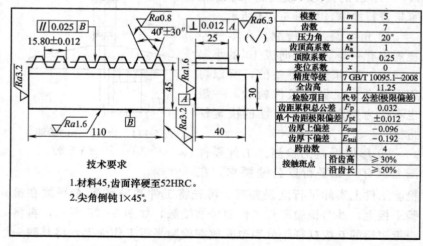

检验项目	代号	
模数	m	5
齿数	z	7
压力角	α	20°
齿顶高系数	h_{a}^*	1
顶隙系数	c^*	0.25
变位系数	x	0
精度等级	7 GB/T 10095.1—2008	
全齿高	h	11.25
检验项目	代号	公差(极限偏差)
齿距累积总公差	F_{p}	0.032
单个齿距极限偏差	f_{pt}	±0.012
齿厚上偏差	E_{sus}	−0.096
齿厚下偏差	E_{sui}	−0.192
跨齿数	k	4
接触斑点	沿齿高	≥30%
	沿齿长	≥50%

技术要求

1.材料45,齿面淬硬至52HRC。

2.尖角倒钝1×45°。

图 5-176　齿条

（2）零件精度分析　图 5-176 为一齿条工件，材料为 45 钢，齿面淬硬至 52HRC，齿形的模数 $m=5$mm，齿距累积误差不大于 0.032mm，相当于 IT7 级精度，单个齿距的极限偏差为 ±0.012，也是 IT7 级精度，齿面对 A 面的垂直度公差为 0.012mm，此公差的精度等级是 IT6 级。其他尺寸均为未注公差尺寸。齿面的表面粗糙度 Ra 为 0.8μm。齿条的检验项目和要求见表 5-7。

表 5-7　齿条的检验项目和要求

项目类型	检验内容	检验要求	精度
主要项目	齿形	齿形角为 40°±30″	
	齿面	1. 单个齿距的极限尺寸为（15.80±0.012）mm	IT7 级
		2. 齿距累积误差不大于 0.032mm	IT7 级
		3. 齿面对 A 面的垂直度公差为 0.012mm	IT6 级
		4. 表面粗糙度 Ra 均为 0.8μm	

（3）检测量具辅具

检验齿条样板；标准计量圆柱棒；测长仪；卡尺；千分尺；方箱；检验平板；千分表及其表架；C 形夹具及其附件；齿厚游标卡尺。

（4）工件检测

① 齿形角检测。如图 5-177 所示，图（a）是用凸形半齿样板检验齿条的齿形角，检测时，靠观测样板测量面和被测齿形轮廓面之间的缝隙宽度来判定齿形角的误差值，缝隙的宽度可借助塞塞尺和观察缝隙透过的光的颜色来估测。图（b）是用凸形单齿样板检验齿槽宽度及齿形；图（c）是用凹形单齿样板检验齿厚及齿形。图（b）、（c）两种方法的误差测量及读数方法也是主要通过塞塞尺和观察缝隙光色的办法。

② 齿距检测

a. 方法一。如图 5-178 所示，图（a）是用双半齿样板检验齿距误差，图（b）是用单半齿跨齿样板检验跨 4 个齿的齿距累积误差。这两个图也是主要通过塞塞尺和观察样板和被测齿面的缝隙光色的办法来读取实际误差值。

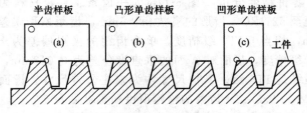

图 5-177　用样板检测齿形角、齿槽宽度、齿厚及齿形

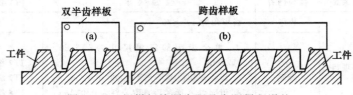

图 5-178　用样板检测齿距及齿距累积误差

　　b. 方法二。如图 5-179(a) 所示，将两根标准圆柱放置于相邻的两齿槽中，用千分尺测量两圆柱的跨距，即可判定齿条相邻两齿的齿距是否准确。如图 5-179(b) 所示，将两圆柱隔开一定齿数置于齿槽中测量，则可测出该跨齿数的齿距。齿距尺寸换算公式：

$$P = L - d$$

式中　P——齿条的齿距或跨齿数齿距，mm；

　　　　L——千分尺测出的两标准圆柱间的跨距，mm；

　　　　d——标准圆柱的直径，mm。

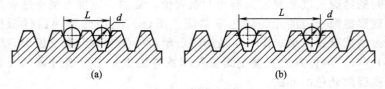

图 5-179　用标准计量圆柱棒检验齿距

　　用测得的实际齿距值与理论值（$P = \pi m$）比较，即可确定齿条齿距的误差值。

　　c. 方法三。齿距用量棒测量如图 5-180 所示。量棒 1 的直径尺寸为 B_1，该尺寸应能使量棒 1 的外圆面大致与位于齿条齿槽中线的被测工作面接触（即相切），该尺寸在本例中经计算应为8.354mm。量棒 2 为一阶梯轴，它的小圆柱面的直径实际尺寸 B_2 与量棒 1 的直径实际尺寸 B_1 一致，而量棒 2 大圆柱面的直径尺寸 A 减去尺寸 B_1 应为齿条理想齿距的 2 倍，即 $A-B_1=2P$（P 为齿条齿距），经计算 A 的名义尺寸应为 39.770mm。

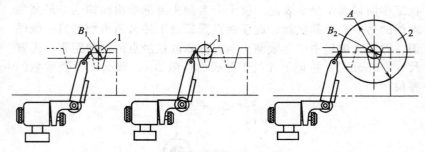

图 5-180　齿距的测量方法
1—量棒 1；2—量棒 2

测量时，将被测齿条安装在测长仪上，将量棒 1 放在一个齿槽中，将千分表安装在测长仪表夹上，将其测量头调整至与量棒的右侧素线最高点接触，并转动表盘，调整千分表使其读数为零，然后，将量棒 1 放在第 2 个齿槽中，转动测长仪手柄，使千分表测量头相对齿条工件运动至与量棒 1 右侧素线的最高点接触并再次使其读数为零（不可转动表盘，仅可移动齿条工件），目的是将齿条精确移动一个实际齿距。上述千分表读数为零后，固定好工作台的位置，取下量棒 1，接着把量棒 2 的小圆柱面放在第 1 个齿槽中定位，使量棒 2 的大圆柱面与固定在测长仪上的千分表测头接触，进行测量，千分表的读数差值，即为一个齿距的齿距误差，其他各齿距的齿距误差均可按此方法依次检测出来。

齿距累积误差是被测齿条所有齿距的齿距误差的累积值的最大值。

③ 齿面对 A 面的垂直度检验。如图 5-181 所示，将一个 0 级方箱放置在一个 0 级的检验平板上，将被测齿条的 A 面用 C 形夹具固定在方箱的一个垂直工作面上（此工作面此时应垂直于检验平板工作面），要求被测齿面露在方箱上部工作面以上，B 基准面大

体平行于检验平板工作面即可。然后在被测齿条的齿槽中放入 8.354mm 的标准检验棒（本检验实际上使用 8mm 左右的标准检验棒都行），再将一带表座的千分表放置在检验平板上，调整千分表测头与标准检验棒最高的那条素线可靠接触，且此接触点要靠近工件被测齿面的一侧端面，记下此处千分表的读数 Δ_{1a}，沿着检验平板工作面移动千分表表座，使千分表测头与标准检验棒这条最高的素线的另一点可靠接触，此接触点要靠近工件被测齿面的另一侧端面，即两次测量中千分表测头与检验棒的接触点的轴向距离为齿宽尺寸（25mm），再记下此处千分表的读数 Δ_{1b}，那么两次读数数的差值

$$f_1 = \Delta_{1a} - \Delta_{1b}$$

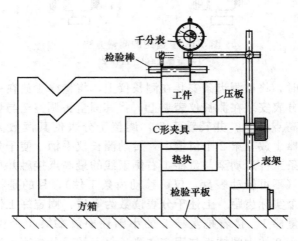

图 5-181　齿面对 A 面的垂直度误差的检测

即为该齿齿面相对于基准 A 面的垂直度误差，将检验棒放置在其他齿槽中并重复上述测量，可得各齿槽面相对于基准 A 面的垂直度误差 f_2、f_3、$\cdots$、f_6，取各点测得的垂直度误差中的最大值作为该零件此项检测的垂直度误差，当此误差值小于 0.012mm 时，则工件的此项检测合格。

④ 检测齿面相对于基准 B 的平行度误差。将工件的基准面 B 面可靠稳定地放置在一 0 级检验平板上，将两根直径实际尺寸相同

的标准圆柱检验棒放于被测工件的齿槽中，再将一带表架的百分表放置在检验平板上，调整百分表测头使之与测量标准圆柱检验棒的最高的素线接触，接触点应测 2 个，分别靠近被测齿面的两个端面，从百分表盘上读出两接触点的读数，也即一个齿槽，测量其中标准圆柱检验棒靠近被测齿条前、后端面对应处的最高点的读数。在所有齿槽中均进行上述测量，记下所有读数，并从所有读数中找出最大值和最小值，两者相减，得其差值 Δ_{max}，当这一差值不大于 0.025mm 时，工件此项平行度误差检测结果合格，即从百分表的读数中可以确定齿槽与齿条底面 B 之间是否平行。使用两个标准圆柱检验棒依次置于各槽中，主要目的是为了提高检测效率，如图 5-182 所示。

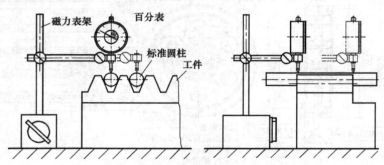

图 5-182　用标准圆柱检验棒测量齿面平行度误差

⑤ 检测齿厚实际偏差（图 5-183）。将齿厚游标卡尺按图样齿条齿顶高的要求，将垂直尺的伸出尺寸按齿顶高尺寸 5mm 调整

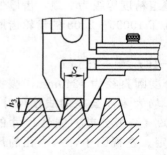

图 5-183　用齿厚游标卡尺检测齿厚

好，以齿顶面为基准，用水平尺测量齿厚实际尺寸，将读数减去齿厚的名义尺寸（即基本尺寸），即为该齿齿厚的实际偏差。反复进行上述测量，测出所有齿厚实际偏差，当所有齿厚偏差实际偏差均没超出图纸所规定的齿厚上下偏差所限定的范围时，工件的该项检测合格。

⑥ 接触精度检验。在齿条齿面上均匀涂上一层厚度小于 0.01mm

的红丹粉，使齿条与标准测量齿轮啮合，在没有负荷的情况下转动。这时在齿条上出现一些接触斑痕，要求接触点在中线位置沿齿长方向大于或等于 50%，沿齿高方向大于或等于 30%。如果接触点偏向一端，说明齿条与齿轮的接触不好，有齿向误差。如果接触点偏少，表明齿面的波纹度偏大。

5.8.2 直齿圆柱齿轮

（1）零件图　图 5-184 所示为直齿圆柱齿轮。

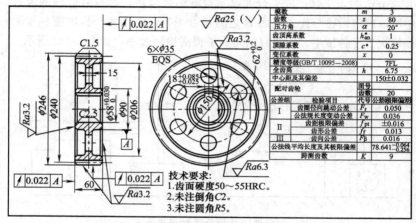

图 5-184　直齿圆柱齿轮

（2）零件精度分析　从零件图右上角的表格中可以看到：该直齿轮的模数为 3mm，啮合角为 20°，齿数为 80，精度等级 7FL，该代号表示齿轮的第 Ⅰ、第 Ⅱ、第 Ⅲ 公差组精度等级为 7 级，齿厚的上、下偏差代号分别为 F 和 L，查 GB/T 10095—2008 的齿轮齿厚极限偏差标准可得：

$$F = -4f_{pt} = -64\mu m, \quad L = -16f_{pt} = -256\mu m$$

图中，齿顶圆直径为 $\phi246mm$，分度圆直径为 $\phi240mm$，腹板厚度为 15mm。齿轮的宽度为 60mm，均为未注公差的线性尺寸，其精度要求均可根据 GB/T 1804—2009《一般公差　线性尺寸的未注公差》来进行设计，做出具体规定。左视图中，一小孔的尺寸延长线的引出标注：$\dfrac{6 \times \phi35}{EQS}$，表示齿轮的腹板上均布有六个直

径为 ϕ35mm 的工艺孔，分布在直径为 ϕ150mm 的圆周上，这些尺寸也都是未注公差的线性尺寸。齿轮的轮毂孔直径为"$\phi58^{+0.030}_{0}$"，精度等级为 IT7 级。键槽的宽度为"$18^{+0.085}_{0}$"，该尺寸的极限偏差和公差均为非标准的，精度介于 IT9～IT10 之间，键槽底面到对面的轮毂孔壁的距离尺寸为"$62^{+0.20}_{0}$"，这是根据 GB/T 1095—2003、GB/T 1096—2003《平键和键槽的公差》的规定而设计的。

形位公差：齿轮两端面对 A 面的径向圆跳动量为 0.022mm，齿面对 A 面径向圆跳动量也为 0.022mm，这是根据 GB/T 10095—2008《齿坯基准面径向跳动和端面圆跳动公差》中的规定而设计的。

齿轮左、右端面以及齿顶圆、齿轮轮毂孔的表面粗糙度 Ra 均为 3.2μm，键槽两侧面的表面粗糙度 Ra 也为 3.2μm，键槽底面的表面粗糙度 Ra 为 6.3μm。图中未注明的表面粗糙度加工要求均为 Ra＝25μm。

（3）检测量具与辅具　公法线千分尺或带指示表的公法线卡规；齿厚游标卡尺；标准计量心轴和圆柱检验棒；磁力表架与千分表；滑座；检验平板；顶尖架；检验平台；固定物。

（4）齿轮检验　齿轮的检验项目很多，大部分检验项目都在计量室用精密、复杂的仪器检验，而在车间的生产现场，为了保证齿轮的加工质量，在车间检验的项目一般是检验齿轮的公法线长度变动量，公法线平均长度偏差、齿厚偏差和齿圈径向跳动量等偏差值。

① 公法线长度变动量和公法线平均长度偏差检测。齿廓上几个相邻齿异侧齿廓间的公共法线长度称为公法线长度。由于渐开线上任意点的法线必切于基圆，所以公法线也必切于基圆，如图 5-185所示，切线 AB 的长度就是三个轮齿的公法线长度，公法线间包含的齿数称为跨齿数。本齿轮的公法线测量所规定的跨齿数为 9 个。

测量公法线长度时，通常采用公法线千分尺［图 5-186(a)］或带指示表的公法线卡规［图 5-186(b)］等器具检测。测量时要求量具的两平行测量面与被测齿轮的异侧齿面在分度圆附近相切（即

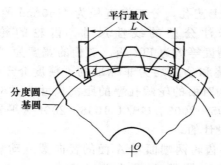

图 5-185　公法线长度

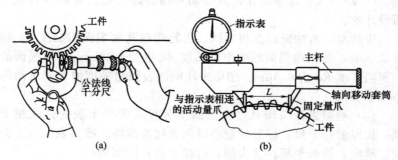

图 5-186　公法线长度的检测

相接触），因为这个部位的齿廓曲线一般比较正确。

a. 计算法。计算公法线长度和跨齿数

$$L = m[2.9521(n-0.5)+0.014z]$$

$$n = \frac{z}{9} + 0.5 \text{ 或 } n = 0.111z + 0.5$$

式中　L——公法线长度，mm；

n——跨齿数；

z——被测齿轮齿数；

m——被测齿轮模数，mm。

计算的 n 值通常不是整数，应将其四舍五入为最接近计算值的整数。例如，检测图 5-184 所示的标准直齿圆柱齿轮，其模数 $m=$ 3mm，啮合角 $\alpha=20°$，齿数 $z=80$，用计算法求出公法线长度和跨齿数。

$$n=0.111×80+0.5=9.38≈9$$

$$L=3×[2.9521×(9-0.5)+0.014×80]$$

$$=78.638≈78.64 \text{ (mm)}$$

b. 查表法。由表 5-8 中 $z=80$ 查得：$n=9$，$L_1=26.2135\text{mm}$，计算公法线长度为：

$$L=mL_1=3×26.2135=78.64 \text{ (mm)}$$

在被测齿轮圆周上均匀分布的位置上以通过上述方法获得的、固定的跨齿数测得相应的数个公法线长度值，求出这些实测的公法线长度值的平均值，此平均值与其公法线公称值之差即为被测的公法线平均长度偏差，此偏差只要位于公法线平均长度极限偏差范围内则零件的此项检测合格。在所有测出的公法线实际长度值中，找出最大值和最小值，两者相减即为该齿轮公法线公法线实际变动量，该值小于公法线长度变动公差值时工件该项检测合格。

② 检测齿厚（分度圆弦齿厚）。齿轮分度圆与轮齿两齿廓的交点间的直线距离称为分度圆弦齿厚。测量方法如图 5-187 所示，用齿厚游标卡尺测量，测量时先将垂直主尺按分度圆弦齿高 $\bar{h}_a$ 调整，然后以齿顶为基准，使垂直主尺的量爪和齿顶圆接触，接着调整水平主尺，使两爪分别和两齿面接触，此时水平主尺的读数即为实际分度圆弦齿厚 $\bar{s}_c$，检测分度圆弦齿厚，当所有测量数值都位于齿厚的极限尺寸范围内，则零件的齿厚和被测齿轮上所有轮齿的实际分度合格。

表 5-8　标准直齿圆柱齿轮公法线长度（$m=1\text{mm}$，$\alpha=20°$）

被测齿轮总齿数 z	跨测齿数 n	公法线长度值 L_1/mm	被测齿轮总齿数 z	跨测齿数 n	公法线长度值 L_1/mm
10		4.5683	15		4.6383
11		4.5823	16		4.6523
12	2	4.5963	17	2	4.6663
13		4.6103	18		4.6803
14		4.6243			

被测齿轮 总齿数 z	跨测齿数 n	公法线长度值 L_1/mm	被测齿轮 总齿数 z	跨测齿数 n	公法线长度值 L_1/mm
19		7. 6464	55		19. 9591
20		7. 6604	56		19. 9732
21		7. 6744	57		19. 9872
22		7. 6884	58		20. 0012
23	3	7. 7025	59	7	20. 0152
24		7. 7165	60		20. 0292
25		7. 7305	61		20. 0432
26		7. 7445	62		20. 0572
27		7. 7585	63		20. 0712
28		10. 7246	64		22. 0373
29		10. 7386	65		23. 0513
30		10. 7526	66		23. 0653
31		10. 7666	67		23. 0793
32	4	10. 7806	68	8	23. 0933
33		10. 7946	69		23. 1074
34		10. 8086	70		23. 1214
35		10. 8226	71		23. 1354
36		10. 8367	72		23. 1494
37		13. 8028	73		26. 1155
38		13. 8168	74		26. 1295
39		13. 8308	75		26. 1435
40		13. 8448	76		26. 1575
41	5	13. 8588	77	9	26. 1715
42		13. 8728	78		26. 1855
43		13. 8868	79		26. 1995
44		13. 9008	80		26. 2135
45		13. 9148	81		26. 2275
46		16. 8810	82		29. 1937
47		16. 8950	83		29. 2077
48		16. 9090	84		29. 2217
49		16. 9230	85		29. 2357
50	6	16. 9370	86	10	29. 2497
51		16. 9510	87		29. 2637
52		16. 9650	88		29. 2777
53		16. 9790	89		29. 2917
54		16. 9930	90		29. 3057

被测齿轮 总齿数 z	跨测齿数 n	公法线长度值 L_1/mm	被测齿轮 总齿数 z	跨测齿数 n	公法线长度值 L_1/mm
91		32.2719	127		44.5846
92		32.2859	128		44.5986
93		32.2999	129		44.6126
94		32.3139	130		44.6266
95	11	32.3279	131	15	44.6406
96		32.3419	132		44.6546
97		32.3559	133		44.6686
98		32.3699	134		44.6826
99		32.3839	135		44.6966
100		35.3500	136		47.6628
101		35.3641	137		47.6768
102		35.3781	138		47.6908
103		35.3921	139		47.7048
104	12	35.4061	140	16	47.7188
105		35.4201	141		47.7328
106		35.4341	142		47.7468
107		35.4481	143		47.7608
108		38.4142	144		47.7748
109		38.4282	145		50.7410
110		38.4422	146		50.7550
111		38.4563	147		50.7690
112		38.4703	148		50.7830
113	13	38.4843	149	17	50.7970
114		38.4983	150		50.8110
115		38.5123	151		50.8250
116		38.5263	152		50.8390
117		38.5403	153		50.8530
118		41.5064	154		53.8192
119		41.5205	155		53.8332
120		41.5344	156		53.8472
121		41.5484	157		53.8612
122	14	41.5625	158	18	53.8752
123		41.5765	159		53.8892
124		41.5905	160		53.9032
125		41.6045	161		53.9172
126		41.6185	162		53.9312

被测齿轮总齿数 z	跨测齿数 n	公法线长度值 L_1/mm	被测齿轮总齿数 z	跨测齿数 n	公法线长度值 L_1/mm
163		56.8973	181		63.0537
164		56.9113	182		63.0677
165		56.9254	183		63.0817
166		56.9394	184		63.0957
167	19	56.9534	185	21	63.1097
168		56.9674	186		63.1237
169		56.9814	187		63.1377
170		56.9954	188		63.1517
171		56.0094	189		63.1657
172		59.9755	190		66.1319
173		59.9895	191		66.1459
174		60.0035	192		66.1599
175		60.0175	193		66.1739
176	20	60.0315	194	22	66.1879
177		60.0456	195		66.2019
178		60.0596	196		66.2159
179		60.0736	197		66.2299
180		60.0876	198		66.2439
			199	23	69.2101
			200		69.2241

另外，测量时，应考虑被测齿轮齿顶圆直径的制造误差，测出齿顶高的误差修正值 Δh，计算出分度圆弦齿高 $\overline{h}_a$ 值后，再减去修正值 Δh，所以垂直主尺实际调节时应按修正计算后的数值调整测出的分度圆弦齿厚才比较准确，即：

$$\Delta h = \frac{d_a - d_{ac}}{2}$$

式中　d_a——齿顶圆直径的名义尺寸，mm；

d_{ac}——齿顶圆直径的实测尺寸，mm。

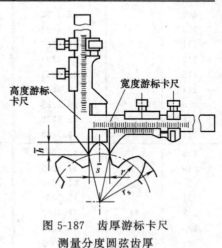

图 5-187　齿厚游标卡尺测量分度圆弦齿厚

例如，计算如图 5-184 所示直齿圆柱齿轮的分度圆弦齿厚 $\overline{s}$，分度圆弦齿高$\overline{h}_a$。已知：直齿圆柱齿轮的模数为 3mm，啮合角为 20°，齿数 $z=80$，测得齿顶圆直径 $d_{ac}=245.90$mm。

计算齿顶圆直径 d_a

$$d_a = m(z+2) = 3 \times (80+2) = 246 \text{ (mm)}$$

计算分度圆弦齿厚 $\overline{s}$

$$\overline{s} = mz\sin\frac{90°}{z}$$

$$= 3 \times 80 \times \sin\frac{90°}{80} = 4.7121 \approx 4.71 \text{ (mm)}$$

计算修正后的分度圆弦齿高 $\overline{h}_{ac}$

$$\overline{h}_{ac} = m\left[1 + \frac{z}{2}\left(1 - \cos\frac{90°}{z}\right)\right] - \frac{d_a - d_{ac}}{2}$$

$$= 3 \times \left[1 + \frac{80}{2} \times \left(1 - \cos\frac{90°}{80}\right)\right] - \frac{246 - 245.90}{2}$$

$$= 3 \times [1 + 40 \times (1 - 0.9998)] - 0.05$$

$$= 2.974 \approx 2.97 \text{ (mm)}$$

另外，用查表法也可求得分度圆弦齿厚 $\overline{s}$，分度圆弦齿高 $\overline{h}_a$。

表 5-9 是齿轮模数 $m=1$mm 的分度圆弦齿厚 $\overline{s}$、分度圆弦齿高 $\overline{h}_a$ 的

表 5-9　分度圆弦齿厚及分度圆弦齿高

齿数 z	分度圆弦齿厚 $\overline{s}_1$	分度圆弦齿高 $\overline{h}_{a1}$	齿数 z	分度圆弦齿厚 $\overline{s}_1$	分度圆弦齿高 $\overline{h}_{a1}$
12	1.5663	1.0513	27	1.5699	1.0228
13	1.5669	1.0474	28	1.5699	1.0220
14	1.5675	1.0440	29	1.5700	1.0212
15	1.5679	1.0411	30	1.5701	1.0205
16	1.5683	1.0385	31	1.5701	1.0199
17	1.5686	1.0363	32	1.5702	1.0193
18	1.5688	1.0342	33	1.5702	1.0187
19	1.5690	1.0324	34	1.5702	1.0181
20	1.5692	1.0308	35	1.5703	1.0176
21	1.5693	1.0294	36	1.5703	1.0171
22	1.5694	1.0280	37	1.5703	1.0167
23	1.5695	1.0268	38	1.5703	1.0162
24	1.5696	1.0257	39	1.5704	1.0158
25	1.5697	1.0247	40	1.5704	1.0154
26	1.5698	1.0237	41	1.5704	1.0150

齿数 z	分度圆弦齿厚 $\bar{s}_1$	分度圆弦齿高 $\bar{h}_{a1}$	齿数 z	分度圆弦齿厚 $\bar{s}_1$	分度圆弦齿高 $\bar{h}_{a1}$
42	1.5704	1.0146	78	1.5707	1.0071
43	1.5705	1.0144	79	1.5707	1.0070
44	1.5705	1.0140	80	1.5707	1.0069
45	1.5705	1.0137	81	1.5707	1.0069
46	1.5705	1.0134	82	1.5707	1.0068
47	1.5705	1.0131	83	1.5707	1.0067
48	1.5705	1.0128	84	1.5707	1.0066
49	1.5705	1.0126	85	1.5707	1.0065
50	1.5705	1.0124	86	1.5707	1.0065
51	1.5706	1.0121	87	1.5707	1.0064
52	1.5706	1.0119	88	1.5707	1.0064
53	1.5706	1.0116	89	1.5707	1.0063
54	1.5706	1.0114	90	1.5707	1.0062
55	1.5706	1.0112	91	1.5707	1.0062
56	1.5706	1.0110	92	1.5708	1.0059
57	1.5706	1.0108	93	1.5708	1.0056
58	1.5706	1.0106	94	1.5708	1.0054
59	1.5706	1.0104	95	1.5708	1.0051
60	1.5706	1.0103	96	1.5708	1.0049
61	1.5706	1.0101	97	1.5708	1.0048
62	1.5706	1.0100	98	1.5708	1.0047
63	1.5706	1.0098	99	1.5708	1.0046
64	1.5706	1.0096	100	1.5708	1.0044
65	1.5706	1.0095	105	1.5708	1.0042
66	1.5706	1.0093	110	1.5708	1.0041
67	1.5706	1.0092	115	1.5708	1.0000
68	1.5706	1.0091	120	1.5707	1.0079
69	1.5706	1.0089	125	1.5707	1.0078
70	1.5706	1.0088	127	1.5707	1.0077
71	1.5707	1.0087	130	1.5707	1.0076
72	1.5707	1.0086	135	1.5707	1.0075
73	1.5707	1.0084	140	1.5707	1.0074
74	1.5707	1.0083	145	1.5707	1.0073
75	1.5707	1.0082	150	1.5707	1.0073
76	1.5707	1.0080	齿条	1.5707	1.0072
77	1.5707	1.0080			

数值。使用时，根据齿数 z 从表中查得 $\bar{s}_1$ 和 $\bar{h}_{a1}$，然后乘以模数 m，即可求得 $\bar{s}$ 和 $\bar{h}_a$，即：

$$\bar{s}=m\,\bar{s}_1\ (\text{mm})$$

$$\bar{h}_a=m\,\bar{h}_{a1}\ (\text{mm})$$

例如，用查表法计算图 5-184 所示直齿圆柱齿轮的分度圆弦齿厚 $\bar{s}$，分度圆弦齿高 $\bar{h}_a$。已知：直齿圆柱齿轮的模数为 3mm，啮合角为 20°，齿数 $z=80$，测得齿顶圆直径 $d_{ac}=245.90\text{mm}$。

查表 5-9 得：$\bar{s}_1=1.5707\text{mm}$，$\bar{h}_{a1}=1.0077\text{mm}$。

$$\bar{s}=m\,\bar{s}_1=3\times1.5707=4.712\approx4.71\ (\text{mm})$$

$$\bar{h}_{ac}=m\,\bar{h}_{a1}-\Delta h=3\times1.0077-\frac{246-245.90}{2}=2.973\approx2.97\ (\text{mm})$$

③ 齿圈径向跳动的检测。齿圈径向跳动可以在专用的径向跳动检查仪或万能测齿仪上测量，也可以用顶件座和千分表、圆棒、表架等普通计量仪器和工具组合成一检测装置来完成检测，如图 5-188 所示。齿轮齿圈径向跳动公差要求的基准一般是齿轮的轮毂孔，因此可将齿轮定位、安装在带心轴的顶尖座上，工件以心轴定位，心轴则通过其两端的中心孔定位在顶尖座上，把适当规格的圆柱检验棒放在齿轮的齿槽内，千分表的测量杆垂直抵在圆棒工作表面的最高处，记录读数，依次逐齿测量，在齿轮一转中，千分表的最大与最小读数之差即为径向跳动误差。

对于齿形角 $\alpha=20°$ 的直齿圆柱齿轮。为了使圆球或圆柱检验棒与被测齿廓在分度圆附近接触，其直径 d 按下式计算：

$$d=\frac{mz\sin\dfrac{90°}{z}}{\cos\left(\alpha+\dfrac{90°}{z}\right)}=\frac{3\times80\sin1.125°}{\cos21.125°}=5\ (\text{mm})$$

式中　m——被测齿轮模数；

　　　z——齿数；

　　　α——齿形角。

所以，根据计算结果应选用直径为 5mm 的圆柱检验棒。

④ 齿向误差的检测。由于被测齿轮是直齿轮，所以用一般的计量仪器可以检测该齿轮的齿向误差，如图 5-189 所示。在齿轮的

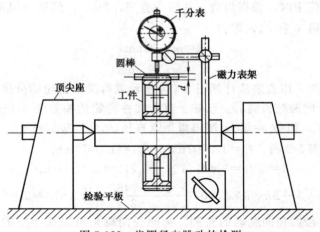

图 5-188　齿圈径向跳动的检测

安装定位孔——轮毂孔中插入标准心轴，配合要求无间隙，将心轴连同工件通过心轴两端的中心孔支在检验平台的顶尖架上，顶尖架底部通过键定位在检验平台上的 T 形槽中，安装后，将齿轮用一固定物卡住，然后将一磁力表架吸附在一滑板上，滑板底部通过键与检验平台 T 形槽形成定位，将千分表安装在磁力表架上，调整千分表测头与被测齿面可靠接触，推动滑座，使测头沿齿轮轴线在被测齿面上滑动，观察并记录千分表指针摆动范围的读数，按上述方法对其余若干齿面同样进行测量，记录下所有数据，当所有读数均不大于齿向公差 0.016mm 时，零件此项检测合格。

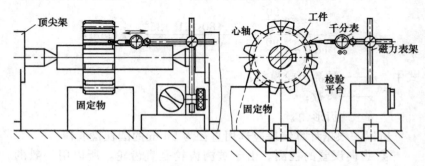

图 5-189　直齿轮齿向误差的检测

⑤ 齿坯的端面圆跳动及其外圆面的径向圆跳动检测。齿轮齿圈外圆面的径向圆跳动的检测一般在切齿前进行，因为切齿后由于外圆面变得不连续，测量变得很困难，不容易得到准确的数值。测量时，一般是把制造好的齿坯通过心轴定位在顶尖架上，当然，心轴需穿入齿坯的轮毂孔中，形成无间隙的配合，即以心轴轴线作为测量基准。在顶尖架上，通过心轴两端的中心孔与顶尖架顶尖的配合实现心轴连同其上的齿坯的准确定位，将一千分表连同其表架放置并吸附在顶尖架的工作面上，调整千分表测头使之与齿坯的外圆面可靠接触，如图 5-189 所示的右侧千分表。然后，缓慢转动心轴，使心轴上面的齿坯做无轴向移动的连续回转运动，同时观察千分表的读数，取表针示值的最大值和最小值的差值记录下来，此数值即为齿轮齿圈外圆面相对于轮毂孔轴线的径向圆跳动误差值，该值小于图纸规定的公差值 0.022mm 即为合格。

齿坯的端面圆跳动误差的检测既可在切齿前也可在切齿后进行，测量方法基本上与上述齿轮齿圈外圆面的径向圆跳动的检测一样，不同的是千分表测头要与齿坯的端面可靠接触，如图 5-190 所示的左侧千分表。

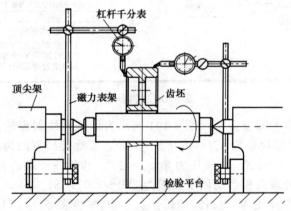

图 5-190 齿坯的端面圆跳动误差和径向圆跳动误差的检测

⑥ 齿轮齿坯的尺寸检验。轮毂孔的尺寸精度要求较高，检测时可用量程为 50～100mm 的内径千分表进行检测，检测前须在计量室将千分表用量块在被测名义尺寸 58mm 处校对调零，然后再

对工件进行检测。

　　轮毂孔内的键槽宽度尺寸在没有检验光滑极限量规的情况下一般采用 6 等量块进行检测。键槽的深度尺寸一般采用游标卡尺即可进行测量。

5.8.3　斜齿轮

　　（1）零件图　图 5-191 所示为斜齿轮。

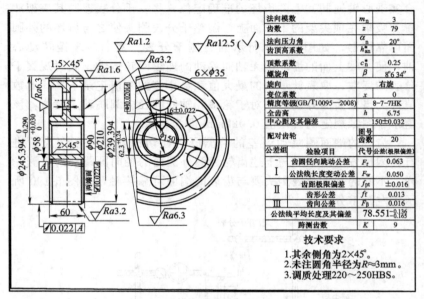

法向模数	m_n	3
齿数	z	79
法向压力角	α_n	20°
齿顶高系数	h_{an}^*	1
顶隙系数	c_n^*	0.25
螺旋角	β	8°6′34″
旋向		右旋
变位系数	x	0
精度等级(GB/T10095—2008)		8-7-7HK
全齿高	h	6.75
中心距及其偏差		150±0.032
配对齿轮	图号	
	齿数	20

公差组	检验项目	代号	公差(极限偏差)
Ⅰ	齿圈径向跳动公差	F_r	0.063
	公法线长度变动公差	F_w	0.050
Ⅱ	齿距极限偏差	f_{pt}	±0.016
	齿形公差	f_t	0.013
Ⅲ	齿向公差	F_β	0.016
	公法线平均长度及其偏差		$78.551_{-0.183}^{-0.136}$
	跨测齿数	K	9

技术要求

1. 其余侧角为 2×45°。
2. 未注圆角半径为 $R≈3mm$。
3. 调质处理220～250HBS。

图 5-191　斜齿轮

　　（2）零件精度分析　图 5-191 所示为标准圆柱斜齿轮，变位系数为 0，齿顶高系数 $h_{an}^*=1$，$c_n^*=0.25$，其螺旋线方向为右旋，法面模数 $m_n=3mm$，法向压力角 $\alpha_n=20°$，齿数 $z=79$。材料为 45 钢，经热处理调质后的硬度要求为 220～250HBS。

　　齿顶圆直径为"$\phi245.394_{-0.290}^{0}$"，其精度要求为 IT11 级，基本偏差代号为 h，公差带代号为 h11；齿轮分度圆直径为 $\phi239.394mm$，此尺寸未标注公差要求，但它不属于未注公差的线性尺寸，这是一个理论值，一般通过齿距极限偏差、齿轮副中心距允许偏差等公差项目进行间接控制；齿轮的轴孔直径为

"$\phi 58^{+0.030}_{0}$"，其精度为 IT7 级，公差带代号为 H7，键槽的宽度为"16 ± 0.022"，其精度等级与 IT9 级极为接近，与 IT9 级相比仅差 $1\mu m$，这是一个非标准公差；齿轮的腹板厚度为 15mm，齿轮的宽度为 60mm，这些尺寸均为未标注公差要求，它们属于未注公差的线性尺寸，一般由国标 GB/T 1804—2000《一般公差　未注公差的线性和角度尺寸公差》的相关要求进行精度设计。

齿顶圆对齿轮轴线的径向圆跳动公差为 0.022mm。齿轮两端面对齿轮轴线的跳动公差为 0.022mm。根据 GB/T 10095—2008《齿坯基准面径向跳动和端面圆跳动公差》中的规定，7 级和 8 级精度的齿轮轮坯所要求的这种齿坯跳动公差，其公差值均为 0.022mm。键槽两侧面的对称中心平面相对于齿轮轮毂孔轴线（以该孔轴线为基准）的对称度公差为 0.020mm，其精度介于 IT6～IT7 之间。

齿轮精度等级为 8-7-7HK（GB/T 10095—2008），第一个数字 8 表示该齿轮的第 I 公差组的公差项目精度等级均为 8 级，具体就是图中表格中第 I 公差组的齿圈跳动公差和公法线长度变动公差的精度等级均为 8 级，在进一步确定这些公差项目具体的公差值时，可根据齿轮的分度圆直径和相应的公差等级查 GB/T 10095—2008 的相关表格；剩下的两个数字 7 代表第 II、第 III 公差组精度等级均为 7 级，两个字母"HK"表示齿厚的上偏差代号为 H、下偏差代号为 K，查 GB/T 10095—2008 的齿轮齿厚极限偏差标准可得：

$$H=-8f_{pt}=-128\mu m, K=-12f_{pt}=-192\mu m$$

齿轮副的中心距及其极限偏差为（150 ± 0.032）mm，其极限偏差值不是标准值，其精度相当于 IT8 级精度。

键槽两侧面的表面粗糙度 Ra 值为 $3.2\mu m$。键槽底面的表面粗糙度 Ra 值为 $6.3\mu m$。齿轮齿面的 Ra 值为 $1.6\mu m$，要求较高，齿轮左端面的表面粗糙度 Ra 为 $3.2\mu m$，右端面的表面粗糙度 Ra 为 $6.3\mu m$，图中未注明的表面粗糙度均 Ra 为 $12.5\mu m$。

（3）检测量具与辅具　公法线千分尺或带指示表的公法线卡规；齿厚游标卡尺；顶尖架；磁力表架及杠杆千分表。

（4）零件检测

① 计算检测时所需要参数及尺寸。如图 5-191 所示，齿数 $z=$

79，$\alpha_n = 20°$，$m_n = 3\text{mm}$，$\beta = 8°6'34''$，齿顶高系数 $h_{an}^* = 1$，$c_n^* = 0.25$，需要计算的齿轮参数和尺寸有：跨齿数 k 与公法线长度 W_k，固定弦齿厚 $\bar{s}_g$ 与测量 $\bar{s}_c$、齿高 $\bar{h}_c$。

表 5-10 $\dfrac{\text{inv}\alpha_t}{\text{inv}\alpha_n}$ 数值（$\alpha_n = 20°$）

β	$\dfrac{\text{inv}\alpha_t}{\text{inv}20°}$	差 值	β	$\dfrac{\text{inv}\alpha_t}{\text{inv}20°}$	差 值
1°	1.000	0.002	31°	1.548	0.047
2°	1.002	0.002	32°	1.595	0.051
3°	1.004	0.003	33°	1.645	0.054
4°	1.007	0.004	34°	1.700	0.058
5°	1.011	0.005	35°	1.758	0.062
6°	1.016	0.006	36°	1.820	0.067
7°	1.022	0.006	37°	1.887	0.072
8°	1.028	0.008	38°	1.959	0.077
9°	1.036	0.009	39°	2.036	0.083
10°	1.045	0.009	40°	2.119	0.088
11°	1.054	0.011	41°	2.207	0.096
12°	1.065	0.012	42°	2.304	0.104
13°	1.077	0.013	43°	2.408	0.112
14°	1.090	0.014	44°	2.520	0.121
15°	1.104	0.015	45°	2.641	0.132
16°	1.119	0.017	46°	2.773	0.143
17°	1.136	0.018	47°	2.916	0.155
18°	1.154	0.019	48°	3.071	0.168
19°	1.173	0.021	49°	3.239	0.184
20°	1.194	0.022	50°	3.423	0.200
21°	1.216	0.024	51°	3.623	0.220
22°	1.240	0.026	52°	3.843	0.240
23°	1.266	0.027	53°	4.083	0.264
24°	1.293	0.030	54°	4.347	0.291
25°	1.323	0.031	55°	4.638	0.320
26°	1.354	0.034	56°	4.958	0.354
27°	1.388	0.036	57°	5.312	0.391
28°	1.424	0.038	58°	5.803	0.435
29°	1.462	0.042	59°	6.138	0.485
30°	1.504	0.044	60°	6.623	

a. 计算斜齿轮跨齿数 k

查表 5-10，$\beta = 8°6'34''$ 时，

$$\frac{\mathrm{inv}\alpha_t}{\mathrm{inv}20°} = 1.028 + \frac{6'34''}{60'} \times 0.008 = 1.0288$$

则假想齿数为：

$$z' = \frac{\mathrm{inv}\alpha_t}{\mathrm{inv}\alpha_n}z = 1.0288 \times 79 = 81.2752$$

齿轮跨齿数 k 为：

$$k = 0.1111z' + 0.5 = 0.1111 \times 81.2752 + 0.5 = 9.530$$

取 $k = 10$。

b. 计算公法线长度 W_k

$$\begin{aligned}
W_k &= m_n[2.952123 \times (k - 0.5) + 0.014005z'] \\
&= 3 \times [2.952123 \times (10 - 0.5) + 0.014005 \times 81.2752] \\
&= 87.5503 \text{ (mm)}
\end{aligned}$$

注意：在计算斜齿轮跨齿数 k 与公法线长度 W_k 时，应代入法向模数 m_n 和假想齿数 $z'\left(z' = \dfrac{\mathrm{inv}\alpha_t}{\mathrm{inv}\alpha_n}z\right)$，$\mathrm{inv}\alpha_t$ 为渐开线函数。$\dfrac{\mathrm{inv}\alpha_t}{\mathrm{inv}\alpha_n}$ 数值可查表 5-10。

c. 计算固定弦齿厚的理想尺寸 $\bar{s}_g$

$$\bar{s}_g = \frac{\pi}{2}m_n\cos^2\alpha_n = \frac{3.1416}{2} \times 3 \times \cos^2 20° = 4.161 \text{ (mm)}$$

d. 计算测量实际固定弦齿厚 $\bar{s}_{gc}$ 时的理论固定弦齿高 $\bar{h}_{ag}$

$$\bar{h}_{ag} = h_a - \frac{\pi}{8}m_n\sin(2\alpha_n) = 3 - \frac{3.1416}{8} \times 3 \times \sin(2 \times 20°) = 2.243 \text{ (mm)}$$

② 斜齿轮公法线长度变动量及其平均长度的检测。图 5-192 所示的是用数显游标卡尺测量斜齿轮公法线实际长度的示意图，由于轮齿倾斜，要求测量必须在齿轮齿面的法向进行，即在斜齿轮基圆柱切平面的法平面内进行测量。由于测量精度要求较高，一般游标卡尺难以胜任此类测量，当然可使用公法线千分尺在计量室校对后进行。

同上述直齿圆柱齿轮测量公法线长度变动量及其平均长度一样，在被测斜齿轮圆周上均匀分布的位置上，以固定的跨齿数测得

多个公法线长度值，计算出这些实测的公法线长度值的平均值，此平均值与其公法线公称值之差即为被测的公法线平均长度偏差，此偏差只要位于公法线平均长度极限偏差范围（上偏差为−0.136mm、下偏差为−0.165mm）内，则零件的此项检测合格。在所有测出的公法线实际长度值中，找出最大值和最小值，两者相减即为该齿轮公法线实际变动量，该值小于公法线长度变动公差值（图中为0.050mm）时，工件的该项检测合格。

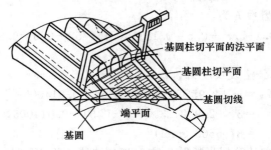

基圆柱切平面的法平面
基圆柱切平面
基圆切线
端平面
基圆

图 5-192　用数显游标卡尺检测斜齿轮公法线实际长度

　　③ 齿厚检测。本例齿厚检测采用固定弦齿厚的测量方案，其测量方法与一般测量名义理想齿厚的方法基本相同，如图 5-193 所示，不同处是齿高为一特定的计算值，具体数值见①中的相关计算（即 h_{ag} 值），齿厚游标卡尺、齿高游标卡尺须按此数值调整，测出的齿厚实际尺寸数值须与①中计算出的相关理想值（s_g）进行比较，计算出相应的实际偏差值，再与齿厚的极限偏差值进行比较，从而判断出它的合格性。

　　④ 齿圈径向跳动误差的检测。斜齿圆柱齿轮因轮齿倾斜，所以一般不能像直齿圆柱齿轮那样，采取在齿槽中放标准检验棒，用普通带表架的千分表检测的方法。通常需要在千分表测头上安装特制的球头

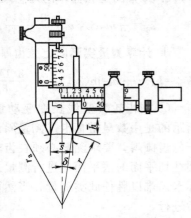

图 5-193　用齿厚游标
卡尺检测斜齿轮齿厚

测砧或 V 形棱柱体测砧或骑架来进行测量，图 5-194 所示测量方案中是采用了一个特制的球头。测量时在齿轮的轮毂孔中插入一根检验心轴，与该孔无间隙地配合，目的是用标准心轴的轴线来模拟基准轴线。将穿过工件的心轴两端支在一对等高的、放置在检验平板上的 V 形架上的 V 形槽中，心轴端部顶上固定物，使齿轮在测量过程中不会发生轴向移动。再将安装好球状测头的千分表夹紧在磁力表架上，并吸附在检验平板的适当位置上，调整千分表，将其球状测头放入被测齿轮的一个齿槽中，球状测头要与齿槽的两个工作面可靠接触，而且接触点要尽可能与齿轮轮齿工作面的中部接触，即尽量靠近齿轮分度圆与齿面的交点处，如相差太远，则应更换球状测头，再者，千分表测头杆的运动方向应沿着被测齿轮的半径方向。开始观察千分表并读数，每测完一个齿槽就提起千分表测头，用手顶着心轴并转过一个齿距角，将千分表球状测头放入下一个齿槽中，再进行读数。反复进行上述操作，直到测完所有的齿槽，在所有的千分表读数中找到最大值和最小值，两者的差值就是齿圈径向跳动误差值，该值小于图纸要求的公差值（63μm）时，则该项检测合格。

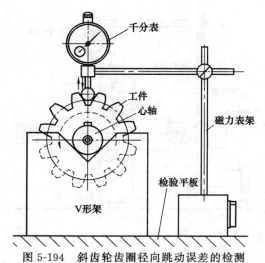

图 5-194　斜齿轮齿圈径向跳动误差的检测

⑤ 齿轮轴线的径向圆跳动误差和齿轮两端面的跳动误差检

测。这两项误差的检测方法，一般与直齿圆柱齿轮的径向圆跳动误差和齿轮两端面的跳动误差的检测方法一样，这里不再重复叙述了。

如图 5-195 所示，将被测齿轮固定在心轴上，并通过心轴两端面的中心孔支在检验平板的一对顶尖架上，再将一安装好杠杆千分表的磁力表架吸合在检验平板上，调整表架使千分表测杆的摆动方向尽可能与其接触处的被测工件表面垂直（即沿着接触处被测工件表面的法线方向），并使测头轻压在被测圆柱面上，测头压缩量约为千分表表盘示值的 0.5 圈左右。然后，用手慢慢转动工件，使被测外圆柱表面绕顶尖孔的公共轴线回旋，观察千分表的指针，记录下指针在测头滑过全部被测轴段外圆面时的摆动量（最大值与最小值之差），这一摆动量即为该被测面的径向跳动误差值（当千分表测头接触的是端面时，则测出的表针摆动量就是端面圆跳动误差值）。当测得的径向全跳动误差值小于图纸规定的公差值 0.022mm时，工件此项检测合格（当被测面比较大时，应在同一被测表面上多测量几个截面位置的跳动误差来进行比较和判断）。

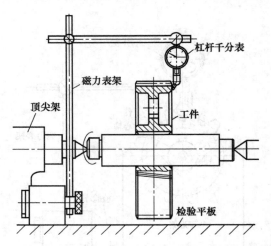

图 5-195　端面对齿轮轴线的端面跳动误差的检测

⑥ 轮毂孔键槽对称度误差的检测。键槽两侧面的对称中心平面以齿轮轮毂孔轴线为基准的对称度公差为 0.020mm，检测零件的实

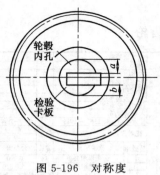

图 5-196 对称度
误差的检测（一）

际偏差时，用普通计量仪器的测量方法较复杂。在齿轮轮毂孔键槽中插入一检验卡板（如键槽极限量规、卡板之类），如图 5-196 所示，要求两者配合无间隙，用内测千分尺分别测量出检验卡板两侧工作面和齿轮轮毂孔面之间最远点之间的实际尺寸 a 和 b，计算出两者的差值 $\Delta_1 = |a-b|$。然后，将工件轮毂内孔中插入标准心轴，要求配合无间隙，将心轴连同工件支在一对顶尖架上，如图 5-197 所示，顶尖架放置在一检验平板上，转动工件将被测齿轮的键槽两工作侧面转至水平位置，用一固定物顶住轮齿使之不能随意转动，再将一安装好杠杆千分表的磁力表架吸合在检验平板上，用此千分表测出键槽一个工作侧面在被测齿轮两端面附近的高度差 Δ_2。

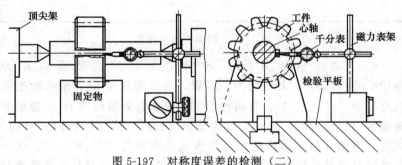

图 5-197 对称度误差的检测（二）

则轮毂孔键槽对称度误差 f 可按下式计算：

$$f = \frac{h\Delta_1}{r+h} + \Delta_2$$

式中　r——齿轮轮毂内孔半径；

　　　h——键槽深度。

当轮毂孔键槽对称度误差 f 值小于 0.020mm 时，则工件此项检测结果合格。

5.8.4 圆锥齿轮

（1）零件图 图5-198所示为圆锥齿轮。

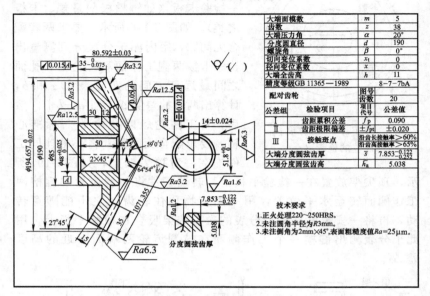

图 5-198 圆锥齿轮零件图

（2）零件精度分析 锥齿轮大端的齿顶圆直径为 "$\phi194.657_{-0.072}^{0}$"，其精度为IT8级，公差带代号h8，锥齿轮的轴孔直径为 "$\phi48_{0}^{+0.025}$"，其精度为IT7级，公差带代号H7，键槽的宽度为（14 ± 0.024）mm，此为非标准公差，精度介于IT9～IT10之间。键槽底面到对面轮毂孔内表面的距离为 "$51.8_{0}^{+0.1}$"，这一尺寸及其公差是由相应的国家标准查表得出，不用对其进行精度分析。齿顶圆锥面锥角要求为 "$64°54'_{0}^{+1'}$"，其精度要求是非标准的，大致相当于 $AT_{\alpha}6$ 级精度（GB/T 11334—1989）。

锥齿轮的齿宽为35mm，锥距（分锥顶点到背锥的距离）为107.355mm，分度圆直径为 ϕ190mm，分度圆锥面锥角为62°15'，齿根圆锥面锥角59°03'，这些数值均为理论值，其精度一般由齿轮公差组中的检验项目以及相关的尺寸和形位公差精度间接保证。

齿轮轮毂左端面距圆锥齿轮大端齿顶圆的轴向距离为 "$35_{-0.075}^{0}$"，此尺寸的公差为非标准公差，其精度介于 IT9～IT10 之间，齿轮轮毂左端面距圆锥齿轮锥顶的距离为（80.592 ± 0.03）mm，其公差也为非标准公差，其精度介于 IT8～IT9 之间，分度圆弦齿厚为 "$7.853_{-0.252}^{-0.122}$"，最大齿厚为 7.731mm，最小齿厚为 7.601mm，公差是 0.130mm。大端分度圆弦齿高为 5.038mm。

形位公差要求：齿轮大端轮毂的左端面相对于齿轮轮毂孔轴线的跳动公差为 0.015mm，精度等级为 IT6 级。齿轮齿顶圆锥面相对于齿轮轮毂孔轴线的跳动公差为 0.05mm，其精度应为 IT8 级。键槽两侧面的中心平面相对于齿轮轮毂孔轴线的对称度公差为 0.020mm，精度为 IT7 级精度。

锥齿轮的大端模数为 5mm，大端压力角为 20°，齿数为 38，螺旋角为 0°，精度等级 8-7-7bA，表示锥齿轮的第 I、第 II、第 III 公差组精度等级分别为 8 级、7 级和 7 级，bA 表示：最小法向侧隙种类为 b，法向侧隙公差种类为 A。根据符号 b 和 A 查国标 GB 11365—1989《锥齿轮和准双曲面齿轮　精度》中最小法向侧隙 j_{nmin} 值和齿厚公差值，可得此齿轮相应的最小法向侧隙 j_{nmin} 值为 120μm，齿厚公差值 $T_{\bar{s}}$ 为 130μm。所需的参数计算如下。

齿轮中点锥距：$R_m=R-b/2=107.355-35/2=89.855$（mm）

小轮分锥角：$\delta_1=\arctan(z_1/z_2)=\arctan$（20/38）$=27.76°$

齿圈跳动公差：0.05mm

锥齿轮材料为 45 钢，经正火处理后的硬度要求为 220～250HBS，这是软齿面齿轮。

锥齿轮的左端面粗糙度值 Ra 为 3.2μm。键槽两侧面的表面粗糙度 Ra 为 3.2μm。键槽底面的表面粗糙度 Ra 为 6.3μm。

（3）检测量具与辅具　数字式齿厚卡尺，200mm 正弦规，成套量块，磁力表架，千分表，杠杆千分表，百分表，检验平板，ϕ48mm 心轴，量程为 175～200mm 的外径千分尺，量程为 5～30mm 和 50～75mm 的内测千分尺，量程为 35～50mm 的内径千分表，游标卡尺，一对等高的 V 形架等。

（4）直齿圆锥齿轮检验　检验直齿圆锥齿轮的齿形时，可以利用大端分度圆弦齿高 $\bar{h}_a$ 参数测量大端分度圆弦齿厚 $\bar{s}$ 参数，也可以用特定的固定齿高$\overline{h}_c$参数来测量固定弦齿厚$\overline{s}_c$参数。

① 计算测量所需的分度圆弦齿厚$\overline{s}$和分度圆弦齿高$\overline{h}_a$。用齿厚游标卡尺测量圆锥齿轮的大端，垂直尺根据分度圆弦齿高$\overline{h}_a$调整，由水平尺读出圆锥齿轮的分度圆弦齿厚$\overline{s}$。$\overline{s}$和$\overline{h}_a$的理论值计算公式为：

$$\varphi = \frac{57.296 s \cos\delta}{mz}$$

$$\overline{s} = mz \frac{\sin\varphi}{\cos\delta}$$

$$\overline{h}_a = \frac{d_a - mz\cos\varphi}{2\cos\delta}$$

式中　φ——齿厚半角（分度圆弦齿厚在背锥上所对圆心角的1/2）；

δ——分锥角；

s——分度圆齿厚，mm；

m——圆锥齿轮模数，mm；

z——圆锥齿轮齿数，mm；

d_a——圆锥齿轮大端齿顶圆直径，mm；

$\overline{s}$——大端分度圆弦齿厚，mm；

$\overline{h}_a$——大端分度圆弦齿高，mm。

图 5-198 所示直齿圆锥齿轮，其模数 $m = 5\text{mm}$，大端压力角 $\alpha = 20°$，齿数 $z = 38$，分锥角 $\delta = 62°15'$，齿顶圆直径 $d_a = 194.657\text{mm}$，大端分度圆弦齿厚 $s = 7.853\text{mm}$，所以，齿厚半角为：

$$\varphi = \frac{57.296 s \cos\delta}{mz} = \frac{57.296 \times 7.853 \times \cos 62°15'}{5 \times 38}$$
$$= \frac{57.296 \times 7.853 \times 0.4656}{190} = 1.1026°$$

分度圆弦齿厚为

$$\overline{s} = mz \frac{\sin\varphi}{\cos\delta} = 5 \times 38 \frac{\sin 1.1026°}{\cos 62°15'} = 7.85 \ （\text{mm}）$$

分度圆弦齿高为

$$\overline{h}_a = \frac{d_a - mz\cos\varphi}{2\cos\delta} = \frac{194.657 - 5 \times 38\cos 1.1026°}{2 \times \cos 62°15'}$$

$$=\frac{4.692}{0.931}=5.04 \text{（mm）}$$

注意：在实际测量时，应考虑齿顶圆的加工误差，对$\bar{h}_a$加以修正。测量所得实际弦齿厚尺寸如在图纸规定的极限尺寸范围内时，则工件此项检测合格，为提高精度可使用带表齿厚卡尺在齿轮大端背锥面内测量。

② 顶锥角检验。正弦规测量顶锥角如图 5-199 所示，将被测齿轮套在ϕ48mm 检验心轴上，心轴放置于正弦规上，正弦规放置在检验平板上，将正弦规用量块组合出一个尺寸h，将正弦规垫起一个顶锥角δ_a，然后用百分表测量锥齿轮大小端的顶部的高度差。根据顶锥角δ_a计算应垫起的量块高度为：

$$h=L\sin\delta_a$$

式中　h——量块组的高度；

　　　L——正弦规两圆柱的中心间距；

　　　δ_a——正弦规需放置的角度。

本例中，$h=200\sin64.9°=181.114$mm，测量时连表架一起沿图示方向移动千分表，测出圆锥齿轮大端和小端齿顶的高度差Δ，则其顶锥角的实际偏差δ_{aa}为：

$$\delta_{aa}=180\Delta/(b\pi)$$

式中　b——锥齿轮齿宽，本例为 35mm。

同时，还要注意此偏差值的符号，如图 5-199 所示，测量时，如左侧大端齿顶高，则δ_{aa}值为正值，如右侧小端齿顶高，则δ_{aa}值为负值。

③ 一般线性尺寸的检测。锥齿轮大端齿顶圆实际尺寸D_{aa}的测量，由于本例齿轮齿数为偶数，所以可直接使用量程为 175～200mm 的外径千分尺进行检测。锥齿轮的轴孔直径为 IT7 级精度，可使用量程为 35～50mm 的内径千分表进行检测。当然，检测前，上述千分表和千分尺都应在计量室对相应尺寸进行必要的校对调零工作，以提高检测精度和置信概率。

零件图中，齿轮轮毂左端面距圆锥齿轮大端齿顶圆的轴向距离为"$35_{-0.075}^{\ 0}$"，此尺寸为定位尺寸，而且用一般的计量器具很难进行测量，一般情况下，这类尺寸应由装备有类似万能测长仪的计量室进行检测，利用万能测长仪上读数显微镜的刻线对准工件的相应部位，并对读数显微镜的移动距离进行计量，从而进行测量力为零的非接触测量，获得其相应的实际距离尺寸 $L_{端a}$。

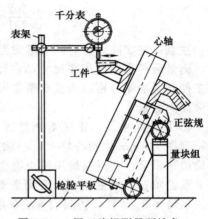

图 5-199　用正弦规测量顶锥角

从锥齿轮大端齿顶圆直径所在位置到锥齿轮圆锥顶点的距离 $L_{顶}$ 可用间接的方法测出，如利用上述测出的锥齿轮大端齿顶圆实际直径值 D_{aa} 和齿顶圆锥锥角实际值 δ_{aa}，即可计算出所需的 $L_{顶}$，公式如下：

$$L_{顶a} = D_{aa}/(2\tan\delta_{aa})$$

齿轮轮毂左端面距圆锥齿轮锥顶的实际距离距离为：

$$L_{端顶a} = L_{顶a} + L_{端a}$$

键槽的宽度尺寸可用量程为 $5 \sim 30mm$ 的内测千分尺进行检测，键槽底面到对面轮毂孔内表面的距离尺寸可用量程为 $50 \sim 75mm$ 的内测千分尺进行检测，如无条件，也可用游标卡尺的内测卡爪进行检测，当然，这样检测精度较低。

④ 形位公差检测。跳动误差的检测最好在齿轮坯精加工完成后，切齿前进行，尤其是齿顶圆锥的斜向圆跳动的检测，如切齿后进行这项检测将会非常困难。如图 5-200 所示，将精加工后的齿轮坯安装定位在一标准检验心轴上，并将心轴连同工件一起支在一对等高的、放置在精密检验平板上的 V 形架上，心轴端部通过钢珠顶靠在一固定物上（如方箱），将带磁力表架的杠杆千分表吸附在检验平板的合适位置上，调整其测头，使之与工件轮毂左端面可靠接触。同样，再将另一带磁力表架的百分表吸附在检验平板的合适位置上，调整其表头，使测头与被测圆锥面可靠接触并使其测杠头的移动方向尽可能与其接触点的法线方向相一致，向固定物方向轻顶心轴并缓慢旋转心轴，带动工件做无轴向移动的连续回转，观察

并记录百分表和杠杆千分表指针的摆动范围，这些数据分别是齿轮

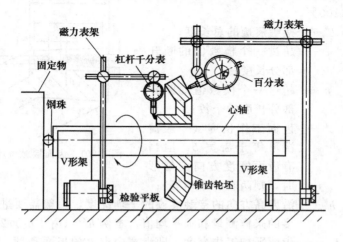

图 5-200　圆锥齿轮坯工件各种跳动误差的检测

齿顶圆锥面相对于齿轮轮毂孔轴线的斜跳动误差和齿轮大端轮毂的左端面相对于齿轮轮毂孔轴线的跳动误差，当这些误差值分别不大于各自的公差值时，工件的该项检测合格。

　　圆锥齿轮轮毂孔中，键槽中心平面的对称度误差的检测，与前述键槽中心平面的对称度误差检测相同，这里不再叙述。

　　⑤ 啮合检验。被测齿轮齿面接触斑点的要求：沿齿长接触率大于 60%，沿齿高接触率大于 65%。检验接触斑点时，在被测齿轮的工作齿面上涂上一层薄薄的红丹粉（检验接触斑点理论上应该不用涂料，而以齿面上的实际擦亮痕迹来考核。但在生产过程中，为便于观察，接触斑点一般都用薄膜涂料着色检验，为保证测量的准确性，涂抹要均匀，且要尽可能薄，涂层厚度一般在 0.005～0.012mm），然后，在轻载作用下，使这对斜齿轮在安装状态下进行一小段时间的啮合传动，然后观察、测量齿面接触斑点的分布情况，如图 5-201 所示，一般必须对两个配偶齿轮所有的齿都加以观察，并以检验接触斑点占有面积最小的那个齿作为检验结果，接触痕迹的大小在齿面展开图上用百分率计算。公式如下：

　　沿齿宽方向接触率　$b_c = [(b'' - nc)/b'] \times 100\%$

沿齿高方向接触率 $h_c = (h''/h_m) \times 100\%$

式中　b''——接触痕迹的总长度；

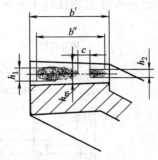

图 5-201　齿面接触斑点

c——超过一个模数值的断开部分长度；

n——超过一个模数值的断开部分长度的个数；

b'——齿面工作长度（一般情况下等于齿宽 b，但当有齿面宽度方向的修形时，则两者并不相等）；

h''——沿齿高方向的接触痕迹的平均高度，一般需要进行较多的采样测量和求平均值，本例 $h'' = (h_1 + h_2)/2$；

h_m——齿面平均工作高度，即齿宽中点处的齿面高度，一般情况下等于齿宽中点处齿面总高度减去顶隙所对应的高度，有时还得减去齿顶修沿所去掉的一段高度。

锥齿轮第 I 和第 II 公差组所涉及的两个公差：齿距累积公差和齿距极限偏差，它们所对应的检验，需要用到较复杂、昂贵的专用设备和仪器，在这里不介绍。

5.8.5　蜗轮

（1）零件图　图 5-202 所示为蜗轮。

（2）零件精度分析　蜗轮最大外圆直径为 $\phi 222$mm，属于未注公差的线性尺寸，这一尺寸的极限值由国家标准 GB/T 1804—2000《一般公差　未注公差的线性和角度尺寸的公差》确定，由于图纸未作进一步规定，在其中具体选择哪一级精度，一般由生产厂家按其厂标，在国标中选择一种精度执行加工。在蜗轮中间平面内的齿顶圆直径为"$\phi 218_{-0.072}^{~~0}$"，其精度为 IT8 级，蜗轮的轮毂孔直径为"$\phi 42_{0}^{+0.025}$"，其精度为 IT7 级，其公差带代号为 H7，蜗轮的轮心与轮缘配合尺寸为"$\phi 175 \dfrac{H7}{r6}$"，这是一种小过盈紧密定位配合，蜗轮与蜗杆的中心距为（125 ± 0.050）mm，蜗轮齿顶圆弧半径为 $R16$mm，蜗轮轮齿分度圆弧半径为 $R20$mm。蜗轮中心平面到

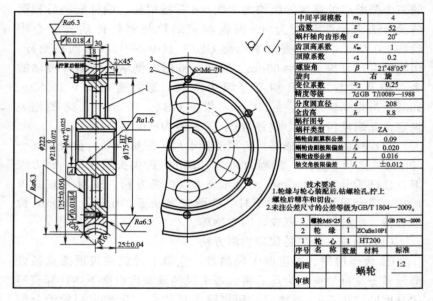

中间平面模数	m_t	4
齿数	z	52
蜗杆轴向齿形角	α	$20°$
齿顶高系数	h_a^*	1
顶隙系数	c_a^*	0.2
螺旋角	β	$21°48'05''$
旋向		右 旋
变位系数	x_2	0.25
精度等级		7d GB T/10089—1988
分度圆直径	d	208
全齿高	h	8.8
蜗杆图号		
蜗杆类型		ZA
蜗轮齿距累积公差	f_p	0.09
蜗轮齿距极限偏差	f_{pt}	0.020
蜗轮齿形公差	f_s	0.016
轴交角极限偏差	f_j	±0.012

技术要求
1.轮缘与轮心装配后,钻螺栓孔,拧上螺栓后精车和切齿。
2.未注公差尺寸的公差等级为GB/T 1804—2009。

3	螺栓M6×25	6		GB 5782—2000
2	轮 缘	1	ZCuSn10P1	
1	轮 心	1	HT200	
序号	名 称	数量	材料	标准

制图		蜗轮	1:2
审核			

图 5-202　蜗轮

右侧轮毂端面的距离尺寸为（25 ± 0.04）mm，此尺寸的公差值 $T=80\mu m$，是非标准的，其等级接近 IT10 级公差，比 IT10 级公差精度略高（IT10$=84\mu m$）。

形位公差：蜗轮最大外圆圆柱面对蜗轮轮毂孔轴线的径向圆跳动公差为 0.018mm。左端面对蜗轮轴线的跳动公差为 0.018mm。这些跳动公差值均为非标准值，对照 GB/T 1184—1996 中的数值可知：图纸中这些跳动值与 IT6 级精度的跳动公差值接近（IT6 级精度的公差值是 0.020mm），其精度要求比 IT6 级精度还稍高一些。

蜗轮轴孔的表面粗糙度加工要求为 $Ra=1.6\mu m$。两端面的表面粗糙度均为 $Ra=6.3\mu m$。

蜗轮的参数表中可知，蜗轮蜗杆啮合的中间端面模数为 4mm，蜗轮齿数为 52，蜗杆轴向齿形角为 $20°$，齿顶高系数为 $h_{an}^*=1$，顶隙系数为 $c_n^*=0.2$，其螺旋线方向为右旋，螺旋角为 $21°48'05''$，蜗杆类型为 ZA，表示蜗杆的端面齿廓为阿基米德螺旋线。

蜗轮的精度等级是：7d GB/T 10089—1988，7 的含义是蜗轮的三个公差组的精度等级均为 7 级，d 是指蜗轮、蜗杆安装后相配的最小法向侧隙种类为 d，根据本例蜗轮与蜗杆传动的中心距（125±0.050）mm，查国家标准 GB/T 10089—1988《圆柱蜗杆、蜗轮精度》可得 $j_{nmin}=63\mu m$。同理，根据本例蜗轮与蜗杆传动的中心距及模数 4mm、精度等级为 7 级，通过查 GB/T 10089—1988，可得蜗轮的 $T_{s2}=110\mu m$，根据 GB/T 10089—1988 的相关规定，此蜗轮齿厚的上偏差为 0，下偏差为 −0.110mm。

（3）检测量具和辅具　齿厚游标卡尺，游标卡尺，量程为 35～50mm 的内径千分尺，量程为 200～225mm 的尖头千分尺，磁力表架，杠杆千分表，400mm×400mm 的 00 级方箱，成对等高的 V 形架，成套量块，检验用蜗杆，C 形夹紧装置，压板，ϕ42mm 检验心轴，检验平板，钢珠，固定物等。

（4）蜗轮一般简易仪器检测方法

① 齿厚检测。用齿厚卡尺测量，应将卡尺放在齿顶圆直径处测量其分度圆法向弦齿厚，将齿厚卡尺的垂直尺根据下述计算获得的分度圆弦齿高 $\overline{h}_{n2}$ 调整好，用齿厚卡尺的水平尺读出蜗轮的分度圆法向弦齿厚 $\overline{s}_{n2}$。

分度圆弧齿厚

$$s_2 = m_t\left(\frac{\pi}{2}+0.2\tan\alpha\right) = 4\times\left(\frac{3.1416}{2}+0.2\times\tan20°\right) = 6.5744 \text{（mm）}$$

分度圆弦齿厚

$$\overline{s}_2 \approx s_2\left(1-\frac{s_2^2}{6d_2^2}\right) = 6.5744\times\left(1-\frac{6.5744^2}{6\times208^2}\right) = 6.5733 \text{（mm）}$$

分度圆法向弦齿厚

$$\overline{s}_{n2} = \overline{s}_2\cos\gamma = 6.5733\times\cos21°48'05'' = 6.1032 \text{（mm）}$$

测量 $\overline{s}_{n2}$ 用的齿高 $\overline{h}_{n2}$

$$\overline{h}_{n2} \approx h_{an}^* m_t + \frac{s_2^2\cos^4\gamma}{4d_2^2} = 1\times4+\frac{6.5744^2\times\cos^4 21°48'05''}{4\times208^2} = 4 \text{（mm）}$$

注意：实际测量时还应根据蜗轮齿顶圆的实际测量结果对此计算齿高 $\overline{h}_{n2}$ 进行修正。

② 一般线性尺寸的检测。蜗轮中间平面内的齿顶圆直径的测

量：这一尺寸的测量在于其测量部位不是圆柱面，所要测量的部位实际只存在于一个假想的截面内，而且精度要求较高（IT8 级），但至少蜗轮齿数是偶数，可使用量程为 200～225mm 的尖头千分尺进行检测（如无此规格的尖头千分尺可考虑用普通千分尺改制），如用游标卡尺进行检测应使用带表卡尺或数显卡尺，一般卡尺的检验精度和置信度均较差。

蜗轮的轮毂孔直径的检测可使用量程为 35～50mm 的内径千分表进行检测，检测前内径千分表需经计量室校对、调零。

检测蜗轮中心平面到右侧轮毂端面的距离尺寸比较难，在加工中，工人可以通过测量滚刀外圆面到蜗轮轴向定位基准面的距离来间接地测量滚刀轴线到蜗轮轴向定位基准面的距离，这就是蜗轮中心平面到右侧轮毂端面的距离。加工完成后再测量就比较困难了。在此，为实现这一检测提供一种检测方案，如图 5-203 所示，取一个 400mm×400mm 的方箱，将加工好的蜗轮工件的定位轮毂端面在其上一个工作面可靠定位，并用压板和 C 形夹紧装置将其固定，然后将它们放置在一个检验平板上，蜗轮工件的中间平面应处于垂直状态，再将一个检验用蜗杆（需专门精确制造）放置在被测蜗轮的上部轮齿中（与轮齿配合），再用量块组

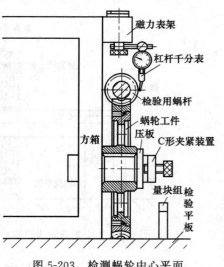

图 5-203　检测蜗轮中心平面
到轮毂定位端面距离

组合出检验用蜗杆外圆面到方箱工作面的理想最大尺寸，用量块组将一带表架的杠杆千分表在检验平板上校对调零，再用此千分表实际测出检验用蜗杆的外圆面到方箱工作面的实际距离，用这一距离减去检验用蜗杆的外圆面的实际尺寸即可得到所需的被测尺寸，从而可进行合格性判断。

③ 形位误差的检测。蜗轮齿顶圆柱面相对于轮毂孔轴线的径向圆跳动的检测应最好在蜗轮切齿前进行，切齿后蜗轮齿顶圆柱面会变得不连续，检测非常困难。如图 5-204 所示，将安装配合好的蜗轮齿坯的轮毂孔中插入精密心轴，将心轴连同其上的工件定位在一对等高的、安放在检验平板上的 V 形架上，在心轴端部安放钢珠并顶靠在一固定物上，将一带磁力表架的杠杆千分表也安放在检验平板上。调整表的测头使之与蜗轮坯的外圆柱面可靠接触，在固定物上靠近心轴并带动工件做无轴向移动的连续回转，观察、记录千分表的指针的摆动范围，此数值即为蜗轮齿顶圆柱面相对于轮毂孔轴线的径向圆跳动误差，将其与图纸规定的公差值进行比较并进行合格性判断。

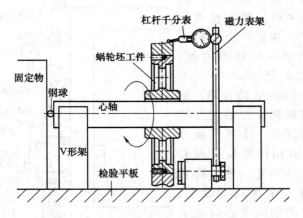

图 5-204　检测蜗轮齿顶圆柱面的径向圆跳动误差

蜗轮齿圈端面圆跳动的检测可在蜗轮加工全部完成后进行，如图 5-205 所示，方案与蜗轮齿顶圆柱面相对于轮毂孔轴线的径向圆跳动的检测基本相同，只有检测部位和检测方向不同。

5.8.6　铰刀

（1）零件图样　铰刀的零件图如图 5-206 所示。

（2）零件精度分析　本例零件为机用铰刀，材料 W18Cr4V，工作部分热处理淬硬至 60～63HRC，直径为 "$\phi 15^{+0.042}_{+0.036}$"，其公差

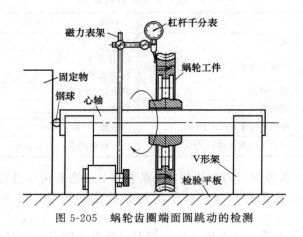

图 5-205　蜗轮齿圈端面圆跳动的检测

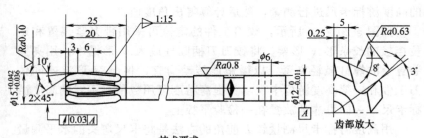

技术要求

1. 工作部分材料 W18Cr4V,工作部分淬硬 60～63HRC。
2. 齿数 z=6。
3. 切削齿后角 $\alpha_0=10°$,校准齿后角 $\alpha_0'=8°$,圆弧刃带宽 $f=0.25mm$。
4. 刀齿表面粗糙度 Ra 为 0.63μm。

图 5-206　铰刀

为 6μm，其精度介于 IT4～IT5 之间，切削锥角 $2\kappa_r=20°$，刀齿前角 $\gamma_0=3°$，切削齿后角 $\alpha_0=10°$，校准齿后角 $\alpha_0'=8°$，圆弧刃带宽 $f=0.25mm$，齿数 z=6，刀齿表面粗糙度 Ra 为 0.63μm，铰刀工作部分圆柱面相对于柄部轴线的径向圆跳动公差为 0.03mm，其精度介于 IT8～IT9 之间。铰刀检验项目和要求见表 5-11。

（3）检测量具与辅具　专用样板，游标高度尺，带挡板和夹紧装置的 V 形架，检验平板，带磁力表架的千分表，量程 0～25mm 的千分尺，粗糙度样块。

表 5-11　铰刀检验项目和要求

项目类型	工作内容	工作要求
主要项目	前刀面	前角 $\gamma_0 = 3°$
	校准部分的外圆	1. 外圆"$\phi 15^{+0.042}_{+0.036}$"
		2. 表面粗糙度 $Ra = 0.10\mu m$
	切削锥面	锥角 $2\kappa_r = 20°$
	切削齿后刀面	后角 $\alpha_0 = 10°$
	圆弧刃带宽 $f = 0.25mm$	刃带宽 $f = 0.25mm$
一般项目	刀面表面粗糙度（4 处）	表面粗糙度 $Ra = 0.63\mu m$

（4）工件检测　刀具切削部分的检验：齿形和齿深及槽底圆弧可用专用样板进行检验。对于前角和后角的测量，可采用下述方法。

① 铰刀前角 $\gamma_0 = 3°$ 的检测。铰刀前角可用如图 5-207(b) 所示的高度游标卡尺进行测量，然后计算得出角度值。

如图 5-207(a) 所示，铰刀工件的定位可采用带夹紧装置和定位挡板的长条形 V 形架，将铰刀刀柄圆柱放入 V 形槽中，用夹紧装置上的螺钉轻轻夹紧，以微微能转动为宜，将此 V 形架连同铰刀工件和一架高度游标卡尺（为提高精度可用数值显示式的高度游标卡尺）一同可靠地放置在一检验平板上。

用高度游标卡尺测量铰刀前角的方法是将卡尺弯头的水平测量面与刀齿的前刀面靠平并相吻合，从而可先测出高度 B 值，如图 5-207(b) 所示，然后再用高度游标卡尺测出铰刀中心高 A，再按下式计算前角 γ_0 的值。

$$\sin\gamma_0 = \frac{2(A-B)}{D}$$

式中　A——铰刀中心距检验平板高度，mm；

　　　B——刀齿前刀面距检验平板高度，mm；

　　　D——铰刀直径，mm；

　　　γ_0——铰刀前角，(°)。

② 铰刀后角 $\alpha_0 = 10°$ 的检测。铰刀后角也可用高度游标卡尺进行检测，如图 5-207(c) 所示，微微转动铰刀刀刃部分并调整高度游标卡尺的游标，使卡尺弯头测量面中的垂直测量面与铰刀齿的后

刀面靠平并接触，从而可从高度游标卡尺上读出高度 C 值。

同样，当测得铰刀中心高度 A 时，即可按下式计算

$$\sin\alpha_0 = \frac{2(C-A)}{D}$$

式中　A——铰刀中心距检验平板高度，mm；

　　　C——刀齿刃部距检验平板高度，mm；

　　　D——铰刀直径，mm；

　　　α_0——铰刀后角，(°)。

③ 一般线性尺寸的检验。铰刀刀刃部位的直径，其精度要求较高，一般在加工现场仍然使用外径千分尺进行检测，本例使用量程为 $0\sim25$mm 的千分尺，检验前，此外径千分尺应在所测尺寸 15mm 处用量块进行校对调零，同理，检验柄部的千分尺也应在计量室在尺寸 12mm 处用量块进行校对调零，当然量程也是 $0\sim25$mm。

④ 刀具切削部分的径向圆跳动的精度检验。刀具刀刃的径向跳动的检验如图 5-208 所示，铰刀工件的定位与上述检测铰刀刀刃前、后角的过程中所使用的方法相同，不同的是需要在铰刀柄的尾部中心孔中安放一颗钢珠，轻轻轴向推动铰刀，使柄尾部的钢珠与 V 形架上

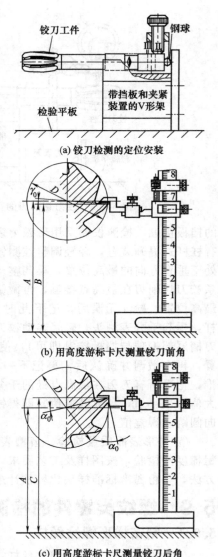

(a) 铰刀检测的定位安装

(b) 用高度游标卡尺测量铰刀前角

(c) 用高度游标卡尺测量铰刀后角

图 5-207　铰刀刀刃前角和后角的检测

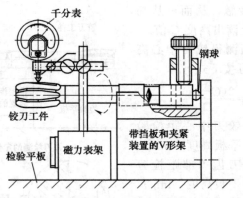

图 5-208　铰刀切削刃的径向跳动误差的检测

的挡板接触。检测仪器采用带磁力表架的千分表，千分表测头最好有杠杆式提升装置，轻轻调整被测铰刀刀头，使铰刀的一条切削刃处于垂直方向的最高位置，再调整千分表测头，使千分表测头与这条铰刀切削刃在最高点接触，再微微转动铰刀刀头以验证是否处于最高位置，验证无误后，记下此时千分表的读数，然后，按动杠杆，提起千分表测头，轻轻转动铰刀工件并保证无轴向移动（保证刀柄尾部钢珠与挡板接触即可），使下一个刀齿的刀刃位于最高位置，再次微调并确认后，再记下一个此刻千分表的读数。依此类推，记下所有刀刃在最高点处的千分表读数，找出这些数值中的最大值和最小值，计算其差值，即得铰刀切削刃相对于刀柄轴线的径向圆跳动误差值。

　　⑤ 外形表面质量检验。齿槽表面粗糙度以及其他部位的表面粗糙度的检验，按图样及工艺要求，一般用视觉感官和手指触摸等方法，与粗糙度标准样块比较估计来测定。

5.9　螺纹类零件的检测

5.9.1　精密梯形螺纹丝杠

　　（1）零件图样　梯形螺纹丝杠零件图如图 5-209 所示。

　　（2）零件精度分析　图 5-209 为一梯形螺纹丝杠，材料为 45 钢，热处理淬火至 $56 \sim 58$HRC。该螺纹大径处的标注形式为"T50×8-6"，表明该螺纹的公差等级为 6 级，丝杠的公称直径（大

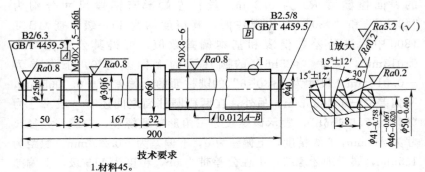

图 5-209　梯形螺纹丝杠

径尺寸）d 为 "$\phi 50_{-0.400}^{\ 0}$"，中径尺寸 d_2 为 "$\phi 46_{-0.620}^{-0.067}$"，小径尺寸 d_3 为 "$\phi 41_{-0.758}^{\ 0}$"，螺距 $P=8\text{mm}$，螺纹的牙型角 $\alpha=30°$，该丝杠的螺纹是牙型角为 30° 的单线梯形螺纹，其基本牙型和各项几何参数的基本尺寸均符合 GB/T 5796—2005《梯形螺纹》，但 GB/T 5796.4—2005《梯形螺纹公差》中规定的公差不能满足机床丝杠的精度要求，该丝杠的精度设计是取自部颁标准 JB/T 2886—2008《机床梯形螺纹丝杠、螺母　技术条件》，由于该螺纹精度已达 6 级，所以在螺距方面的精度机械部标准 JB/T 2886—2008 规定了该丝杠螺纹在任意 $2\pi\text{rad}$ 范围内的螺纹螺旋线轴向公差 $\Delta l_{2\pi}=\pm 0.002\text{mm}$，在 100mm 长度内的螺旋线轴向公差 $\Delta l_{100}=\pm 0.004\text{mm}$ 以及在螺纹有效长度内的螺旋线轴向公差 $\Delta l_{\text{u}}=\pm 0.008\text{mm}$，而不再规定单个螺距公差和全长螺距公差。该梯形螺纹的左右牙型半角的尺寸要求为 $15°\pm 12'$；丝杠螺纹的大径对丝杠轴线的径向圆跳动公差为 0.012mm，当然，丝杠轴线在本例是通过丝杠两端中心孔的公共轴线来体现的。另外，本例丝杠的梯形螺纹的中径尺寸一致性公差为 0.010mm，即要求梯形螺纹各部位的实际中径尺寸的最大值和最小值之差不得大于 0.010mm。上述这些公差要求均符合 JB/T 2886—2008《机床梯形螺纹丝杠、螺母　技术条件》中 6 级精度梯形螺纹的各项公差要求。螺纹牙型两侧

的表面粗糙度 Ra 为 $0.2\mu m$。丝杠左端部有两段尺寸分别为"$\phi25h6$"和"$\phi30js6$"的圆柱面，其精度均为 IT6 级，查 GB/T 1800 中标准公差数值表和基本偏差数值，可得其公差值均为 0.013mm，尺寸"$\phi25h6$"的圆柱面的上偏差为 0，下偏差为 $-0.013mm$，尺寸"$\phi30js6$"的圆柱面的上偏差为 $+0.0065mm$，下偏差为 $-0.0065mm$。另外，在两段圆柱面之间还有一段尺寸为"M30×1.5-5h6h"，表示该螺纹为三角形普通螺纹，右旋，大径尺寸为 $\phi30mm$，6 级精度，上偏差为 0，下偏差为 $-0.236mm$，螺距为 1.5mm，属于细牙螺纹，中径公差带为 5h，精度为 IT5 级，上偏差为 0，下偏差为 $-0.118mm$。

梯形丝杠牙型的检验项目和要求见表 5-12。

表 5-12　梯形丝杠牙型检验项目和要求

测量项目	测量内容	测量要求
主要项目	梯形丝杠中径	尺寸"$\phi46^{-0.067}_{-0.620}$"
	螺旋线轴向公差	1. 任意 $2\pi rad$ 范围内的螺纹螺旋线轴向公差 $\Delta l_{2\pi} = \pm0.002mm$
		2. 100mm 长度内的螺旋线轴向公差 $\Delta l_{100} = \pm0.004mm$
		3. 螺纹有效长度内的螺旋线轴向公差 $\Delta l_u = \pm0.008mm$
	牙型侧面粗糙度	表面粗糙度 Ra 为 $0.2\mu m$

（3）测量量具　外螺纹千分尺；量针；游标卡尺；量程为 0～25mm 和 25～50mm 的千分尺；公法线千分尺；检验平台；顶尖架；带磁力表架和测头提升装置的千分表；万能工具显微镜，JCS 014B 型激光磁栅式丝杠动态检查仪。

（4）零件检测　螺纹的精度测量主要包括中径、螺距和牙型半角等。普通螺纹一般用螺纹极限量规进行综合检测。高精度螺纹可用精密测量仪器，如万能工具显微镜、测长仪和三坐标测量仪等，本例主要介绍用螺纹千分尺以及用三针测量法等简单计量仪器测量螺纹中径的一些方法。

① 螺纹中径的测量

a. 外螺纹千分尺测量螺纹中径。对于精度不高的外螺纹中径，可用带有插头的外螺纹千分尺来测量。外螺纹千分尺附带一套不同规格的可换测量头，其中每对都分别由一锥形和 V 形测头组成，使用时将它们分别插在千分尺的测杆和砧座上。每对测量头只能用来测量一定螺距范围的螺纹，如图 5-210 所示。

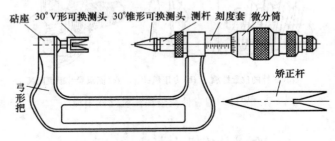

图 5-210　可换测头的外螺纹千分尺

用外螺纹千分尺进行螺纹中径测量时，把 V 形测头端插放在螺纹的牙型上，把锥形测头端插放在螺纹的牙槽间，转动微分筒，使两个测头与螺纹接触，即可读出测量数值。外螺纹千分尺精度不高，用绝对测量法测量时，测量误差为 0.10～0.15mm；用比较法测量时，测量误差为 0.04～0.05mm，因此它只用于普通精度螺纹的测量，本例梯形螺纹中径尺寸要求为："$\phi 46^{-0.067}_{-0.620}$"，公差值为0.553mm，用比较测量法可以获得较满意的检测精度。本例需使用梯形螺纹测头，并使用与所测尺寸（即中径为 46mm）相一致的矫正杆对螺纹千分尺进行校对调零，然后再将它用于实际工件的检测。

b. 用三针测量法测量螺纹中径（图 5-211）。用三针测量法测量螺纹中径是生产实践中应用最广泛、测量精度比较高的方法之一。测量时，把三根直径相等的量针放置在螺纹的牙槽中间，用接触式仪器或专用外径千分尺（如公法线千分尺或换上平测头的外螺纹千分尺），螺距小的甚至可用普通外径千分尺，测量出量针顶点之间的距离，通过计算来间接求出中径值。所以，三针测量法是一种间接测量法。

量针顶点之间的距离可按下式计算：

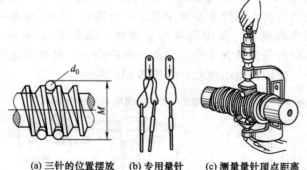

(a) 三针的位置摆放　　(b) 专用量针　　(c) 测量量针顶点距离

图 5-211　用三针测量法测量丝杠中径

$$M = d_2 + d_0\left(1 + \frac{1}{\sin\frac{\alpha}{2}}\right) - \frac{P}{2\cot\frac{\alpha}{2}}$$

式中　　M——外径千分尺读数，mm；

　　　　d_2——螺纹中径，mm；

　　　　d_0——量针直径，mm；

　　　　α——螺纹牙型角，(°)；

　　　　P——工件螺纹螺距，mm。

　　为避免和减少牙型角实际偏差对测量结果的影响，须选择最佳直径的量针，目的是使量针在测量时尽可能与被测螺纹两牙侧面接触的两个切点间的轴向距离等于螺距基本尺寸的一半（即 $P/2$），量针最佳直径 $d_{0(最佳)} = P/[2\cos(\alpha/2)]$，本例中测量螺距为 8mm 的梯形螺纹中径的最佳量针直径为：

$$d_{0(最佳)} = 8/[2\cos(30°/2)] = 4.141\ (\mathrm{mm})$$

　　量针标准中并没有这个直径尺寸的量针，可选用量针标准中直径为 4.120mm 的量针，这也可满足检测要求。测量 M30×1.5mm 螺纹所需量针最佳直径

$$d_{0(最佳)} = P/[2\cos(\alpha/2)] = 1.5/[2\cos(60°/2)] = 0.8660\ (\mathrm{mm})$$

　　量针标准中正好有这一规格，可直接使用。

　　对于中径尺寸的一致性测量，可用公法线千分尺和量针在丝杠螺纹同一通过轴线截面内测量多个中径实际尺寸，从中找到最大值

d_{2amax} 和最小值 d_{2amin}，求其差值，这一差值小于其公差要求即为合格。当然，这一测量应在多个通过轴线的截面内进行，使测量结果更为可靠。

丝杠中径的合格性判断条件：

$$d_{2fe} \leqslant d_{2max}; \quad d_{2a} \geqslant d_{2min}$$

式中 d_{2fe}——外螺纹中径当量尺寸，$d_{2fe} = d_{2a} + f_{\delta p} + f_{\delta \alpha/2} + f_{\delta dk} + f_{\delta \varphi}$；

       d_{2a}——外螺纹实际中径当量尺寸，一般以最大值 d_{2amax} 代入；

       $f_{\delta p}$——螺距偏差修正值，$f_{\delta p} = 1.8660\delta_p$；

       δ_p——螺距偏差，μm；

     $f_{\delta \alpha/2}$——牙型半角偏差修正值，$f_{\delta \alpha/2} = (4.1950d_0 - 2.1715P)\delta_{\alpha/2}$；

       d_0——量针直径，mm；

       P——螺距，mm；

     $\delta_{\alpha/2}$——牙型半角实际偏差，(°)；

     $f_{\delta dk}$——量针直径偏差修正值，$f_{\delta dk} = -4.8640\delta_{dk}$；

       δ_{dk}——量针直径实际偏差，μm；

     $f_{\delta \varphi}$——螺纹升角修正值，$f_{\delta \varphi} = -1.8024d_0[(P/(\pi d_2))]^2$；

       d_2——中径理论尺寸，mm；

   d_{2max}——中径最大极限尺寸，mm；

   d_{2min}——中径最小极限尺寸，mm。

② 螺距和牙型半角的测量。测量高精度（6 级精度以上）丝杠的螺旋线轴向误差要用动态测量方法测量，丝杠动态测量法就是丝杠在回转的同时连续测量丝杠螺距和螺旋线轴向误差，并且通过仪器自动记录误差值的一种方法，如采用 JCS 014B 型激光磁栅式丝杠动态检查仪，通过对测量数据进行计算处理得出检测结果。高精度的梯形螺纹丝杠的牙型半角一般用万能工具显微镜来测量，而对于普通螺纹的牙型角，可以用螺纹样板进行测量。

③ 螺纹大径和其他线性尺寸的测量。本例中，不论是梯形螺纹（T50×8）还是普通螺纹（M30×1.5）的大径尺寸公差值均比较大，均可用游标卡尺进行检测，其他未注公差的线性尺寸也均可

用游标卡尺进行检测，但丝杠左端尺寸分别为"$\phi25h6$"和"$\phi30js6$"的圆柱面须用外径千分尺进行检测，使用的千分尺量程分别为 $0\sim25$mm 和 $25\sim50$mm，检测前两把千分尺都应在计量室进行校对并分别在尺寸 25mm 和 30mm 处调零。

④ 位置误差的检测。本零件的位置公差要求就是精密梯形螺纹的大径外圆面对于工件两端中心孔的公共轴线的径向圆跳动公差要求。检测时将工件通过其两端的中心孔支在检验平台上的顶尖架上，如图 5-212 所示，将一带磁力表架的千分表吸附在检验平台的合适位置上，调整千分表测头使之与被测梯形螺纹大径圆柱面可靠

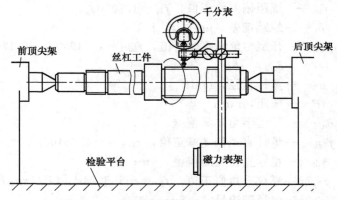

图 5-212　丝杠螺纹大径径向圆跳动的检测

接触，旋转顶尖间的工件，观察千分表指针的摆动范围，当测头遇到牙型沟槽时，要提起测头，当工件旋转一周后，千分表指针的摆动范围即为所测跳动误差值，可以再换几个位置重复上述测量，当所有测量值均不超过公差值时零件的该项检测合格。

5.9.2　阿基米德普通圆柱蜗杆（ZA 蜗杆）

（1）零件图　阿基米德普通圆柱蜗杆如图 5-213 所示。

（2）零件精度分析　蜗杆轴长为 315mm，蜗杆左端的轴径尺寸为"$\phi28^{+0.028}_{+0.015}$"，其公差值为 0.013mm，查 GB/T 1800 中的相关表格，可知其精度等级为 IT6 级精度，基本偏差的代号为 n，所以公差带代号为"$\phi28n6$"；键槽宽度尺寸为"$8^{0}_{-0.036}$"，其公差带代号为 N9；蜗杆右端有一段轴径尺寸为"$\phi35^{+0.018}_{+0.002}$"的轴段，蜗杆

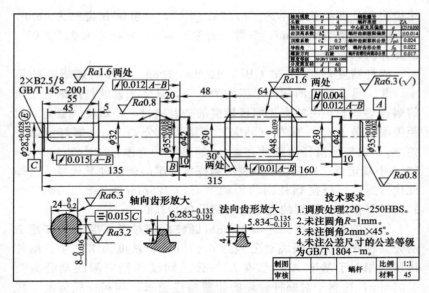

图 5-213　阿基米德普通圆柱蜗杆

中部也有一段与这段轴直径相同的轴段，这两段轴应该是用来安装轴承的，其公差值为 0.016mm，其精度等级亦为 IT6 级精度，基本偏差的代号为 k，所以其公差带代号为"$\phi 35k6$"。另外，右侧轴段上还标注有两个较高的形位公差要求，一个是圆柱度公差要求 0.004mm，精度等级为 IT6 级，一个是被测圆柱面相对于基准 A 和基准 B 的公共轴线的径向圆跳动公差要求 0.012mm，精度也是 IT6 级精度；蜗杆左端引出标注有尺寸"$\dfrac{2\times B2.5/8}{GB/T\ 145-2001}$"，表示蜗杆轴两端需按国标 GB/T 145—2001 的要求各钻一个 B 型中心孔，中心孔的锥顶孔直径为 $\phi 2.5mm$，中心孔的最大直径为 $\phi 8mm$。蜗杆齿部的大径尺寸为"$\phi 48_{-0.039}^{\ 0}$"，即蜗杆的齿顶圆直径，即最大齿顶圆直径为 $\phi 48mm$，最小齿顶圆直径为 $\phi 47.961mm$，公差是 0.039mm，精度为 IT8 级。蜗杆轮齿轴向齿廓形状为直线，其轴向分度圆弦齿厚为"$6.283_{-0.191}^{-0.135}$"，即最大齿厚是 6.148mm，最小齿厚是 6.092mm，齿厚公差为 0.056mm，这些公差值均符合国标 GB/T 10089—1988《圆柱蜗杆、蜗轮精度》中的相关规定，蜗杆轮齿法向分度圆弦齿厚为 "$5.834^{-0.135}_{-0.191}$"，分度圆弦齿高为 4mm。蜗杆的轴向模数为 4mm，头数（齿数）为 4，导程角为 $21°48'05''$，螺旋方向为右旋。

蜗杆精度等级为 7d GB/T 10089—1988，7 表示该蜗杆的第 Ⅰ、Ⅱ、Ⅲ公差组的精度等级均为 7 级，具体来说就是图纸右上角的蜗杆参数表格中的有关蜗杆精度的公差项目——蜗杆（轴向）齿距极限偏差 $\pm f_{px}$、蜗杆（轴向）齿距累积公差 f_{pxl}、蜗杆齿形公差 f_{f1}、蜗杆齿槽径向跳动公差 f_r 的精度均为国标 GB/T 10089—1988 中规定的 7 级精度；d 表示蜗杆传动副的侧隙种类代号，已知此代号后，再根据蜗杆副的传动中心距 125mm 查 GB/T 10089—1988，可得此蜗杆副的最小法向侧隙值为 0.063mm。

蜗杆的形位公差：左端 $\phi28$mm 圆柱面相对于基准 A 和基准 B 的公共轴线的径向圆跳动公差为 0.015mm，精度为 IT7 级。蜗杆齿顶圆相对于基准 A 和基准 B 的公共轴线的径向圆跳动公差为 0.01mm，这属于对蜗杆齿坯的位置精度要求，与蜗杆轮齿的 7 级精度对应。键槽两侧面以 $\phi28$mm 圆柱面轴线为基准的对称度公差为 0.015mm，属于 IT8 级精度。

齿面表面粗糙度 Ra 为 1.6μm。

（3）测量量具　齿厚游标卡尺；量柱；量程为 50～75mm 的千分尺；量程为 0～25mm 的千分尺；一对等高的 V 形架；钢珠；检验平板；千分表；千分表球形测头；表架；杠杆千分表；量程 5～30mm 的内测千分尺；成套量块；高度游标卡尺；8mm 检验用键。

（4）蜗杆的检测

① 蜗杆的分度圆法向弦齿厚测量

a. 用齿厚卡尺直接测量。蜗杆的法向齿厚的基本尺寸和上、下偏差图纸均已给出，可根据此数值进行合格性判断，如图纸没有给出这一数值，则可按下式进行计算。

$$\bar{s}_{n1} \approx s_n = \frac{\pi m \cos\beta}{2}$$

式中　$\bar{s}_{n1}$——蜗杆分度圆法向弦齿厚，mm；

　　　s_n——蜗杆分度圆法向齿厚，mm；

m——蜗杆模数，mm；

β——蜗杆分度圆柱螺旋角，(°)。

在铣床上铣削蜗杆，一般只测量蜗杆的齿厚，其测量方法基本上和测量斜齿轮的齿厚相同，即测量时应根据图纸上蜗杆分度圆上的弦齿高对齿厚卡尺的齿高尺进行调节，本例中弦齿高 $\overline{h}_{n1} \approx$ $m=4$mm，齿厚卡尺的齿厚尺应放在轮齿的法向位置进行测量，如图 5-214 所示。

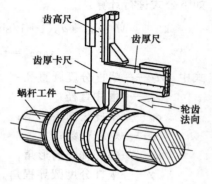

图 5-214　用齿厚卡尺测量
蜗杆法向弦齿厚

b. 用量柱（针）间接测量蜗杆法向齿厚。用量柱间接测量蜗杆法向齿厚比较适用于高精度、小尺寸、大导程角的蜗杆，本例蜗杆的齿厚公差为 0.056mm，头数达到了 4，导程角达到了 $21°48'05''$，因而比较适宜。用量柱间接测量蜗杆法向齿厚有点类似于三针法测量螺纹中径，一般当蜗杆头数为偶数时，用两根量柱，当蜗杆头数为奇数时，应使用三根量柱。本例蜗杆头数为 4，使用两根量柱即可。如图 5-215 所示，因本例是阿基米德圆柱蜗杆，则最佳量柱直径 d_p 按下列公式计算：

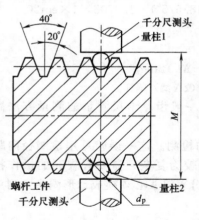

图 5-215　用量柱测量法
测量蜗杆齿厚

α——蜗杆轴向齿形角。

本例

$$d_p = 0.5 P_z \sec\alpha / Z_1$$

式中　Z_1——蜗杆头数；

P_z——蜗杆导程；

$$d_p = 0.5P_z \sec\alpha / Z_1 = 0.5 \times (4 \times \pi \times 4) \sec20° / 4 = 6.686 \text{ (mm)}$$

测量时，用两根等直径的量棒，放入蜗杆对应槽内。用千分尺测量两量棒外圆面间的最远距离 M，而尺寸 M 的理论尺寸 M' 可按如下公式进行计算：

$$M' = d_1 + d_p(1 + 1/\sin\alpha_n) - 1.5708m\cot\alpha_x$$

$$\tan\alpha_n = \tan\alpha_x \cos\gamma$$

式中　　d_1——蜗杆分度圆直径；

　　　　d_p——量柱直径；

　　　　α_n——蜗杆法向齿形角；

　　　　m——蜗杆模数；

　　　　α_x——蜗杆轴向齿形角；

　　　　γ——蜗杆分度圆导程角。

将本例数据代入公式计算可得：

$$\tan\alpha_n = \tan\alpha_x \cos\gamma = \tan20° \cos21°48'05'' = 0.338$$

$$\alpha_n = 18.675°$$

$$M' = 40 + 6.686 \times (1 + 1/\sin18.675°) - 1.5708 \times 4 \times \cot20°$$

$$= 50.304 \text{ (mm)}$$

则蜗杆齿厚偏差 E_{s1} 为：

$$E_{s1} = (M - M')\tan\alpha_x$$

注：上述公式仅适用于阿基米德（ZA 型）蜗杆。

这种测量方法的精确度比用一般齿厚卡尺测量的测量方法高 3～4 倍。

② 蜗杆齿槽径向跳动误差的检测。这一误差可用检测径向跳动误差的一般方法检测，但方法较为复杂，需要有较高的操作技能，而且检测径向跳动误差的千分表测头必须换成球形测头，测头的直径 d_0 可按下式计算：

$$d_0 = 0.5\pi m_n / \cos\alpha_n = 0.5\pi m \cos\gamma / \cos\alpha_n$$

式中，$m_n = m\cos\gamma$ 是蜗杆法向模数，其他参数的意义同上述其他公式。

代入本例数据，可得：

$$d_0 = 0.5 \times \pi \times 4 \times \cos21°48'05'' / \cos18.675° = 6.158 \text{ (mm)}$$

检测蜗杆齿槽径向跳动误差的方案如图 5-216 所示，将一对等高的 V 形架安放在检验平板上，再用它们将蜗杆支在检验平板上，支承部位是蜗杆作为基准 A 和基准 B 的两个 "$\phi 35^{+0.018}_{+0.002}$" 的轴段，蜗杆右端通过钢球顶靠在安装在 V 形架上的挡板上，将带球形测头的千分表安装在表架合适位置上并将其放置在检验平板上。检验时，调整表架和球形测头的位置，使测头位于齿槽曲面的最高点，即位于通过蜗杆轴线且垂直于检验平板的测量面内，然后轻轻转动蜗杆使千分表球形测量头与蜗杆齿槽的两个齿面同时接触，观察并

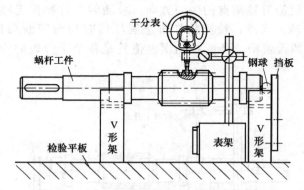

图 5-216 用千分表测量蜗杆齿槽径向跳动误差

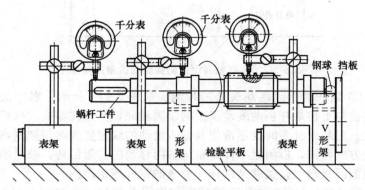

图 5-217 蜗杆各部径向跳动误差的检测

记录千分表上的读数。然后，保持千分表相对于检验平板的高度不变，从测量完的齿槽中移出千分表，用上述同样的方法测量下一

个齿槽并记录千分表的读数，每一次沿轴向移动千分表必须通过微转蜗杆工件来保证球形测头与蜗杆齿槽两齿面同时接触，千分表读数的最大值和最小值之差即为被测蜗杆的齿槽径向跳动误差值。

③ 蜗杆径向跳动误差的检测。检测图纸上有径向圆跳动公差要求的圆柱面（包括蜗杆齿顶圆柱面）的方法，如图 5-217 所示，蜗杆工件的定位方法与上述蜗杆齿槽径向跳动误差的检测相同，检测的测微仪换成普通测头的千分表，安装时千分表测头的测量方向要沿着被测点的法向方向，检测时工件要做无轴向移动的连续回转，当然，检测蜗杆齿顶圆柱面时须做间断局部回转，以防测头掉入齿槽，径向跳动误差值就是各个千分表的指针摆动范围。

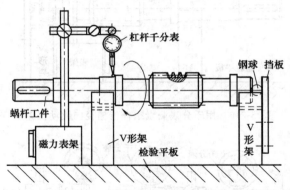

图 5-218　蜗杆轴肩端面的圆跳动误差的检测

④ 蜗杆端面圆跳动误差的检测。如图 5-218 所示，蜗杆工件的定位与上述蜗杆径向跳动误差的检测相同，测量仪器换成杠杆千分表。安装千分表时要尽量使其测头摆动的线速度方向与被测点的法线方向相同，检测时工件需做无轴向移动的连续回转，被测端面的端面圆跳动误差值就是杠杆千分表的指针摆动范围。

⑤ "$\phi 28^{+0.028}_{+0.015}$" 轴段上键槽对称度误差的检测。如图 5-219 所示，蜗杆工件的定位与上述蜗杆端面圆跳动误差的检测相同，在被测键槽中安装一个检验用键，要求键与键槽的配合没有间隙，允许有微量过盈，如图 5-219(a) 所示，用千分表将检验用键的一个侧

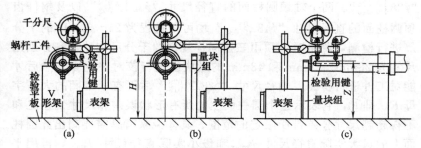

图 5-219　轴头键槽对称度误差的检测

面找正，使之平行于检验平板工作平面（至少有一棱边平行），将工件轻轻压紧（图中未画压紧装置），再用高度游标卡尺测量出该 ϕ28mm 轴头最高的素线距离检验平板工作平面的距离，然后用量块组组合出这一尺寸，将此量块组放在检验平板工作平面上，将一带表架的千分表校正调零，然后用此千分表测量 ϕ28mm 轴头最高的素线距离检验平板工作平面的精确距离 H，如图 5-219(b) 所示。同理，再用高度游标卡尺测量出上述找平检验用键的那个侧面距离检验平板工作平面的距离，然后用量块组组合出这一尺寸，用此量块组将一带表架的千分表校正调零，用此千分表测量出检验用键的那个侧面距离检验平板工作平面的最大距离 $Z_{\max}$ 和最小距离 $Z_{\min}$，如图 5-219(c) 所示，然后按下式进行计算：

$$\Delta_1 = Z_{\max} - b_{键}/2 - (H - d_{a轴}/2)$$
$$\Delta_2 = Z_{\min} - b_{键}/2 - (H - d_{a轴}/2)$$

则键槽中心平面的对称度误差为：

$$f_{对称} = \frac{|\Delta_1 + \Delta_2| h}{d_{a轴} - h} + |\Delta_1 - \Delta_2|$$

式中　$d_{a轴}$——ϕ28mm 轴头的实际直径尺寸；

　　　h——键槽实际深度尺寸，即 $h = d_{a轴} -$ "$24_{-0.20}^{\ 0}$" 的实际尺寸；

　　　$b_{键}$——检验用键的实际宽度尺寸。

⑥ 一般线性尺寸的实际偏差的检测。轴头圆柱面的直径尺寸

"$\phi28^{+0.028}_{+0.015}$"、两个轴颈圆柱面的直径尺寸"$\phi35^{+0.018}_{+0.002}$"以及蜗杆齿顶圆柱面的直径尺寸"$\phi48^{0}_{-0.039}$"均可用量程为 25～50mm 的千分尺进行检测，测量时，须用三把同样规格的千分尺在计量室分别用尺寸为 28mm、35mm 和 48mm 的量块组进行校对并调零，然后才能对工件进行检测。轴径尺寸"$\phi28^{+0.028}_{+0.015}$"后面有一带圈的大写字母 E，即Ⓔ，它表示这个圆柱面上的所有形状误差和尺寸偏差之和不得超越尺寸公差带所限定的范围，具体说来就是需要测出此圆柱面上的最大实际直径尺寸 d_{amax} 和最小实际直径尺寸 d_{amin}，再用平晶或平尺测出此轴段圆柱面素线最大的直线度误差 $f_{直线度}$，计算该轴段的体外作用尺寸 d_{fe}，公式如下

$$d_{fe}=d_a+f_{直线度}$$

式中　d_a——轴的局部实际尺寸。

即当 $f_{直线度}$ 出现在最大实际直径尺寸 d_{amax} 所在截面内，则

$$d_{fe}=d_{amax}+f_{直线度}$$

如 $f_{直线度}$ 出现在最小实际直径尺寸 d_{amin} 所在截面内，则

$$d_{fe}=d_{amin}+f_{直线度}$$

该轴段合格的条件是：

$$d_{fe}\leqslant d_{max}，且\ d_{amin}\geqslant d_{min}$$

式中　d_{max}——该轴段最大极限尺寸；

　　　d_{min}——该轴段最小极限尺寸。

尺寸为"$\phi35^{+0.018}_{+0.002}$"的轴段为轴颈，其上除标注有径向圆跳动公差之外，还标注有精度要求较高的圆柱度公差 0.004mm，所以测量其实际尺寸时，需对其进行全面测量，要求测得的所有轴径局部实际尺寸 d_a 在公差规定的极限尺寸之内，即 $d_{min}\leqslant d_a\leqslant d_{max}$，另外，还要求局部实际中的最大值 d_{amax} 和最小值 d_{amin} 差值的 1/2 小于 0.004mm，即 $(d_{amax}-d_{amin})/2<0.004$，如该圆柱面素线有直线度误差 $f_{直线度}$，则当 $f_{直线度}+(d_{amax}-d_{amin})/2\leqslant0.004$ 时，该轴段的圆柱度形状才合格。

轴头上的键槽宽度尺寸"$8^{0}_{-0.036}$"可用量程为 5～30mm 的内测千分尺进行检测（也须校对调零），此键槽的间接深度尺寸"$24^{0}_{-0.2}$"可用量程为 0～25mm 的千分尺进行测量，且一般无须在计量室进行校对调零。

有关蜗杆的其他检验项目：蜗杆（轴向）齿距极限偏差 $\pm f_{px}$、蜗杆（轴向）齿距累积公差 f_{pxl}、蜗杆齿形公差 f_{f1}，其检验涉及许多复杂精密的大型专用检测设备，在这里不予介绍。

5.10 成形表面类零件的检测实例

5.10.1 圆弧形导轨

（1）零件图样 圆弧形导轨如图 5-220 所示。

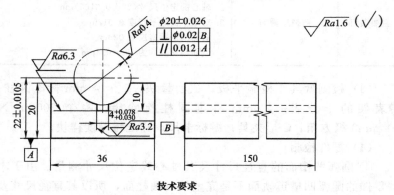

技术要求
材料45,热处理淬硬48～52HRC
图 5-220 圆弧形导轨

（2）零件精度分析 图 5-220 所示为一圆弧形导轨，半圆弧面凹槽为导轨工作面，其直径尺寸为（$\phi20\pm0.026$）mm，尺寸公差为 0.052mm，属 IT9 级精度，公差带代号为 JS9。半圆弧面的轴线距离基准面的距离为（22 ± 0.0105）mm，尺寸公差为 0.021mm，公差带代号为 js7，IT7 级精度。半圆弧面的轴线相对于底平面 A 的平行度公差为 0.012mm，其精度为 IT4 级，而半圆弧面的轴线以工件左侧端面 B 为基准的垂直度公差要求为 $\phi0.02$mm，此要求为 IT5 级精度，公差值前的"ϕ"表示该公差要求在任意方向均起控制作用，此位置公差的公差带形状为直径 $\phi0.02$mm 的理想圆柱形，导轨工作表面的粗糙度要求为 $Ra=0.4\mu m$，半圆弧面凹槽底部有一键槽，宽度尺寸为"$4^{+0.078}_{+0.030}$"，其公差代号为 D10，精度为 IT10 级，这种精度一般用于较松的键连接。矩形键槽的两个侧面的粗糙度要求为 $Ra=3.2\mu m$。键槽底面为非工作面，其表面粗糙

度要求为 $Ra=6.3\mu m$，其余表面的粗糙度要求为 $Ra=1.6\mu m$。其他尺寸均为未注公差尺寸。

圆弧形导轨的检测工作项目和要求见表 5-13。

表 5-13　圆弧形导轨的检测工作项目和要求

检测项目	检测内容	检测要求
主要项目	圆弧形槽面	1. 尺寸($\phi 20\pm 0.026$)mm 2. 轴心的定位尺寸(22 ± 0.0105)mm 3. 对底平面的平行度 0.012mm 4. 对侧面的垂直度 0.02mm 5. 表面粗糙度均为 $Ra=0.4\mu m$

（3）检测量具　检验平板；成套量块；3 个 $\phi 6$mm 标准圆柱；带表架的千分表；$\phi 20$mm 标准圆柱检验棒；两个 300mm × 300mm0 级方箱；C 形夹具；游标卡尺；标准粗糙度样块。

（4）零件检测

① 圆弧凹槽面的直径尺寸及其轴心线定位尺寸测量。由于本例零件的圆弧凹槽道轨面不是完整的内圆柱面，所以其直径尺寸及其轴心线定位尺寸的测量较为困难，一般必须使用间接测量法，具体的方法有多种，这里介绍的方法是三圆柱法，如图 5-221 所示。将三个直径一样（也可不一样）的标准计量圆柱放入零件圆弧凹槽内，由于此零件圆弧凹槽面的底部有一特殊的结构——通长的键槽，所以三个标准圆柱不能对称放置，而须将中间的圆柱向一侧偏

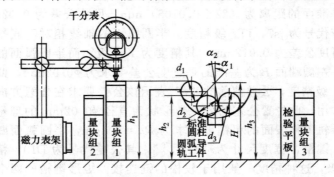

图 5-221　圆弧道轨面直径及其位置尺寸 H 的测量

离一个距离，以避开零件圆弧凹槽底部的键槽，使其圆柱面与被测零件圆弧凹面可靠接触，另两个标准圆柱放置在这个计量圆柱的两侧，它们与中间圆柱接触（即几何上的相切关系）的同时，又与工件被测圆弧凹面接触（相切），将它们放置在精密检验平板上，工件的基准底部平面 A 与检验平板可靠、稳定接触，三个计量圆柱的位置由于偏置可能不稳定，实际操作时应施加固定措施，如在计量圆柱 d_3 上放置一重物即可，再用量块组结合千分表精确测量出三个标准计量圆柱与精密检验平板工作面的距离 h_1、h_2 和 h_3，三个量块组的名义尺寸可先由高度游标卡尺测量三个标准计量圆柱与精密检验平板工作面的实际距离后得到，直接按此尺寸组合量块组就可以，经推导，工件圆弧凹槽面的直径尺寸 D 及其轴心线到基准面 A 的定位尺寸 H 可按下列公式计算：

$$\sin\alpha_1 = 2(h_1 - h_2)/(d_1 + d_2)$$

$$\sin\alpha_2 = 2(h_3 - h_2)/(d_3 + d_2)$$

$$D = \frac{d_2}{2\sin\dfrac{\alpha_1 + \alpha_2}{2}} + \frac{d_2}{2}$$

$$H = h_2 - d_2/2 + \frac{d_2\cos\dfrac{\alpha_1 - \alpha_2}{2}}{2\sin\dfrac{\alpha_1 + \alpha_2}{2}}$$

式中　　d_1，d_2，d_3——标准计量圆柱的直径；

　　　　α_1——圆柱 d_1、d_2 之间的接触点到导轨圆弧面圆心的连线与垂直方向的夹角；

　　　　α_2——圆柱 d_2、d_3 之间的接触点到导轨圆弧面圆心的连线与垂直方向的夹角。

② 圆弧面的轴线相对于底平面 A 的平行度误差的检测。如图 5-222 所示，用 0 级 300mm×300mm 平板，（$\phi20\pm0.005$）mm×160mm 的圆柱检验棒和千分表检测工件的平行度。将工件的底部平面（即基准面 A）平稳、可靠地放置在检验平板上，在工件半圆弧导轨凹面内放置 $\phi20$mm 圆柱检验棒，使之与工件导轨面良好配合。用放置在检验平板上的千分表（带磁力表架）检测圆柱检验棒

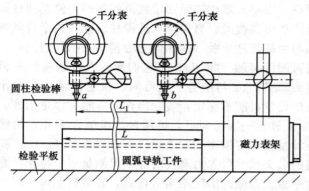

图 5-222　导轨轴线平行度误差的检测方案示意图

最高的那条素线相对于检验平板工作面的平行度误差，即如图 5-222所示，用千分表测量检测圆柱检验棒最高素线上 a 点和 b 点的高度差 e，则导轨圆弧工作面的轴线相对于底平面 A 的平行度误差 $f_{/\!/}$ 可按下式计算为：

$$f_{/\!/} = Le/L_1$$

式中　L_1——测点 a 和 b 之间的轴向距离；

　　　L——导轨工件圆弧凹面的轴线长度，本例为 150mm。

③ 工件圆弧面轴线以工件左侧端面 B 为基准的垂直度误差的检验。如前面零件精度分析所述，这种垂直度公差对任意方向的误差均要进行控制，所以其检测也较为复杂。第一个方向的检测如图 5-223 所示，在一个检验平板上放置两个方箱，并使两方箱的工作面和检验平板的工作面相互垂直，从而组成一种有三个基准面的坐标体系，与上一步测量一样，在工件的被测圆弧导轨面内安装定位一根 ϕ20mm 圆柱检验棒，检验棒的端部要离开工件的基准端面 B 一小段距离，然后用 C 形夹具轻轻压紧固定此检验棒，将工件连同检验棒一起放置在检验平板和两个方箱所组成的坐标系中，工件的垂直度基准端面 B 要稳定可靠地与检验平板工作面接触，工件的底面 A 大致与组成坐标系的一个方箱工作面（图中为方箱 2 的工作面）平行即可。在这个方箱工作面上再放置一架带磁力表架的千分表，用此千分表测出在圆柱检验棒上相对于此方箱工作面最远的素线上的 a、b 两点（靠近工件端部的任意两点）距离这个方箱

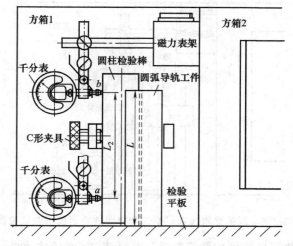

图 5-223　圆弧导轨面轴线第一个方向的垂直度误差的检测

工作面的距离差 e_2，两测点间的轴向距离为 L_2，则工件在此方向的垂直度误差为：

$$\Delta_2 = L e_2 / L_2$$

然后，如图 5-224 所示，进行本项测量的第二阶段，这是测量工件圆弧导轨面轴线第二个方向（与前述的测量方向垂直的方向）的垂直度，图 5-224 观察方向是图 5-223 的左视图方向，工件的位置保持不动，是将带磁力表架的千分表移到了方箱 1 的工作面上，此工作面与前述方箱 2 的那个工作面垂直，同理，用此千分表测出安装工件上的圆柱检验棒相对于此方箱工作面最远素线的 a、b 两点（靠近工件端部的任意两点）到这个方箱工作面的距离差 e_1，测量两测点间的轴向距离 L_1，则工件在此方向的垂直度误差为：

$$\Delta_1 = L e_1 / L_1$$

最后工件被测轴线的垂直误差 $f_\perp$ 为：

$$f_\perp = \sqrt{\Delta_1{}^2 + \Delta_2{}^2}$$

④ 一般线性尺寸的测量。工件圆弧工作面中的键槽，由于其宽度尺寸较小，普通测量仪器无法测量，一般要用量块测量，且使

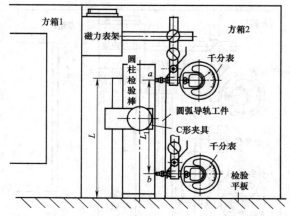

图 5-224　圆弧导轨面轴线第二个方向的垂直度误差的检测

用 6 等量块即可达到此精度要求。其他未注公差的线性尺寸的测量均可用游标卡尺进行。

零件粗糙度的检验，一般在工作现场就是使用标准粗糙度样块，通过对工件被测表面和标准粗糙度样块工作面进行触觉和视觉的对比来检验。

5.10.2　球面轴

（1）零件图样　球面轴如图 5-225 所示。

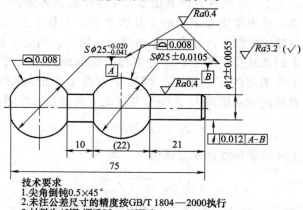

技术要求
1. 尖角倒钝0.5×45°
2. 未注公差尺寸的精度按GB/T 1804—2000执行
3. 材料为45钢，调质35～40HRC。

图 5-225　球面轴

（2）零件精度分析　图 5-225 为一带球面的轴，材料为 45 调质钢，调质硬度 $35\sim40$HRC。球面的尺寸分别为（$S\phi25\pm0.0105$）mm 和 "$S\phi25^{-0.020}_{-0.041}$"，查国家标准 GB/T 1800—2009 可知，前者的公差代号为 js7，IT7 级精度，后者为 f7，也是 IT7 级精度。球面的表面粗糙度 Ra 为 $0.4\mu m$，两球面的形状公差为面轮廓度，公差值为 0.008mm，其公差值至今没有国家标准。$\phi12$mm 为一段光轴，尺寸为（12 ± 0.0055）mm，公差代号为 js6，IT6 级精度，这段轴的圆柱面相对于 "$S\phi25\pm0.0105$" 球和 "$S\phi25^{-0.020}_{-0.041}$" 球的球心所构成的基准轴线的径向圆跳动公差为 0.012mm，精度为 IT7 级。

球面轴的检验工作项目和要求见表 5-14。

表 5-14　球面轴的检验工作项目和要求

项目类型	工 作 内 容	工 作 要 求
主要项目	球面"$S\phi25\pm0.0105$"	1. 尺寸（$S\phi25\pm0.0105$）mm 2. 面轮廓度 0.008mm 3. 表面粗糙度 Ra 均为 $0.4\mu m$
	球面"$S\phi25^{-0.020}_{-0.041}$"	1. 尺寸"$S\phi25^{-0.020}_{-0.041}$" 2. 面轮廓度 0.008mm 3. 表面粗糙度 Ra 均为 $0.4\mu m$
	轴段（12 ± 0.0055）mm	1. 尺寸（12 ± 0.0055）mm 2. 径向圆跳动公差 0.012mm

（3）检测器具与辅具　量程为 $0\sim25$mm 的杠杆千分尺；游标卡尺；带磁力表架的千分表；三点支承台；检验平板；一对等高的 V 形架；钢球；固定物等。

（4）球面轴的检验

① 一般线性尺寸的检测。球面直径和光轴直径的尺寸精度要求较高，其实际尺寸可用杠杆千分尺检测。检测前杠杆千分尺也须在计量室校对、调零。应注意的是在测量球面时，应测量球面各个方向的直径，记录测量结果，当这些测量数据都不超越公差带规定的极限尺寸或极限偏差时，则工件的尺寸精度要求合格。其他未注公差的线性尺寸的测量可用游标卡尺进行。

② 球面面轮廓度的检测

a. 尺寸两点法。在上述测量球面时获得的球面直径的测量结果中，找出最大值和最小值，此最大值和最小值之差的 1/2 不应超过 0.008mm，如超过，即表示球面形状不正确、不合格。

　　b. 四点法。如图 5-226 所示，将一个三点支承台放在检验平板上，再将工件的球面部分放在三点支承台上，被测面与三点支承台三个球面支承接触，球面上每个被支承点与球心的连线应尽可能相互垂直，再将一带磁力表架的千分表放置在检验平板上并吸合在适当位置上，调整千分表使其测头与球面的最高点可靠接触，此时可按三个坐标轴方向任意轻轻转动工件，千分表测头相对于被测球面可划过任意轨迹，观察千分表的指针摆动范围，记录下摆动的最大值，这一数值即可认为是被测球面的面轮廓度误差值。当误差值不超过图纸要求的公差值时，工件的此项检测合格。

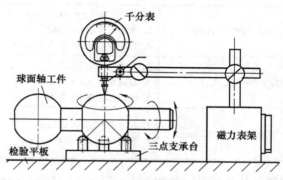

图 5-226　工件球面轮廓度的四点法检测

　　c. 目测刀纹法。根据已加工表面的切削"纹路"来判断球面几何形状。如果切削"纹路"是交叉的，即球面形状是正确的；如果"纹路"是单向的、不交叉，即可判断球面形状不合格，但这种方法需要有丰富的经验，也容易引起争议。

　　③ 工件柄部圆柱面径向圆跳动误差的检验。如图 5-227 所示，将一对等高的 V 形架放置在检验平板上，然后将工件的两个球面放置在这对 V 形架的 V 形槽中，工件带有球面的一端端部安放一个钢球，将工件通过钢球顶靠在一固定物上。再将一带磁力表架的千分表放置在检验平板上，调整千分表使其测头与工件柄部被测圆

柱面的最高素线上某点可靠接触，然后将千分表吸合在这位置上，在保持工件不轴向移动的情况下，轻轻地转动工件并观察千分表指针的摆动范围。工件完整转一周的范围内，千分表指针的最大摆动量，即为被测径向跳动误差值，当这一误差小于 0.012mm 时，零件此项检测合格。

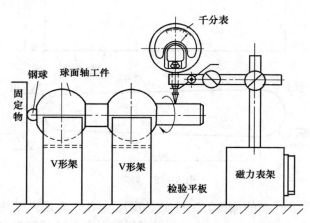

图 5-227　球面轴柄部圆柱面的径向圆跳动误差的检测

④ 零件表面粗糙度的检测。在零件加工制作现场一般用专门生产的标准样块进行触觉和视觉上的对比测量，凭检验人员的经验估计被测表面的粗糙度，进行合格性判定。

5.10.3　塑料模活动型芯

(1) **零件图**　图 5-228 所示为型芯。

(2) **零件精度分析**　图 5-228 所示为塑料模活动型芯的零件图，其材料为 45 钢，调质处理 28～32HRC。其大头圆弧半径的尺寸为 "$R10^{-0.013}_{-0.035}$"，按国家标准的规定，其公差带代号为 f8，IT8 级精度；小头圆弧半径为 "$R8^{-0.013}_{-0.035}$"，其公差带代号也为 f8。大、小圆中心距为 80mm。被加工工件外形的表面粗糙度 Ra 均为 $0.8\mu m$。

(3) **检测量具与辅具**　游标卡尺；特制 V 形铁；千分表；$\phi16mm$ 标准圆柱；$\phi20mm$ 标准圆柱。

(4) **零件检验**

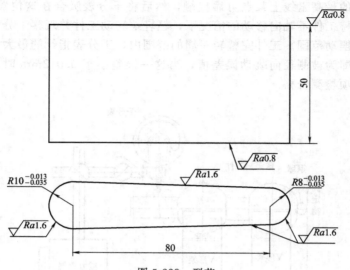

图 5-228　型芯

① 尺寸误差的检测。工件的长度尺寸 80mm 是未标注公差尺寸，所以可用游标卡尺进行间接测量。先测出工件总长，然后减去两端的圆弧半径的实际尺寸即可得出这一尺寸的实际尺寸，从而进行合格性判断。而厚度尺寸 50mm 可用游标卡尺直接测量。

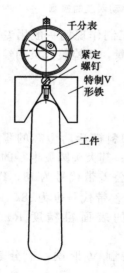

图 5-229　工件小端圆弧半径实际尺寸的检测

② 工件两端圆弧半径尺寸的检测。这两个半径尺寸的精度要求较高（公差都为 0.022mm）且都为不完整圆弧，检测较难，但因大端圆弧有一部分直径可直接测量，所以其中大端圆弧半径可通过用千分尺直接测量该圆弧的直径然后除以 2 得到，而小端圆弧半径由于小端圆弧没有可直接测量的部位所以须借助专用的测量装置进行测量，现介绍一种测量不完整圆弧的测量装置。如图 5-229 所示，测量装置由特制 V 形铁、千分表以及紧定螺钉构

成，其中 V 形槽的角度为 60°，且要做得精确一些，其角度公差应在 ±1′ 以内，此测量装置应在 φ16mm 标准圆柱上校准调零后方可使用。应注意的是：此时千分表的读数直接是工件被测圆弧半径的误差值，工件大端圆弧半径的实际偏差值也可用此装置测量，当然，它必须经计量室工作人员重新用直径为 φ20mm 的标准圆柱校对、调整后才能用在大端圆弧的测量中。

③ 零件表面粗糙度的测量一般用标准粗糙度样块凭经验进行对比检验。

5.11　角度与锥度零件的检测

5.11.1　角度块零件的角度检测

（1）角度块零件　图 5-230 所示为角度块。

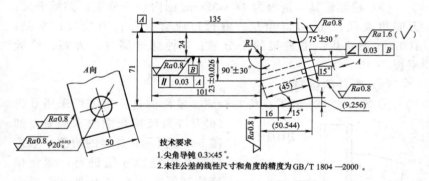

图 5-230　角度块

（2）零件精度分析　本例零件主要要求测量 75°±30″ 和 90°±30″ 两个角度。两个角度均较大，公差为 ±30″。"φ20$^{+0.013}_{0}$" 斜孔的轴线相对于基准面 B 的倾斜度公差为 0.03mm，该轴线相对于基准 B 的理想角度为 15°，这实际上也是一个角度公差，查国家标准 GB/T 1184—1996 中的相关公差可知，这一公差为 IT7 级精度。在国标中实际上是用"倾斜度"这一公差项目来对零件上的各种角度提出公差要求的。另外，对具有圆锥形体的零件规定了专门的圆锥公差，主要是对圆锥锥角给出了各种精度要求。

该零件有一位置公差：B 基准面相对于 A 基准面（即以 A 面

为基准）的平行度公差要求，公差值 0.03mm，根据 GB/T 1184—1996 可知，这是一个 IT6 级精度的公差。平行度公差要求可以看成是一种非常常用的角度公差要求——0°要求。

线性尺寸公差要求中，"$\phi20^{+0.013}_{0}$"斜孔的精度最高，为 IT6 级精度，另外，此"$\phi20^{+0.013}_{0}$"斜孔轴线与一垂直的平面（该面与 B 基准面有 90°±30″的角度要求）的交点距离 B 基准面的距离要求为：（23±0.026）mm，其公差值为 0.052mm，为 IT9 级精度要求。

图纸上未注公差的线性角度和角度的精度要求，按技术要求中的规定取为 m 级，即中等精度，具体的公差值可按其基本尺寸查 GB/T 1804—2000《一般公差　未注公差的线性和角度尺寸的公差》。

（3）检测量具　量程为 18～35mm 的内径千分表；游标卡尺；万能角度尺；90°刀口角尺；塞尺；成套量块；刀口尺；平晶；100mm 正弦规；带表架的千分表；3 种标准圆柱；方箱；检验平板。

（4）零件的检测

① 零件上 90°±30″直角的检测。零件的这一角度可采用 0 级 90°刀口角尺用光隙法来测量，如图 5-231 所示。这样的检测一般需要丰富的经验才能进行，测量精度的高低很大程度上取决于操作者的经验，测量中对误差的测量、读数主要是观测被测面与角尺刀口之间的缝隙宽度来进行的。如缝隙较大时，可用塞尺测量出间

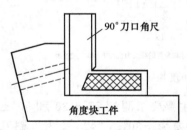

图 5-231　90°±30″角的检测

隙的大小数值，再测量缝隙顶点到塞入缝隙的塞尺之间的距离（最短距离），即可计算出被测角的实际偏差，如塞入的塞尺厚度为 0.02mm，而塞尺到缝隙顶点的距离为 45mm，则缝隙的角度为：$(0.02/45)\times180\times3600/\pi=91.7″$，大于工件的公差要求，零件不合格。更小的缝隙宽度要通过观察透过缝隙的光的颜色来判断，一般可用刀口尺、量块和平晶等计量仪器组合出各种标准缝隙，观察

这些缝隙的光色并与工件的实际缝隙的光色进行比较，可得到比较准确的判断。

② 斜孔轴线相对于基准面 B 的 15°角倾斜度误差值的测量。方法如图 5-232 所示，在检验平板上用量块和正弦规将工件托起。因为被测工件形状较特殊，采用 100mm 窄型的正弦规，正弦规两个圆柱下面都需要垫量块组，目的是使正弦规将工件完全托离检验平板，量块组的高度差为 26.795mm，此时正弦规工作面与检验平板

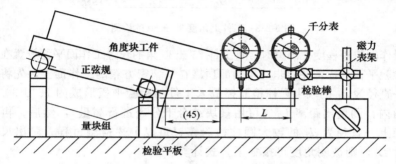

图 5-232　斜孔轴线相对于基准面 B 的倾斜度误差的检测

的夹角为 15°，被测 $\phi20$mm 斜孔轴线应与检验平板平行，在被测 $\phi20$mm 斜孔中插入一根检验圆柱棒，要求其与被测孔无间隙配合。在检验平板上放置一带表架的千分表，用千分表检测该检验圆柱棒与检验平板的平行度误差。操作方法是移动千分表，先使千分表测头与圆柱检验棒一端的最高素线接触，将千分表调零或记住其读数，然后，再移动千分表，使千分表测头与圆柱检验棒另一点（测量截面）的最高素线接触，记录下此时千分表的读数和两次测量部位测头间的轴向距离 L，计算千分表的读数差 δ，则被测斜孔轴线的倾斜度误差 $f_{倾斜}$ 为：

$$f_{倾斜} = l\delta/L$$

式中，l 为被测斜孔轴线的长度，本例被测斜孔轴线的长度是 45mm。

③ 角度 $75°\pm30''$ 的检测。如图 5-233 所示，这是检测角度 $75°\pm30''$ 的方案，此方案与用 90°角尺测量然后观察光隙的方案相比较有较高的检测精度。此方案的检测精度比较依赖于检测器具的精度与检测人员

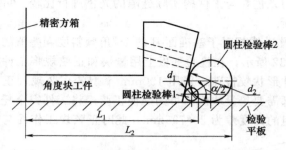

图 5-233　工件上角度 $75°±30''$ 的检测

操作的熟练程度。测量时，将工件 $75°±30''$ 角的长边工作面平稳放置在检验平板上，工件的非检验端部顶靠在一精密方箱的工作面上，先将一直径为 d_1 的较小圆柱检验棒放入工件与检验平板形成的 $75°±30''$ 角内，测量出距离 L_1（可用量块结合千分表进行测量），然后，再换上一直径为 d_2 的较大圆柱检验棒，重复上述检测过程，测出尺寸 L_2，则被测角度可按如下公式计算：

$$\tan(\alpha/2) = \frac{d_2 - d_1}{2\left[\left(L_2 - \dfrac{d_2}{2}\right) - \left(L_1 - \dfrac{d_1}{2}\right)\right]}$$
$$= (d_2 - d_1)/(2L_2 - 2L_1 - d_2 + d_1)$$
$$\alpha = 2\arctan[(d_2 - d_1)/(2L_2 - 2L_1 - d_2 + d_1)]$$

式中　α——被测角度。

④ B 面相对于基准面 A 的平行度误差的检测。如图 5-234 所示，将工件的 A 基准面平稳地放置在一 0 级检验平板的工作面上，再将一带表架的千分表放置在检验平板上。调整千分表测头，使之与被测 B 面可靠接触。沿检验平板工作面移动表架，带动千分表在 B 面各处接触，观察记录千分表表盘指针的摆动范围，在测量过程中千分表指针的最大摆动范围就是 B 面相对于基准面 A 的平行度误差值。

⑤ 距离尺寸 $(23±0.026)$ mm 的检测。该尺寸较为特殊，一般只能用间接测量法测量。如图 5-235 所示，在斜孔"$\phi20^{+0.013}_{0}$"中插入检验心轴，要求配合要没有间隙。在检验心轴和被测工件直角边所形成的角度之间放入一直径为 d_3 的标准圆柱，为放置得稳

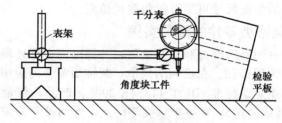

图 5-234　面平行度误差的检测

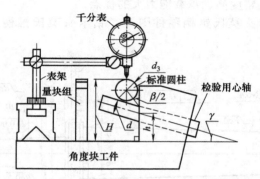

图 5-235　尺寸（23±0.026）mm 的检测

定、可靠，可将工件和计量用具都平放在一检验平板上，即标准圆柱的端面可放在检验平板的工作面上，然后用千分表结合量块组测出标准圆柱圆柱面的最远一条素线到基准面 B 的距离 H，则被测的距离尺寸 h 可按如下公式计算：

$$h = H - d_3/2 - (d_3/2)/\tan(\beta/2) - (d/2)/\cos\gamma$$

式中　β——检验心轴素线和被测工件直角边所形成的锐角，该角度可通过实测的直角和 γ 角换算得到；

　　　d——检验心轴直径；

　　　γ——15°角的实际角度，可通过测得的倾斜度误差换算成角度误差，然后计算实际角度而得到。

⑥ 一般线性尺寸的检测。"$\phi20^{+0.013}_{0}$"斜孔的实际尺寸可用量程为 18～35mm 的内径千分表检测。检测前该内径千分表须在计量室校对、调零。其他未注公差的线性尺寸可用游标卡尺检测，其

他未注公差的角度尺寸可用万能角度尺检测。

5.11.2　圆锥类零件的测量实例

　　圆锥面分为外圆锥面和内圆锥面，外圆锥面也称外圆锥体，内圆锥面又称为圆锥孔。在机械结构中，圆锥面配合的应用很广，国家为此专门制定了标准 GB/T 11334—2005《产品几何量技术规范（GPS)　圆锥公差》。在各类轴类零件上，外圆锥面的应用非常广泛。与轴装配零件的轮毂孔就要使用内圆锥面，两者形成锥面配合，具有定位精度高、承载能力大的优点。

　　（1）钻卡头莫氏锥柄零件图样　钻卡头莫氏锥柄如图 5-236 所示。

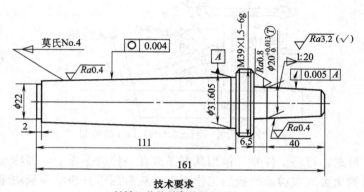

技术要求
1.材料45,热处理淬硬50HRC。
2.锥面用涂色法检验,接触面大于75%。

图 5-236　钻卡头莫氏锥柄

　　（2）零件精度分析　图 5-236 所示为钻卡头莫氏锥柄，它的一端为莫氏 4 号锥度，其大端直径尺寸为 $\phi31.605$mm，圆度公差为 0.004mm，其精度为 IT6 级；该锥柄右端为公制 1:20 锥体，大端直径尺寸为 "$\phi20^{+0.013}_{0}$"，精度为 IT6 级，该尺寸后部的符号 "$\textcircled{T}$" 是表示一种圆锥公差的给定方法，也就是表示出规定该圆锥理论正确锥度和圆锥直径公差 T_D 的一种方法，说具体一些就是用圆锥直径公差来确定两个极限圆锥，当被测圆锥面的圆锥角和圆锥的形状误差都控制在此公差带内时，则零件的该圆锥面合格，其实质就是包容要求。依此推论：该圆锥小端的尺寸要求应为

"$\phi 18^{+0.013}_{0}$"（倒角前尺寸）。该 1：20 锥体锥面相对于左侧莫氏 4 号锥柄轴线的径向圆跳动公差要求为 0.005mm，其精度介于 IT4～IT5 级之间，其公差值是非标准的。两圆锥体的表面粗糙度 Ra 均为 0.4μm。外圆锥轴的测量工作项目和要求见表 5-15。

表 5-15 外圆锥轴的测量工作项目和要求

测量项目	测量内容	测量要求
主要项目	莫氏 4 号外圆锥面	1. 大端外圆尺寸 $\phi 31.605$mm 2. 圆度误差不大于 0.004mm 3. 锥面接触面积大于 75%
	1：20 圆锥面	1. 大端外圆尺寸"$\phi 20^{+0.013}_{0}$" 2. 锥面接触面积大于 75% 3. 圆跳动误差不大于 0.005mm
一般项目	莫氏 4 号外圆锥面的表面粗糙度	要求表面粗糙度 Ra 为 0.4μm
	1：20 圆锥面的表面粗糙度	要求表面粗糙度 Ra 为 0.4μm

（3）测量量具 莫氏 4 号圆锥量规；20mm 1：20 公制锥度量规；正弦规；检验平板；带磁力表架的千分表；莫氏锥度 V 形架；成套量块；量程为 0～25mm 的千分尺；钢球；垫圈等。

（4）零件检测

① 用莫氏圆锥量规检测锥度和直径尺寸。用圆锥量规检验锥面又称为涂色法检验。最常用的量具是莫氏圆锥套规和莫氏圆锥塞规，一般成套供应和购买，如图 5-237 所示。圆锥套规用于检验标

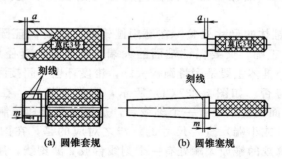

图 5-237 莫氏圆锥量规

准外圆锥体，圆锥塞规用于检验标准内圆锥孔。

　　a. 外锥体的锥度检验。本例使用莫氏 4 号圆锥量规的套规检验大圆锥面。用圆锥套规检验外圆锥体时，先在工件圆锥面上按其锥面圆周三等分地涂敷三条极薄的显示剂涂层，每条显示剂涂层应顺着工件表面素线方向均匀地涂开，长度为工件表面素线的全长，厚度按国家标准规定为 $2\mu m$，显示剂一般为红油、蓝油或特种红丹粉，涂色层宽度约 $5\sim10mm$。然后将圆锥套规擦净，套进工件圆锥面，使两者锥面相互贴合，用手紧握套规，适当向素线方向用力，在 $\pm30°$ 范围内各转动一次，在转动时不能在径向发生摇晃，然后，取出套规仔细观察工件圆锥面上显示剂擦去的痕迹。如果三条显示剂的擦痕均匀，说明圆锥面接触良好，锥度角正确。如果大端有擦痕而小端无擦痕，则说明该工件外圆锥体的锥角大了，反之，锥角小了。如果工件表面在圆周方向上的某个局部无擦痕，则说明圆锥体不圆，该部位的圆度误差已超过公差值，属于不合格。

　　用涂色法检验锥度时，要求工件锥体表面与套规的接触区靠近大端，根据被测锥面的精度要求，其接触长度规定如下。

　　高精度级：接触长度≥85％工件锥面长度；

　　精密级：接触长度≥80％工件锥面长度；

　　普通级：接触长度≥75％工件锥面长度。

　　右端公制 1∶20 锥体的检验也可用锥度为 1∶20 的锥度环规进行涂色法检测，方法与上述莫氏锥度的检测相同，也可以用钻卡头尾部的 1∶20 锥孔对这一部位进行涂色法检测，这更具有实用价值。

　　b. 外锥体的尺寸检验。在磨削圆锥时，既要保证圆锥的锥度（或锥角）正确，又要保证锥面的大端（或小端）直径尺寸正确。检测时对外锥体主要是测量圆锥大端，锥度环也可间接测量出该尺寸的合格与否。如图 5-237（a）所示，圆锥套规中，在锥面小端（有时在锥面大端）处有一个刻线台，是用来测量和控制工件外圆锥体大端（或小端）直径尺寸的。与之对应的是，在图 5-237（b）所示圆锥塞规的锥面大端处有一个刻线台或 2 圈刻线，用来测量和控制工件内圆锥孔大端的直径尺寸。这些刻度线的位置或刻线台的台阶位置就是根据工件圆锥大端的最大极限尺寸和最小极限尺寸计算出来的，代表这些极限尺寸在圆锥上所处的不同轴向位置，这些刻度线间的轴向距离或刻线台的台阶高度就是间接的工件圆锥大端（或小端）直径的公差范围。

用莫氏圆锥套规检验工件莫氏 4 号圆锥外锥体小端直径时，由套规小端的刻线台来测量。测量时，工件外锥体小端端面在套规的刻线台之间，就可确认为圆锥径向尺寸合格，如图 5-238 所示。

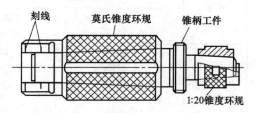

刻线　莫氏锥度环规　锥柄工件

1:20锥度环规

图 5-238　用锥度环规检验锥柄的径向尺寸

右端公制 1∶20 锥体的径向尺寸检验也可采用锥度环规进行，如图 5-238 所示，是用环规小端的台阶来判断工件的合格性，工件的小端端面位于此台阶之间时，工件的径向尺寸合格。

② 用正弦规检测锥面的锥角。正弦规是利用直角三角形中的正弦关系来计算测量角度的一种精密量具，主要用于检验外锥面，在制造有圆锥的工件中，使用比较普遍。

正弦规的结构如图 5-239所示，它由后挡板 1、侧挡板 2、两个精密圆柱 3 及工作台 4 等组成。根据两圆柱中心距 L 和工作台平面宽度 B，正弦规分成宽型和窄型两种。正弦规的具体规格见表 5-16。

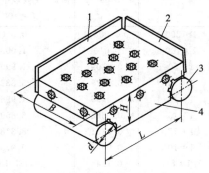

图 5-239　正弦规
1—后挡板；2—侧挡板；
3—精密圆柱；4—工作台

表 5-16　正弦规的基本尺寸　　　　　　　mm

正弦规类型	L	B	H	d
宽型	100	80	40	20
	200	150	65	30
窄型	100	25	30	20
	200	40	55	30

表 5-17　检验莫氏锥度的量块组高度尺寸

莫氏锥度号数	锥度 C	量块组高度 H/mm	
		正弦规中心距 $L=100$mm	正弦规中心距 $L=200$mm
No. 0	0.05205	5.20145	10.4029
No. 1	0.04988	4.98489	9.9697
No. 2	0.04995	4.99188	9.9837
No. 3	0.05020	5.01644	10.0328
No. 4	0.05194	5.19023	10.3806
No. 5	0.05263	5.25901	10.5180
No. 6	0.05214	5.21026	10.4205

表 5-18　检验常用锥度的量块组高度尺寸

锥度 C	$\tan\alpha$	量块组高度 H/mm	
		正弦规中心距 $L=100$mm	正弦规中心距 $L=200$mm
1：200	0.005	0.5000	1.0000
1：100	0.010	1.0000	2.0000
1：50	0.0199	1.9998	3.9996
1：30	0.0333	3.3324	6.6648
1：20	0.0499	4.9969	9.9938
1：15	0.0665	6.6593	13.3185
1：12	0.0831	8.3189	16.6378
1：10	0.0997	9.9751	19.9501
1：8	0.1245	12.4514	24.9027
1：7	0.1421	14.2132	28.4264
1：5	0.1980	19.8020	39.6040
1：3	0.3243	32.4324	64.8649

正弦规两个圆柱中心距的精度很高，如 $L=100\text{mm}$ 的宽型正弦规的偏差为 $\pm0.003\text{mm}$；$L=100\text{mm}$ 的窄型正弦规的偏差为 $\pm0.002\text{mm}$，工作台的平面度误差以及两个圆柱之间的等高度误差很小。正弦规具有结构简单、操作方便、测量精度高等优点，一般用于精密测量。

测量时，将正弦规放在精密检验平板上，一根圆柱与平板接触，将另一根圆柱垫在量块组上。量块组的高度 H 可根据正弦规两圆柱中心距 L 和被测工件的圆锥角 α 的大小计算求得。正弦规工作台平面与平板间的角度为被测锥面的锥角，H 的计算式为：

$$\sin\alpha=\frac{H}{L}$$

$$H=L\sin\alpha$$

式中　α——圆锥角，$(°)$；

　　　H——量块组的高度，mm；

　　　L——正弦规两圆柱的中心距，mm。

例如，使用 $L=100\text{mm}$ 的正弦规，测量本例莫氏 4 号锥度的塞规，试确定应垫量块组的高度 H。

将莫氏 4 号锥度的圆锥角 $\alpha=2°58'30.4''$ 代入式中得

$$H=L\sin\alpha=100\times0.051902=5.190\ (\text{mm})$$

现将常用圆锥用正弦规测量时需垫量块组的高度 H 值列于表 5-17、表 5-18 中。表 5-17 是检验莫氏锥度所垫量块组的尺寸，表 5-18 是检验常用锥度所垫量块组的尺寸。

垫好量块组后，将工件锥面放在正弦规上，用挡板挡住不使工件在测量时移动，并用插销插入工作台上的小孔中来限制工件锥面的位置，此时，工件锥面上的素线应与平板平面平行，一般用千分表对锥角（或锥度）进行测量。

在正弦规上，通过千分表测量圆锥体的锥度如图 5-240 所示。如果千分表在 a 点和 b 点两处的读数相同，则表示工件锥度正确；如果两处的读数不同，则说明工件锥度有误差。当 a 点高于 b 点表明工件锥角大了，锥角误差为正值；若 b 点高于 a 点则表明工件锥角小了，锥角误差为负值。锥角弧度误差 Δ 可按下面近似式计算：

$$\Delta=\frac{e}{L_1}\ (\text{rad})$$

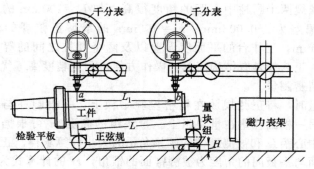

图 5-240　用千分表和正弦规测量工件锥角

式中　e——a、b 两点读数之差，mm；

　　　L_1——a、b 两点之间的距离，mm。

由于 $1\mathrm{rad}=57.3\times60\times60''=206280''\approx2\times10^5{''}$，将上式的弧度换算成角度，得圆锥角误差为：

$$\Delta\alpha=\Delta\times2\times10^5('')$$

③ 公制 1：20 圆锥体大端直径的测量。本例工件右端公制 1：20 锥体的大端尺寸为"$\phi20^{+0.013}_{\ 0}$"，精度为 IT6 级。该尺寸处于距螺纹右端面 6.5mm 处，所以检测较麻烦，可以采用加垫片（垫圈）的办法，为外径千分尺垫出这 6.5mm 的尺寸，如图 5-241 所示。

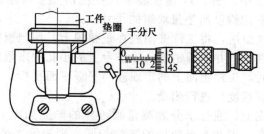

图 5-241　用千分尺测量 1：20 圆锥面大端直径

④ 工件形位误差的检测。工件莫氏圆锥柄部的圆度误差的检测可按图 5-242 所示的检测方案进行，将工件的莫氏锥柄方在一莫氏锥度 V 形架的 V 形槽中，在工件莫氏圆锥柄的端部放置一颗钢珠，轴向移动工件使之顶在 V 形架的挡板上，再将 V 形架连同工

件一起放置在检验平板的工作面上。此时工件莫氏锥柄轴线与检验平板工作面平行，且工件可绕此轴线做无轴向移动的连续回转，再将一带磁力表架的千分表1放置在检验平板工作面上，调整千分表使其测头与工件莫氏圆锥最高的素线接触，测头的测量方向垂直于莫氏锥柄轴线，然后让工件绕此莫氏锥柄轴线做无轴向移动的连续回转，观测千分表1指针的最大摆动量，这一数值可看成是该测量部位的圆度误差值。在莫氏锥柄圆锥面的其他部位重复上述测量，当所有圆度误差值均不超出图纸给定的公差值时，工件的此项检测合格。

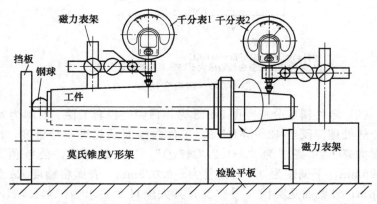

图 5-242　工件莫氏圆锥圆度误差和公制圆锥径向跳动误差的检测

工件 1∶20 的公制圆锥面相对于其莫氏锥柄轴线的径向圆跳动误差的检测也可使用上述装置，如图 5-242 所示，在图 5-242 中带磁力表架的千分表 2 执行的就是这一检测任务，该千分表测头也应与工件公制圆锥最高的素线接触，其测量方向也垂直于莫氏锥柄轴线，当工件绕它的莫氏锥柄轴线做无轴向移动的连续回转时，观察记录千分表 2 指针的最大摆动量，这一摆动量就是公制圆锥面相对于其莫氏锥柄轴线的径向圆跳动误差。

这一测量也可在一般的等高的 V 形架中检测，需要注意的是此时工件莫氏锥柄轴线不平行于检验平板工作面，则相应的千分表测头的测量方向要随之调整，保持它们之间相应的几何关系。

5.11.3 顶尖变径套

（1）零件图样　顶尖变径套如图 5-243 所示。

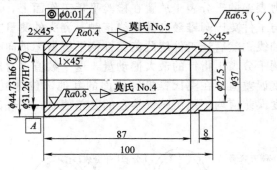

技术要求

1. 材料45钢,热处理至42～48HRC。
2. 内、外锥体接触着色检验应大于75%,且接触靠近大端。

图 5-243　顶尖变径套

（2）零件精度分析　图 5-243 为一顶尖变径套工件，材料为 45 钢，热处理淬硬至 42～48HRC。工件内锥面是莫氏 4 号锥度，内锥面大端尺寸要求为"$\phi31.267H7\circleddash$"，IT7 级精度，公差值为 0.025mm，下偏差为 0，上偏差为 +0.025mm，表面粗糙度 Ra 为 0.8μm；外锥面是莫氏 5 号锥度，其大端尺寸要求为"$\phi44.731h6$ $\circleddash$"，IT6 级精度，公差值为 0.016mm，上偏差为 0，下偏差为 -0.016mm，表面粗糙度 Ra 为 0.4μm；内、外锥面的大端尺寸后的 $\circleddash$ 表示内、外锥面的圆锥角和形状误差都由尺寸公差控制，都不得超越由尺寸公差带形成的极限边界，经计算可得内锥面锥角极限值为 ±59″，外锥面锥角极限值为 ±36″；内、外锥面轴线的同轴度公差为 $\phi0.01$mm。要求内、外锥体用圆锥量规涂色检验，接触面积大于 75%，其检测工作项目和要求见表 5-19。

（3）检测量具与辅具　莫氏 4 号锥度量规；莫氏 5 号锥度量规；直径不等的两个标准钢球；深度千分尺；量程为 25～50mm 的外径千分尺；带表架的千分尺；100mm 正弦规；成套量块；标准莫氏 4 号心轴；检验平板；一对等高的 V 形架；定位用的钢球等。

表 5-19　顶尖套检验的工作项目和要求

项目类型	工 作 内 容	工 作 要 求
主要项目	内锥孔莫氏 4 号锥度	1. 尺寸为"$\phi 31.267H7$" 2. 接触面积大于 75% 3. 表面粗糙度 Ra 为 $0.8\mu m$
	外圆锥面莫氏 5 号锥度	1. 尺寸为"$\phi 44.731h6$" 2. 对内圆锥轴线的同轴度公差为 0.01mm 3. 接触面积大于 75% 4. 表面粗糙度 Ra 为 $0.4\mu m$

（4）零件检测

① 用莫氏 4 号锥度塞规对内孔莫氏锥度进行综合检测，用红丹粉检测接触面积。

用圆锥塞规检验工件内锥孔，其方法与上述用莫氏圆锥套规检验工件外锥面的方法基本相同，但显示剂应涂在塞规的锥面素线上，如图 5-244 所示。取出塞规后，仔细观察工件圆锥面上显示剂擦去的痕迹，如果三条显示剂的擦痕均匀，说明圆锥面接触良好，锥度角正确。如果大端有擦痕而小端无擦痕，则说明该工件内圆锥面的锥角小了；反之，则说明锥角大了。如果工件表面在圆周方向上的某个局部无擦痕，则说明圆锥体不圆，该部位的圆度误差可能已超过公差值，需进一步检查、验证。

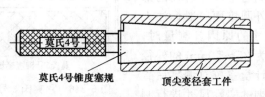

莫氏4号锥度塞规　　　　顶尖变径套工件

图 5-244　用莫氏 4 号锥度塞规检验工件内锥面

② 用钢球法检测工件内锥孔的锥度角实际偏差和内锥孔大端直径实际尺寸。准备两个直径分别为 d_1 和 d_2 的钢球，d_1 较小，d_2 较大。如图 5-245 所示，先将直径较小的 d_1 钢球轻轻放入工件莫氏 4 号圆锥孔中，以工件大端端面为基准，用深度千分尺测量出钢球最高点到工件大端端面的尺寸 L_1，然后取出小钢球，再轻轻

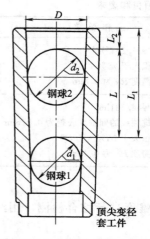

图 5-245 钢球法检测工件内
锥面锥角和内锥角大径 D

放入大钢球，同样，再用深度千分尺测量出尺寸 L_2，则工件被测内圆锥锥角 $\alpha_内$ 可按如下公式计算：

$$\sin(\alpha_内/2)=(d_2-d_1)/(2L+d_1-d_2)$$
$$L=L_1-L_2$$

同时，还可间接计算出工件内锥孔大端的直径尺寸 D，公式如下：

$$D=\left[d_2\left(1+\frac{1}{\sin\dfrac{\alpha_内}{2}}\right)+2L_2\right]\tan\frac{\alpha_内}{2}$$

注：这是工件内锥孔大端倒角前的直径尺寸。

③ 用莫氏 5 号锥度套规综合检查工件外锥面并用千分尺测量工件外圆锥面大端直径实际尺寸。

如图 5-246 所示，用莫氏 5 号圆锥套规检验工件外锥面，其方法与上述用莫氏圆锥塞规并采用涂色法检验工件内锥孔的方法基本相同。

工件外圆锥面大端直径实际尺寸测量比较方便，千分尺测头可直接测量到这个尺寸所在的部位，这也是外圆锥面一般标注大端的直径尺寸的原因。测量时，可使用量程为 $25\sim50\text{mm}$ 的外径千分尺，在计量室校对调零后直接对工件大端的实际尺寸进行测量。测量时要在测量部位轻轻摆动千分尺测杆，在圆周方向摆动时找最大距离点，在轴线方向摆动时找最小距离点。

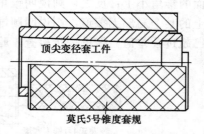

图 5-246 用莫氏 5 号锥度套
规综合检验工件外锥面

④ 用正弦规检测工件外锥面锥角的实际偏差。如图 5-247 所示，将顶尖变径套工件的外锥面放置在正弦规工作面上，大端端面用挡板挡住，再将它们一起放置在检验平板上，在靠近工件小端一

侧的正弦规圆柱下垫上量块组，所垫高度 H 可查表 5-17。查的结果是在正弦规中心距 $L=100\text{mm}$ 时，测量莫氏 5 号锥度所垫量块组高度 H 为 5.25901mm，而要测量的莫氏 5 号锥度的理论名义锥角为 $3°0'52.4''$（《特定用途的圆锥》GB/T 157—2001）。然后，将一带磁力表架的千分表也放置在检验平板上，用它来测量被测外圆锥面最高的那条素线的高度差。在被测圆锥大端和小端附近任意找两个测点 a 和 b，如在 a、b 两测点无高度差，则说明工件外锥面没有锥度误差，如有高度差 e，则锥角误差 $\Delta\alpha$ 可按如下公式计算：

$$\Delta\alpha=\frac{e}{L_1}\times180°\times3600/\pi\approx e\times2\times10^5/L_1 \;(''）$$

式中　e——a、b 两测点千分表读数之差，mm，$e=\delta_a-\delta_b$；

　　　δ_a——a 测点千分表读数；

　　　δ_b——b 测点千分表读数；

　　　L_1——a、b 两测点之间的距离，mm。

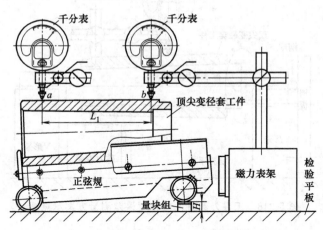

图 5-247　用正弦规和千分表检验工件外锥面锥度（角）

注意：如 a 测点千分表读数比 b 测点大，则 $\Delta\alpha$ 为正值，反之，$\Delta\alpha$ 为负值。

⑤ 检测外锥面相对于内锥面轴线的同轴度误差。现在在工作现场还是用检测跳动误差的方法检测同轴度误差。千分表测头的测量方向一般是垂直于工件的基准轴线的，方法如图 5-248 所示，将

一对等高的 V 形架稳定放置在检验平板的合适位置上，用标准莫氏 4 号心轴与工件莫氏锥孔可靠定位，再将心轴连同工件一起定位在等高的 V 形架上，心轴端部放置一颗钢球，将心轴通过钢球顶靠在 V 形架的挡板上。在检验平板上再放置一带表架的千分表，将千分表测头调整至与工件外圆锥面最高的那条素线接触，千分表测头的测量方向与插入工件内锥孔的心轴轴线垂直，操作者在保持心轴顶靠在挡板上、心轴轴向不移动的状态下，用手轻轻转动工件，观察记录千分表读数的变化范围，然后在工件外圆锥面最高的素线上换几个测量位置，反复重复上述测量，记录下每次测量的千分表读数变化范围，取其中最大值作为这种测量的结果，即外锥面相对于内锥面轴线的同轴度误差。当此误差不超过公差值时，工件的此项测量合格。

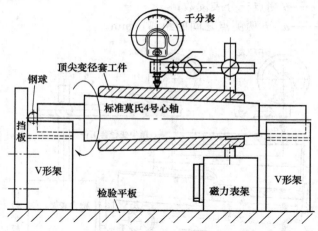

图 5-248　工件外圆锥面同轴度误差测量方案示意图

第6章

数控机床加工零件
的精度检验

6.1 数控机床最适合加工零件的特点

① 多品种、小批量生产的零件或新产品试制中的零件。

② 形状复杂，加工精度要求高，制造精度高，对刀精确，能方便地进行尺寸补偿，通用机床无法加工或很难保证加工质量的零件。

③ 表面粗糙度值小的零件。

④ 轮廓形状复杂的零件。数控机床具有圆弧插补功能，可以加工各种复杂轮廓的零件。

⑤ 具有难测量、难控制进给、难控制尺寸的不开敞内腔的壳体或盒形零件。

⑥ 必须在一次装夹中完成铣、镗、锪、铰或攻螺纹等多工序的零件。

⑦ 价格昂贵，加工中不允许报废的关键零件。

⑧ 需要最短生产周期的急需零件。

⑨ 几何精度方面，往往是要保证几个几何要素之间的位置精度，精度要求高，导致普通机床难以加工，难以保证尺寸精度。

6.2 数控机床加工零件的精度检验方法

根据数控机床加工零件的特点，在检验中应根据零件的结构特点，如机械零件的技术要求、几何形状、尺寸公差、形位公差、表面粗糙度，对其零件进行检验。

① 阅读图纸。检验人员要通过对视图的分析，掌握零件的形体结构。首先分析主视图，然后按顺序分析其他视图。同时要把各视图由哪些表面组成，如平面、圆柱面、圆弧面、螺旋面等组成表面的特征（如孔、槽等），它们之间的位置都要看懂、记清楚。检验人员要认真看图纸中的尺寸，通过看尺寸，可以了解零件的大小，看尺寸要从长、宽、高三个方向的设计基准进行分析，要分清定形尺寸、定位尺寸、关键尺寸，要分清精加工面、粗加工面和非加工面。在关键尺寸中，根据公差精度，表面粗糙度等级分析零件在整机中的作用。掌握各类机械零件的国家标准。

② 分析工艺文件。工艺文件是加工、检验零件的指导书，按照加工顺序，对每个工序加工的部位、尺寸、工序余量、工艺尺寸换算都要认真审阅，同时应了解关键工序的装夹方法，定位基准和所使用的设备、工装夹具刀具等技术要求。

③ 合理选用量具、确定测量方法。当看清图纸和工艺文件后，选取合理的量具进行机械零件检测。根据被测工件的几何形状、尺寸大小、生产批量等选用。如测量圆柱台阶轴时，有公差要求的尺寸，应选用卡尺、千分尺、钢板尺等；如测量带公差的内孔尺寸时，应选用卡尺、内径百分表或内径千分尺等。有些被测零件，用现有的量具不能直接检测，这就要求检测人员，根据一定的实践经验，用现有的量具进行整改，或进行一系列检测工具的制作。精密零件应在计量室用精密量仪进行检验。

④ 合理选用测量基准。测量基准应尽量与设计基准、工艺基准重合。在任选基准时，要选用精度高，能保证测量时稳定可靠的部位作为检验的基准，如测量同轴度、圆跳动，套类零件以内孔为基准，轴类零件以中心孔为基准；测量垂直度应以大面为基准；测量辊类零件的圆跳动以两端轴头下轴承的台阶为基准。

⑤ 检测尺寸公差。测量时应尽量采用直接测量法，因为直接测量法比较简便，很直观，无需繁琐的计算，如测量轴的直径等。有些尺寸无法直接测量，就需用间接测量，间接测量方法比较麻烦，有时需用繁琐的函数计算，如测量角度、锥度、孔心距等。

⑥ 检测形位公差。按国家标准规定有 14 种形位公差项目。测

量形位公差时，要注意应按国家标准或企业标准执行，如轴、长方件要测量直线度，键槽要测量其对称度。

⑦ 检验工具的要求。对零件尺寸精度、形状精度、位置精度、表面粗糙度、接触精度等进行检测时，为了能够准确、合理、快捷测量，可用适当的通用检验工具和专用的检验工具、量具配合使用。

6.3 数控机床加工零件的检测实例

6.3.1 偏心轮

(1) 零件图

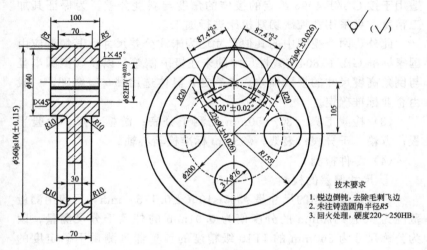

图 6-1　偏心轮

(2) 零件几何量精度分析　如图 6-1 所示，从左视图中看，此零件总体上是圆形，外圆面有精度要求，其直径尺寸及要求标注在主视图上，是 $\phi360js10$（±0.115）mm，10 级精度；从左视图中看该零件上还有一较大的偏心孔，尺寸同样标注在主视图中，为 $\phi82H7$（$^{+0.035}_{0}$）mm，7 级精度，此孔圆心与外形圆心偏距较大为 105mm，从工艺角度看这样大的偏距，机床加装的平衡质量较大，较为危险，且在加工过程中不平衡质量是不断变化的，也难以精确平衡，加工这样一个精度较高的孔难度较大，不容易保证其精度和表面轮廓粗糙度，加工成本较大，所以在加工中除 ϕ360js10mm 外圆和 ϕ140mm 轮毂端面是由车床加工外，其他加工面均由数控机床加工，包括大外圆面的两个端面，相距为 70mm（在主视图上有尺寸）。

在左视图中，还有五个标注有精度要求的尺寸，它们是：轮毂孔中两个键槽的宽度尺寸 22js9（±0.026），还有两个键槽的深度尺寸 $87.4^{+0.2}_{0}$ mm，以及两个键槽中心平面的夹角尺寸 120°±0.02°，此角度公差的精度可借鉴 GB/T11334《圆锥公差》中的精度等级的规定，可知其精度等级大约在 AT7 级到 AT8 级之间，需要说明的是 GB/T11334《圆锥公差》除适用于圆锥角公差外，也适用于按 GB/T 4096 给定的棱体的角度与斜度公差。为保证其加工精度，可采用数控线切割机床进行加工。

此外，两个视图中的其他尺寸均为未注公差尺寸，其精度应由国家标准 GB/T1804《线性尺寸的未注极限偏差》以及《倒圆半径与倒角高度尺寸的极限偏差》来确定。具体选用哪一级精度，一般由企业标准确定。

（3）检测工具　　35～50mm 内测千分表；游标卡尺；检验平板；方箱；千分表；表架；ϕ35mm 标准检验心轴。

（4）零件检测

① 尺寸偏差的检测。

该零件大外圆的尺寸是 ϕ360js10（±0.115）mm，可使用测量范围为 350～375mm 的分度值为 0.01mm 的外径千分尺测量，因为公称尺寸为 360mm 的 IT10 级精度的计量器具测量不确定度的允许值 Ⅰ 挡为 21μm，而分度值为 0.01mm 的外径千分尺在尺寸 350～400mm 范围内的测量不确定度为 11μm，已小于上述计量器具测量不确定度的 Ⅰ 挡允许值，使用前不用再在计量室对其进行校对，即用绝对测量方法可进行测量。

对于 ϕ82H7（$^{+0.035}_{0}$）mm 孔，其计量器具测量不确定度的允许值的 Ⅰ 挡为 3.2μm，可使用分度值为 0.002mm 的内径指示表进行测量，其在一转范围内的测量不确定度为 5μm，采用相对测量法进行测量，即使用前须在计量室使用量块对其进行校对，使千分表在尺寸 82mm 处读数归零，其测量不确定度可将为 5×0.6＝

$3\mu m$，即小于Ⅰ档测量不确定度的允许值 $3.2\mu m$。这就满足了国标 GB/T3177《光滑工件尺寸的检验》的要求。

两个键槽的宽度尺寸 22js9（±0.026），其计量器具测量不确定度的Ⅰ挡允许值为 $4.7\mu m$，可用测量范围为 $5\sim30mm$ 的分度值为 0.01mm 的内测千分尺进行测量，该千分尺的测量不确定度为 $8\mu m$，也须采用相对测量法进行测量，即使用前须在计量室使用量块对其进行校对，使千分尺在尺寸 22mm 处读数归零，由于标准器的工作面也为两个相对的平行平面，与被测工件相同，所以其测量不确定度可将为 $8\times0.4=3.2\mu m$，即小于Ⅰ档测量不确定度的允许值 $4.7\mu m$。

两个键槽的深度尺寸 $87.4^{+0.2}_{0}mm$，尺寸公差为 $200\mu m$，国标 GB/T3177《光滑工件尺寸的检验》没有给出其计量器具测量不确定度允许值，但一般情况下，计量器具测量不确定度的Ⅰ挡允许值为 0.09T，即 $u_1=0.09\times200=18\mu m$，如选用使用分度值为 0.02mm 的游标卡尺，它的测量不确定度为 $20\mu m$，大于允许值 $18\mu m$，不可直接使用，此时可设定一个相应的安全裕度 A'：$A'=u_1/0.9=18/0.9=20\mu m$，用此安全裕度计算出该键槽深度尺寸的验收极限，即上验收极限 $=87.6-0.02=87.58mm$；下验收极限 $=87.4+0.02=87.42mm$，只要用这两个验收极限来对工件进行合格性判断，即可使用分度值为 0.02mm 的卡尺对工件键槽深度进行检测。

其余未注公差的尺寸可用游标卡尺甚至钢直尺进行检测。

② 两键槽中心平面所夹角度的检测。图纸要求两键槽中心平面所夹角度为 $120°\pm0.02°$，即 $120°\pm72''$，检测方案如图 6-2 所示，将一个 1 级方箱放在 0 级检验平板上，再将工件竖立，轮毂孔位置在上部，将轮毂孔端面靠平在方箱的一个垂直工作面上，将两个检测专用的精密键插入两个被测键槽中，与被测轮毂键槽无间隙装配在一起，并且键要露出轮毂孔的端面，选用分度值为 0.002mm 的比较仪，其测量不确定度应为 0.0017mm，将装好比较仪的万能表座安放在检验平板上，先用比较仪找平左侧键槽中检验用键的上侧工作面使之平行于检验平板，接着从 8 块组的角度块中选用一块由标称值为 90°、60°、30°三个角组成的角度量块，图中是将其 60°角

的一长边与右侧检验用键的右侧工作面接触，短边（长为 50mm）应处于水平状态。由于两键槽的夹角存在偏差，所以此角度量块的短边有微量的倾斜量，可用比较仪测量角度量块此短边两端的高度差 δ 来得出实际的微小的倾斜量，即假设第一次的读数为 y_1 第二次读数为 y_2，那么 δ 等于 $y_1 - y_2$ 的绝对值，即 $\delta = |y_1 - y_2|$，再记录下两次测量的比较仪测头与角度量块接触点间的距离 L，那么两键槽之间的夹角实际偏差 $\Delta\alpha$ 为：

$$\Delta\alpha = 2 \times 10^5 \delta / L \quad ('')$$

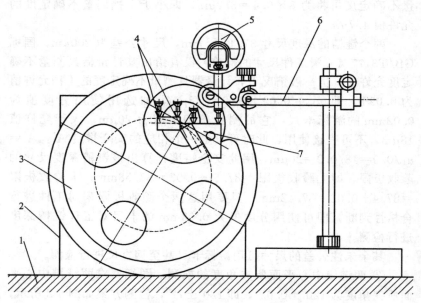

图 6-2 两键槽所夹 120°角度的误差检验

1—检验平板；2—方箱；3—工件；4—检测用键；
5—小扭簧比较仪；6—万能表座；7—角度量块

图纸要求的角度允差是 ±72″，只要结果小于等于该值即为合格。

另外，可图纸要求的角度允差是 ±72″，转换为量块短边的高度差允许偏差，比如，角度量块的短边一般长度为 50mm，比较仪测头两次测量的与量块的接触点一般量不到正好这个尺寸，就大约按 45mm 计算，那么比较仪两次测量读数的差值允许值 Δ 为：

$$\Delta = \pm 72'' \times 45\text{mm}/2 \times 10^5 \ ('') \approx \pm 0.016\text{mm}$$

测量中，要求比较仪两次测量的读数值之差 $\delta \leqslant |\Delta|$，即可判定该夹角合格。

6.3.2 立板

(1) 零件图（图 6-3）

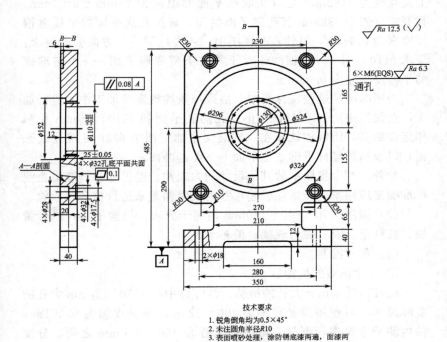

技术要求

1. 锐角倒角均为0.5×45°
2. 未注圆角半径R10
3. 表面喷砂处理，涂防锈底漆两遍，面漆两遍，面漆表面为桥梁灰

图 6-3 立板

(2) 零件几何量精度分析　从主视图看此零件总体上是矩形，高宽分别为 485mm 和 350mm，两侧各带一宽度为 65mm 的矩形收腰，从右视图中可看出此零件呈现板状，厚度相对于外形不大，是40mm，均未标注精度要求。从主视图中看出，零件中部有一较大的孔，其直径尺寸及要求标注在右视图上的 B-B 剖视图中，是 $\phi 110^{+0.05}_{+0.02}$mm，这是一非标准公差，精度介于 6～7 级之间；该孔

的孔口还有一大孔，直径为 $\phi152$mm，结合主视图和右视图，还可看到围绕该孔有一深度为 6mm 的环槽，环槽侧壁的内侧小径尺寸为 $\phi296$mm，外侧大径尺寸为 $\phi324$mm，均未标注精度要求。在此环槽四周有 4 个 $\phi17.5$mm 的通孔，右视图中显示了其较为复杂的结构，其两端都有沉孔，左端是 $\phi28$mm，深 20mm，另一端是 $\phi32$mm 沉孔，其深度要求较为特殊和严格，要求该沉孔底平面与上述直径为 $\phi152$mm 止口孔的底平面的距离为 25mm ±0.05mm，且要求这四个 $\phi32$mm 沉孔底平面共面，该沉孔底平面的平面度精度要求为 0.1mm，另外，右视图中，还表达了一个方向公差要求：要求 $\phi110^{+0.05}_{+0.02}$mm 孔轴线相对于零件下部底座平面——A 基准面的平行度公差为 0.08mm。

为同时满足这些特殊要求，需采用数控铣床或加工中心进行加工，在加工中应以 $\phi152$mm 止口孔的底平面和 $\phi110^{+0.05}_{+0.02}$mm 孔制作定位胎具，用数控铣床在一次装夹中加工四个 $\phi32$mm 沉孔底平面，以及精铣零件下部底座平面——A 基准面。

此外，两个视图中的其他尺寸均为未注公差尺寸，一般由企业标准确定应用哪一级未注公差尺寸的极限偏差来进行检测和验收。

（3）检测工具　100～160mm 内测千分表；检验平板；成套量块；杠杆千分表；磁力表架；游标卡尺。

（4）零件检测

① 尺寸偏差的检测。

a. $\phi110^{+0.05}_{+0.02}$mm 大孔的检测。该零件中心 $\phi110^{+0.05}_{+0.02}$mm 大孔的实际尺寸，可使用测量范围为 100～125mm 的分度值为 0.001mm 的内测千分表进行测量，可使用量程在 100～160mm 之间、分度值为 0.001 的内测千分表进行测量，根据 GB/T8122《内径指示表》中的数据，该量程和分度值的指示表的最大允许误差为 $\pm7\mu$m，取 $\Delta_{计}=|\pm7|\mu$m$=7\mu$m，一般来说所选用的计量器具的极限误差约占被测工件公差的 1/10～1/3，甚至 1/2，具体比例一般按经验选择，本例按 1/4 计算，取 $\Delta_{计极限}=30\times1/4=7.5\mu$m，此时，已满足 $\Delta_{计}<\Delta_{计极限}$，采用相对测量法进行测量，即使用前须在计量室使用公称尺寸为 $\phi110$mm 环规对内测千分表进行校对调零，然后即可进行测量。

b. ϕ32mm 沉孔孔底平面至直径为 ϕ152mm 止口孔的底平面的距离尺寸 25mm±0.05mm 的检测。检测方案如图 6-4 所示，将工件通过在 ϕ152mm 止口孔的底平面垫三个等高的垫块（可用量块组合而成）支撑在检验平板上（可适当压一下，图中未表示），将一带磁力表架的千分表放置在检验平板上，用量块将其校正调零，使千分表的指针在零位时，其测头距离三个等高的垫块上表面的距离为 25mm，然后移动千分表，将千分表测头与工件 ϕ32mm 沉孔孔底平面接触，观察并记录表针读数，并在孔底平面大致均布的位置进行多次读数，如果读数的最大值和最小值不超过±0.05mm，则该孔此项检测合格。依此方法检测其余各孔，即可完成检测。

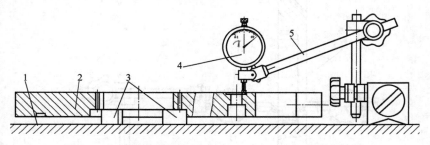

图 6-4　立板零件的距离尺寸 25mm±0.05mm 的检测方案
1—检验平板；2—工件；3—垫块；4—千分表；5—磁力表座

② 几何公差的检测。

a. 4×ϕ32mm 沉孔孔底平面平面度误差和共面要求的检测。

此项检测可使用上述尺寸检测①中 b 项中的数据，如四个孔的孔底平面至直径 ϕ152mm 止口孔的底平面的距离尺寸均未超过 25mm±0.05mm，则可说明这四个孔的孔底平面共面，平面度误差也均未超过 0.1mm。

其余未注公差的尺寸可用游标卡尺甚至钢直尺进行检测。

b. ϕ110$^{+0.05}_{+0.02}$mm 孔轴线相对于 A 基准面的平行度误差的检测。

将工件 A 基准面平稳地放置在检验平板上，使检验平板工作面成为 A 平面的最小包容区域的体外边界。再将一带磁力表座的杠杆千分表也放置在检验平板上，如图 6-5 所示，调整杠杆千分表，使其测头与 ϕ110$^{+0.05}_{+0.02}$mm 孔面最低素线的一端接触，记录千

分表的读数 δ_1，再将此千分表沿检验平板工作面移至 $\phi110^{+0.05}_{+0.02}$ mm 孔面最低素线的另一端接触，再次记录千分表的读数 δ_2，两次测量时测头的相对距离为 L，则被测孔相对于 A 基准面的平行度误差为：

$$f_{\parallel} = L \mid \delta_1 - \delta_2 \mid / 28$$

注：28 为被测孔的公称轴向长度，单位为 mm。

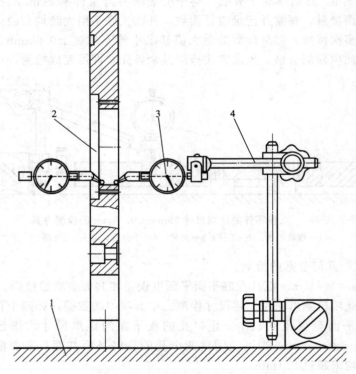

图 6-5　立板零件的 $\phi110^{+0.05}_{+0.02}$ mm 孔轴线相
对于 A 基准面的平行度误差的检测方案
1—检验平板；2—工件；3—杠杆千分表；
4—磁力表座

6.3.3　承重梁

（1）零件图（图 6-6）

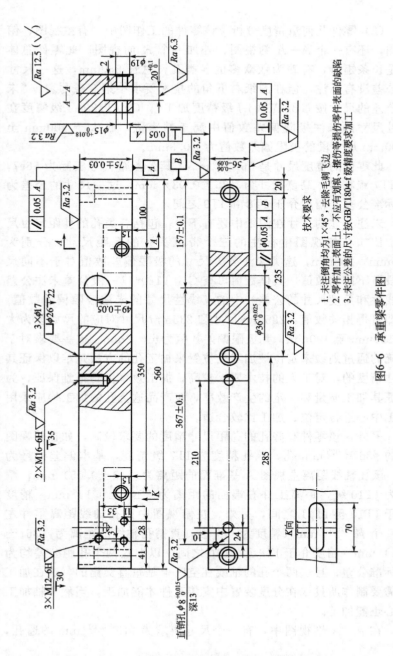

图6-6 承重梁零件图

技术要求

1. 未注倒角均为1×45°，去除毛刺飞边
2. 零件加工表面上，不应有划痕、擦伤等损伤零件表面的缺陷
3. 未注公差的尺寸按GB/T1804-f级精度要求加工

（2）零件几何量精度分析　该零件的工作图中，有主视图、俯视图，还有一个 A—A 剖视图，外加一个 K 向视图。此零件总体上是长条矩形，有着为数众多的各类孔，总长 560mm，这一尺寸的公差没有标注，但在图纸右下角的技术要求中第 3 条写着：“未注公差的尺寸按 GB/T1804-f 级精度加工”，GB/T1804-f 级精度在线性尺寸的未注极限偏差数值中属于精密级，在大于 400mm 至 1000mm 尺寸段的极限偏差数值为 ±0.3mm。

此零件的宽度尺寸是 $56_{-0.09}^{-0.06}$mm，其公差带代号实际为 56e7，是 IT7 级精度，高度尺寸为 (75 ± 0.03)mm，这一尺寸的公差为非标准公差，精度介于 IT8 和 IT9 之间。

未注公差的尺寸在图纸中还有不少，包括各类孔的孔距定位尺寸，比如在俯视图中标注的三个带沉头孔的孔距尺寸，分别为 235mm、285mm，这类未注公差尺寸的极限偏差数值对于不同尺寸段有不同的数值，具体数值可查 GB/T1804《一般公差未注公差的线性和角度尺寸的公差》中的《线性尺寸的未注极限偏差数值》表即可得相关数值：285mm 尺寸和 235mm 尺寸对应的尺寸段为大于 120mm 至 400mm，其极限偏差数值为 ±0.2mm。这一要求对于传统的通过划线来定位被加工孔位置来加工孔的方法是难以保证其尺寸精度的，对工人的技术要求较高，加工效率更是很难保证，为保证其加工质量和一定的生产效率，该产品这类孔的加工均应采用加工中心进行定位、加工比较合适。

另外，该零件有些孔的孔距尺寸精度的要求较高，如在俯视图中的 $\phi36_{0}^{+0.025}$mm 孔，该孔精度为 IT7 级精度，基本偏差代号为 H，该孔轴线距离主视图 A 基准面的距离为 (49 ± 0.05)mm，精度为 IT10 级，距离工件右端面的距离为 (157 ± 0.1)mm，精度介于 IT10 至 IT11 之间，另外，在俯视图中该孔轴线距离零件左侧一个 $\phi8_{0}^{+0.015}$mm（精度为 IT7 级）直销孔轴线的距离为 (367 ± 0.1)mm，精度介于 IT9 至 IT10 之间，以上这两个孔距公差均为非标准公差，且这两个孔的轴线在空间上是垂直交错的，这在加工中需要制作胎具或在分度装置中安装工件才能加工，当然 4 轴加工中心也能加工。

在 A—A 剖视图中，有一个尺寸要求为 $\phi15_{0}^{+0.018}$mm 的通孔，

该孔精度为 IT7 级，带有浅沉头孔，该沉孔直径为 ϕ19mm，深 2mm，从主视图上看这样的孔有两个，右侧的孔心距离右端面 100mm，两孔孔距为 350mm，均未注公差要求，均按 GB/T1804-f 级精度加工。

在几何公差方面，该零件的主视图中要求上表面相对于下部的 A 基准面的平行度公差为 0.05mm，这一精度介于国标 5 级和 6 级之间。在俯视图中，图纸分别要求该零件的前后面相对于 A 基准面垂直，垂直度公差值为 0.05mm，精度介于国标 7 级和 8 级之间。另外，俯视图中还表达了要求 $\phi36^{+0.025}_{0}$mm 孔轴线相对于零件下部底座平面——A 基准面和右端面——B 基准面的平行度公差为 ϕ0.05mm，精度为国标 8 级，公差值前加 ϕ，表示该公差带是圆柱形，要求该孔轴线在任意方向的平行度误差相对于两个基准的误差不得超过 0.05mm。

（3）检测工具　分度值为 0.001mm，量程分别取用 6～10mm、10～18mm 以及 35～50mm 的内径指示表；分度值为 0.005mm，量程为 50～75mm 的外径千分尺；分度值为 0.001mm 的立式光学计；检验平板；成套量块；0 级 90°角尺；成套塞尺；杠杆千分表；千分指示表；磁力表架；分度值为 0.01mm 的数显游标卡尺。

（4）零件检测

① 尺寸偏差的检测。

a. $\phi8^{+0.015}_{0}$mm 直销孔的检测：使用分度值为 0.001mm、量程为6～10mm 的内径指示表用相对法进行检测，使用前须在计量室使用公称尺寸为 8 的量块对内测千分表进行校对调零，然后才可进行测量。

b. $\phi15^{+0.018}_{0}$mm 的通孔的检测：使用分度值为 0.001mm、量程为 10～18mm 的内径指示表用相对法进行检测。

c. $\phi36^{+0.025}_{0}$mm 通孔的检测：使用分度值为 0.001mm、量程为 35～50mm 的内径指示表用相对法进行检测。

d. 零件高度尺寸（75 ± 0.03）mm：可使用分度值为 0.01mm、量程为 50～75mm 的外径千分尺用相对法进行检测。

e. 宽度尺寸 $56^{-0.06}_{-0.09}$mm 的检测：可使用分度值为 0.001mm 的立式光学计用相对法进行检测，或者使用千分表在检验平板上用相对法进行检测。

f. 精密孔距尺寸（157±0.1）mm 和（367±0.1）mm 的检测：可使用千分表在检验平板上用相对法进行检测，检测方案如图6-7(a) 和（b）所示，图（a）中先将工件放置在检验平板上，B 基准面与检验平板工作面稳定可靠接触，用量块组合出孔 $\phi 36^{+0.025}_{0}$ mm 最下部的素线距端面 B 的名义尺寸 139mm，将量块组置于检验平板上，再将一带磁力表架的杠杆千分表置于检验平板上，调整杠杆千分表测头与量块组工作面接触，产生一定的压缩量，可将杠杆千分表读数调零，然后移动杠杆千分表，用此杠杆千分表的测头与孔 $\phi 36^{+0.025}_{0}$ mm 最下部的素线接触，得到此素线相对于量块组标称尺寸的差值，从而得到此素线到基准 B 面的实际距离尺寸，再加上上述实测的该孔的实际直径的半径值，即可计算出该孔轴线距离基准 B 面的实际距离尺寸。当然，该孔两端的实际距离尺寸都需测量，即可先测出该孔素线一端的一个数据 l_1，再移动千分表到孔的另一端，测出该孔素线另一端的一个数据 l_2，孔两端轴线的实际距离尺寸均不超出（157±0.1）mm 时方为合格，此外，为进行后续测量，还需计算出这两个读数的差值 σ_B。

$$\sigma_B = |l_1 - l_2|$$

图 6-7(b) 表示的是测量工件俯视图中那个 $\phi 8^{+0.015}_{0}$ mm（精度为 IT7 级）直销孔轴线的距离到 B 面的距离，名义尺寸应为为 $367+157=524$mm，因孔较小，不太好调整测头与之接触，所以可在孔中塞入一根精密 $\phi 8$ 直销（可使用检测棒），使之与孔无间隙配合，用上述测 $\phi 36^{+0.025}_{0}$ 孔轴线到 B 面距离的比较测量法测量 $\phi 8$ 直销最高的素线到 B 面的距离，名义尺寸为 $524+4=528$mm，同样用量块组合出该尺寸后，对杠杆千分表进行调零，然后即可开始测量，测出该尺寸后，减去精密 $\phi 8$ 直销的实际直径的一半，即可得到 $\phi 8^{+0.015}_{0}$ mm 直销孔轴线的距离到 B 面的距离 l_3，那么，$\phi 8^{+0.015}_{0}$ mm 直销孔轴线到 $\phi 36^{+0.025}_{0}$ 孔轴线的距离 l_4 为：

$$l_4 = l_3 - l_1 \quad \text{和} \quad l_4 = l_3 - l_2$$

两个结果都不超越（367±0.1）mm 这一范围即为合格。

g. $\phi 36^{+0.025}_{0}$ 孔轴线距离 A 基准面的距离（49±0.05）mm 的检测：该项目的检测与上述精密孔距尺寸（157±0.1）mm 的检测基

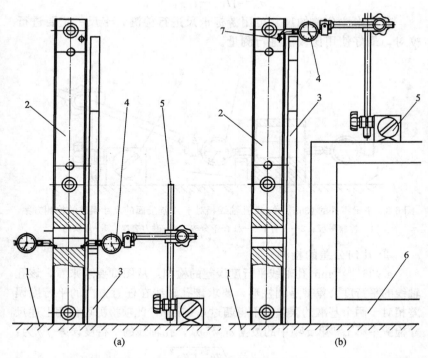

图 6-7　主梁零件的距离尺寸（157±0.1）mm 和（367±0.1）mm 的检测方案
1—检验平板；2—工件；3—垫块；4—杠杆千分表；
5—磁力表座；6—方箱；7—φ8 精密直销

本一样，检测方案如图 6-8 所示，将工件的 A 基准面平稳地放置在检验平板工作面上，再将带磁力表座的杠杆千分表也稳定可靠地放置在检验平板上，用量块组合出该孔最下方的那根素线到检验平板的公称距离尺寸 31mm，将其放置在检验平板上，再将上述杠杆千分表在量块工作面上校对调零，用它来测量被测孔最下方的素线到检验平板的实际距离，然后加上被测孔的实际半径值，即可得到该孔轴线到 A 面的实际距离尺寸，需在被测孔两端进行该测量过程，分别得到被测孔轴线两端到 A 面的实际距离尺寸 l_{H1}、l_{H2}，当这两个尺寸均不超出图纸要求的尺寸（49±0.05）mm 时，可判定该项检测合格。同时为方便该孔轴线的平行度误差的检测，还应计算出 σ_A：

$$\sigma_A = |l_{H1} - l_{H2}|$$

其余未注公差的尺寸可用游标卡尺进行检测，卡尺一定要进行校对，最好使用比较法进行测量。

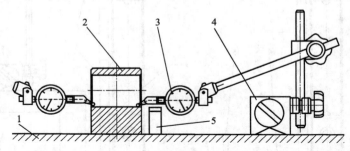

图 6-8　主梁零件的 $\phi 36^{+0.025}_{0}$ mm 孔轴线相对于 A 基准面的尺寸误差的检测方案
1—检验平板；2—工件；3—杠杆千分表；4—磁力表座；5—量块组

② 几何公差的检测

a. $\phi 36^{+0.025}_{0}$ mm 孔轴线平行度误差的检测：从图纸要求来看，该孔轴线的平行度公差带是圆柱形，要求该孔轴线在任意方向的平行度误差相对于两个基准的误差值不得超过 0.05mm，此项检测可使用上述尺寸检测中第 f 和第 g 项中的数据 σ_B 和 σ_A，孔轴线的平行度误差 $f_{/\!/}$ 为：

$$f_{/\!/} = \sqrt{{\sigma_B}^2 + {\sigma_A}^2}$$

b. 工件顶面相对于 A 基准面的平行度误差的检测：检测方案如图图 6-9 所示，将工件 A 基准面平稳地放置在检验平板上。再将一带磁力表座的千分表也放置在检验平板上，调整千分表，使其测头与工件顶部平面接触，将此千分表沿检验平板工作面移动。使千分表测头从工件顶面的一端慢慢移至另一端，记录在此过程中千分表读数的最大值 Δ_{max} 和最小值 Δ_{min}，则工件顶面相对于 A 基准面的平行度误差值 $f_{面/\!/}$：

$$f_{面/\!/} = |\Delta_{max} - \Delta_{min}|$$

c. 零件的前后面相对于 A 基准面垂直度误差的检测：在俯视图中，图纸分别要求该零件的前后面相对于面 A 面基准面垂直，垂直度公差值为 0.05mm，检测方案如图 6-10 所示。将工件的 A 基准面稳定可靠地与检验平板工作面接触，用 0 级 90°角尺测量工件侧面与检验平板工作面所夹角度，可用光隙法测量读数，观察角

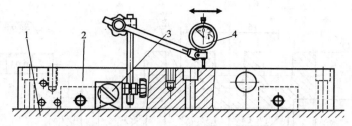

图 6-9　主梁零件的顶部平面相对于 *A* 基准面的平行度误差的检测方案
1—检验平板；2—工件；3—磁力表座；4—千分表.

尺工作测量面与工件侧面形成的光隙，试着用塞尺去塞这个缝隙，当可以塞入 0.04mm 以下厚度的塞尺而不能塞入 0.05mm 塞尺时，零件合格。

　　还可以通过观察光隙透光颜色判断间隙大小，一般来说，间隙大于 $2.5\mu m$ 时，透光颜色为白光，间隙为 $1\sim2\mu m$ 时，透光颜色为红光，间隙为 $1\mu m$ 时，透光颜色为蓝光；间隙小于 $1\mu m$ 时，透光颜色为紫光，间隙小于 $0.5\mu m$ 时，则不透光。

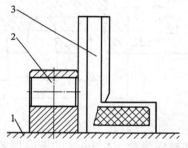

图 6-10　主梁零件前后面相对于 *A* 基准面的垂直度误差的检测方案
1—检验平板；2—工件；3—直角尺

6.3.4　托轮

　　(1) 零件图（图 6-11）

　　(2) 零件几何量精度分析　该零件的工作图中就只有一个主视图，而且是一个全剖视图，此零件完全是一回转体，总长 56mm，在数控车床上就可完成所有的加工，之所以要在数控车床加工，主要是由于该零件上的三道沟槽，该沟槽的槽底是圆弧形，半径是 *R*4.5mm，槽口宽度是 10mm，槽壁相对于轴线是倾斜的，槽底直径是 φ35mm，这些尺寸均没有标注公差，在图纸右下角的技术要求第 3 条中规定："未注公差的尺寸按 GB/T1804-f 级精度要求"，GB/T1804-f 级精度在线性尺寸的未注极限偏差数值中属于精密级，

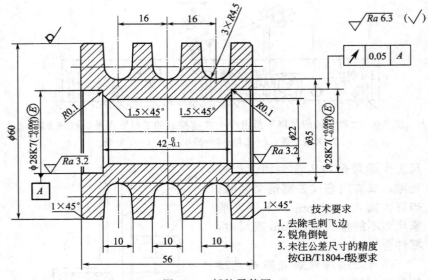

图 6-11　托轮零件图

如槽底半径 $R4.5$mm 的极限偏差数值为 ±0.05mm，槽宽 10mm 的极限偏差数值为 ±0.1mm，这些要求对一般车工来说是比较难以达到的，产品质量、合格率都不好保证。

此外，零件内部的孔是一阶梯孔，两端直径大，中间直径小，两端的孔精度要求较高，是 $\phi28$K7 ($^{+0.006}_{-0.015}$) mm，精度为 IT7 级，公差值为 0.021mm，在一般机床上这一精度得通过铰削，才能稳定、高效地进行生产，而在数控车床上加工可以直接车出，况且其表面粗糙度要求是 $Ra3.2\mu$m，是可以通过精车达到的，而且该零件两端的这两个孔的孔底平面之间的尺寸有一精度要求：$42^{0}_{-0.10}$mm，精度为 IT10 级，这一尺寸在加工中不太好测量，因为中间的孔太小，直径只有 $\phi22$mm，在加工中，游标卡尺、游标勾尺均难以施展或得使用间接测量法才能测量，这些在数控车床的加工中均不是问题。

在几何公差方面，该零件两端的这两个孔还有一个相对位置要求，即图中所标注的右端孔面相对于左端孔轴线的跳动公差要求，公差值为 0.05mm，此公差值查 GB/T1184 可知为标准公差值，精度等级为 9 级，这一要求可通过在数控车床上一次装夹中，一次性加工出左右两个孔来达到这一要求，当然，这对车刀的要求较高。

（3）检测工具　分度值为 0.001mm，量程 18～35mm 的内径指示表；分度值为 0.01mm、量程为 25～50mm 的外径千分尺；检验平板；成套量块；杠杆千分表；磁力表架；倾斜检验平台；专用三销检具；分度值为 0.02mm 的游标卡尺。

（4）零件检测

① 尺寸偏差的检测。

a. $\phi28K7$（$^{+0.006}_{-0.015}$）mm 孔的检测：使用分度值为 0.001mm、量程为 18～35mm 的内径指示表用相对法进行检测。

b. 两个孔的孔底平面之间的尺寸 $42^{0}_{-0.10}$ mm 的检测：在零件加工完成后，这个尺寸可用分度值为 0.01mm、量程为 25～50mm 的千分尺进行检测，测量时，千分尺的固定测砧较短，无法与被测孔的底平面接触，可在测砧平面和被测平面之间垫入一个圆柱量块，就是一般放在千分尺盒中用于千分尺校对调零的校对量块。

其他未注公差的检测，可用游标卡尺进行检测。

② 几何公差的检测。

a. 零件上三道沟槽的槽底圆弧，一般得使用圆弧样板用光隙法进行检测。

b. 右端孔面相对于左端孔轴线的跳动公差要求的检测。

该零件虽然在图纸上有左右之分，左端 $\phi28K7$（$^{+0.006}_{-0.015}$）mm 孔轴线是基准要素，右端 $\phi28K7$（$^{+0.006}_{-0.015}$）mm 孔面是被测要素，其实在实际工作现场，零件加工好后，摆放在待检区时，是无法分辨左右端的，要快捷检验该项目需要使用一个与基准孔轴线精确垂直的孔端面，此时应在程序设计中，在同时精车两端孔的各部分要素后，增设一次对三爪外侧孔端面的精车加工，使之与 $\phi28K7$ 孔成为俗称的"一刀活"。

该检测项目的检测方案如图 6-12 所示，此方案需要一个倾斜的检验平台，在检验平台上安装一个带有三个短销的测量装置，要求这三个短销要精确垂直于它们的安装基面，并且其安装位置要求短销的外圆面要与 $\phi28K7$ 孔面基本相切，但不能有过盈，在实际工作现场的很多情况下，这三个短销的位置被设计成可调的，这样的话检具的通用性就变得比较好了。

将外端面被精车的那一端 $\phi28K7$ 孔作为基准孔套在倾斜平台

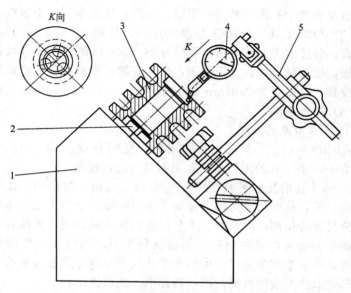

图 6-12　托轮零件的两端 $\phi28K7$ 孔之间跳动误差的检测方案
1—倾斜检验平台；2—短定位销；3—工件；
4—千分表；5—磁力表座

上的三个短销上，工件下端面与短销安装基面可靠接触，$\phi28K7$ 孔底平面不要与短销上端面接触，要求工件可在保证上部两个短销圆柱面与工件 $\phi28K7$ 孔面可靠接触的情况下灵活转动，再将杠杆千分表装在磁力表架上，将磁力表座也放置在倾斜检验平台上，调整千分表，使其测头与工件顶部 $\phi28K7$ 孔面接触，并产生一定的压缩量，将表针调零或记录下表针的位置，然后用手抓着工件轻轻转动，转动过程中要保证工件下端面与短销安装基面可靠接触，同时还要保证检具上位置较高的两个短销圆柱面与工件 $\phi28K7$ 孔面可靠接触，在工件转动一整周的过程中，观察并记录杠杆千分表读数的最大值 $\Delta_{\max}$ 和最小值 $\Delta_{\min}$，该项检测的误差值 $f_\updownarrow$ 为：

$$f_\updownarrow = \Delta_{\max} - \Delta_{\min}$$

当 $f_\updownarrow$ 值小于等于图纸中给定的跳动公差值 0.05mm 时，工件该项检测合格。

Chapter 07

常用量具检验机床
的几何精度

机床精度检验包括机床的几何精度和工作精度检验。几何精度检验，就是检验机床部件的几何形状精度、相互位置精度；工作精度检验就是通过对试切件的检验，达到对机床工作部件运动的均匀性和协调性检验，以及对机床部件相互位置的正确性检验。

使用机床加工工件时，工件会产生各种加工误差。这些误差的产生，与机床本身的精度有很大关系，因此，对机床的几何精度进行检验，使机床的几何精度保持在一定的范围内，对保证机床的加工精度是十分重要的。国家对各类通用机床都规定了精度检验标准，标准中规定了精度检验的项目、检验方法及允许误差等。这里主要叙述采用常用量具检验机床的几何精度。

7.1 卧式车床几何精度检验

7.1.1 用水平仪检验床身导轨在垂直平面内的直线度

（1）将水平仪纵向放置在溜板上靠近前导轨处，如图 7-1 所示，水平仪放在位置Ⅰ处，从刀架靠近主轴箱一端的极限位置开始，从左向右每隔 250mm 测量一次读数，将测量所得的所有读数用适当的比例绘制在直角坐标系中，所得的曲线就是导轨在垂直平面内的直线度曲线。

（2）床身导轨在同一平面内　水平仪横向放置在溜板上，如图

7-1 所示，水平仪放在位置Ⅱ处，纵向等距离移动溜板。记录溜板在每一位置时的水平仪的读数。水平仪在全部测量长度上的最大代数差值，即导轨在同一平面内的误差。

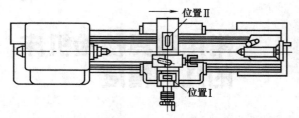

图 7-1　床身导轨在垂直平面内的直线度和在同一平面内的检验

7.1.2　主轴的精度检验

（1）主轴的轴向窜动，轴肩支承面的端面圆跳动

① 主轴的轴向窜动。在主轴中心孔内插入一短检验棒，检验棒端部中心孔内置一钢球，千分表的平测头顶在钢球上，如图 7-2 所示。对主轴施加一轴向力，旋转主轴进行检验。千分表读数的最大差值就是主轴的轴向窜动误差值。

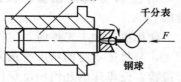

图 7-2　检验主轴的轴向窜动

② 主轴轴肩支承面的端面圆跳动检验。如图 7-3 所示，将千分表测头顶在主轴轴肩支承面靠近边缘处，对主轴施加一轴向力 F，分别在相隔 90° 的四个位置进行检验，四次结果的最大差值即为主轴轴肩支承面的端面圆跳动误差值。

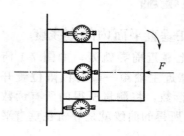

图 7-3　主轴轴肩支承面
的端面圆跳动检验

（2）主轴定心轴颈的径向圆跳动检验　如图 7-4 所示，将千分表测头垂直顶在定心轴颈表面上，对主轴施加一轴向力 F，旋转主轴进行检验。千分表读数的最大差值即为主轴定心轴颈的径向圆跳动误

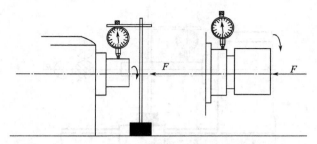

图 7-4　主轴定心轴颈的径向圆跳动检验

差值。

（3）主轴轴线的径向圆跳动检验　如图 7-5 所示，在主轴锥孔中插入一检验棒，将千分表测头顶在检验棒外圆柱表面上。旋转主轴，分别在靠近主轴端部的 a 处和距离主轴端面不超过 300mm 的 b 处进行检验，千分表读数的最大差值就是径向圆跳动误差值。为了消除检验棒的误差影响，可将检验棒相对主轴每转 90°插入测量一次，取 4 次测量结果的平均值作为径向圆跳动的误差值。a、b 两处的误差分别计算。

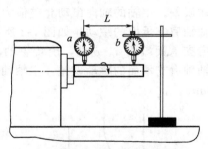

图 7-5　主轴轴线的径向圆跳动检验

（4）主轴轴线对溜板移动的平行度检验　如图 7-6 所示，在主轴锥孔中插入 300mm 长检验棒，将两个千分表固定在刀架溜板上，测头分别顶在检验棒的上素线 a 和 b 处。移动溜板，千分表读数的最大差值就是测量结果。为了消除检验棒的误差影响，可将主轴回转 180°再检验一次，2 次测量结果的代数平均值作为平行度误差值。a、b 两处的误差分别计算。

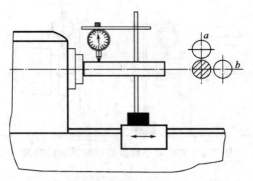

图 7-6　主轴轴线对溜板移动的平行度检验

7.2　普通铣床几何精度检验

7.2.1　铣床主轴精度检验

（1）检验主轴的轴向窜动　如图 7-7 所示，在主轴锥孔中紧密地插入检验棒，将百分表测头触及在检验棒的外圆上，旋转主轴检验。或在轴向加 200N 左右的推力或拉力。百分表读数的最大差值作为主轴轴向窜动误差。主轴的轴向窜动允差值为 0.01mm。

（2）检验主轴轴肩支承面的跳动　如图 7-8 所示，将百分表测头触及在主轴轴肩支承面端面 a、b 处，旋转主轴，百分表读数的最大差值作为主轴轴肩支承面的跳动误差。主轴轴肩支承面的跳动允差值均为 0.02mm。

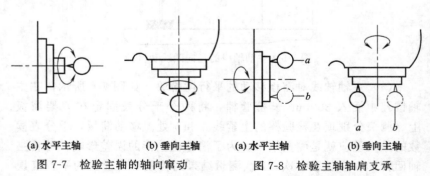

(a) 水平主轴　　　(b) 垂向主轴　　　(a) 水平主轴　　　(b) 垂向主轴

图 7-7　检验主轴的轴向窜动　　图 7-8　检验主轴轴肩支承
面的端面圆跳动

（3）检验主轴锥孔中心线的径向跳动　如图 7-9 所示，在主轴锥孔中插入检验棒，固定百分表，将百分表测头触及在检验棒表面。旋转主轴，a 点靠近主轴端面，b 点距主轴端面 300mm 处检验。然后将检验棒按不同方位插入主轴，用同样方法重复检验。a、b 两处的误差分别计算。将多次测量结果取算术平均值作为主轴锥孔中心线的径向跳动误差。主轴锥孔中心线的径向跳动允差值：主轴端部 a 处为 0.01mm；

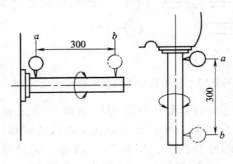

(a) 卧式铣床检验　　(b) 立式铣床检验

图 7-9　检验主轴锥孔中心线的径向跳动

距离 a 处 300mm 的 b 处为 0.02mm。

（4）检验主轴定心轴颈的径向跳动　如图 7-10 所示，固定百分表，使测量头触及定心轴颈表面，旋转主轴检验，百分表读数的最大差值作为定心轴颈的径向圆跳动误差。主轴定心轴颈的径向跳动允差值为 0.01mm。

（5）检验悬臂梁导轨对主轴回转中心线的平行度（卧式铣床）　将悬臂梁紧固，在主轴锥孔内插入检验棒。在悬臂导轨上装上带百分表的专用支架，如图 7-11

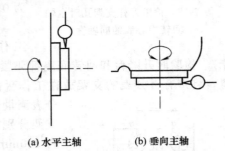

(a) 水平主轴　　(b) 垂向主轴

图 7-10　检验主轴定心轴颈的径向跳动

所示，使百分表测头触及检验棒表面，a 点处于垂向测量位置，b 点处于水平测量位置。移动专用表架，将主轴转过 180° 再检验一次。a、b 两处误差分别计算。两次检验结果的代数和的 $1/2$ 作为平行度误差。

悬臂梁导轨对主轴回转中心线的平行度允差值：a 处在 300mm 长度内允差为 0.02mm；b 处在 300mm 长度内允差为 0.02mm。

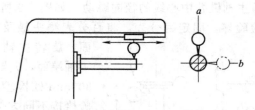

图 7-11 检验悬臂梁导轨对主轴回转中心线的平行度

（6）检验刀杆支架孔对主轴回转中心线的同轴度（卧式铣床） 在主轴锥孔中插入带百分表的心轴，在支架孔中插入检验棒，并使百分表测头触及检验棒的外圆面上，如图 7-12 所示。将悬臂梁紧固，旋转主轴，分别在 a、b 两处检验。a、b 两处的误差分别计算。百分表读数的最大差值的 1/2 作为同轴度误差。刀杆支架孔对主轴回转中心线的同轴度允差值：a 处为 0.03mm，b 处为 0.03mm。

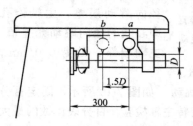

图 7-12 检验刀杆支架孔对主轴回转中心线的同轴度

（7）检验主轴回转中心线对工作台面的平行度（卧式铣床） 检验时升降台和回转底座都要紧固，工作台纵向处于中间位置。将带有百分表的支架放在工作台面上，如图 7-13 所示，使百分表测量头触及检验棒的表面，移动支架分别在主轴端部 a 处和距离 a 处为 300mm 的 b 处检验，将主轴转过 180°，用同样方法检验。两次检验时百分表最大读数的代数和的 1/2 作为平行度误差。工作台应在上下位置（即在离主轴 100mm 及 300mm 处）各检验一次，误差以两次中较大值计算。主轴回转中心线对工作台面的平行度允差值为 0.025mm（检验棒伸出端只许向下）。

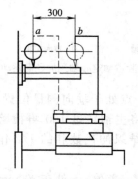

图 7-13 检验主轴回转中心线对工作台面的平行度

（8）检验主轴回转中心线对工作台横向移动的平行度（卧式铣床） 工作台位于纵向行程的中间位置并紧固。将百分表固定在工作台上，使其测量头触及检验棒的表面，其中 a 处位于垂向测量位置，b 处位于水平测量位置，如图 7-14 所示。将主轴旋转 180°后重复测量。a、b 两处误差分别计算，两次测量结果的代数和的 1/2 作为平行度误差。主轴回转中心线对工作台横向移动的平行度允差值：a 处在 300mm 长度为 0.025mm，b 处在 300mm 长度为 0.025mm。

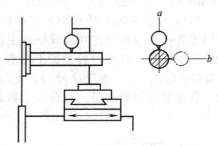

图 7-14　主轴回转中心线对工作台横向移动的平行度

（9）检验主轴回转中心线对工作台中央基准 T 形槽的垂直度 工作台位于纵、横行程的中间位置并紧固。将专用滑板放在工作台上并紧靠 T 形槽直槽一侧，如图 7-15 所示。百分表安装在插入主轴锥孔中的专用检验棒上，使其测量头触及专用滑板检验面，记下读数，然后移动滑板至工作台另一侧，旋转主轴进行检验。检验一次后，可改变检验棒插入主轴的位置，重复检验一次。两次测量结果的代数和的 1/2 作为垂直度误差。主轴回转中心线对工作台中央基准 T 形槽的垂直度允差值：在 300mm 长度上允差为 0.02mm。

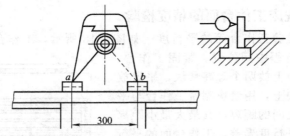

图 7-15　检验主轴回转中心线对工作台中央基准 T 形槽的垂直度

（10）检验主轴回转中心线对工作台面的垂直度（立式铣床） 用专用工具把百分表固定在立式铣床主轴上，分别在 a 向和 b 向放置等高量块垫起的平尺，使百分表测头触及平尺检验面，旋转主轴进行检验，如图 7-16 所示。

主轴回转中心线对工作台面的垂直度允差值：a 向和 b 向 300mm 长度上允差均为 0.03mm，工作台外侧只许向上偏。

（11）检验主轴套筒移动对工作台面的垂直度（立式铣床）　用专用工具把百分表固定在立式铣床主轴上，在工作台上放置等高量块垫起的平尺，在平尺检验面上放置 90°角尺，使其测量头分别沿 a 向和 b 向触及 90°角尺检验面，见图 7-17，用手摇动主轴套筒手轮，移动套筒进行检验。百分表读数最大值为垂直度误差。

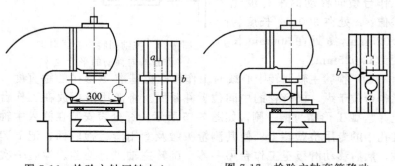

图 7-16　检验主轴回转中心
线对工作台面的垂直度

图 7-17　检验主轴套筒移动
对工作台面的垂直度

轴套筒移动对工作台面的垂直度允差值：在套筒移动的全部行程上，a 向和 b 向允差均为 0.015mm。

7.2.2　铣床工作台面的精度检验

（1）检验工作台面的平行度　如图 7-18 所示，工作台位于纵向和横向行程中间位置。紧固工作台，在工作台面上放两个等高量块，平尺放在等高量块上，用量块测量工作台与平尺检验面之间的距离，其最大最小距离之差作为平行度误差。工作台面的平行度允差值：在 1000mm 长度内允差为 0.04mm。

（2）检验工作台纵向移动对工作台

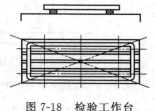

图 7-18　检验工作台
面的平行度

面的平行度　如图 7-19 所示，工作台位于横向行程的中间位置并紧固。将百分表固定在主轴上，使其测头触及平尺的检验面上，纵向移动工作台检验。百分表读数的最大差值作为纵向平行度误差。工作台纵向移动对工作台面的平行度允差值：在任意 300mm 测量长度上允差为 0.025mm，最大允差值为 0.050mm。

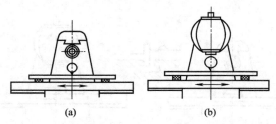

图 7-19　检验工作台纵向移动对工作台面的平行度

（3）检验工作台横向移动对工作台面的平行度　如图 7-20 所示，工作台位于纵向行程的中间位置并紧固。将百分表固定在主轴上，使其测头触及平尺的检验面上，横向移动工作台检验。百分表读数的最大差值作为横向平行度误差。

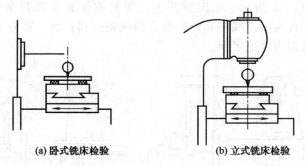

(a) 卧式铣床检验　　　　　　(b) 立式铣床检验

图 7-20　检验工作台横向移动对工作台面的平行度

工作台横向移动对工作台面的平行度允差值：在工作台全部行程小于或等于 300mm 时，允差为 0.02mm；大于 300mm 时，允差为 0.03mm。纵、横向若超过允差值，会影响加工工件的平行度和垂直度误差。

（4）检验工作台中央 T 形槽侧面对工作台纵向移动的平行度

如图 7-21 所示，工作台位于横向行程的中间位置并紧固。将百分表固定在主轴上，使其测头触及 T 形槽侧面。纵向移动工作台检验，百分表读数的最大差值作为纵向移动平行度误差。工作台中央 T 形槽侧面对工作台纵向移动的平行度允差值：在任意 300mm 测量长度上允差为 0.015mm，最大允差值为 0.04mm。

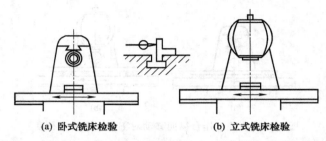

(a) 卧式铣床检验   (b) 立式铣床检验

图 7-21　检验工作台中央 T 形槽侧面对工作台纵向移动的平行度

（5）检验升降台移动对工作台面的垂直度　工作台位于纵向及横向行程的中间位置并紧固。在工作台面中间放两个等高量块，将 90°角尺放在等高块上。使角尺检验面分别处于横向和纵向垂直面内，如图 7-22 所示，固定百分表，使其测头触及角尺的检验面，移动工作台检验。横向和纵向垂直面误差分别计算。百分表读数的最大差值作为垂直度误差。

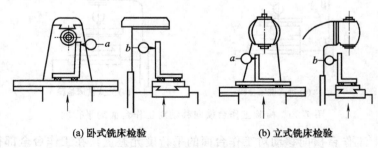

(a) 卧式铣床检验   (b) 立式铣床检验

图 7-22　检验升降台移动对工作台面的垂直度

角尺检验面分别于 T 形槽垂直 a 向和平行 b 向两个位置检验，误差分别计算。

在 300mm 测量长度上，升降台移动时对工作台面的垂直度允差：a 向为 0.02mm；b 向为 0.03mm。只许角尺上端向床身偏。

（6）检验工作台纵向和横向移动的垂直度（立式铣床）　如图 7-23 所示，将工作台紧固，将 90°角尺放在工作台纵向中间位置，使 90°角尺的一个检验面与横向（纵向）平行。使百分表测头触及在另一个检验面上，纵向（或横向）移动工作台检验。百分表读数的最大差值作为垂直度误差。

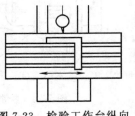

图 7-23　检验工作台纵向
和横向移动的垂直度

工作台纵向和横向移动的垂直度允差值：在 300mm 测量长度上允差为 0.02mm。若超过允差值，会影响纵向和横向加工面的垂直度误差。

7.3　普通镗床的检验

镗床精度的检验方法，按照镗床的结构特征，一般分为卧式镗床和立式镗床两种基本类型。但具体的检验项目和精度要求，应按各台镗床的大小和精度级别而定。

7.3.1　卧式镗床的精度检验

卧式镗床的精度检验包括以下内容。

（1）工作台移动的平稳性　工作台移动的平稳性，一般用导轨在垂直方向上的直线度、在水平方向上的直线度和倾斜度等项目检验。

① 检验工作台移动在垂直方向上的直线度

a. 测量工作台纵向移动的直线度，是将工作台移至滑座导轨中间位置，水平仪按图 7-24（a）所示位置放置。纵向移动滑座，每隔 500mm 记录一次水平仪读数，测量下滑座移动的全行程。

b. 测量工作台横向移动的直线度，是将工作台移至床身导轨中间位置，将滑座夹紧在床身导轨上，水平仪放置如图 7-24（b）所示。横向移动工作台，每隔 500mm 记录一次水平仪读数，测量

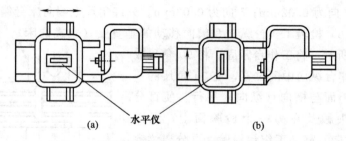

水平仪

(a)　　　　　　　　　　　(b)

图 7-24　检验工作台移动在垂直方向上的直线度

工作台横向移动的全行程。

②　检验工作台移动时的倾斜度。如图 7-25(a) 所示放置水平仪，工作台横向移动。在工作台移动的全行程内，水平仪的读数差即为工作台的横向倾斜度。检验工作台纵向倾斜度时，水平仪放置如图 7-25(b) 所示。检验方法同上，移动滑座，在机床导轨的全行程中检验。

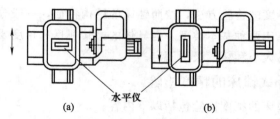

水平仪

(a)　　　　　　　　　　　(b)

图 7-25　检验工作台移动时的倾斜度

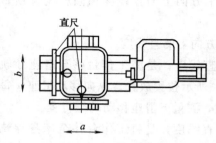

图 7-26　检验工作台移动时在
水平方向上的直线度

③　检验工作台移动时在水平方向上的直线度。可用自准直仪测量法或标准直尺测量法检验，如图 7-26 所示。在工作台旁各放一标准直尺，使其分别平行于床身导轨或滑座导轨。工作台固定一千分表，将千分表测量头接触直尺面，驱动工作台，校正直尺与导轨

的平行度。当直尺两端的读数相等时，即直尺与导轨平行，然后缓慢驱动工作台，千分表在导轨全长上的读数差，即为导轨水平面上直线度误差。

此法检测时测量误差较大，故以光学自准直仪测量为多。

（2）检验主轴箱运动时的直线度　在工作台面上垂直放置一90°角尺，主轴上安装千分表，并将千分表测量头接触90°角尺的垂直面，如图7-27所示。

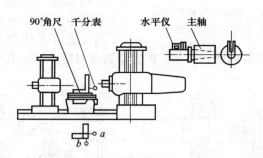

图 7-27　检验主轴箱运动时的直线度

移动主轴箱，根据千分表读数调整角尺（在角尺底面的一端垫塞尺），使在主轴箱行程的两端时，千分表所测90°角尺面的读数相等。然后升、降主轴箱，在全行程上察看千分表读数的变化。千分表所示的读数差，即为主轴箱移动时的直线度误差。应在图中 a、b 两个位置测得两个方向的直线度。

当机床较大、主轴箱行程较长时，可在主轴上安装专用心轴，上面放置两水平仪，升、降主轴箱时观察水平仪的读数变化来确定直线度误差。

（3）检验主轴箱移动时对工作台的垂直度　主轴箱移动时对工作台的垂直度检测，是将90°角尺放在工作台上，千分表安装位置如上述，测量主轴箱在全行程上的读数差，即为主轴箱移动中对工作台的垂直度误差，如图7-28所示。

（4）检验主轴旋转中心的几何精度　主轴旋转中心的几何精度包括主轴旋转中心对前立柱导轨的垂直度和主轴移动时的直线度。主轴旋转中心对前立柱导轨垂直度的检测方法，如图7-29（a）所

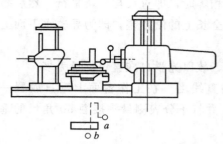

图 7-28　检验主轴箱移动时
对工作台的垂直度

示。在主轴上离中心半径 $d/2$ 处安装百分表，表头与放置在工作台上的 90°角尺垂直面接触。回转主轴，测得百分表在上、下位置的读数差，便可得出所要求的垂直度。主轴移动时的直线度检测如图 7-29(b) 所示，把百分表装在主轴端部，表头与放置在工作台上的平尺面接触，主轴向外移动行程 L。根据读数差便可求出此直线度。

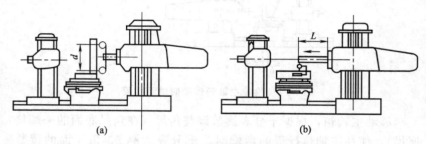

(a)　　　　　　　　　　　(b)

图 7-29　检验主轴旋转中心几何精度

上述检验方法，应注意工作台面、平尺面和 90°角尺面要十分清洁。在平尺下必须垫精密等高垫块。

(5) 检验主轴旋转的平稳性　主轴旋转的平稳性主要是通过检测主轴径向跳动和轴向窜动来反映，如图 7-30 所示。检验主轴径向跳动时，应将主轴伸出规定长度，然后用千分表测旋转的主轴表面，测量位置应是主轴伸出 L 的距离。主轴旋转时千分表的读数差，即为所测误差值。检测主轴的轴向窜动时，首先在主轴上装专用心轴，其端面中心装一钢珠，将表触头顶在钢珠上，在主轴旋转时，观察千分表的读数，其差值即为轴向窜动。

主轴锥孔的径向跳动检测方法与图 7-30(a) 相似，只是主轴装上专用心轴，千分表测头顶在距主轴端面的规定长度处。

(6) 检验工作台纵、横向移动的垂直度　工作台纵、横向移动

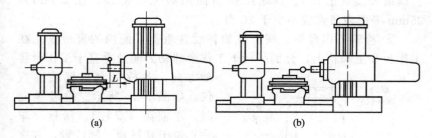

图 7-30   检验主轴旋转的平稳性

的垂直度检测如图 7-31 所示。在工作台面上卧放一 90°角尺，将千分表固定在主轴上，表测头与 90°角尺检验面接触。移动滑座，调整角尺使测量面与滑座移动方向平行（即在角尺两端的读数相等）。然后将千分表测头转向角尺的另一面，纵向驱动工作台，千分表读数的最大差值，即是滑座导轨的垂直度误差。

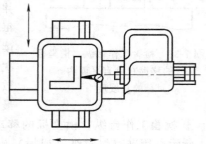

图 7-31   检验工作台纵、横向
移动的垂直度检测

7.3.2   坐标镗床的精度检验

坐标镗床的精度检验包括以下内容。

（1）检验工作台的几何精度

① 检验工作台面的平面度。工作台面是坐标镗床的基准平面，有较高的平面度要求。其检验方法如图 7-32 所示，将工作台置于行程中间位置并夹紧。用准直仪或水平仪按图示虚线方向检验（工作台面宽小于 320mm 的可按"米"字形线检验 4 条），记录读数，将各线段的直线度误差换算到同一个起始基点上，然后可判断平面度误差（作误差曲线，误

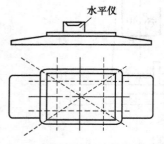

图 7-32   检验工作台面的平面度

差以最大读数值计）。刮研工作台面用涂色法检验，在 25mm ×
25mm 平面内研点应不少于 20 点。

② 检验工作台纵、横坐标的移动在垂直平面内的直线度。在
工作台和主轴箱上，分别平行于工作台移动方向及垂直于工作台移

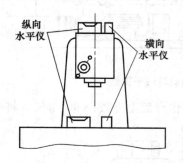

纵向
水平仪

横向
水平仪

图 7-33 检验工作台纵、横坐标
的移动在垂直平面内
的直线度

动方向，各放一水平仪或准直
仪，如图 7-33 所示。检验纵向
时，主轴箱（双柱）、滑板（单
柱）位于其行程中间位置，并夹
紧。检验横向时，工作台、横梁
（双柱）位于其行程中间位置，
并夹紧。移动纵（或横）坐标，
每移动 200mm 检验并记录一次
读数，在全部行程上不少于 5
次。误差以减去机床倾斜后的读
数值（上下水平仪之读数差）的
最大代数差计。

③ 检验工作台纵、横坐标的移动在水平面内的直线度。如图
7-34 所示，用准直仪对纵（或横）坐标在其全行程上移动进行检
验。检验纵向时，滑板（单柱）、主轴箱（双柱）位于其行程的中
间位置，并夹紧。检验横向时，工作台、横梁（双柱）位于其行程
的中间位置，并夹紧。每移动 100mm 记录一次读数，在全部行程
上移动不少于 5 次。误差以准直仪读数值的最大代数差计。

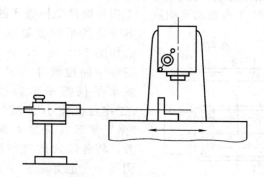

图 7-34 检验工作台的移动在水平面内的直线度

④ 检验工作台面对工作台移动的平行度。如图 7-35 所示，工作台面上放两等高垫块，垫块上放一平尺，测微仪或千分表固定在机床主轴上，使测量头接触平尺的上表面，在工作台的左、中、右、前、中、后六个位置上进行全程检验。误差以读数值的最大代数差计。

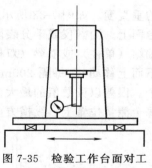

图 7-35　检验工作台面对工作台移动的平行度

检验纵向时，主轴箱、横梁（双柱）或滑板（单柱）移至检验位置后夹紧。检验横向时，工作台移至检验位置后夹紧。

⑤ 检验工作台基准侧面对工作台纵向移动的平行度。如图 7-36 所示，将千分表安装在主轴上（轴固定不动），测量头接触工作台基准侧面或安装万能转台用的 T 形槽侧壁上（可在检验面上加量块），工作台在纵向全行程内移动检验。误差以读数值的最大代数差计。

⑥ 工作台纵、横坐标移动的垂直度检验。如图 7-37 所示，在工作台面的中间位置放一 90°角尺，测微仪或千分表固定在主轴上，使测量头接触纵向测量面，并调整该面使其与工作台纵向移动方向平行。然后，再将测量头接触角尺的另一测量面，使工作台（单柱）或主轴箱（双柱）在横向全行程内移动检验。误差以量具在两端读数值的代数差计。

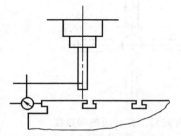

图 7-36　检验工作台基准侧面对工作台纵向移动的平行度

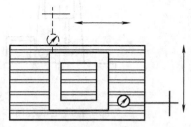

图 7-37　检验工作台纵、横坐标移动的垂直度

⑦ 检验主轴箱（单柱）或横梁（双柱）移动方向对工作台面

的垂直度。如图 7-38 所示，将 90°角尺按任意纵、横方向放在工作台面上。测微仪或千分表固定在主轴箱上，测量头接触测量面，主轴箱（单柱）或横梁（双柱）在全行程内移动检验（双柱机床是自下而上移动）。每隔 200mm 读数并记录一次，测量位置不少于 3个。误差以读数值的最大代数差计。检验时夹紧工作台和滑板。在每个测量位置上，纵横方向分别转 180°后再检验一次。

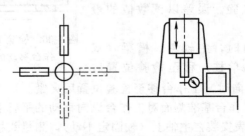

图 7-38　检验主轴箱移动方向对工作台面的垂直度

⑧ 检验主轴套筒移动方向对工作台面的垂直度。如图 7-39 所示，将 90°角尺按任意纵、横方向放在工作台面上。测微仪或千分表固定在主轴上，测量头接触角尺的测量面，使主轴套筒在全行程内移动检验。分别在纵、横两个方向上测量，全行程上的测量位置不少于 3 个。误差以读数值的最大代数差计。检验时夹紧主轴箱、横梁（双柱）或滑板（单柱）和工作台。

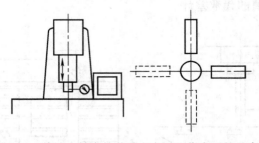

图 7-39　检验主轴套筒移动方向对工作台面的垂直度

⑨ 检验主轴旋转轴线对工作台面的垂直度。如图 7-40 所示，将测微仪或千分表固定在主轴上，使测量头触及量块上表面，旋转主轴检验。然后，拔除支杆，相对主轴旋转 180°后再检验一次。

a、b 处误差分别计算。误差以两次测量结果代数和的 1/2 计。

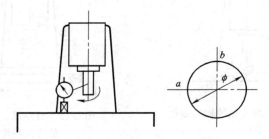

图 7-40　检验主轴旋转轴线对工作台面的垂直度

检验时，工作台、主轴箱和横梁（双柱）均处在其行程中间位置，并夹紧。主轴套筒伸出 1/2 行程长度，不夹紧。

（2）检验主轴锥孔轴线的径向跳动

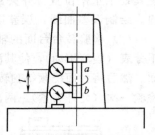

如图 7-41 所示，将带锥尾的检验棒插入主轴锥孔内。千分表固定在工作台面上，使测量头接触检验棒的圆柱表面。旋转主轴，在近主轴端面 a 处和离主轴端面 l 距离的 b 处检验，记下读数。将检验棒转 180°后再插入主轴锥孔内重复检验一次。误差以两次测量结果的算术平均值计。

图 7-41　检验主轴锥孔轴线的径向跳动

（3）检验主轴的轴向窜动　如图 7-42所示，在主轴锥孔内插入一检验棒，千分表固定在工作台面上，将测量头接触检验棒端面的中心位置（端面有中心孔的可放入一钢球），主轴低速旋转检验。误差以读数值的最大值计。主轴轴向窜动的允差为 0.003mm。

（4）检验纵、横坐标的定位精度　如图 7-43 所示，在机床工作台的中间位置，分别平行于纵、横坐标移动方向上放置一标准刻线尺，使刻线的高度为工作台面至主轴端面最大距离的 1/3。将读数显微镜固定在主轴上，对纵、横坐标在全行程内移动检验。以任意两刻线间读数值的最大代数差为测定值。纵、横坐标误差分别计算。测量 2 次，取对应点的平均值计。

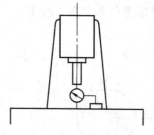

图 7-42　检验主轴的轴向窜动

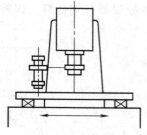

图 7-43　检验纵、横坐标
的定位精度

7.3.3　万能转台的几何精度检验（也适用于水平转台）

（1）检验转台台面的平面度　如图 7-44 所示，调整转台台面，使其处于水平位置，并夹紧。用准直仪或水平仪按图示虚线位置检验。绘制误差曲线，误差以最大值计。

（2）检验转台台面的轴向窜动　如图 7-45 所示，安置测微仪或千分表（固定不动），使其测量头接触工作台边缘 [图(a)]，旋转台面。然后将台面绕倾斜轴转 90°，使台面处于垂直位置 [图(b)]，再检验一次（允许夹紧）。两次误差均以量具读数的最大值计。

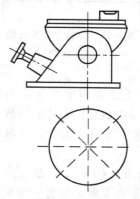

图 7-44　检验转台台面的平面度

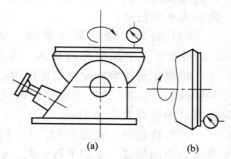

(a)　　　　　　　(b)

图 7-45　检验转台台面的轴向窜动

（3）检验转台主轴锥孔的径向跳动　如图 7-46 所示，在转台主轴锥孔内，插入一锥柄检验短轴。安置千分表固定不动，使测量头接触检验短轴的圆柱面上，旋转台面检验，记录读数；将检验短轴旋转 180°后再次插入锥孔内检验一次。误差以两次检验结果的算术平均值计。使转台处于垂直位置［图（b）］时，再重复以上方法测一次。误差以读数最大值计。

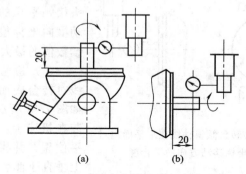

图 7-46　检验转台主轴锥孔的径向跳动

（4）检验转台台面对机床纵、横坐标移动方向的平行度　如图 7-47 所示，将转台安装在机床上，夹紧台面，台面上安装有等高垫块和平尺。千分表固定在主轴上，测量头接触平尺上表面，在纵、横坐标两个方向上移动检验。然后将台面旋转 180°，再检验一次。误差分别计算。以量具读数值的最大代数差计。

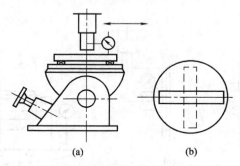

图 7-47　检验转台台面对机床纵、横坐标移动方向的平行度

（5）检验转台倾斜轴线在水平面内对机床横坐标移动方向的平行度　如图 7-48 所示，将转台安装在工作台上，使其定位块紧贴在机床工作台的侧基准面，台面处于水平位置，并夹紧。在转台台面上平行于倾斜轴方向固定一平尺，调整平尺测量面与横坐标移动

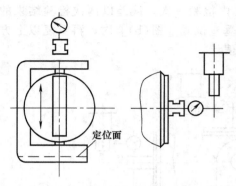

图 7-48　检验转台倾斜轴线在水平面内对
机床横坐标移动方向的平行度

方向平行。将转台绕倾斜轴旋转 90°后夹紧，使装在主轴上的千分表的测量头接触平尺的测量面，移动横向坐标检验。误差以读数值的最大代数差计。

（6）检验转台倾斜轴线对转台底面的平行度　如图 7-49 所示，将转台安装在机床上，台面处于水平位置，并夹紧。在台面上垂直于倾斜轴线方向固定一平尺，千分表固定在主轴上，调整平尺垂直面与工作台横向坐标移动方向平行。将转台倾斜轴旋转 90°后夹紧，测量头接触平尺测量面，移动横向坐标检验。误差以读数值的最大代数差计。

（7）检验转台倾斜轴的轴向窜动　如图 7-50 所示，将千分表固定在机床工作台面上，测量头接触倾斜轴端面。旋转转台台面，分别测量 0°、45°和 90°各位置上倾斜轴被夹紧后的窜动值。误差以最大代数差计。

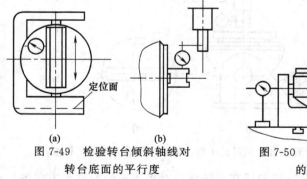

(a)　　　　　　　　　(b)
图 7-49　检验转台倾斜轴线对
转台底面的平行度

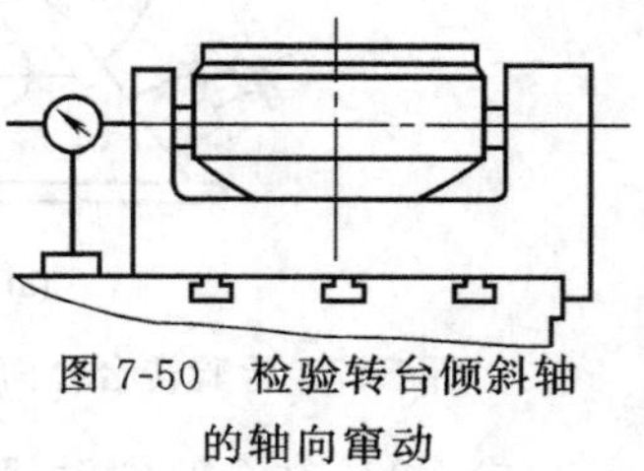

图 7-50　检验转台倾斜轴
的轴向窜动

（8）检验转台的分度精度　如图 7-51 所示，将经纬仪用专用心轴固定在转台的锥孔内。离经纬仪适当的距离（约 3m 左右）处放一平行光管，使平行光管的十字线与经纬仪望远镜中的分划板重合。将转台沿顺时针方向转过一定的角度，记下名义值，再将经纬仪沿逆时针方向转过相应角度，使平行光管中的十字线重新对准望远镜中的分划板，记下读数值。经纬仪的读数值与转台名义转角之差，即为该角度的累积误差。

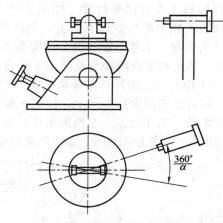

图 7-51　检验转台的分度精度

转台在松开状态下检测；检测间隔不大于 $10°$，全程测量 2 圈，取对应点平均值，误差以任意两点位置读数的最大代数差计。根据上述测量结果，在最高和最低点 $±1°$ 范围内，每隔 $10' \sim 20'$ 抽查，每点位置上读数 2 次，误差以平均值计。

（9）检验转台倾斜分度的精度　如图 7-52 所示，在转台台面上安置象限仪，其角度按转台倾斜角度相应调整。在台面处于水平和倾斜 $30°$、$45°$ 后和 $60°$ 各位置上夹紧并检验。误差分别以象限仪读数值与转台读数值之差的最大值计。

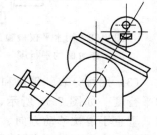

图 7-52　检验转台倾斜分度的精度

为了确保测量结果的正确，避免受水平仪自身偏差的影响，调整时，水平仪应在每一个检测位置的正反方向上各测一次，即将水平仪转 $180°$ 在同一个位置上再测一次。2 次检测读数和的 $1/2$ 即为被测基面的实际偏差，2 次检测读数差的 $1/2$ 即为水平仪的自身偏差。

7.4 刨床几何精度检验

7.4.1 牛头刨床几何精度检验

（1）用水平仪检验工作台面平行度 如图 7-53 所示，将水平仪安放在工作台面各不相同的位置和方向上，以任意 300mm 测量长度上的读数差计为误差。工作台面和侧工作面都要检验。

（2）用百分表、平尺和量块检验滑枕对上工作台面的平行度 如图 7-54 所示，在工作台面上的两等高量块上放一平尺，使其与滑枕移动方向平行，将百分表固定在刀架上，使表头触及平尺上检验面，移动滑枕进行检验。工作台左、右侧面也应检验。以百分表读数的最大差值计为误差。根据刨削长度，确定测量长度的允差值。

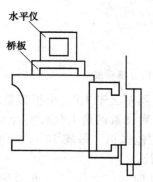

图 7-53 用水平仪检验工作台面的平行度

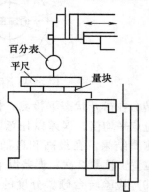

图 7-54 用百分表、平尺和量块检验滑枕对上工作台面的平行度

（3）用百分表、平尺和量块检验上工作台面对工作台水平移动的平行度 如图 7-55 所示，在工作台的两等高量块上放一平尺，使其垂直于滑枕移动方向。百分表固定在刀架上，使表头触及平尺检验面。水平移动工作台进行检验。在工作台面全部宽度内任意 300mm 测量长度上允差为 0.02mm。

（4）用百分表、直角尺检验工作台侧面对工作台水平移动的垂直度 如图 7-56 所示，将角尺的一端顶在工作台侧面上，使固定在滑枕上的百分表测头顶在角尺另一侧面上，水平移动工作台，以百分表读数的最大差值计为误差。在工作台面全部宽度内任意 300mm 测量长度上允差为 0.03mm。

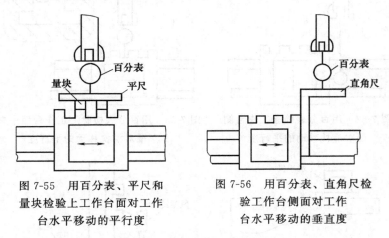

图 7-55　用百分表、平尺和量块检验上工作台面对工作台水平移动的平行度

图 7-56　用百分表、直角尺检验工作台侧面对工作台水平移动的垂直度

（5）用百分表检验工作台侧面对滑枕移动的平行度　如图7-57 所示，将固定在滑枕上的百分表测头顶在工作台侧面上，移动滑枕进行检验。工作台在上、中、下三个位置测量，以百分表读数的最大差值计为误差。在工作台面全部宽度内任意 300mm 测量长度上允差为 0.03mm。

（6）用百分表检验上工作台面中央 T 形槽对滑枕移动的平行度　如图 7-58 所示，在刀架上固定百分表，使表头触及 T 形槽的侧面，移动滑枕进行检验。在工作台面全部宽度内任意 300mm 测量长度上允差为 0.03mm。

7.4.2　龙门刨床几何精度检验

（1）用水平仪检验工作台面的平面度　如图 7-59 所示，将水平仪安放在工作台面各不相同的位置和方向上，以任意 1000mm 测量长度上的读数差值计为误差。

（2）用显微镜和钢丝检验工作台移动在水平面内的直线度　如图 7-60 所示，在工作台两端张紧一根与工作台移动方向平行的钢丝，将显微镜固定在刀架上。移动工作台，用显微镜检验钢丝，在全行程上（不少于 5 个位置）检验。

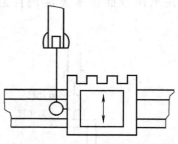

图 7-57 用百分表检验工作台侧
面对滑枕移动的平行度

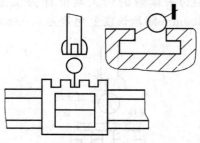

图 7-58 用百分表检验上工作台面中央
T 形槽对滑枕移动的平行度

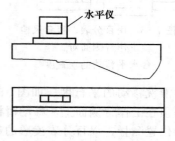

图 7-59 用水平仪检验工
作台面的平面度

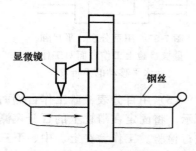

图 7-60 用显微镜和钢丝检验工作台
移动在水平面内的直线度

（3）用百分表检验工作台面对工作台移动的平行度　如图7-61
所示，将百分表固定在垂直刀架上，使表头触及工作台面。移动工
作台，在工作台宽度方向的中央和两边各检验一次。

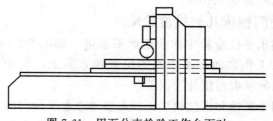

图 7-61 用百分表检验工作台面对
工作台移动的平行度

（4）用百分表检验中央 T 形槽对工作台移动的平行度　如图

7-62 所示，将百分表固定在垂直刀架上，使表头触及中央 T 形槽的侧面上，移动工作台，在工作台全部行程上检验。

（5）用百分表检验垂直刀架水平移动对工作台面的平行度　如图 7-63 所示，把横梁固定在距工作台面 300mm 高度处，工作台移动到导轨的中间位置。将百分表固定在垂直刀架上，使表头触及工作台面或工作台面上的量块表面上。移动垂直刀架，在工作台全部宽度上进行检验。

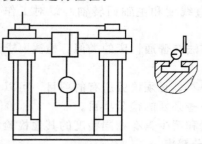 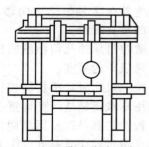

图 7-62　用百分表检验中央 T 形槽　　　图 7-63　用百分表检验垂直刀架
　　对工作台移动的平行度　　　　　　　水平移动对工作台面的平行度

（6）用百分表、直角尺检验垂直刀架垂直移动对工作台面的垂直度　如图 7-64 所示，在工作台面上垂直于横梁放置一角尺，将百分表固定在垂直刀架上，使表头触及角尺外垂直面，垂直移动刀架检验。

（7）用百分表、直角尺检验侧刀架垂直移动对工作台面的垂直度　如图 7-65 所示，在工作台面上平行于横梁放置一角尺，将百分表固定在侧刀架上，使表头触及角尺外垂直面，垂直移动侧刀架检验。

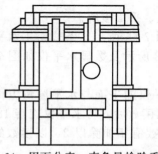 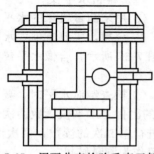

图 7-64　用百分表、直角尺检验垂直　　　图 7-65　用百分表检验垂直刀架垂
　　刀架垂直移动对工作台面的垂直度　　　直移动对工作台面的垂直度

7.5 数控机床几何精度检验

数控机床的几何精度反映机床的关键机械零部件（如床身、溜板、立柱、主轴箱等）的几何形状误差及其组装后的几何形状误差，包括工作台面的平面度、各坐标方向上移动的相互垂直度、工作台面 X、Y 坐标方向上移动的平行度、主轴孔的径向圆跳动、主轴轴向的窜动、主轴箱沿 Z 坐标轴心线方向移动时的主轴线平行度、主轴在 Z 轴坐标方向移动的直线度和主轴回转轴心线对工作台面的垂直度等。

数控机床的几何精度的检测方法与普通机床的类似，检测要求较普通机床的要高。

检验机床时，根据结构特点并不是必须检验所有的项目，可以根据用户取得制造厂商同意选择一些必要的检验项目。

检验工具可以使用相同指示量和至少具有相同精度的其他检验工具。指示器应具有 0.001mm 的分辨率。

7.5.1 检验数控机床的几何精度常用的检验工具

常用的检测工具有精密水平仪、精密方箱、直角尺、平尺、千分表、激光干涉仪、准直仪及高精度主轴检验棒等。这些工具在检验工作中缺一不可，相互协调工作，另外需要注意的是应严格按照国家检验标准来执行工作，数控机床的几何精度的检验工具和检验方法类似于普通机床，但检测要求更高。检测工具的精度必须比所测的几何精度高一个等级。

（1）精密水平仪

① 用来测量机床的水平、直线度、平面度等。

② 分类，主要有框式水平仪如图 7-66 所示，条式钳工水平仪如图 7-67 所示，合像水平仪如图 7-68 所示及数显水平仪如图 7-69 所示。

③ 检查绝对水平时，要确保水平仪的平面与水平测量方向呈 90°的附件。水平仪读数两次，第一次读数后，将水平仪旋转 180°，再进行第二次的读数，两次读数的代数值相加除以 2，以读数的平均值作为测量结果。

④ 当测量表面形状时，如直线度、平面度等，了解水平仪支

承点中部间的距离 L 是很重要的。在每次读数之间，以 L 的增量形式移动水平仪和它的支座进行读数，并确保后一个支脚所处的位置同前一个支脚在前一次读数时所处的位置一样。使用说明请看第2章2.5.2水平仪。

图 7-66　框式水平仪

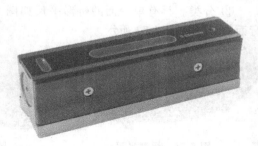

图 7-67　条式水平仪

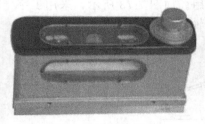

图 7-68　合像水平仪

图 7-69　数显水平仪

（2）精密方箱　方箱主要用于检验零部件的平行度、垂直度等。也可在数控机床的检验中作为标准直角适用，其性能稳定，精度可靠，有六个工作面，其中一个工作面上有 V 形槽。精密方向如图 7-70 所示。

图 7-70　精密方箱

（3）平尺

① 平尺是具有一定精度的平直基准线的实体，参照它可以测定表面的直线度或平面度的偏差。其适用于机床导轨、工作台的精度检查，几何精度测量，精密部件的测量等，是精密测量的基准。

② 分类。具有单一面的桥形平尺如图 7-71 所示；具有两个平行面的平尺如图 7-72 所示。

图 7-71　桥型平尺　　　　　　　　图 7-72　工字型平尺

③ 平尺在检验数控机床中的应用。如图 7-73 所示，采用工字型平尺检验数控立式加工中心 Y 轴轴线运动的直线度误差（在在 Y-Z 垂直平面内）。

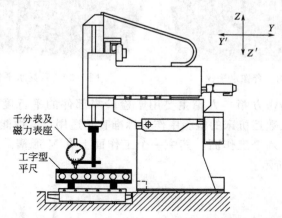

图 7-73　检验数控立式加工中心 Y 轴轴线运动的直线度误差

（4）检验棒　检验棒采用优质碳素工具钢制造，加工中经过多次热处理，工作面精密磨削而成。其主要用于检查工具圆锥的精确性以及各种数控机床和精密仪器主轴与孔的锥度。还用于检验主轴套筒类零部件的径向圆跳动、轴向窜动、同轴度、平行度及其与导轨的平行度等精度项目。常用的带标准锥柄检验棒、圆柱机床检验棒、专用检验棒三种。

① 带锥柄的检验棒。带锥柄检验棒采用优质碳素工具钢或无缝钢管制造加工，经多次处理，工作表面精度稳定，圆柱度误差小，硬度高，一般锥度为 0.001/100，直棒圆柱度误差≤0.002mm。

带锥柄检验棒用于检查工具圆锥的精确性，高精度的带锥柄检验棒适用于机床和精密仪器主轴与孔的锥度检查。带锥柄的检验棒如图7-74所示。

② 圆柱检验棒。圆柱检验棒一般用热拔无缝钢管制成，两端带有中心孔的堵头。精磨前进行稳定性处理。圆柱体必须淬火，可镀硬铬以增加耐磨性。安装在两顶尖之间的检验棒代表通过两点间的一条直线。该检验棒的轴线是直的，并具备理想的圆柱形表面，如图 7-75 所示。

图 7-74　带锥柄的检验棒

图 7-75　圆柱检验棒

③ 使用说明：

a. 检验棒有一个为了插入被检机床锥孔用的锥柄和一个作为测量基准的圆柱体，它们用淬火和经温定性处理的钢制成。

b. 对于比较小的莫氏圆锥和公制圆锥，如莫氏检验棒，检验棒在锥孔中是自锁的；带有一段螺纹，以供装上螺母从孔内抽出检验棒。

c. 对于锥度较大的检验棒，如 ISO 检验棒，则设置了一个螺孔，以便使用拉杆来固定检验棒（具有自动换刀的机床使用拉钉）。

d. 检验棒的锥柄和机床主轴的锥孔必须清洁干净以保证接触良好。

e. 测量径向跳动时，检验棒应在相应 90°的 4 个位置依次插入主轴，误差以 4 次结果的平均值计算。

f. 检查零部件侧向位置精度或平行度时，应将检验棒和主轴旋转 180°，依次在检验棒圆柱表面两条相对的母线上进行检测。

g. 检验棒插入主轴后，应稍等一段时间，以消除操作者手传来的热量使温度稳定。

④ 检验棒在检验数控立式加工中心中的应用

如图 7-76 所示，检验棒插入主轴锥孔，检查主轴锥孔的径向跳动。

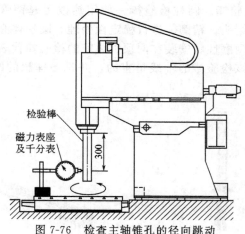

检验棒

磁力表座及千分表

300

图 7-76　检查主轴锥孔的径向跳动

（5）角尺

① 主要用来测量轴线间的垂直度公差及轴线运动的平行度误差，适用于机床、机械设备及零部件的垂直度检验等。

图 7-77　直角尺

② 分类。主要有直角尺、圆柱角尺和方尺等。

直角尺：测量面和基面相互垂直，用于检验直角、垂直度和平行度误差的测量器具，又称 90°角尺。如图 7-77所示。

圆柱角尺主要用于直角

的检验和划线，检验零件或部件有关表面的相互垂直度，可作为90°测量基准；用来检查各种机床部件之间垂直度的重要工具。如图 7-79 所示。

方尺用于图 7-78 所示具有垂直平行的框式组合，适用于高精度机械和仪器检验及机床之间垂直度的检查，是用来检查各种机床内部件之间垂直度的重要工具。

图 7-78　方尺　　　　　　　　图 7-79　圆柱角尺

③ 应用直角尺、平尺检验数控机床主轴轴线和 Z 轴轴线运动间的平行度，在平行于 Y 轴轴线的 Y-Z 垂直平面内。如图 7-80 所示。

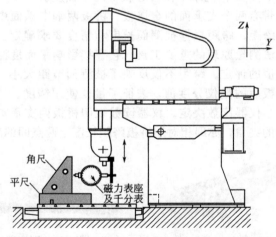

图 7-80　检验主轴轴线和 Z 轴轴线运动间的平行度

（6）燕尾尺　燕尾尺产品产品分为凸、凹两种形式，用于测量工件的直线度和平面度，以及机床导轨的检验和修理时的测量研磨。如图 7-81 所示。

第 7 章　常用量具检验机床的几何精度　　485

（7）指示器（请看第 2 章 2.4 指示表）

① 指示器用来测试移动部件间的相对线性位移，如主轴跳动、平行度、垂直度等。

② 分类。一般有百分表（0.01mm）、千分表（0.001mm）、杠杆表（0.01mm、0.001mm）、电子测试器（由测头和放大器组成）

③ 杠杆百分表是把杠杆测头的位移通过机械传动系统转变为指针在表盘上的角位移。其体积小巧，测量杆能在 180°范围内旋转，并能以正反两个方向进行测量，更适宜对孔、凹槽等难以测量的地方进行测量。

说明：一般用磁力表座作为测试支架，它必须具备足够的刚度；指示器的测头应垂直于被检测面，以免产生误差。

（8）平板

① 用来作为平面的基准体。

② 分类，一般有铸铁平板和花岗岩平板。

（9）桥板　桥板主要用于配合水平仪、光学平直仪、电子水平仪检测平板、平尺、机床工作台导轨等的平面度。

桥板是带有两个支承面的金属板。桥板两端支承面中心线之间的距离称为跨距，跨距根据被测面长度和精度要求确定。由于桥板是体现节距法测量原理的重要工具，它直接影响平面度测量数据的取得和误差值的评定。跨距不仅反映了被测面节距大小，而且还决定了使用桥板后的量仪分度值，表征了量仪使用精度。量仪分度值由桥板跨距、仪器读数决定。仪器读数表明桥板两支承点连线对水平线或光轴的夹角，亦即相对于桥板跨距长度上两点间的高度差值。

图 7-81　燕尾尺

图 7-82　固定型桥板

① 桥板分为固定型和可调型，如图 7-82 为固定型桥板。

② 机床专用检测可调桥板。机床专用可调桥板是可调桥板中的一种，适合计量检测、机床检验等。桥板的工作面平面度不大于

0.001mm，任何跨度平行度不大于 0.03mm。图7-83所示为可调型检测桥板，检测桥板自身在任何调距后检查双轴接触线与上平面的平行度，但在检测时调好跨度放上仪器并对零位后，仪器和桥板已成整体，这时桥板

图 7-83　可调型桥板

本身的误差数已消除，仪器精度即是桥板的精度。

　　③ 利用桥板检验数控车床床身导轨的直线度和平行度误差。如图 7-84 所示，将水平仪纵向放置在桥板上，沿导轨全长等距离地在各位置上检验，检验车床床身导轨的直线度误差。如图 7-85 所示，将水平仪横向放置在桥板上，等距离移动桥板检验，检验床身导轨的平行度误差。

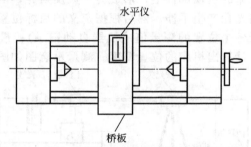

图 7-84　检验床身导轨在垂直平面内的直线度误差

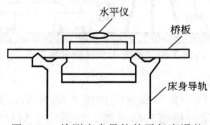

图 7-85　检测床身导轨的平行度误差

　　（10）激光干涉仪　激光干涉仪如图 7-86 所示。激光干涉仪是通过光路干涉原理进行测试，以稳态的氦-氖激光为光源，精度优

于百万分之 0.5。主要用来测试机床的位置精度，也可以测试直线度、垂直度等。

图 7-86　激光干涉仪

测试方法：首先将反射镜置于机床不动的某个位置，让激光束经过反射镜形成一束反射光；其次将干涉镜置于激光器与反射镜之间，并置于机床的运动部件上，形成另一束反射光，两束光同时进入激光器的回光孔产生干涉；然后根据定义的目标位置编制循环移动程序，记录各个位置的测量值（机器自动记录）；最后进行数据处理与分析，计算出机床的位置精度。测量示意图如图 7-87 所示。

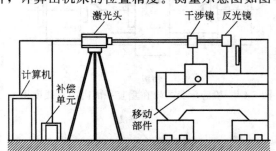

图 7-87　激光干涉仪测量示意图

（11）准直仪

① 光学准直仪。光学准直仪如图 7-88 所示，光学准直仪是测量微小角度变化量的精密光学仪器，它适用于测量精密导轨的直线度误差及小角度范围内的精密角度测量。

光学准直仪利用光学准直望远系统测量直线度误差。准直望远系统由准直光管和望远镜组成，它将入射的发散的光束变成平行的光束出射。将被测全长分成若干段，测出各段的倾斜角。将所得数据用作图法求出直线度误差值。

图 7-88　光学准直仪

如图 7-89 所示，利用光学准直仪检验数控机床的直线度误差。

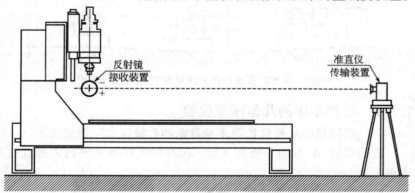

图 7-89　光学准直仪检验数控机床的直线度示意图

② 激光准直仪。激光准直仪如图 7-90 所示，激光准直仪的发射光学系统是一个倒置的望远镜，其激光的直线传播性很好，准直后的激光发散性很小，激光准直仪就是根据这个原理设计的。

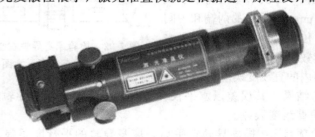

图 7-90　激光准直仪

例如，当利用钢丝和读数显微镜测量车床导轨的直线度误差时，移动溜板，可从安装在溜板上的读数显微镜中读出导轨各点偏离钢丝的数值。利用激光束测量直线度误差时，如图 7-91 所示，激光束相当于钢丝，四象限光电传感器和指示表相当于读数显微镜，沿被测导轨移动滑块，若四象限光电传感器中的 4 个光电池所接收的光强信号相等，表示导轨直线度好；否则表示存在误差。误差大小可以直接从指示表中读出。利用激光束测量直线度误差的测量工具称为激光准直仪。

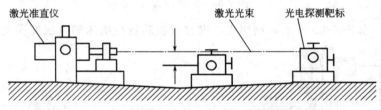

图 7-91　激光准直仪检测机床导轨的直线度示意图

7.5.2　数控车床的几何精度检验

（1）利用精密水平仪检验床身导轨的直线度和平行度误差

检验项目 a：纵向导轨调平后，床身导轨在垂直平面内的直线度误差。

检验工具：精密水平仪、桥板。

检验方法：如图 7-92 所示，将水平仪纵向放置在桥板（或溜板）上，沿导轨全长等距离地在各位置上检验，每次移动距离小于或等于 500mm，在导轨的两端和中间至少三个位置上进行检验，记录水平仪的读数，并计算出床身导轨在垂直平面内的直线度误差。

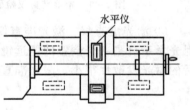

图 7-92　检验床身导轨在垂直平面内的直线度示意图

检验结果：其误差以水平仪读数的最大值即为床身导轨在垂直平面内的直线度误差。

检验项目 b：横向导轨调平后，床身导轨的平行度误差。

检验方法：将水平仪横向放置在桥板（或溜板）上，如图7-93

所示。等距离移动桥板（或溜板）检验，记录水平仪读数。

检验结果：其误差以水平仪读数最大值即为床身导轨的平行度误差。

（2）检验溜板移动在水平面内的直线度误差

检验项目：溜板移动在水平面内的直线度误差。

检验工具：检验棒、指示器、显微镜和钢丝

检验方法：将检验棒支承在主轴和尾座顶尖上，再将百分表固定

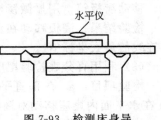

图 7-93　检测床身导轨的平行度示意图

在溜板上，使百分表触头触及检验棒母线如图 7-94（a）所示。等距离移动溜板进行检验，每次移动距离小于或等于 250mm。将指示器的读数依次排列，画出误差曲线，将检验棒转 180°再检验一次，检验棒调头，重复上述检验。

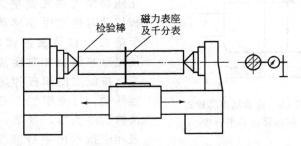

(a) 利用检验棒、指示器检验溜板移动在水平面内的直线度误差

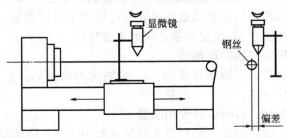

(b) 利用显微镜和钢丝检验溜板移动在水平面内的直线度误差

图 7-94　检验溜板移动在水平面内的直线度

如图 7-94（b）所示，在溜板箱两端张紧一根与溜板移动方向平行的钢丝，将显微镜固定在磁力表架上，而磁力表座放置在溜板上，移动溜板箱，用显微镜检验钢丝，在全行程上检验。

检验结果：溜板移动在水平面内的直线度误差为曲线相对两端点连线的最大坐标值。

（3）利用百分表检验尾座移动对溜板移动的平行度误差

检验项目：a. 在垂直平面内尾座移动对溜板移动的平行度；b. 在水平面内尾座移动对溜板移动的平行度。

检验工具：指示器。

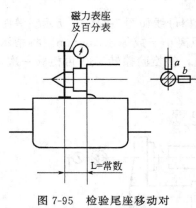

图 7-95　检验尾座移动对溜板移动的平行度

检验方法：如图 7-95 所示，将尾座套筒伸出后，按正常工作状态锁紧，同时使尾座尽可能地靠近溜板，把安装在溜板上的第二个百分表相对于尾座套筒的端面调整为零；溜板移动时也要手动移动尾座直至第二个百分表的读数为零，使尾座与溜板相对距离保持不变。按此法使溜板和尾座全行程移动，只要第二个百分表的读数始终为零，则第一个百分表相应指示出平行度误差。或沿行程在每隔 300mm 处记录第一个百分表读数。

检验结果：百分表读数的最大差值即为平行度误差。第一个指示器分别在图中 ab 位置测量，误差单独计算。

（4）检验主轴端部跳动

检验项目：主轴端部跳动。a. 主轴的轴向窜动；b. 主轴的轴肩支承面的跳动。

检验工具：百分表和专用装置。

检验方法：用专用装置在主轴线上加力 F（F 值为消除轴向间隙的最小值），如图 7-96 所示。把百分表安装在机床固定部件上，然后使百分表测头沿主轴轴线分别触及专用装置的钢球和主轴轴肩支承面；旋转主轴，百分表读数最大差值即为主轴的轴向窜动误差和主轴轴肩支承面的跳动误差。

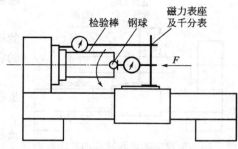

检验棒　钢球　　磁力表座及千分表

图 7-96　检验主轴端部跳动

检验结果：主轴端部跳动误差为百分表读数最大差值。

（5）检验主轴定心轴颈的径向跳动

检验项目：主轴定心轴颈的径向跳动

检验工具：指示器。

检验方法：如图 7-97所示，将百分表安装在机床固定部件上，使百分表测头垂直于主轴定心轴颈并触及主轴定心轴颈；旋转主轴，百分表读数最大差值即为主轴定心轴颈的径向跳动误差。

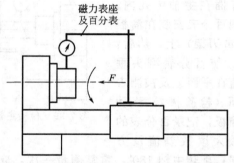

磁力表座及百分表

图 7-97　检验主轴定心轴颈的径向跳动

检验结果：主轴定心轴颈的径向跳动误差为百分表读数最大差值。

（6）检验主轴锥孔轴线的径向跳动

检验项目：主轴锥孔轴线的径向跳动。a. 靠近主轴端部；b. 距主轴端面"L"处。

检验工具：指示器和检验棒。

检验方法：如图 7-98 所示。将检验棒插在主轴锥孔内，把百分表安装在机床固定部件上，使百分表测头垂直触及被测表面，旋转主轴，记录百分表的最大读数差值，在 a、b 处分别测量。标记检验棒与主轴的圆周方向的相对位置，取下检验棒，同向分别旋转检验棒 90°、180°、270°后重新插入主轴锥孔，在每个位置分别

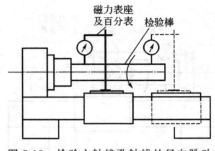

图 7-98　检验主轴锥孔轴线的径向跳动

检测。

检验结果：取 4 次检测的平均值即为主轴锥孔轴线的径向跳动误差。

（7）检验主轴轴线对溜板移动的平行度

检验项目：主轴轴线对溜板移动的平行度。a. 在垂直平面内；b. 在水平面内。

检验工具：指示器和检验棒。

检验方法：如图 7-99 所示。将检验棒插在主轴锥孔内，把百分表安装在溜板（或刀架）上，然后：a. 使百分表测头垂直在平面触及被测表面（检验棒），移动溜板，记录百分表的最大读数差值及方

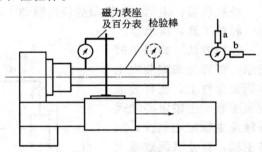

图 7-99　检验主轴轴线对溜板移动的平行度

向；旋转主轴 180°，重复测量一次，取两次读数的算术平均值作为在垂直平面内主轴轴线对溜板移动的平行度误差；b. 使百分表测头在水平平面内垂直触及被测表面（检验棒），按上述 a 的方法重复测量一次，即得水平平面内主轴轴线对溜板移动的平行度误差。

检验结果：取两次读数的算术平均值作为主轴轴线对溜板移动的平行度误差。

（8）检验主轴顶尖的跳动

检验项目：主轴顶尖的跳动。

检验工具：指示器和专用顶尖。

检验方法：如图 7-100 所示，将专用顶尖插在主轴锥孔内，把百分表安装在机床固定部件上，使百分表测头垂直触及被测表面，

旋转主轴，记录百分表的最大
得数差值。

检验结果：误差为百分表
的最大读数差值。

（9）检验尾座套筒轴线对
溜板移动的平行度

检验项目：尾座套筒轴线
对溜板移动的平行度。a. 在
垂直平面内；b. 在水平面内。

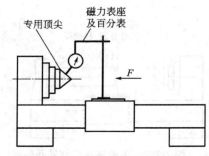

图7-100　检验主轴顶尖的跳动

检验工具：指示器。

检验方法：如图7-101
所示。将尾座套筒伸出有
效长度后，按正常工作状
态锁紧。百分表安装在溜
板（或刀架上），然后a.
使百分表测头在垂直平面
内垂直触及被测表面（尾
座筒套）移动溜板，记录
百分表的最大读数差值及

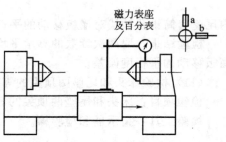

图7-101　检验尾座套筒轴线
对溜板移动的平行度

方向，即得在垂直平面内尾座套筒轴线对溜板移动的平行度误差；
b. 使百分表测头在水平平面内垂直触及被测表面（尾座套筒），按上
述a的方法重复测量一次，即得在水平平面内尾座套筒轴线对溜板
移动的平行度误差。

检验结果：误差为百分表的最大读数差值。

（10）检验尾座套筒锥孔轴线对溜板移动的平行度

检验项目：尾座套筒锥孔轴线对溜板移动的平行度。a. 在垂
直平面内，b. 在水平平面内。

检验工具：指示器和检验棒。

检验方法：如图7-102所示。尾座套筒不伸出并按正常工作状
态锁紧；将检验棒插在尾座套筒锥孔内，指示器安装在溜板（或刀
架）上，然后：a. 把百分表测头在垂直平面内垂直触及被测表面
（尾座套筒），移动溜板，记录百分表的最大读数差值及方向；取下

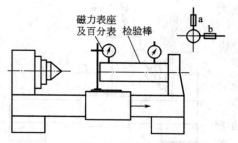

图 7-102　检验尾座套筒锥孔轴线
对溜板移动的平行度

检验棒，旋转检验棒 180°后重新插入尾座套孔，重复测量一次，取两次读数的算术平均值作为在垂直平面内尾座套筒锥孔轴线对溜板移动的平行度误差；b. 把百分表测头在水平面内垂直触及被测表面，按上述 a 的方法重复测量一次，即得在水平面内尾座套筒锥孔轴线对溜板移动的平行度误差。

检验结果：取两次读数的算术平均值作为尾座套筒锥孔轴线对溜板移动的平行度误差。

（11）检验床头和尾座两顶尖的等高度

检验项目：床头和尾座两顶尖的等高度。

检验工具：指示器和检验棒。

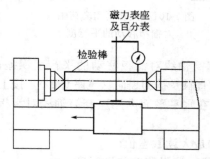

图 7-103　检验床头和
尾座两顶尖的等高度

检验方法：如图 7-103 所示。将检验棒顶在床头和尾座两顶尖上，把百分表安装在溜板（或刀架）上，使百分表测头在垂直平面内垂直触及被测表面（检验棒），然后移动溜板至行程两端，移动小拖板（X 轴），记录百分表在行程两端的最大读数值的差值，即为床头和尾座两顶尖的等高度。测量时注意方向。

检验结果：误差为记录百分表在行程两端的最大读数值的差值。

（12）检验刀架横向移动对主轴轴线的垂直度

检验项目：刀架横向移动对主轴轴线的垂直度。

检验工具：指示器、圆盘、平尺。

检验方法：如图 7-104 所示将圆盘安装在主轴锥孔内，百分表安装在刀架上，使百分表测头在水平面内垂直触及被测表面（圆盘），再沿 X 轴向移动刀架，记录百分表的最大读数差值及方向；将圆盘旋转180°，重新测量一次，取两次读数的算术平均值作为横刀架横向移动对主轴轴线的垂直度误差。

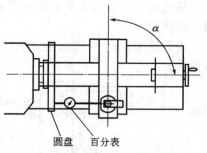

图 7-104　检验刀架横向移动
对主轴轴线的垂直度

检验结果：取两次读数的算术平均值作为横刀架横向移动对主轴轴线的垂直度误差。

7.5.3　数控铣床的几何精度检验

（1）检验主轴箱垂向移动的直线度

检验项目：主轴箱垂向移动的直线度。a. 在机床的横向垂直平面内；b. 在机床的纵向垂直平面内。

检验工具：角尺和指示器。

检验方法：如图 7-105 和图 7-106 所示。将角尺放在工作台面上，使工作台位于行程的中间位置：a. 横向垂直平面内；b. 纵向垂直平面内。固定指示器，使其测头触及角尺的检验面。调整角

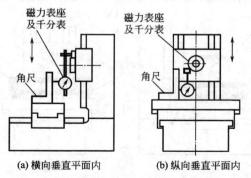

(a) 横向垂直平面内　　　　(b) 纵向垂直平面内

图 7-105　检验数控卧式铣床主轴箱垂向移动的直线度

尺，使指示器读数在测量长度的两端相等，按测量长度，移动主轴箱进行检验。

检验结果：a、b 的误差分别计算，误差以指示器读数的最大差值计。

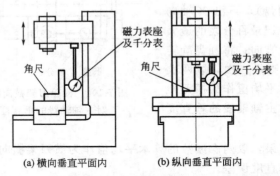

(a) 横向垂直平面内　　　(b) 纵向垂直平面内

图 7-106　检验数控立式铣床主轴箱垂向移动的直线度

（2）检验工作台面对工作台（或立柱，或滑枕）移动的平行度

检验项目：工作台面对工作台（或立柱，或滑枕）移动的平行度。a. 横向；b. 纵向。

检验工具：平尺和指示器。

检验方法：如图 7-107 和图 7-108 所示。在工作台面上放两个等高块，平尺放在等高块上：a. 横向；b. 纵向，在主轴中央处固定指示器，使其测头触及平尺检验面，按测量长度，横向移动工作台（或立柱，或滑枕）和纵向移动工作台进行检验。当工作台长度

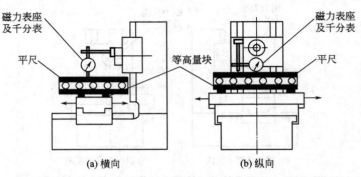

(a) 横向　　　　　　　　　(b) 纵向

图 7-107　检验数控卧式铣床工作台面对工作台移动的平行度

图解机械零件加工精度测量及实例

大于 1600mm 时，则将平尺逐次移动进行检验。

检验结果：a、b 的误差分别计算，误差以指示器读数的最大差值计。

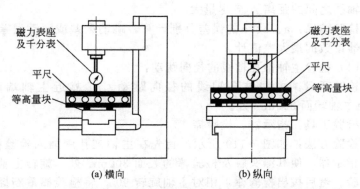

图 7-108　检验数控立式铣床工作台面对工作台移动的平行度

（3）检验主轴端部的跳动

检验项目：主轴端部的跳动。a. 主轴定心轴颈的径向跳动（用于有定心轴径的机床）；b. 主轴周期性轴向窜动；c. 主轴轴肩支承面跳动（包括周期性轴向窜动）。

检验工具：专用检验棒、指示器。

检验方法：如图 7-109 所示。固定指示器，使其测头分别触及：a. 主轴定心轴径表面；b. 插入主轴锥孔中的专用检验棒端面

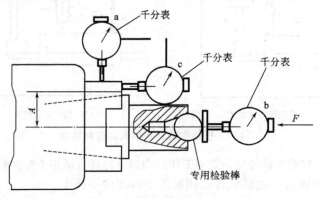

图 7-109　检验主轴端部的跳动

中心处；c. 主轴轴肩支承面靠近边缘处，然后旋转主轴进行检验。b、c 项检验时，应通过主轴中心线加一个由制造厂规定的轴向力 F（对已消除轴向游隙的主轴，可不加力）。a 项检验时，指示器与主轴轴线之间的距离 A 应尽量大。

检验结果：a、b、c 的误差分别计算，跳动误差或窜动误差以指示器读数的最大差值计。

（4）检验主轴锥孔轴线的径向跳动：

检验项目：主轴锥孔轴线的径向跳动。a. 靠近主轴端面；b. 距主轴端面 300mm 处。

检验工具：指示器、检验棒。

检验方法：如图 7-110 所示。首先在主轴锥孔中插入检验棒，固定指示器，使其测头触及检验棒的表面 300mm 处，旋转主轴进行检验。然后拔出检验棒，相对主轴旋转 90°，将检验棒重新插入主轴锥孔中，依次重复三次。

检验结果：a、b 的误差分别计算，径向跳动误差以四次测量结果的算术平均值计。

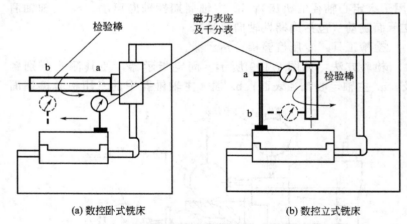

(a) 数控卧式铣床　　　　　　(b) 数控立式铣床

图 7-110　检验主轴锥孔轴线的径向跳动

（5）检验主轴旋转轴线对工作台面的平行度（适用于卧式铣床）

检验项目：主轴旋转轴线对工作台面的平行度。

检验工具：指示器、检验棒。

检验方法：如图 7-111 所示。首先在主轴锥孔中插入检验棒，将带有指示器的支架放在工作台面上，使指示器测头触及检验棒的表面，按测量长度，移动支架进行检验。将主轴旋转 180°，重复检验一次。

检验结果：误差以两次测量结果的代数和之半计。

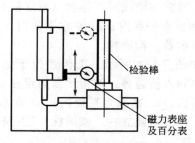

检验棒

磁力表座
及百分表

图 7-111　主轴旋转轴线对工作台面的平行度

(6) 检验主轴旋转轴线对工作台面的垂直度（仅适用于立式铣床）

检验项目：主轴旋转轴线对工作台面的垂直度。a. 在机床横向垂直平面内；b. 在机床纵向垂直平面内。

检验工具：指示器、专用检验棒。

检验方法：如图 7-112 所示。工作台位于纵向行程的中间位置，将指示器装在插入主轴锥孔中专用检验棒上，使其测头触及工作台面：a. 在机床横向垂直平面内；b. 在机床纵向垂直平面内。按测量长度，旋转主轴进行检验。拔出检验棒，旋转 180°，插入

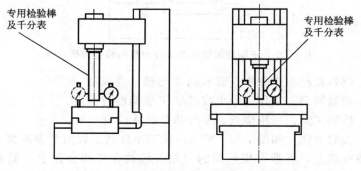

专用检验棒
及千分表

专用检验棒
及千分表

图 7-112　主轴旋转轴线对工作台面的垂直度

主轴锥孔中，重复检验一次。

检验结果：a、b的误差分别计算，误差以两次测量结果的代数和之半计。

（7）检验主轴旋转轴线对工作台（或立柱、或滑枕）横向移动的平行度

检验项目：主轴旋转轴线对工作台（或立柱、或滑枕）横向移动的平行度。a. 在垂直平面内；b. 在水平面内。

检验工具：指示器、检验棒。

检验方法：如图7-113所示。工作台位于纵向行程的中间位置，在主轴锥孔中插入检验棒，将指示器固定在工作台面上，使其测头触及检验棒表面：a. 在垂直平面内；b. 在水平面内。按测量长度，横向移动工作台（或立柱、或滑枕）进行检验。将主轴旋转180°，重复检验一次。

检验结果：a、b的误差分别计算，误差以两次测量结果的代数和之半计。

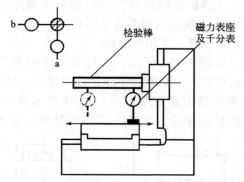

图7-113　主轴旋转轴线对工作台横向移动的平行度

（8）检验工作台中央或基准T形槽的直线度

检验项目：工作台中央或基准T形槽的直线度。

检验工具：专用滑板、平尺和指示器。

检验方法：如图7-114所示，在工作台面上放两个等高块，平尺放在其上，将带有指示器的专用滑板放在工作台面上并紧靠T形槽一侧，使指示器侧头触及平尺检验面，调整平尺，使指示器读

数在 T 形槽全长的两端相等，移动专用滑板进行检验。

检验结果：误差以指示器读数的最大差值计。

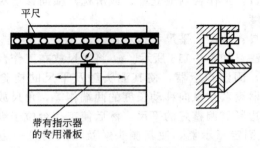

平尺

带有指示器
的专用滑板

图 7-114　工作台中央或基准 T 形槽的直线度

（9）检验主轴旋转轴线对工作台中央或基准 T 形槽的垂直度
（仅适用于卧式铣床）

检验项目：主轴旋转轴线对工作台中央或基准 T 形槽的垂
直度。

检验工具：专用滑板、专用检验棒。

检验方法：如图 7-115 所示，工作台位于纵向行程的中间位
置。将专用滑板放在工作台面上并紧靠 T 形槽一侧，指示器装在
插入主轴锥孔中的专用检验棒上，使其侧头触及专用滑板的检验面
平尺检验面，按测量长度，移动专用滑板后旋转主轴进行检验。拔
出检验棒，旋转 180°，插入主轴锥孔中，重复检验一次。

检验结果：误差以两次测量结果的代数和之半计。

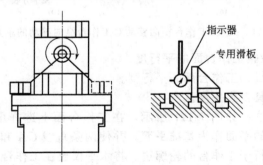

指示器

专用滑板

图 7-115　检验主轴旋转轴线对工作台中央或基准 T 形槽的垂直度

（10）检验工作台（或立柱、或滑枕）横向移动对工作台纵向移动的垂直度

检验项目：工作台（或立柱、或滑枕）横向移动对工作台纵向移动的垂直度。

检验工具：角尺、平尺和指示器。

检验方法：如图 7-116 所示。a. 将平尺放在工作台面纵向行程的中间位置，固定指示器，使其测头触及平尺的检验面，调整平尺，使指示器读数在纵向移动长度的两端相等，角尺放在工作台面上，使其一边紧靠调整好的平尺，然后使工作台位于纵向行程的中间位置；b. 固定指示器，使其测头触及角尺的另一边，按测量长度横向移动工作台（或立柱、或滑枕）进行检验。

检验结果：误差以指示器读数的最大差值计。

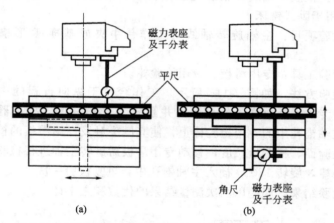

图 7-116　检验工作台横向移动对工作台纵向移动的垂直度

（11）检验工作台面的平行度

检验项目：工作台面的平行度。

检验工具：水平仪。

检验方法：如图 7-117 所示，在工作台面上选择由 O、A、C 三点所组成的平面作为基准平面，并使两条直线 OA 和 OC 互相垂直且分别平行于工作台的轮廓边。将水平仪放在工作台面上，采用两点连锁法，分别沿 OX 和 OY 方向移动，测量台面轮廓 OA、OC

上的各点，然后使水平仪沿 OA、CB 移动，测量整个台面轮廓上的各点，通过作图和计算，求出各测点相对于基准平面的偏差。

检验结果：误差以其最大与最小偏差的代数差值计。

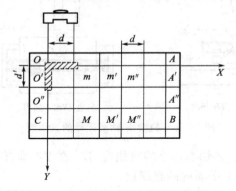

图 7-117　工作台面的平行度

7.5.4　数控卧式加工中心的几何精度检验

根据 GB/T18400 规定的卧式（即水平 Z 轴）加工中心（或可适用的数控铣床、数控镗床的几何精度检验。

（1）检验 X 轴线运动的直线度

检验项目：X 轴线运动的直线度。a. 在 XY 垂直平面内；b. 在 ZX 水平面内。

检验工具：a. 平尺、指示器或光学方法；b. 平尺、指示器。

检验方法：如图 7-118 所示。将平尺置于工作台上，将带有千分表的表架装在主轴上，并将指示器的测头触及平尺的被测表面并调至平行于主轴轴线，被测平面与基准面之间的平行度误差可以通过千分表测头在被测平面上的摆动的检查方法测得。主轴旋转一周，千分表读数的最大差值即为直线度误差。分别在 XY、ZX 垂直平面内记录千分表在相隔 $180°$ 的两个位置上的读数差值。为消除测量误差，可在第一次检验后将检验工具相对于轴转过 $180°$ 再重复检验一次。

检验结果：千分表读数的最大差值即为 X 轴线运动的直线度误差。

（2）检验 Z 轴线运动的直线度

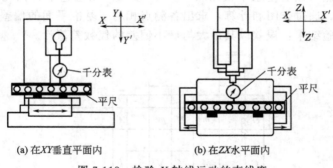

(a) 在XY垂直平面内　　　　(b) 在ZX水平面内

图 7-118　检验 X 轴线运动的直线度

检验项目：Z 轴线运动的直线度。a. 在 YZ 垂直平面内的直线度；b. 在 ZX 水平面内的直线度。

检验工具：a. 平尺指示器或光学方法；b. 平尺指示器或钢丝和显微镜或光学方法。

检验方法：对所有结构的机床，如图 7-119 所示，平尺或钢丝或直线度反射器都置于工作台上，如主轴能锁紧，则指示器或显微镜或干涉仪可装在主轴上，否则检验工具应装在机床主轴箱上，测量线应尽可能地靠近工作台的中央。

检验结果：千分表读数的最大差值即为 Z 轴线运动的直线度偏差。

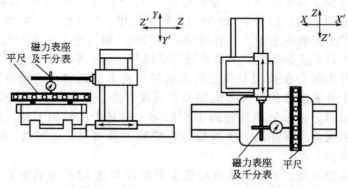

(a) 在YZ垂直平面内的直线度　　　　(b) 在ZX水平面内的直线度

图 7-119　检验 Z 轴线运动的直线度

（3）检验 Y 轴线运动的直线度

检验项目：a. 在 XY 垂直平面内；b. 在 YZ 垂直平面内。

检验工具：角尺和指示器或钢丝和显微镜或光学方法。

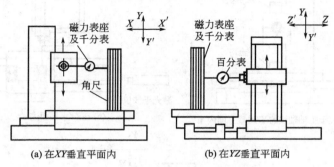

(a) 在 XY 垂直平面内　　　　(b) 在 YZ 垂直平面内

图 7-120　检验 Y 轴线运动的直线度

检验方法：如图 7-120 所示，对所有结构的机床，角尺或钢丝或直线度反射器都应置于工作台上，如主轴能锁紧，则指示器或显微镜或干涉仪可装在主轴上，否则检验工具应装在机床主轴箱上。

检验结果：千分表读数的最大差值即为 Y 轴线运动的直线度偏差。

（4）检验 X 轴运动的角偏差

检验项目：a. 在垂直于主轴轴线的 XY 垂直平面内；b. 在 ZX 水平面内；c. 在平行于主轴轴线的 YZ 垂直平面内。

检验工具：a. 精密水平仪或光学角度偏差测量工具；b. 激光干涉仪光学角度偏差测量工具；c. 精密水平仪。

检验方法：检验工具应置于运动部件上，如图 7-121 所示，（a）图纵向，（b）图水平，（c）图横向。当 X 轴线运动引起主轴箱和工件夹持工作台同时产生角运动时，这种角运动应分别测量并给予标明。在这种情况下，当使用水平仪测量时，基准水平应置于机床非运动部件（主轴箱或工件夹持工作台）上。应沿行程至少在等距离的 5 个位置进行检验，在每个位置的两个运动方向测取读数。

检验结果：最大与最小读数的差值应不超过公差。

（5）检验 Z 轴运动的角度偏差

检验项目：Z 轴运动的角度偏差。a. 在平行于主轴轴线的 YZ 垂直

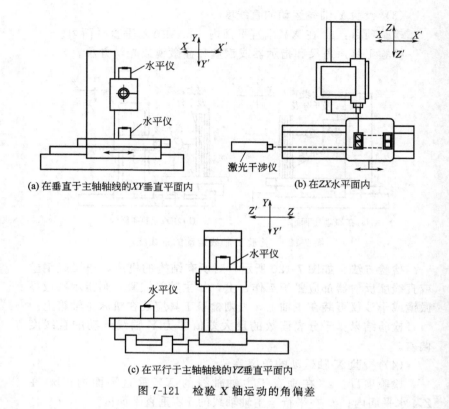

(a) 在垂直于主轴轴线的XY垂直平面内　　　　(b) 在ZX水平面内

(c) 在平行于主轴轴线的YZ垂直平面内

图 7-121　检验 X 轴运动的角偏差

平面内；b. 在 ZX 水平面内；c. 在垂直于主轴轴线的 XY 垂直平面内。

　　检验工具：a. 精密水平仪或光学角度偏差测量工具；b. 干涉仪光学角度偏差测量工具；c. 精密水平仪。

　　检验方法：如图 7-122 所示，检验工具应置于运动部件上，（a）图纵向，（b）图水平，（c）图横向。当 Z 轴线运动引起主轴箱和工件夹持工作台同时产生角运动时，这种角运动应分别测量并给予标明。在这种情况下，当使用水平仪测量时，基准水平应置于机床非运动部件（主轴箱或工件夹持工作台）上。应沿行程至少在等距离的 5 个位置进行检验，在每个位置的两个运动方向测取读数。

　　检验结果：最大与最小读数的差值应不超过公差。

　　（6）检验 Y 轴运动的角偏差

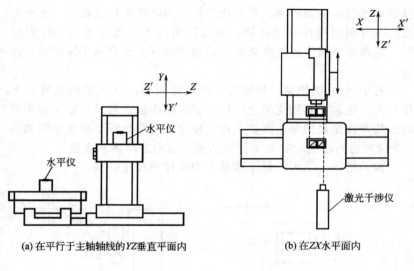

(a) 在平行于主轴轴线的YZ垂直平面内　　　　(b) 在ZX水平面内

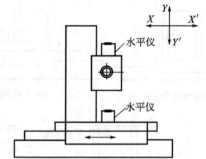

(c) 在垂直于主轴轴线的XY垂直平面内

图 7-122　检验 Z 轴运动的角度偏差

检验项目：Y 轴运动的角偏差。a. 在平行于主轴轴线的 YZ 垂直平面内；b. 在 XY 水平面内；c. 在垂直于主轴轴线的 ZX 垂直平面内。

检验工具：a 和 b 精密水平仪或光学角度偏差测量工具；c 圆柱形角尺、精密水平仪和指示器或精密量块和指示器。

检验方法：检验工具应置于运动部件上，如图 7-123 所示，(a) 图（俯仰）纵向；(b) 图（偏摆）水平。(c) 图倾斜。当 Y

轴线运动引起主轴箱和工件夹持工作台同时产生角运动时，这种角运动应分别测量并给予标明。在这种情况下，当使用水平仪测量时，基准水平仪应置于机床的非运动部件（主轴箱或工件夹持工作台）上。

对于（c）图倾斜：将圆柱形角尺近似平行于 Y 轴线放置在工作台上，使装在专用支架上的指示器的侧头触及角尺，记录指示器的读数并在角尺的相应高度上做出标记。应沿行程至少在等距离的 5 个位置进行检验，在每个位置的两个运动方向测取读数。

检验结果：最大与最小读数的差值应不超过公差。

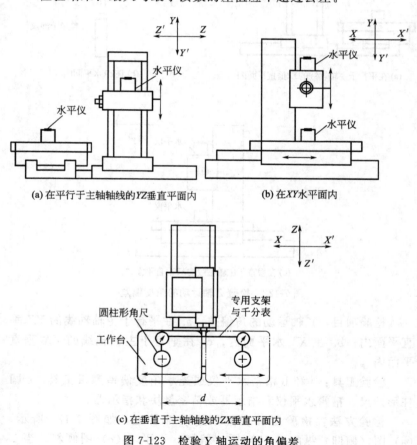

(a) 在平行于主轴轴线的YZ垂直平面内　　　　(b) 在XY水平面内

(c) 在垂直于主轴轴线的ZX垂直平面内

图 7-123　检验 Y 轴运动的角偏差

　　图解机械零件加工精度测量及实例

（7）检验 Y 轴线运动和 X 轴线运动间的垂直度

检验项目：Y 轴线运动和 X 轴线运动间的垂直度。

检验工具：平尺或平板、角尺和指示器。

检验方法：如图 7-124 所示，将千分表固定在主轴上（如主轴能锁紧，则指示器可装在主轴上，否则指示器应装在机床的主轴箱上）。使千分表测量头触及平尺的测量面，如图步骤 1 平板或平尺应平行于 X 轴线放置。再将测量头接触角尺的测量面，使主轴箱在 Y 向全行程内移动，如图步骤 2 应通过直立在平尺上的角尺检查 Y 轴线。

检验结果：Y 轴轴线运动和 X 轴轴线运动间的垂直度误差以千分表在两端数值的代数差计。为了参考和修正方便，应记录 a 值是小于、等于还是大于 90°。

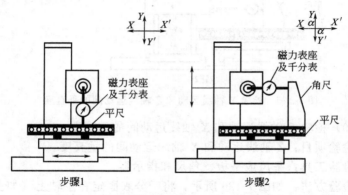

图 7-124　检验 Y 轴线运动和 X 轴线运动间的垂直度

（8）检验 Y 轴线运动和 Z 轴线运动间的垂直度

检验项目：Y 轴线运动和 Z 轴线运动间的垂直度。

检验工具：平尺或平板、角尺和指示器。

检验方法：如图 7-125 所示，将千分表固定在主轴上（如主轴能锁紧，则指示器可装在主轴上，否则指示器应装在机床的主轴箱上）。使千分表测量头触及平尺的测量面，如图步骤 1 平板或平尺应平行于 Z 轴线放置。再将千分表测量头接触角尺的测量面，使主轴箱在 Y 向全行程内移动，如图步骤 2 应通过直立在平尺上的角尺检查 Y 轴线。

检验结果：Y 轴轴线运动和 Z 轴轴线运动间的垂直度误差以千分表在两端数值的代数差计。为了参考和修正方便，应记录 α 值是小于、等于还是大于 $90°$。

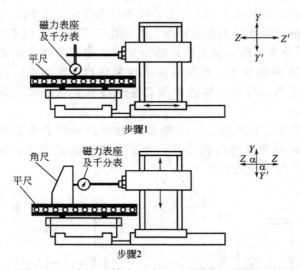

步骤1

步骤2

图 7-125　检验 Y 轴线运动和 Z 轴线运动间的垂直度

（9）检验 Z 轴线运动和 X 轴线运动间的垂直度

检验项目：Z 轴线运动和 X 轴线运动间的垂直度。

检验工具：平尺或平板、角尺和指示器。

检验方法：如图 7-126 所示，将千分表固定在主轴上（如主轴能锁紧，则指示器可装在主轴上，否则指示器应装在机床的主轴箱上）。使千分表测量头触及平尺的测量面，如图步骤 1 平板或平尺应平行于 X（或 Z 轴线）轴线装置。再将千分表测量头接触角尺的测量面，如图步骤 2 应通过放置在工作台上并一边紧靠平尺的角尺检验 Z 轴线或 X 轴线。

检验结果：Z 轴轴线运动和 X 轴轴线运动间的垂直度误差以千分表在两端数值的代数差计。为了参考和修正方便，应记录 α 值是小于、等于还是大于 $90°$。

（10）检验主轴的周期性轴向窜动

检验项目：主轴的周期性轴向窜动。

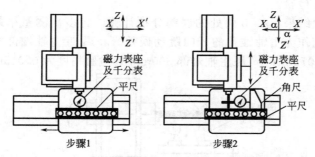

步骤1 步骤2

图 7-126 检验 Z 轴线运动和 X 轴线运动间的垂直度

检验工具：指示器、专用检验棒。

检验方法：应在机床的所有工作主轴上进行检验，如图 7-127 所示，在主轴锥孔中插入专用检验棒，使指示器的侧头触及专用检验棒的端面中心处，然后旋转主轴进行检验主轴的周期性轴向窜动误差。

检验结果：要求检验精度允差为 0.005mm。主轴的周期性轴向窜动误差以指示器的最大差值计。

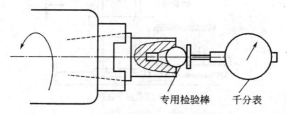

专用检验棒　千分表

图 7-127　检验主轴的周期性轴向窜动

（11）检验主轴锥孔的径向跳动

检验项目：主轴锥孔的径向跳动。a. 靠近主轴端部；b. 距主轴端部 300mm 处。

检验工具：检验棒和指示器。

检验方法：应在机床的所有工作主轴上进行检验。如图 7-128 所示，将检验棒插入机床的工作主轴中，然后固定指示器：a. 靠近主轴端部；b. 距主轴端部 300mm 处，进行检验，然后将检验棒按不同方位插入主轴，用同样的方法重复检验，主轴应至少旋转两整圈进行检验。

检验结果：a、b 两处的误差分别计算，将多次测量结果取算数平均值作为主轴锥孔的径向跳动误差。a. 靠近主轴端部检验精度为 0.007mm；b. 距主轴端部 300mm 处检验精度为 0.015mm。

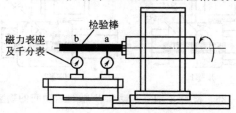

图 7-128 检验主轴锥孔的径向跳动

（12）检验主轴轴线和 Z 轴线运动间的平行度

检验项目：主轴轴线和 Z 轴线运动间的平行度。a. 在 YZ 垂直平面内；b. 在 ZX 水平面内。

检验工具：检验棒和指示器。

检验方法：如图 7-129 所示，X 轴线置于行程的中间位置。

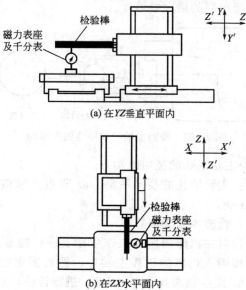

(a) 在 YZ 垂直平面内

(b) 在 ZX 水平面内

图 7-129 检验主轴轴线和 Z 轴线运动间的平行度

a. 如果可能 Y 轴锁紧；b. 如果可能 X 轴锁紧。在主轴锥孔内插入检验棒，在工作台放置磁力表座及千分表，使千分表侧头触及检验棒表面，在 YZ 垂直平面内测量位置和在 ZX 水平面内测量位置测量，移动表架，将主轴转过 180°再测量一次。

检验结果：a 和 b 两位置误差分别计算。两次检验结果代数和的 1/2 作为平行度误差。a 和 b 要求检验精度允差在 300mm 测量长度上为 0.015mm。

（13）检验主轴轴线和 X 轴线运动间的垂直度

检验项目：主轴轴线和 X 轴线运动间的垂直度。

检验工具：平尺、专用支架及指示器。

检验方法：Y 轴轴线和 Z 轴轴线锁紧，如图 7-130 所示，将平尺放置在等高量块上且平行于 X 轴轴线的位置上，用专用支架把指示器固定在主轴上，使指示器侧头触及平尺检验面，旋转主轴进行检验。

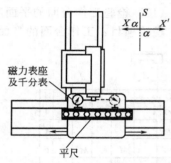

图 7-130　检验主轴轴线和
X 轴线运动间的垂直度

检验结果：主轴轴线和 X 轴轴线运动间的垂直度允差在 300mm 长度上允差为 0.015mm。为了参考和修正方便，应记录 α 值是小于、等于还是大于 90°。

（14）检验主轴轴线和 Y 轴线运动间的垂直度

检验项目：主轴轴线和 Y 轴线运动间的垂直度。

检验工具：角尺、专用支架及指示器。

检验方法：如图 7-131 所示，300mm 为两点间的

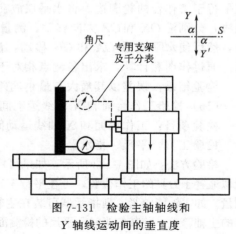

图 7-131　检验主轴轴线和
Y 轴线运动间的垂直度

距离，Z 轴线锁紧，角尺测量边应平行于 Y 轴线放置，或在测量中应考虑平行度偏差。将角尺放置在平行于 Y 轴轴线的位置上，用专用支架把指示器固定在主轴上，使指示器侧头触及平尺检验面，旋转主轴进行检验。

检验结果：主轴轴线和 Y 轴轴线运动间的垂直度允差在 300mm 长度上允差为 0.015mm。为了参考和修正方便，应记录 α 值是小于、等于还是大于 90°。

（15）检验工作台面的平面度

检验项目：工作台面的平面度。

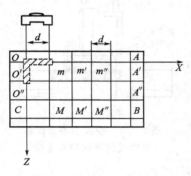

图 7-132　检验工作台面的平面度

检验工具：精密水平仪、或平尺、量块、指示器或光学方法。

检验方法：X 轴线和 Z 轴线置于其行程的中间位置。工作台面的平面度应检查两次，一次回转工作台锁紧，一次不锁紧，两次测定的偏差均应符合公差要求。如图 7-132 所示，在工作台面上选择由 O、A、C 三点所组成的平面作为基准平面，并使两条直线 OA 和 OC 互相垂直且分别平行于工作台的轮廓边。将水平仪放在工作台面上，采用两点连锁法，分别沿 OX 和 OZ 方向移动，测量台面轮廓 OA、OC 上的各点，然后使水平仪沿 OA 和 CB 移动，测量整个台面轮廓上的各点，通过作图和计算，求出各测点相对于基准平面的偏差。

检验结果：误差以其最大与最小偏差的代数差值计。

（16）检验工作台面和 X 轴线运动间的平行度

检验项目：工作台面和 X 轴线运动间的平行度。

检验工具：平尺、指示器。

检验方法：如图 7-133 所示，如果可能 Y 轴线锁紧。指示器侧头近似地置于刀具的工作位置，可在平行于工作台面放置的平尺上进行测量。如主轴能锁紧，则指示器可装在主轴上，否则指示器应装在机床的主轴箱上，使其侧头触及平尺的检测面，X 方向移动检验。

检验结果：指示器读数的最大差值作为工作台面和 X 轴轴线运动间平行度误差。根据检验标准，按"X"轴线长度确定，其允差为 0.020～0.040mm。

(17) 检验工作台面和 Z 轴线运动间的平行度

检验项目：工作台面和 Z 轴线运动间的平行度。

检验工具：平尺、指示器。

检验方法：如果可能 Y 轴线

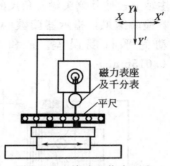

图 7-133　检验工作台面和 X 轴线运动间的平行度

锁紧。如图 7-134 所示，指示器侧头近似地置于刀具的工作位置，可在平行于工作台面放置的平尺上进行测量。如主轴能锁紧，则指示器可装在主轴上，否则指示器应装在机床的主轴箱上，使其侧头触及平尺的检测面上，Z 方向移动检验。

检验结果：指示器读数的最大差值作为工作台面和 Z 轴轴线运动间平行度误差。根据检验标准，按"Z"轴线长度确定，其允差为 0.020～0.040mm。

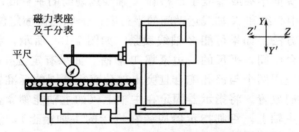

图 7-134　检验工作台面和 Z 轴线运动间的平行度

(18) 检验工作台面和 Y 轴线运动间的平行度

检验项目：工作台面和 Y 轴线运动间的平行度。a. 在垂直于主轴轴线的 XY 垂直平面内；b. 在平行于主轴轴线的 YZ 垂直平面内。

检验工具：角尺、指示器。

检验方法：a. 如果可能 X 轴线锁紧；b. 如果可能 Z 轴线锁紧。如图 7-135 所示，角尺或圆柱形角尺置于工作台中央。将指示器固定在主轴上，使其侧头触及角尺的检测面，Y 方向移动进行检验。

检验结果：指示器读数的最大差值作为工作台面和 Y 轴轴线运动间平行度误差。a 和 b 在 300mm 的测量长度上允差为 0.015mm。

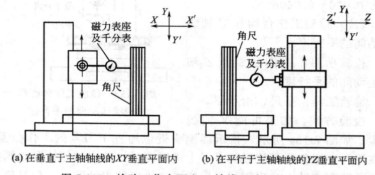

(a) 在垂直于主轴轴线的 XY 垂直平面内　　(b) 在平行于主轴轴线的 YZ 垂直平面内

图 7-135　检验工作台面和 Y 轴线运动间的平行度

（19）检验工作台纵向中央或基准 T 形槽和 X 轴线运动间的平行度

检验项目：工作台纵向中央或基准 T 形槽和 X 轴线运动间的平行度。a. 纵向中央或基准 T 形槽和 X 轴线运动间的平行度；b. 纵向定位孔的中心线和 X 轴线运动间的平行度；c. 纵向侧面定位器。

检验方法：如果可能 Z 轴线锁紧。如图 7-136 所示，将平尺放置在工作台中间，平尺的一边紧靠 T 形槽。如果有定位孔时，b 项的检验应使用两个与该孔配合且突出部分直径相同的标准销，平尺应紧靠它们放置。将指示器固定在主轴上（如主轴能锁紧，则指示器可装在主轴上，否则指示器应装在机床的主轴箱上），使其测头触及平尺的另一面，X 向移动工作台进行检验。

检验结果：指示器读数最大差值作为工作台纵向中央或基准 T 形槽和 X 轴线运动间的平行度误差。在任意 300mm 测量长度上允差为 0.015mm。

7.5.5　数控立式加工中心几何精度检验

（1）检验 X 轴轴线运动的直线度

检验项目：X 轴轴线运动的直线度。a. 在 ZX 垂直平面内；

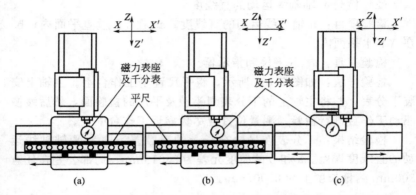

图 7-136　检验工作台纵向中央或基准 T 形槽和 X 轴线运动间的平行度

b. 在 XY 水平面内。

检验工具：a、b 平尺和指示器。

检验方法：如图 7-137 所示，将平尺置于工作台上。如主轴能锁紧，应将千分表装在主轴上，否则检验仪器应装在机床的主轴箱上。测量位置应尽量靠近工作台中央。然后缓慢驱动工作台进行检验。

检验结果：千分表在导轨全长上的读数差，即为 X 轴轴线运动的直线度误差。a 和 b 的精度允差为 0.015mm，局部公差在任意 300mm 测量长度上为 0.007mm。

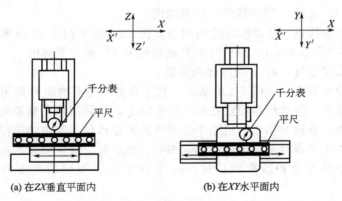

(a) 在 ZX 垂直平面内　　　　(b) 在 XY 水平面内

图 7-137　检验 X 轴轴线运动的直线度

第 7 章　常用量具检验机床的几何精度　　519

（2）检验 Y 轴轴线运动的直线度

检验项目：Y 轴轴线运动的直线度。a. 在 YZ 垂直平面内；b. 在 XY 水平面内。

检验工具：a、b 平尺和指示器。

检验方法：如图 7-138 所示，将平尺置于工作台上。主轴上安装千分表，并将主轴上的千分表测头触及平尺的检验面，然后缓慢驱动工作台进行检验。测量位置应尽量靠近工作台中央。

检验结果：千分表在导轨全长上的读数差，即为 Y 轴轴线运动的直线度误差。a 和 b 的精度允差为 0.015mm，局部公差在任意 300mm 测量长度上为 0.007mm。

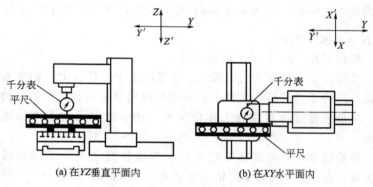

(a) 在 YZ 垂直平面内　　　　(b) 在 XY 水平面内

图 7-138　检验 Y 轴轴线运动的直线度

（3）检验 Z 轴轴线运动的直线度

检验项目：Z 轴轴线运动的直线度。a. 在平行于 X 轴轴线的 ZX 垂直平面内；b. 在平行于 Y 轴轴线的 YZ 垂直平面内。

检验工具：a、b 角尺和指示器。

检验方法：如图 7-139 所示，在工作台上垂直放置等高量块垫起的角尺，将指示器固定在机床的主轴上，使其测量头触及角尺的检验面，移动主轴箱，根据千分表读数调整角尺，使主轴箱行程的两端时千分表所测角尺面的读数相等。然后升、降主轴箱，在全行程上察看千分表读数的变化。a、b 两个位置测得两个方向的直线度。

检验结果：千分表所表示的读数差即为 Z 轴轴线运动的直线

度误差。a 和 b 精度允差为 0.015mm，局部公差在任意 300mm 测长度上为 0.007mm。

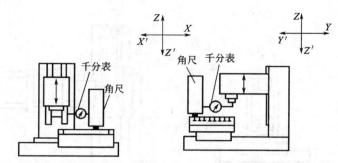

(a) 在平行于 X 轴轴线的 ZX 垂直平面内　　(b) 在平行于 Y 轴轴线的 YZ 垂直平面内

图 7-139　检验 Z 轴轴线运动的直线度

（4）检验 X 轴轴线运动的角度偏差

检验项目：X 轴轴线运动的角度偏差。a. 在平行于移动方向的 ZX 垂直平面（俯仰）；b. 在 XY 水平面内（偏摆）；c. 在垂直于移动方向的 YZ 垂直平面内（倾斜）。

检验工具：a. 精密水平仪；b. 光学角度偏差测量工具；c. 精密水平仪。

检验方法：检验工具应置于运动部件上，如图 7-140(a) 纵向、图(c) 横向所示，将水平仪放置在工作台上，移动工作台，沿行程在等距离的五个位置上检验。应在每个位置的两个运动方向测取读数。最大与最小读数差值不应超过允差。

当 X 轴轴线运动引起主轴箱和工件夹持工作台同时产生角运动时，这两种角运动应测量并用代数式处理。

如图 7-140(b) 水平所示，利用干涉仪测量，首先将反射镜置于机床的不动的某个位置，让激光束经过反射镜形成一束反射光；其次将干涉镜置于激光器与反射镜之间，并置于机床的运动部件上，形成另一束反射光，两束光同时进入激光器的回光孔产生干涉；记录各个位置的测量值。

检验结果：水平仪的读数差即 X 轴轴线运动的角度偏差，a、b 和 c 精度允差为 0.060mm/1000mm；局部公差在任意 500mm 测

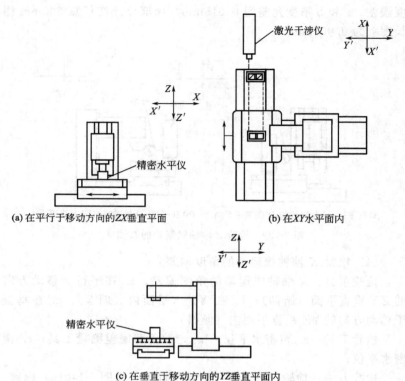

(a) 在平行于移动方向的ZX垂直平面

(b) 在XY水平面内

(c) 在垂直于移动方向的YZ垂直平面内

图 7-140　检验 X 轴轴线运动的角度偏差

长度上为 0.030mm/1000mm。

（5）检验 Y 轴轴线运动的角度偏差

检验项目：Y 轴轴线运动的角度偏差。a. 在平行于移动方向的 YZ 垂直平面（俯仰）；b. 在 XY 水平面内（偏摆）；c. 在垂直于移动方向的 ZX 垂直平面内（倾斜）。

检验工具：a. 精密水平仪；b. 光学角度偏差测量工具；c. 精密水平仪。

检验方法：检验工具应置于运动部件上，如图 7-141(a) 纵向、图(c) 横向所示，将水平仪放置在工作台上，移动工作台，沿行程在等距离的五个位置上检验。应在每个位置的两个运动方向测取读数，最大与最小读数差值不应超过允差。

当 Y 轴轴线运动引起主轴箱和工件夹持工作台同时产生角运动时，这两种角运动应测量并用代数式处理。

如图 7-141(b) 水平所示，利用干涉仪测量，首先将反射镜置于机床的不动的某个位置，让激光束经过反射镜形成一束反射光；其次将干涉镜置于激光器与反射镜之间，并置于机床的运动部件上，形成另一束反射光，两束光同时进入激光器的回光孔产生干涉；记录各个位置的测量值。

检验结果：水平仪的读数差即 Y 轴轴线运动的角度偏差，a、b 和 c 精度允差为 0.060mm/1000mm，局部公差在任意 500mm 测长度上为 0.030mm/1000mm。

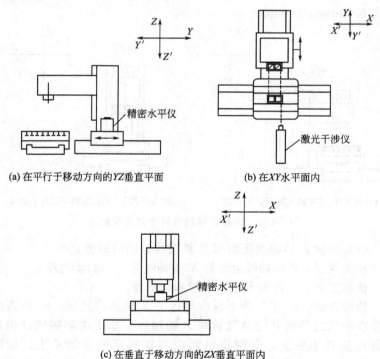

(a) 在平行于移动方向的YZ垂直平面

(b) 在XY水平面内

(c) 在垂直于移动方向的ZX垂直平面内

图 7-141　检验 Y 轴轴线运动的角度偏差

（6）检验 Z 轴轴线运动的角度偏差

检验项目：Z 轴轴线运动的角度偏差。a. 在平行于 Y 轴轴线的 YZ 垂直平面内；b. 在平行于 X 轴轴线的 ZX 垂直平面内。

检验工具：a 和 b 精密水平仪。

检验方法：如图 7-142 所示，将水平仪放置在机床主轴上面，沿行程在等距离的五个位置上检验。升、降主轴箱时观察水平仪的读数变化确定 Z 轴轴线运动的角度偏差。应在每个位置的两个运动方向测取读数，最大与最小读数差值不应超过允差。

对于 a 和 b，当 Z 轴轴线运动引起主轴箱和工件夹持工作台同时产生角运动时，这两种角运动应测量并用代数式处理。

检验结果：水平仪的读数差即 Z 轴轴线运动的角度偏差，a 和 b 精度允差为 0.060mm/1000mm，局部公差在任意 500mm 测长度上为 0.030mm/1000mm。

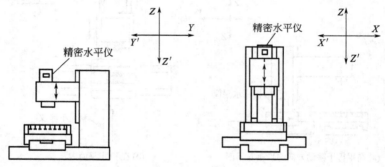

(a) 在平行于 Y 轴轴线的 YZ 垂直平面内　　(b) 在平行于 X 轴轴线的 ZX 垂直平面内

图 7-142　检验 Z 轴轴线运动的角度偏差

（7）检验 Z 轴轴线运动和 X 轴轴线运动间的垂直度

检验项目：Z 轴轴线运动和 X 轴轴线运动间的垂直度。

检验工具：平尺或平板、角尺和指示器。

检验方法：a. 平尺或平板应平行于 X 轴轴线放置；b. 应通过直立在平尺或平板上的角尺检验 Z 轴轴线。如主轴能锁紧，则指示器可装在主轴上，否则指示器应装在机床的主轴箱上。如图 7-143 所示，在工作台面上放一平尺，平尺上放一角尺，将千分表固定在主轴上，使测量头触及平尺的测量面，并调整该面使其与工作台 X 向移动方向平行，然后，再将测量头接触角尺的测量面，使主轴箱在 Z 向全行程内移动检验。

检验结果：Z 轴轴线运动和 X 轴轴线运动间的垂直度误差以千分表在两端数值的代数差计。为了参考和修正方便，应记录 α 值是小于，等于还是大于 90°。

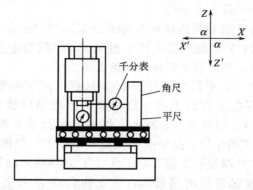

图 7-143　检验 Z 轴轴线运动和 X 轴轴线运动间的垂直度

（8）检验 Z 轴轴线运动和 Y 轴轴线运动间的垂直度

检验项目：Z 轴轴线运动和 Y 轴轴线运动间的垂直度。

检验工具：平尺或平板角尺和指示器。

检验方法：a. 平尺或平板应平行于 Z 轴轴线放置；b. 应通过直立在平尺或平板上的角尺检验 Z 轴轴线。如主轴能锁紧，则指示器可装在主轴上，否则指示器应装在机床的主轴箱上。

如图 7-144 所示，在工作台面上放一平尺，平尺上放一角尺，将千分表固定在主轴上，使测量头触及平尺的测量面，并调整该面使其与工作台 Y 向移动方向平行，然后，再将测量头接触角尺的

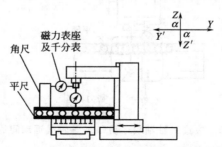

图 7-144　检验 Z 轴轴线运动和 Y 轴轴线运动间的垂直度

测量面，使主轴箱在 Z 向全行程内移动检验。

检验结果：Z 轴轴线运动和 Y 轴轴线运动间的垂直度误差以千分表在两端数值的代数差计。为了参考和修正方便，应记录 α 值是小于、等于还是大于 $90°$。

（9）检验 Y 轴轴线运动和 X 轴轴线运动间的垂直度

检验项目：Y 轴轴线运动和 X 轴轴线运动间的垂直度。

检验工具：平尺或平板角尺和指示器。

检验方法：a. 平尺应平行于 X 轴轴线（或 Y 轴轴线）放置；b. 应通过放置在工作台上并一边紧靠平尺的角尺检验 Y 轴轴线（或 X 轴轴线）。如图 7-145 所示，将平尺平行于 Y 轴轴线放置；平尺上放一 $90°$ 的角尺，把千分表固定在主轴上，使测量头触及平尺的测量面，并调整该面使其与工作台 Y 向移动方向平行，然后，再将测量头接触角尺的测量面，使工作台在 Z 向全行程内移动检验。

本检验也可以不用平尺，而将角尺的一边对准一条轴线，在角尺的另一边上检验第二条轴线。如主轴能锁紧，则指示器可装在主轴上，否则指示器应装在机床的主轴箱上。

检验结果：Y 轴轴线运动和 X 轴轴线运动间的垂直度误差以千分表在两端数值的代数差计。为了参考和修正方便，应记录 α 值是小于、等于还是大于 $90°$。

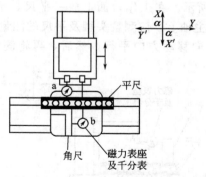

7-145　检验 Y 轴轴线运动和 X 轴轴线运动间的垂直度

（10）检验主轴的轴向窜动

检验项目：主轴的周期性轴向窜动。

检验工具：指示器、专用检验棒。

检验方法：应在机床的所有工作主轴上进行检验，如图 7-146 所示，在主轴锥孔中插入专用检验棒，使指示器的测头触及专用检验棒的端面中心处，然后旋转主轴进行检验主轴的周期性轴向窜动误差。

检验结果：要求检验精度允差为 0.005mm。主轴的周期性轴向窜动误差以指示器的最大差值计。

（11）检验主轴锥孔的径向跳动

检验项目：主轴锥孔的径向跳动。图中 a 为靠近主轴端部，b 距主轴端部 300mm 处。

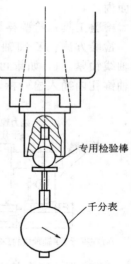

图 7-146　检验主轴的轴向窜动

检验工具：检验棒和指示器。

检验方法：应在机床的所有工作主轴上进行检验。如图7-147所示，在主轴锥孔中插入检验棒，固定指示器，将指示器测头触及在检验棒表面，旋转主轴，a 点靠近主轴端面检验，b 点距主轴端面 300mm 处检验。然后将检验棒按不同方位插入主轴，用同样的方法重复检验。

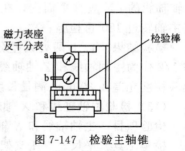

图 7-147　检验主轴锥孔的径向跳动

检验结果：a. 靠近主轴端部检验精度允差为 0.007mm；b. 距主轴端部 300mm 处检验精度允差为 0.015mm。a、b 两处的误差分别计算，将多次测量结果取算数平均值作为主轴锥孔的径向跳动误差。

（12）检验主轴轴线和 Z 轴轴线运动间的平行度

检验项目：主轴轴线和 Z 轴轴线运动间的平行度，a. 在平行于 Y 轴轴线的 YZ 垂直平面内；b. 在平行于 Y 轴轴线的 ZX 垂直平面内。

检验工具：检验棒和指示器。

检验方法：X 轴轴线置于行程的中间位置。a. 如果可能，Y 轴轴线锁紧。b. 如果可能，X 轴轴线锁紧。如图 7-148 所示，在主轴锥孔内插入检验棒，固定指示器，使指示器测头触及检验棒表

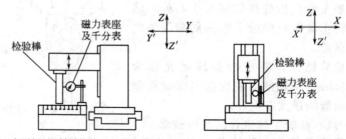

(a) 在平行于 Y 轴轴线的 YZ 垂直平面内　(b) 在平行于 Y 轴轴线的 ZX 垂直平面内

图 7-148　检验主轴轴线和 Z 轴轴线运动间的平行度

面，图(a) 在平行于 Y 轴轴线的 YZ 垂直平面内；图(b) 在平行于 Y 轴轴线的 ZX 垂直平面内，在 a 和 b 两处进行检验。移动表架，将主轴转过 $180°$ 再检验一次。

检验结果：a、b 两处误差分别计算，两次检验结果的代数和的 1/2 作为主轴轴线和 Z 轴轴线运动间的平行度误差。a 和 b 要求检验精度允差在 300mm 测量长度上为 0.015mm。

（13）检验主轴轴线和 X 轴轴线运动间的垂直度

检验项目：主轴轴线和 X 轴轴线运动间的垂直度。

检验工具：平尺、专用支架和指示器。

检验方法：Y 轴轴线和 Z 轴轴线锁紧，如图 7-149 所示，将平尺放置在等高量块上且平行于 X 轴轴线的位置上，用专用支架把指示器固定在主轴上，使指示器测头触及平尺检验面，旋转主轴进行检验。

检验结果：主轴轴线和 X 轴轴线运动间的垂直度允差在 300mm 长度上为 0.015mm。为了参考和修正方便，应记录 α 值是小于、等于还是大于 $90°$。

（14）检验主轴轴线和 Y 轴轴线运动间的垂直度

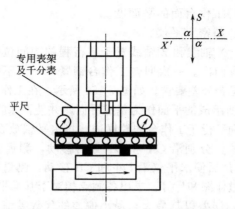

图 7-149　检验主轴轴线和 X 轴轴线运动间的垂直度

检验项目：主轴轴线和 Y 轴轴线运动间的垂直度。

检验工具：平尺、专用支架和指示器。

检验方法：Z 轴轴线锁紧，如图 7-150 所示，将平尺放置在等高量块上且平行于 Y 轴轴线的位置上，用专用支架把指示器固定在主轴上，使指示器测头触及平尺检验面，旋转主轴进行检验。

检验结果：主轴轴线和 Y 轴轴线运动间的垂直度允差在 300mm 长度上为 0.015mm。为了参考和修正方便，应记录 α 值是小于、等于还是大于 90°。

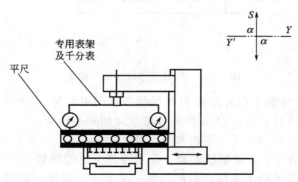

图 7-150　检验主轴轴线和 Y 轴轴线运动间的垂直度

（15）检验工作台面的平面度

第 7 章　常用量具检验机床的几何精度　529

检验项目：工作台面的平面度。

检验工具：精密水平仪。

检验方法：X 轴线和 Y 轴线置于其行程的中间位置。工作台面的平面度应检查两次。一次回转工作台锁紧，一次不锁紧，两次测定的偏差均应符合公差要求。如图 7-151 所示，在工作台面上选择由 O、A、C 三点所组成的平面作为基准平面，并使两条直线 OA 和 OC 互相垂直且分别平行于工作台的轮廓边。将水平仪放在工作台面上，采用两点连锁法，分别沿 OX 和 OY 方向移动，测量台面轮廓 OA、OC 上的各点，然后使水平仪沿 OA 和 CB 移动，测量整个台面轮廓上的各点，通过作图和计算，求出各测点相对于基准平面的偏差。

检验结果：误差以其最大与最小偏差的代数差值计。

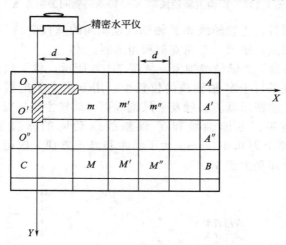

图 7-151　检验工作台面的平面度

（16）检验工作台面和 X 轴轴线运动间平行度

检验项目：工作台面和 X 轴轴线运动间平行度。

检验工具：平尺、量块和指示器。

检验方法：Z 轴轴线锁紧。指示器测头近似地置于刀具的工作位置，可在平行于工作台面放置的平尺上进行测量。如图 7-152 所示，将指示器固定在主轴上，使其测头触及平尺的检测面上，X 方向移动工作台检验。

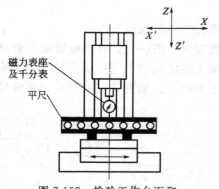

磁力表座
及千分表

平尺

图 7-152　检验工作台面和
X 轴轴线运动间平行度

如主轴能锁紧，则指示器可装在主轴上，否则指示器应装在机床的主轴箱上。回转工作台应在互成 90°的四个回转位置处测量。

检验结果：指示器读数的最大差值作为工作台面和 X 轴轴线运动间平行度误差。

（17）检验工作台面和 Y 轴轴线运动间平行度

检验项目：工作台面和 Y 轴轴线运动间平行度。

检验工具：平尺、量块和指示器。

检验方法：Z 轴轴线锁紧。指示器测头近似地置于刀具的工作位置，可在平行于工作台面放置的平尺上进行测量。如图 7-153 所示，将指示器固定在主轴上，使其测头触及平尺的检测面，Y 方向移动工作台进行检验。

如主轴能锁紧，则指示器可装在主轴上，否则指示器应装在机床的主轴箱上。回转工作台应在互成 90°的四个回转位置处测量。

检验结果：指示器读数的最大差值作为工作台面和 Y 轴轴线运动间平行度误差。

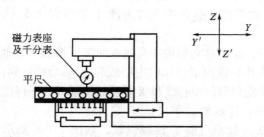

磁力表座
及千分表

平尺

图 7-153　检验工作台面和 Y 轴轴线运动间平行度

（18）检验工作台面和 Z 轴轴线运动间的垂直度

检验项目：工作台面和 Z 轴轴线运动间的垂直度。a. 在平行于 X 轴轴线的 ZX 垂直平面内；b. 在平行于 Y 轴轴线的 YZ 垂直平面内。

检验工具：平板、角尺或圆柱形角尺和指示器。

检验方法：图(a) X 轴轴线锁紧；图(b) Y 轴轴线锁紧。角尺或圆柱角尺置于工作台中央。如主轴能锁紧，则指示器可装在主轴上，否则指示器应装在机床的主轴箱上。如图 7-154 所示，使角尺

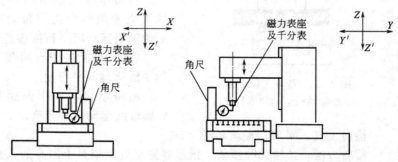

(a) 在平行于X轴轴线的ZX垂直平面内　　　　　(b) 在平行于Y轴轴线的YZ垂直平面内

图 7-154　检验工作台面和 Z 轴轴线运动间的垂直度

检验面分别处于图(a) 平行于 X 轴轴线的 ZX 垂直平面内，图(b) 平行于 Y 轴轴线的 YZ 垂直平面内，固定指示器，使其测头触及角尺的检验面，移动 Z 轴进行检验。

检验结果：指示器读数的最大差值作为工作台面和 Z 轴轴线运动间的垂直度误差。a 和 b 检验精度允差为在 0.020mm/500mm。

(19) 检验工作台纵向中央或基准 T 形槽和 X 轴轴线运动间的平行度

检验项目：a. 工作台纵向中央或基准 T 形槽和 X 轴轴线运动间的平行度；b. 工作台纵向定位孔的中心线和 X 轴轴线运动间的平行度；c. 工作台纵向定位器的中心线和 X 轴轴线运动间的平行度。

检验工具：指示器、平尺。

检验方法：如果可能 Y 轴线锁紧。如图 7-155 所示，将平尺放置在工作台中间，平尺的一边紧靠 T 形槽。如果有定位孔时，b 项的检验应使用两个与该孔配合且突出部分直径相同的标准销，平尺应紧靠它们放置。将指示器固定在主轴上，使其测头触及平尺的另一面，X 向移动工作台进行检验。

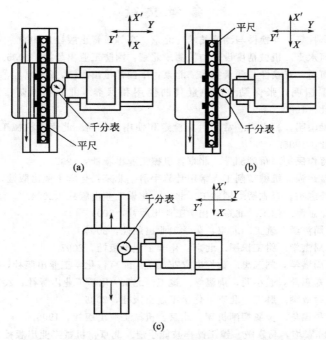

图 7-155　检验工作台纵向中央或基准 T 形槽和 X 轴轴线运动间的平行度

检验结果：指示器读数最大差值为工作台纵向中央或基准 T 形槽和 X 轴线运动间的平行度误差。a、b 和 c 项检验精度允差在 500mm 测量长度上为 0.025mm。

参 考 文 献

[1] 李柱等. 互换性与测量技术. 北京：高等教育出版社，2004.

[2] 何永熹. 机械精度设计与检测. 北京：国防工业出版社，2005.

[3] 何贡. 互换性与测量技术. 北京：中国计量出版社，2000.

[4] 梁国明，张保勤. 百种量具的使用和保养. 北京：国防工业出版社，1990.

[5] 梁国明，吕之森. 常用量具检定和使用150问. 北京：机械工业出版社，1995.

[6] 蒋作民等. 角度测量. 北京：机械工业出版社，1995.

[7] 雒运强. 机械切削工人常用计算手册. 北京：化学工业出版社，2006.

[8] 陈志杰，李志桥. 刨插工. 北京：化学工业出版社，2004.

[9] 郑惠萍. 镗工. 北京：化学工业出版社，2004.

[10] 周湛学. 铣工. 北京：化学工业出版社，2004.

[11] 周湛学. 钳工识图. 北京：化学工业出版社，2007.

[12] 周湛学，刘玉忠. 数控电火花加工. 北京：化学工业出版社，2007.

[13] 郑惠萍，赵小明，周湛学. 镗工. 北京：化学工业出版社，2006.

[14] 尹成湖. 磨工. 北京：化学工业出版社，2006.

[15] 吴国华. 金属切削机床，北京：机械工业出版社，1995.

[16] 陈宏均，马素敏. 镗工操作技能手册. 北京：机械工业出版社，2000.

[17] 梁国明. 长度计量人员实用手册. 北京：国防工业出版社，2000.

[18] 机械工业部标准化研究所. 形状和位置公差原理及应用. 北京：机械工业出版社，1983.

[19] 甘永立. 几何量公差与检测. 上海：上海科学技术出版社，2001.

[20] 金清肃. 机械设计课程设计. 武汉：华中科技大学出版社，2007.